ciscopress.com

Cisco IPv6 网络实现技术（修订版）

Cisco Self-Study: Implementing Cisco IPv6 Networks (IPv6)

〔加〕Régis Desmeules 著

王玲芳 张宇 李颖华 孙向辉 译

侯自强 审

人 民 邮 电 出 版 社

北 京

图书在版编目（C I P）数据

Cisco IPv6网络实现技术 / (加) 戴斯缪勒斯
(Desmeules,R.) 著 ; 王玲芳等译. -- 修订本. -- 北京
: 人民邮电出版社, 2013.1(2022.2重印)
ISBN 978-7-115-30198-7

Ⅰ. ①C… Ⅱ. ①戴… ②王… Ⅲ. ①互联网络－通信
协议 Ⅳ. ①TN915.04

中国版本图书馆CIP数据核字(2012)第285287号

◆ 著　[加] Régis Desmeules
译　王玲芳　张　宇　李颖华　孙向辉
审　侯自强
责任编辑　傅道坤
◆ 人民邮电出版社出版发行　北京市丰台区成寿寺路 11 号
邮编　100164　电子邮件　315@ptpress.com.cn
网址　https://www.ptpress.com.cn
涿州市京南印刷厂印刷
◆ 开本：800×1000　1/16
印张：24　2013 年 1 月第 2 版
字数：513 千字　2022 年 2 月河北第 16 次印刷

著作权合同登记号　图字：01-2012-6907 号

ISBN 978-7-115-30198-7

定价：100.00 元

读者服务热线：(010)81055410　印装质量热线：(010)81055316
反盗版热线：(010)81055315

内容提要

本书介绍了 Cisco IPv6 的实现技术，以及在 Cisco 路由器上设计、配置、部署和调试 IPv6 的深入的技术参考。通过书中的所有 IPv6 功能操作实例，您将获得 Cisco IPv6 技术的专门知识。

本书分为五部分。第一部分介绍了 IPv6 的发展过程、理论基础和优势。第二部分详细说明 IPv6 的基本特征和高级特征，然后解释使用 Cisco IOS 软件技术进行设计、应用、配置和路由 IPv6 网络。第三部分讲述主要的整合和共存机制，并描述使用不同的策略，在当前的 IPv4 基础设施上整合 IPv6。这部分还包括了使用 Cisco IOS 软件技术与不同的支持 IPv6 主机实现进行网络互联的例子。第四部分叙述 6bone 的设计，以及这个全球范围的 IPv6 骨干的运作机制。这部分还提供了一些帮助 ISP 了解在 IPv6 Internet 上成为 IPv6 提供商的步骤和规则。第五部分包括附录和术语表。

本书面向企业和提供商市场的专业人员，如规划人员、网络设计者、系统工程师、网络经理、管理员以及任何技术人员。

本书是一本中、高级技术参考书，可以帮助读者理解 IPv6 的原理和技术实现，并有助于通过相关的 Cisco 认证考试。

审校者序

近年来，Internet 得到了快速发展、应用和普及，网络在人们的日常生活和工作中起着日益重要的作用。目前占有 Internet 地址的主要设备早已由 20 年前的大型机变为 PC 机，越来越多的其他设备连接到 Internet 上，包括 PDA、汽车、手机、各种家用电器和传感器等。尤其是移动通信正在从传统的语音通信向数据通信演化，要发展移动 Internet 业务，每一个手机都要求设置一个 IP 地址（我国目前已经有 2.4 亿手机用户），将来每一台带有联网功能的电视、空调、微波炉等也需要设置一个 IP 地址。IPv4 显然已经无法满足这些要求。

早在 20 世纪 90 年代初期，Internet 工程任务组（IETF）就开始着手下一代 Internet 协议 IPng 的制定工作。1994 年 7 月，IETF 决定以 SIPP 作为 IPng 的基础，同时把地址长度从 64 比特增加到 128 比特。这种新的 IP 协议称为 IPv6。制定 IPv6 的专家们充分总结了早期制定 IPv4 的经验以及 Internet 的发展和市场需求，认为下一代 Internet 协议应侧重于网络的容量和性能。IPv6 继承了 IPv4 的优点，摒弃了它的缺点。IPv6 与 IPv4 是不兼容的，但它同 TCP/IP 协议簇中所有其他的协议兼容，即 IPv6 完全可以取代 IPv4。同 IPv4 相比较，IPv6 在地址容量、安全性、网络管理、移动性以及服务质量等方面有明显的改进，是下一代 Internet 可采用的比较合理的协议。

1998 年 12 月，草案标准 RFC 2460 发布之后，IPv6 实际上已经相当成熟。但是 IPv6 在很长一段时间里未能得到推广应用，全球只有少数几个实验网。这是因为 IPv4 和 IPv6 是不兼容的，庞大的 IPv4 网络要转换成 IPv6 是非常困难的。另外一方面的原因是对 IPv6 的需求还不够迫切，市场还不成熟，厂商也不急于开发生产相关设备。近一两年，情况开始发生变化，商用 IPv6

网布设进入议事日程，如 3G 移动通信标准组织 3GPP 决定 WCDMA Rel5 采用 IPv6。在移动数据通信市场需求的拉动下，各国，各方面都加大了向 IPv6 过渡的投资力度，纷纷建立各种规模的实验网，不少厂商推出了各种支持 IPv6 的网络设备，各种操作系统也都开始支持 IPv6。我国已经有多个正在进行的 IPv6 科研和实验网计划，一些电信运营商也在建立自己的 IPv6 网。不久，国家的下一代 Internet（IPv6）计划将开始实施。

IPv6 的建设运营将对网络管理和维护人员提出更高的要求。管理和维护 Internet 的地址操作、互联互通过程中隧道的配置、IPv6 路由选择的能力、IPv6 的报文分段、IPv6 的邻居发现、IPv6 的安全业务和服务质量等都给配置带来了新的问题和负担，对系统管理员和网络的运维提出了新的挑战。科研人员以及网络管理和维护人员对 IPv6 的学习有迫切的需求。

本书是 Cisco Press 出版的学习指南系列丛书中的一本，主要讲述 IPv6 网络的实现。中国科学院声学研究所 DSP 中心的几位博士研究生正在参加“IPv6 有线无线接入系统关键技术研究”项目研究，他们在撰写博士论文的同时翻译了此书，希望本书能够对学习 IPv6 的读者有所帮助。

侯自强

关于作者

Régis Desmeules 是一名独立的咨询顾问，擅长于 IPv4、IPv6、网络结构和设计、安全、DNS、多媒体、Cisco 路由器、局域网交换机、UNIX 和微软实现（微软操作系统）。他曾经开发并教授与 IPv4、IPv6、IP 上的多媒体、安全、DNS 和 MobileIP 有关的课程，还在加拿大和不同场合如 INET、IPv6 论坛、Internet2 和 Networld+Interop 教授课程。他在 Viagénie 公司当过咨询顾问，在那里他参与了 IPv6 项目，如在 CA*net2 和 CA*net3 上部署 IPv6 骨干；开发并运行 IPv6 最早的隧道服务器之一 Freenet6.net；开发 6bone 上的秘密 IPv6 DNS 根服务器；参与称为 6TAP 的 IPv6 Internet 交换中心和 IPv6 上的网络游戏 Quake。在 Cisco 系统公司，他是 IPv6 课程和培训的协作者，这些课程和培训是为 IOS 学习服务组而设计的。在为 Viagénie 工作之前，他服务于加拿大最大的远程教育大学，在那里他构建了大型的数据、语音和视频会议网络。他现在生活在加拿大魁北克城的一个宁静的小镇里。

关于技术审稿人

Bruno Ciscato 是一名 IPv6 网络咨询顾问。之前，他服务于 Cisco 系统公司，在 6 年时间里，设计服务提供商网络并领导 6net 项目，这个项目是欧洲执委会资助的欧洲科学团体的大规模 IPv6 试验床。他现住在意大利，酷爱酒和航行。

Patrick Grossetete 是 Cisco 系统公司的一名资深产品经理。在 Internet 技术分部（ITD），负责 Cisco IOS 的 IPv6 战略。之前，他是 EMEA 咨询团队的现场优秀工程师，为客户做网络设计。他经常在各种 IPv6 场合代表 Cisco 公司，并且是 IPv6 论坛的 Cisco 代表。在 1994 年加入 Cisco 系统公司之前，他在数字设备公司（Digital Equipment）做救援支持和网络咨询顾问，在那儿他从事局域网产品、ATM 和 DECnet/OSI 体系结构方面的工作。他现住在法国，与妻子和两个孩子在一起。

Jun-ichiro Itojun Hagino 是 IIJ（日本最大的 ISP 之一）的一名研究员，是 IETF v6ops 工作组的副主席。他从 Keio 大学获得博士学位，研究内容是面向对象操作系统。

Casimir Samanasu 是 Cisco 系统公司的一名项目经理。他获得了芝加哥的 DePaul 大学的计算机科学硕士学位和 Dallas 大学的 MBA。过去他曾开发了局域网交换课程并负责 Cisco IOS 全部课程，包括 QoS、多播、安全和 VPN 等先进技术。作为一名课程经理，最近他负责开发了有关 IPv6 和移动 IP 技术的培训，并撰写了“IP 版本 6 基础知识”文档。

Saeed Bin Sarder 作为一名开发测试工程师，在 Cisco 系统公司的高速交换组工作两年多。他所在的组负责测试 Catalyst 6000 产品系列上 IOS 中的控制和数据平面问题，包括 IPv4、IPv6、MPLS、QoS 以及各种局域网和广域网模块上的 IP 多播路由选择和硬件转发。

献 辞

此书献给我的妻子 Caroline、儿子 Olivier 和女儿 Sarah，感谢他们在我写作这本书的无数个夜晚和周末给予无条件的支持。

特别感谢我的朋友 Marc Blanchet、Florent Parent 和在 Viagénie 工作的 Hélène Richard，他们在本书的写作过程中提供了建议、帮助和鼓励。他们对讲座和课程的开发都做出了贡献，正是从这些讲座和课程中，我获得了写作本书的灵感。

致　谢

我要对 Bill St-Arneau 和他在加拿大 Canarie 的团队说声"谢谢"，他们从 IPv6 协议的早期开发阶段起就给予了支持和信任。

谢谢 Cisco Press 的工作人员，特别是 Michelle、Chris、Ginny 以及为本书的出版付出辛勤劳动的所有技术审校人员——Patrick、Itojun、Cas、Bruno 和 Saeed。

前　言

IPv6 在 1992 年由 IETF 推出。与 IPv4 地址空间匮乏相比，IPv6 在今天看来将成为基本的、容易安装的解决方案。由于其设计基于 IPv4 协议过去 20 年的经验，IPv6 的效率较 IPv4 有显著的提高。

对于 IPv6，我们不得不改变思维方式，因为 IPv6 协议不仅仅是为网络（如当前的 IPv4 Internet）上的计算机而设计的。IPv6 应用于所有的通信设备，如蜂窝设备、无线设备、电话、个人数字助理、电视、广播设备等，而不只限于计算机。

IPv6 的一个主要目标是通过简化任何基于 IP 网络的实施、运营和管理，使路由器成为网络的关键组件。而且，对于将有数十亿个节点设备的全球网络，如 3G 基础设施，IPv6 比 IPv4 更先进，更具规模扩展性。IPv6 的一些优势包括：巨大的地址空间、简单的数据包头、自动配置、网络重编号、网络聚合、多穴、过渡以及与现有的 IPv4 基础设施并存。

从长远角度来看，Internet 专家和高层分析人员一致认为 Internet 必须升级到 IPv6。事实上，IPv6 的最终目标是完全替代 IPv4。因此，IPv6 的长远市场是巨大的，意味着世界各地的数十亿台节点设备和网络。

Cisco 系统公司是全球领先的网络互连硬件和软件供应商。Cisco 从 1995 年（即 IPv6 的早期设计阶段）开始就参与了 IETF IPv6 的标准化过程。因为 Cisco 技术承载着全部 Internet 流量的 80%，显然，Cisco 是 IPv6 在全球实施的一个关键角色。

注：因为在本书中，要列出一份最新的 Cisco IOS 软件技术为不同平台已经或将要支持的 IPv6 功能列表是困难的，建议您访问 www.cisco.com 获得最新的可用功能列表。可以在“从这儿开始：Cisco IOS 软件版本 IPv6 功能”手册中找到最新列表，也可以在 CCO 功能导航中找到最新列表。

本书目标

全面理解 IPv6 技术机制、Cisco IOS 软件技术的 IPv6 新功能、Cisco 路由器与 IPv6 实现的互操作性对实施可扩展的、可靠的 IPv6 网络是最基本的。

因此，本书重点介绍 Cisco IPv6 的实现，以及在 Cisco 路由器上设计、配置、部署和调试 IPv6 的深入的技术参考。通过书中所有的 IPv6 功能操作实例，您将获得 Cisco 技术 IPv6 的专门知识。

本书读者

本书面向企业和提供商市场的专业人员，如规划人员、网络设计者、系统工程师、网络经理、管理员以及任何技术人员。那些计划使用 Cisco 技术实施 IPv6 网络、提供 IPv6 连接并在网络骨干中应用 IPv6 的专业人员有必要阅读本书。因为本书提供了许多应用 IPv6 和 Cisco IOS 软件技术的例子、图解、IOS 命令和建议，您将发现本书是值得一读的。

本书包含描述、设计、配置、维护和运营基于 Cisco 路由器的 IPv6 网络骨干的所有知识。为了全面理解本书的知识，您需要有一点 IPv4 的背景并能够操作 Cisco 路由器。

本书结构

虽然您可以逐页地通读全书，但本书的设计灵活，您可以随意地跳读任何章节，方便地查找到您所需要的内容。

本书分为五部分。第一部分介绍了 IPv6 的发展过程、理论基础和优势。第二部分详细说明 IPv6 的基本特征和高级特征，然后解释使用 Cisco IOS 软件技术进行设计、应用、配置和路由 IPv6 网络。第三部分讲述主要的整合和共存机制，并描述使用不同的策略、在当前的 IPv4 基础设施上整合 IPv6。这部分还包括了使用 Cisco IOS 软件技术与不同的支持 IPv6 主机实现进行网络互联的例子。第四部分叙述 6bone 的设计，以及这个全球范围的 IPv6 骨干的运作机制。这部分还提供了一些信息，帮助 ISP 了解在 IPv6 Internet 上成为 IPv6 提供商的步骤和规则。第五部分包括附录和术语表。

下面重点说明了涉及的主题和本书的组织结构。

第一部分：IPv6 综述和缘由

第 1 章 IPv6 介绍

本章概述了新的 IPv6 协议。通过指出 IPv4 的问题，如 IPv4 地址空间枯竭、快速增长的全球 Internet 路由选择表以及应用网络地址转换（NAT）机制的许多隐含条件，从而更具体地探讨了 IPv6 的理论依据。本章还介绍了 IPv6 的发展过程，并综述了 IPv6 的各种特征，如巨大的地址空间、地址层次结构、网络聚合、自动配置、网络重编号、有效的包头、移动性、安全性以及从IPv4到IPv6的过渡。

第二部分：IPv6设计

第2章 IPv6编址

本章讨论了IPv6的基本知识，讲解了在Cisco路由器上应用基本的IPv6配置。更具体地说，本章详细描述了新的IPv6头、IPv6寻址结构、高层协议UDP与TCP、IPv6地址表示，以及如本地链路、本地站点等所有的IPv6地址类型。本章还解释并提供了许多例子，包括在一台路由器上启用IPv6功能、为网络接口启用并分配IPv6地址、使用EUI-64格式配置地址、检查接口的IPv6配置信息。

第3章 深入探讨IPv6

本章是本书中关键的一章。描述了IPv6的高级特征和机制，如邻居发现协议（NDP）、无状态自动配置、前缀通告、重复地址检测（DAD）、替代ARP、IPv6消息控制协议（ICMPv6）、路径MTU发现（PMTUD）、域名系统（DNS）新的AAAA记录、DHCPv6、IPSec以及移动IPv6。然后，为了帮助您掌握这些IPv6高级特征的操作知识，第3章涵盖了在Cisco路由器上启用并管理前缀公告、对一个网络重新编号、定义IPv6标准的和扩展的访问控制列表（ACL）等内容。本章还提供了一些例子，使用支持IPv6的工具和命令（如**show**、**debug**、**ping**、**traceroute**、**Telnet**、**ssh**和**TFTP**，这些是IOS的EXEC命令）在Cisco路由器上验证、管理并调试IPv6配置。

第4章 IPv6路由选择

本章通过将IPv6路由选择协议EGP、IGP与IPv4相应的协议作比较，解释了IPv6路由选择协议EGP和IGP的区别。和在IPv4中一样，路由选择协议对IPv6路由域是不可或缺的。第4章首先概述了这些路由选择协议为支持IPv6而做的更新和修改，内容包括域间路由选择协议BGP4+、域内路由选择协议RIPng、支持IPv6的IS-IS和OSPFv3。本章还讨论并提供了在Cisco路由器上启用、配置和管理这些IPv6路由选择协议的实例。更具体地讲，本章包括配置静态和默认的IPv6路由，启用和配置支持IPv6的BGP4+，建立多跳BGP4+配置，在BGP的IPv6对等点间配置BGP4+以交换IPv4路由，应用BGP4+为IPv6配置前缀过滤和路由映射，BGP4+使用本地链路地址，配置RIPng，启用和配置支持IPv6的IS-IS和OSPFv3，向BGP4+、RIPng、支持IPv6的IS-IS和OSPFv3中重分配IPv6路由。本章最后一节描述了在Cisco IPv6快速转发（CEFv6）中使用的命令，也描述了使用**show**和**debug**命令管理一些路由选择协议。

第三部分：IPv4和IPv6的共存与整合

第5章 IPv6的整合和共存策略

本章讲述了IPv6中主要的整合和共存策略，这些策略的目的在于维持与IPv4的完全后向兼容并允许从 IPv4 到 IPv6 的平稳过渡。本章描述的整合和共存策略包括：双栈方法；在 IPv4 网络上隧道传输 IPv6 数据包的多种协议和方法，如配置隧道、隧道代理、隧道服务器、6 到 4（6to4）、GRE 隧道、ISATAP 和自动 IPv4 兼容隧道；IPv6 单协议网络到 IPv4 单协议网络的过渡机制，如应用层网关和 NAT-PT。另外，本章讲述了启用双栈功能，启用配置隧道，启用 6 到 4（6to4），使用 6 到 4 中继，在 GRE 上实施 IPv6，启用 ISATAP 隧道，启用 NAT-PT，以及应用静态和动态 NAT-PT 配置。本章还提供了一些验证和调试这些过渡方法的例子。

第 6 章 IPv6 主机和 Cisco 的互联

本章讲述了在各种操作系统上启用和配置 IPv6，以便与 Cisco IOS 软件技术互联，这些操作系统包括：微软 Windows NT、2000 和 XP；Solaris 8；FreeBSD 4.X；Linux 和 Tru64 UNIX。还包括一些关于 IPv6 主机实现和 Cisco 路由器之间使用无状态自动配置、双栈方法、配置隧道和 6 到 4 进行网络互联的例子。

第四部分：IPv6 骨干网

第 7 章 连接 IPv6 Internet

本章讨论了如何构建 IPv6 Internet、如何与之连接。更具体地说，本章描述了 6Bone 的构架、设计、编址和路由选择策略以及如何成为该 IPv6 骨干网的伪 TLA，也讲述了策略分配和在正常运行的 IPv6 Internet 上区域 Internet 注册机构（RIR）如何分配地址。本章列出了成为 IPv6 提供商的准则，描述了地址分配、向客户进行地址再分配以及提供商如何将 IPv6 连接提供给客户。

第五部分：附录

附录 A Cisco IOS 软件的 IPv6 命令

本附录列出了 Cisco IOS 软件技术中已有的 IPv6 命令和在本书中出现的命令。

附录 B 复习题答案

本附录提供了每章的复习题答案。案例分析问题的答案在每章的后面能够找到。

附录 C 与 IPv6 有关的 RFC

本附录列出了探讨 IPv6 技术规范的 IETF RFC。

术语表

本部分提供了由 IPv6 引入的新技术术语的定义。

本书中用到的图标

Cisco 使用下列图标表示不同的网络设备。
在本书中，将会出现其中的一些图标。

命令语法惯例

本书命令语法遵循的惯例与 IOS 命令手册使用的惯例相同。命令手册对这些惯例的描述如下。

- **粗体字**表示照原样输入的命令和关键字，在实际的设置和输出（非常规命令语法）中，粗体字表示命令由用户手动输入（如 **show** 命令）。
- *斜体字*表示用户应提供的具体值参数。
- 竖线（|）用于分隔可选的、互斥的选项。
- 方括号（[]）表示任选项。
- 花括号（{}）表示必选项。
- 方括号中的花括号（[{}]）表示必须在任选项中选择一个。

目　录

第一部分　IPv6 综述和缘由

第 1 章　IPv6 介绍……3

1.1　IPv6 的理论根据……3
1.2　IPv4 地址空间……4
1.2.1　当前 IANA 的 IP 地址空间分配……5
1.2.2　Internet 的未来增长……6
1.3　IPv4 地址空间耗尽……6
1.4　IPv6 的历史……8
1.5　IPv5……9
1.6　网络地址转换……10
1.7　IPv6 的特点……12
1.7.1　大的地址空间……12
1.7.2　全球可达性……13
1.7.3　编址层次等级……14
1.7.4　聚合……14
1.7.5　多重地址……15
1.7.6　自动配置……16
1.7.7　重新编址……17
1.7.8　多播使用……18
1.7.9　高效包头……19
1.7.10　流标签……20
1.7.11　扩展包头……21
1.7.12　移动性……22
1.7.13　安全性……23
1.7.14　过渡……24
1.8　总结……25
1.9　复习题……26
1.10　参考文献……26

第二部分 IPv6 设计

第 2 章 IPv6 编址 ……31
2.1 IP 包头……31
2.1.1 IPv4 包头格式……31
2.1.2 基本 IPv6 包头格式……34
2.1.3 IPv6 扩展包头……36
2.1.4 用户数据报协议（UDP）和 IPv6……39
2.1.5 传输控制协议（TCP）和 IPv6……40
2.1.6 IPv6 的最大传送单元（MTU）……40
2.2 寻址……41
2.2.1 IPv6 地址表示……41
2.2.2 IPv6 地址类型……47
2.3 IPv6 的寻址结构……58
2.4 在 Cisco IOS 软件技术上配置 IPv6……60
2.4.1 在 Cisco IOS 软件技术上打开 IPv6 功能……60
2.4.2 数据链路技术之上的 IPv6……61
2.4.3 在网络接口上启用 IPv6……63
2.5 小结……67
2.6 配置练习：使用 Cisco 路由器配置一个 IPv6 网络……68
2.6.1 目标……68
2.6.2 任务 1 和任务 2 的网络结构……68
2.6.3 命令列表……68
2.6.4 任务 1：基本路由器安装和安装新的支持 IPv6 的 Cisco IOS 软件……69
2.6.5 任务 2：在路由器上启用 IPv6 并配置静态地址……71
2.7 复习题……73
2.8 参考文献……75
第 3 章 深入探讨 IPv6 ……79
3.1 IPv6 Internet 控制消息协议（ICMPv6）……80
3.2 IPv6 路径 MTU 发现（PMTUD）……82
3.3 邻居发现协议（NDP）……83
3.3.1 用邻居请求和邻居公告消息替代 ARP……84
3.3.2 无状态自动配置……87
3.3.3 重复地址检测是如何工作的……95
3.3.4 前缀重新编址是如何工作的……96
3.3.5 路由器重定向……99

3.3.6 NDP 总结 ······ 100
3.4 域名系统（DNS） ······ 100
3.4.1 AAAA 记录 ······ 100
3.4.2 IPv6 的资源记录 PTR ······ 101
3.4.3 其他在 IPv6 中定义的资源记录 ······ 102
3.5 用 IPv6 访问控制列表（ACL）保护网络 ······ 102
3.5.1 创建 IPv6 ACL ······ 102
3.5.2 在接口上应用 IPv6 ACL ······ 103
3.5.3 定义标准 IPv6 ACL ······ 103
3.5.4 定义扩展 IPv6 ACL ······ 105
3.5.5 管理 IPv6 ACL ······ 111
3.6 Cisco IOS 软件的 IPv6 工具 ······ 111
3.6.1 使用 Cisco IOS 软件的 IPv6 ping 命令 ······ 111
3.6.2 使用 Cisco IOS 软件的 IPv6 traceroute 命令 ······ 112
3.6.3 使用 Cisco IOS 软件 IPv6 Telnet 命令 ······ 112
3.6.4 使用 Cisco IOS 软件 IPv6 安全 Shell（SSH） ······ 113
3.6.5 使用 Cisco IOS 软件 IPv6 TFTP ······ 113
3.6.6 在 Cisco IOS 软件上启用支持 IPv6 的 HTTP 服务器 ······ 114
3.7 IPv6 动态主机配置协议（DHCPv6） ······ 114
3.8 IPv6 安全性 ······ 114
3.8.1 IPSec 认证包头（AH） ······ 115
3.8.2 IPSec 封装安全有效载荷（ESP） ······ 115
3.9 移动 IP ······ 115
移动 IPv6 ······ 115
3.10 总结 ······ 116
3.11 配置练习：用 Cisco 路由器管理在 IPv6 网络上的前缀 ······ 116
3.11.1 目标 ······ 116
3.11.2 任务 1 的网络结构 ······ 117
3.11.3 命令列表 ······ 117
3.11.4 任务 1：用本地站点前缀启用路由器公告 ······ 118
3.11.5 任务 2 的网络结构 ······ 120
3.11.6 任务 2：用可聚合全球单播前缀重新编址本地站点前缀 ······ 121
3.12 复习题 ······ 122
3.13 参考文献 ······ 123

第 4 章 IPv6 路由选择 ······ 127

4.1 IPv6 路由选择简介 ······ 127
4.1.1 显示 IPv6 路由选择表 ······ 128
4.1.2 管理距离 ······ 129

4.2 静态IPv6路由……129
4.2.1 配置静态IPv6路由……129
4.2.2 显示IPv6路由……130
4.3 IPv6的EGP协议……131
4.3.1 BGP-4简介……131
4.3.2 IPv6的BGP4+……131
4.4 IPv6的IGP协议……149
4.4.1 IPv6 RIPng……150
4.4.2 IPv6 IS-IS……155
4.4.3 IPv6 OSPFv3……166
4.4.4 IPv6 EIGRP……170
4.5 IPv6的Cisco快速转发……170
4.5.1 在Cisco上启用CEFv6……171
4.5.2 CEFv6的显示命令……171
4.5.3 CEFv6的调试命令……171
4.6 小结……172
4.7 案例研究：使用Cisco配置静态路由和路由选择协议……173
4.7.1 目标……173
4.7.2 命令列表……173
4.7.3 任务1：在一台路由器上配置静态和默认路由……174
4.7.4 任务2：在路由器R2上配置eBGP和iBGP对等关系……176
4.8 复习题……178
4.9 参考文献……180

第三部分 IPv4和IPv6的共存和整合

第5章 **IPv6的整合和共存策略**……185
5.1 双协议栈……186
5.1.1 支持IPv4和IPv6的应用……186
5.1.2 协议栈选择……187
5.1.3 在Cisco路由器上启用双栈……190
5.2 在现有的IPv4网络中隧道传输IPv6数据包……191
5.2.1 为什么采用隧道……191
5.2.2 IPv6数据包在IPv4中隧道传输如何工作……192
5.2.3 采用隧道……194
5.3 IPv6单协议网络到IPv4单协议网络的过渡机制……213
5.3.1 使用应用层网关（ALG）……213
5.3.2 使用NAT-PT……214

5.3.3 其他转换机制……222
5.3.4 总结……223
5.4 案例研究：使用 Cisco 的 IPv6 整合和共存策略……224
5.4.1 目标……224
5.4.2 命令列表……224
5.4.3 任务 1 的网络结构……225
5.4.4 任务 2 的网络结构……226
5.4.5 任务 3 的网络结构……228
5.5 复习题……230
5.6 参考文献……230

第 6 章 IPv6 主机和 Cisco 的互联……233

6.1 Microsoft Windows 上的 IPv6……233
6.1.1 支持 IPv6 的 Microsoft Windows 的互联……234
6.1.2 在 Microsoft Windows 上启用 IPv6……235
6.1.3 在 Microsoft Windows 上验证 IPv6……236
6.1.4 Microsoft Windows 上的无状态自动配置……238
6.1.5 在 Microsoft Windows 上分配静态的 IPv6 地址和默认路由……240
6.1.6 在 Microsoft Windows 中管理 IPv6……241
6.1.7 在 Microsoft Windows 上定义配置隧道……242
6.1.8 在 Microsoft Windows 上使用 6to4 隧道……244
6.2 Solaris 上的 IPv6……247
6.2.1 Solaris 的 IPv6 互联……247
6.2.2 在 Solaris 上启用 IPv6……248
6.2.3 Solaris 上的无状态自动配置……248
6.2.4 在 Solaris 上分配一个静态 IPv6 地址和默认路由……249
6.2.5 在 Solaris 上管理 IPv6……250
6.2.6 在 Solaris 上定义配置隧道……251
6.3 FreeBSD 上的 IPv6……253
6.3.1 FreeBSD 的 IPv6 互联……253
6.3.2 在 FreeBSD 上验证 IPv6 支持……254
6.3.3 FreeBSD 上的无状态自动配置……254
6.3.4 在 FreeBSD 上分配静态 IPv6 地址和默认路由……255
6.3.5 在 FreeBSD 上管理 IPv6……256
6.3.6 在 FreeBSD 上定义配置隧道……257
6.3.7 在 FreeBSD 上使用 6to4……258
6.3.8 OpenBSD 和 NetBSD……260
6.4 Linux 上的 IPv6……261
6.4.1 使用 IPv6 互联 Linux……261

6.4.2 验证 Linux 的 IPv6 支持 ······ 261
6.4.3 Linux 的无状态自动配置 ······ 263
6.4.4 在 Linux 上分配静态 IPv6 地址和默认路由 ······ 264
6.4.5 Linux 的 IPv6 管理 ······ 265
6.4.6 在 Linux 上定义配置隧道 ······ 266
6.4.7 在 Linux 上使用 6to4 ······ 268
6.4.8 在 Linux 上使用 6to4 中继 ······ 270
6.5 Tru64 UNIX 上的 IPv6 ······ 270
6.5.1 Tru64 的无状态自动配置 ······ 271
6.5.2 在 Tru64 上分配静态 IPv6 地址和默认路由 ······ 272
6.5.3 在 Tru64 上管理 IPv6 ······ 272
6.5.4 在 Tru64 上定义配置隧道 ······ 273
6.6 其他支持 IPv6 的主机实现 ······ 275
6.7 总结 ······ 275
6.8 案例研究：IPv6 主机和 Cisco 互联 ······ 276
6.8.1 目标 ······ 276
6.8.2 命令列表 ······ 276
6.8.3 配置练习的网络结构 ······ 277
6.8.4 任务 1：配置路由器 R1 的网络接口 ······ 278
6.8.5 任务 2：在 Solaris 上启用无状态自动配置并分配一个静态 IPv6 地址 ······ 279
6.8.6 任务 3：在路由器 R1 上配置隧道接口 ······ 280
6.8.7 任务 4：在 Microsoft Windows XP 上启用 6to4 ······ 281
6.8.8 任务 5：在 FreeBSD 上定义配置隧道 ······ 282
6.9 复习题 ······ 282
6.10 参考文献 ······ 283

第四部分 IPv6 骨干网

第 7 章 连接 IPv6 Internet ······ 289
7.1 6bone ······ 289
7.1.1 6bone 拓扑结构 ······ 290
7.1.2 6bone 结构 ······ 291
7.1.3 6bone 上的 IPv6 寻址 ······ 294
7.1.4 成为 6bone 中的 pTLA ······ 295
7.1.5 6bone 中的路由选择策略 ······ 296
7.1.6 6bone 路由注册 ······ 298
7.2 IPv6 Internet ······ 298
7.2.1 区域 Internet 注册机构 ······ 298

7.2.2 注册机构的 IPv6 地址分配策略……298
7.2.3 地址分配……300
7.3 连向商用 IPv6 Internet……301
7.3.1 成为 IPv6 提供商……301
7.3.2 在 NAP 中交换流量……302
7.3.3 用户网络连接至 IPv6 提供商……303
7.3.4 IPv6 提供商地址空间的再分配……304
7.3.5 IPv6 提供商的路由选择和路由聚合……305
7.3.6 使用过渡和共存机制的主机连接……305
7.4 产业支持和发展方向……306
7.4.1 IPv6 论坛……306
7.4.2 6NET……306
7.4.3 欧洲 IPv6 工作组……307
7.4.4 日本 IPv6 促进委员会……307
7.4.5 北美 IPv6 工作组……307
7.4.6 3G……308
7.4.7 无线移动 Internet 论坛（MWIF）……309
7.4.8 政府……309
7.5 总结……309
7.6 复习题……310
7.7 参考文献……311

第五部分　附　录

附录 A　Cisco IOS 软件的 IPv6 命令……315

附录 B　复习题答案……331

附录 C　与 IPv6 有关的 RFC……349

术语表……357

在过去的10年里，Internet一直快速地发展着。Internet运行于IP版本4（IPv4）之上，但是这个协议是在20年前为几百台计算机组成的网络而设计的。本书的这部分解释了为什么需要升级IPv4协议，也阐述了IPv6协议产生的缘由和主要优势。

第一部分

IPv6 综述和缘由

第 1 章　IPv6 介绍

“所有能被发明的东西都已被发明了。”

Charles Duell，美国专利局局长，1899

第 1 章

IPv6 介绍

在深入了解一种新技术之前，明白这种新技术是为解决什么问题而设计的和它带来了什么优势是至关重要的。当本章结束时，你应该能解释使用 Internet 协议版本 6（Internet Protocol version 6，IPv6）的理由。本章还介绍了 IPv6 协议的主要特点和优势。

1.1 IPv6 的理论根据

你应该明白是许多原因促使了 IPv6 的设计和实现。首先也是最重要的是，Internet 协议版本 4（Internet Protocol version 4，IPv4）地址方案受到了其 32 比特地址长度的限制，这给 Internet 的长期发展带来了问题。而且，部分 IPv4 地址方案（如 D 类和 E 类）被保留作为特殊用途，这也减少了可用的 IPv4 全球唯一单播地址的数目。随后，即使 Internet 迅速发展（尤其是在亚洲和欧洲），在 20 世纪 80 年代非常大的全球唯一单播地址块还是被分配给了一些组织。而对于亚洲和非洲的一些国家，整个国家只得到了一个 C 类地址，原因是他们参与到 Internet 的时间太晚了。

全球唯一单播 IPv4 地址的可用数目已经不足以为每一个即将出现的新设备分配一个不同的 IP 地址了。IP 被市场认为是融合不同应用层面（如数据、语音和音频）的公共承载者（denominator）。然而，除了当前在 Internet 上互连的计算机，这些新设备也需要很多 IP 地址来互连各种 IP 设备仪器。

尽管采用了如无类域间路由选择（CIDR）和网络地址转换（NAT）等机制，全球 Internet 路由选择表仍然巨大而且在持续增长。因此，一些研究预计在2005年到2011年间现在的IPv4地址空间将会耗尽。

这个预计促使Internet工程工作组（IETF）达成一个共识，即在地址空间被耗尽之前有足够的时间设计实现一个新的IP协议来替代IPv4。在IPv6发展背后的历史表明，为了解决IPv4协议的问题，不同的贡献者之间就这个过程进行了组织和协调。

在万维网和商业Internet的早期，开发了NAT来解决这个紧迫的问题，IETF也将其视为一种解决IPv4地址空间耗尽的潜在方案。但是，对地址转换机制的深入了解显示出NAT机制是如何破坏Internet的端到端模型的，这样造成的限制比获得的好处还要多。

1.2 IPv4 地址空间

IPv4基于32比特地址方案，理论上能够使整个Internet上有40多亿台主机（准确地说是4 294 967 296）。然而，这个32比特方案最初被分为5个层次的类别，由Internet地址授权委员会（IANA）管理。前3个类（A、B和C）被用来作为全球唯一单播IP地址，这些类以固定的前缀长度分配给请求者。前缀长度是由不同的网络掩码标识的。网络掩码是一连串被预设为1的比特，用来“掩盖”IP地址的网络部分。

表1-1显示了IPv4地址的5个类别及其关联的范围和网络掩码。

表1-1　IPv4地址的层次类别

类　别	范　围	网络掩码
A	0.0.0.0～127.255.255.255	255.0.0.0
B	128.0.0.0～191.255.255.255	255.255.0.0
C	192.0.0.0～223.255.255.255	255.255.255.0
D	224.0.0.0～239.255.255.255	—
E	240.0.0.0～255.255.255.255	—

IANA是一个组织，专注于Internet的中央协调。IANA负责为协议分配协议号和给区域Internet注册机构和大的网络提供商分配IP地址块。可以在www.iana.org上获得更多关于IANA的信息。

在北美洲这个Internet早期被采用的地方，特别是在20世纪80年代，几乎所有的大学和大的公司都得到了A类或B类地址，即使他们只有少量计算机。今天，这些机构在分配给他们的地址块中仍然还有没被使用的IPv4地址，但是他们不会重新分配这些地址给其他机构。此外，在20世纪80年代得到IPv4地址的许多机构和公司已不存在。例如，Digital被Compaq收购，Compaq被Hewlett-Packard收购。Digital和Hewlett-Packard各自都拥有一块A类地址。

未用地址的重新分配是Internet的一个非常重要的问题。理论上，可以有一个拥有42亿表项的全球Internet路由选择表。但是在现实中，这意味着可扩展性、性能和大型网络运营商的管理问题。怎么可能在几毫秒之内使一个拥有42亿表项的数据库聚合呢？简单地把从B类地址产生的成千上万个C类地址加入到全球Internet路由选择表中就意味着使现有的路由选择表规模加倍。

在已分配的IPv4地址块中未被使用的IPv4地址数是非常大的。

而且，地址方案中其他大的部分没有用来给设备分配唯一地址。这降低了实际可作为全球唯一单播 IP 地址的 IPv4 地址的百分比。例如，D 类和 E 类地址为多播和试验目的保留。网络 0.0.0.0/8、127.0.0.0/8 和 255.0.0.0/8 被保留用于协议操作。10.0.0.0/8、169.254.0.0/16、172.16.0.0/12、192.168.0.0/16 和 192.0.2.0/24 被私有网络专用（在 RFC 1918 中定义）。实际上，所有已分配的 A 类和 B 类、未用的地址空间和预留的 IP 地址的总和已经迫使区域 Internet 注册机构和 ISP 开始限制地址的分配和分发。仅有小块 IPv4 地址被分配给组织，这通常意味着 IP 地址比主机少。

注：3 个区域 Internet 注册机构负责为提供商和组织分配成块的 IP 地址。美国 Internet 地址注册机构（ARIN）为北美洲、中美洲和南美洲服务。RIPE NCC（Réseaux IP Européens Network Coordination Center）负责欧洲和非洲。亚太网络信息中心（APNIC）负责亚洲的 IP 地址分配。所有这 3 个注册机构都提供申请 IP 地址空间的指导。可以从 www.arin.net、www.ripe.net 和 www.apnic.net 上得到更多关于这些注册机构的信息。

IPv4 的 32 比特地址空间与任何其他的编址方案一样不是最优的，如电话编号系统。Christian Huitema 提出了一个对数比例来比较使用效率，这个对数比例也应用于其他的地址空间，例如电话号码。

每一个编址计划都有若干层次，层次间具有边界。然而，随着时间的推移，这个层次结构可能因为发展和移动性的需求而改变。那么，当分配超出范围时，就需要进行非常痛苦和耗资巨大的重新编号工作。在北美洲，由于新电话服务的增长，自 20 世纪 90 年代就开始了对电话区域代码的重新编号。

在层次结构的每个层次都会损失掉一些效率。当数个层次结构同处于一个编址方案时效率的损失就更加巨大。这对总体的效率有数倍的影响。

IPv4 不比其他的编址方案更糟或更好。类别层次机构（A、B、C、D 和 E）使地址空间的效率较低。在类别层次结构中，地址层次结构中的高有效比特被分配给提供商，低有效比特被站点和子网使用。RFC 3194，“地址分配效率的主机密度比：主机密度比更新版”（*The Host-Density Ratio for Address Assignment Efficiency: An update on the HD ratio*），提供了关于 HD 比率和 IPv4 地址方案的详细信息。

HD 比率是一个百分比，用来标识由一个特定的效率带来的付出水平。一个低于 80%的比率是可管理的，但是一个高于 87%的比率是难以维持的。RFC 3194 中指出，当 2.4 亿全球唯一单播 IP 地址都在 Internet 上使用时，IPv4 的 32 比特地址空间将会达到最大的付出水平。

1.2.1　当前 IANA 的 IP 地址空间分配

图 1-1 显示了 2002 年 9 月 IANA 的 IP 地址空间分配。占总 IPv4 地址空间 12%的 D 类和 E 类地址不能作为全球唯一单播地址。有 2%是不能使用的地址，包括 0.0.0.0/8、127.0.0.0/8、255.0.0.0/8 和私有地址空间。图中最大的一块（58%）代表已分配给组织机构和区域 Internet 注册机构（如 ARIN、APNIC 和 RIPE）的地址空间，这意味着还有 28%的剩余 IPv4 地址空间没有被分配。

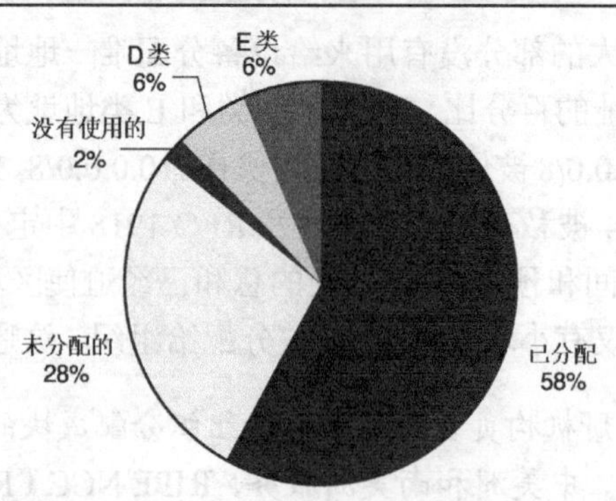

图 1-1 2002 年 9 月已分配 IPv4 地址空间的百分比

来源：从 IANA 发布的关于 IPv4 地址空间分配的信息计算而来

1.2.2 Internet 的未来增长

当前的形势表明未来获得地址会更加困难，因为它们已经变成一种稀有资源，而 Internet 在全球范围内仍在不断增长。这个问题在一些地方是明显的，但不是在北美洲。在北美洲，75%的 IPv4 地址分配给了少于世界总数 10%的人口。

而且，临时的和半永久的连接（如拨号）正在被像 cable-modem/xDSL 这样的连接所取代。这就要求每一个节点都有一个永久 IP 地址，而不是一个用于一群 PPP 用户的临时地址。每 IP 地址的用户比率从 m:1（m>1）变为 1:1。无线网络正在市场上出现，802.11b 设备和移动网络到处布设。然而，在移动过程中无线设备频繁改变物理位置、接入点和逻辑子网，这就意味着这些设备需要附加的地址池。

一些 ISP 将要用光其 IP 地址，因此，他们必须通过 NAT 为他们的用户分配私有地址。新的大型网络不能从区域 Internet 注册机构或 ISP 那里得到 IPv4 地址。新技术，如 PDA、无线设备、蜂窝电话、VoIP 和基于 IP 应用的视频会议需要全球唯一单播 IP 地址。而且，当前这代 PC 和操作系统允许人们为他们的个人数据拥有自己的万维网服务器，这也需要在家乡网络上分配永久 IP 地址。

1.3 IPv4 地址空间耗尽

在 1990 年一个初步的研究得出结论：IPv4 地址空间将被耗尽，从此 IETF 在 IPv6 上的工作就开始了。更明确地说，IETF 预计 B 类地址将在 4 年内（1994）耗尽。这个研究也表明了为组织分配几个连续的C 类地址而不是B 类地址的必要性。C 类地址是小的，但数目很多（2 097 152）。

注：C 类是包含了 256 个 IPv4 地址的地址块，而一个 B 类包含了 65 536 个 IPv4 地址。但实际上一个 C 类网络上只能有 254 个主机。

这种做法在技术上的主要限制是在保持全球 Internet 路由选择表大小的同时要防止它膨胀。当全球 Internet 路由选择表中有几千个路由时，加入成百上千个新的小路由（C 类）是需要避免的问题。因此，在 1992 年 CIDR 机制被采纳，用来将邻近的 IPv4 地址块合并到一个地址块中。从 1993 年起，CIDR 开始帮助控制 Internet 路由选择表的增长。

图 1-2 显示了 1989 年以来全球 Internet 路由选择表的增长（有效的 BGP 表项）。在 2001 年路由选择表项总数超过了 100 000，其后在 2003 年这个数字达到 140 000（24 个月内增长了 40%）。如果你想得到关于路由选择表的实时信息，可以查看 Internet 上的路由服务器。这种路由服务器中有一些免费为公共信息和调试目的服务。

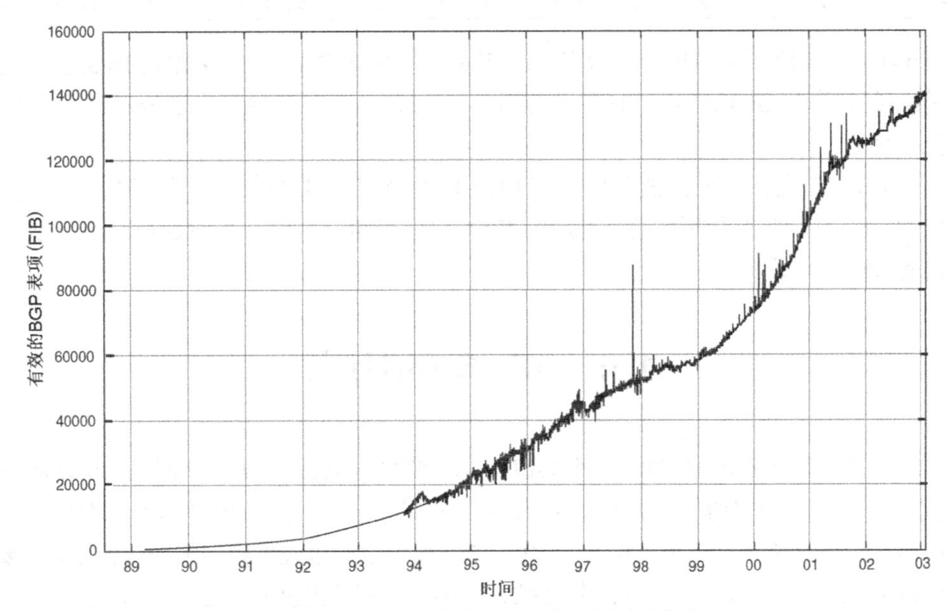

图 1-2　1989 年以来全球 Internet 路由选择表的增长

来源：BGP 表统计，Telstra 网站，www.telstra.net/ops/bgptable.html

例 1-1 显示了一个路由服务器上的全球 Internet 路由选择表。

例 1-1　查看一个路由服务器上的全球 Internet 路由选择表

```
#telnet route-server.ip.att.net

route-server>show ip route
show all routes of the routing table of the Internet



route-server>sh ip bgp summary
```

（待续）

```
BGP router identifier 12.0.1.28, local AS number 65000
BGP table version is 665451, main routing table version 665451
117228 network entries and 2373589 paths using 116277944 bytes of memory
37354 BGP path attribute entries using 2091992 bytes of memory
24197 BGP AS-PATH entries using 630776 bytes of memory
402 BGP community entries using 15192 bytes of memory
24674 BGP route-map cache entries using 493480 bytes of memory
0 BGP filter-list cache entries using 0 bytes of memory
Dampening enabled. 945 history paths, 751 dampened paths
BGP activity 125101/1203692325 prefixes, 2562479/188890 paths, scan interval 60 secs
```

在例 1-1 中，阴影部分的行显示有 117 228 个网络表项，这是路由选择表项的总数；2 373 589 条路径，这是 BGP AS-PATH 的表项数；116 277 944 字节内存，这是那台路由器处理路由选择表所使用的内存。

另一个由 IETF 进行的研究试图预计在 IPv4 地址空间耗尽之前还有多长时间。这个研究预计在 2005 年到 2011 年之间将不能获得新的 IPv4 地址空间。一些人认为这是悲观的预计，也有人认为这是乐观的预计。

1.4 IPv6 的历史

IP 地址空间耗尽的演示导致这样一个共识：有足够的时间设计、实施和测试一个功能增强的新协议，而不是部署一个仅仅增加较大地址的新协议。这带来了一个修正 IPv4 编址方案相关的限制和开发一个确保 Internet 未来几十年可靠发展的协议的机会。这个过程考虑到了来自各行业的要求，包括线缆和无线行业、电力事业、军方、企业网络、Internet 服务提供商（ISP）和其他有关方面。

在 1993 年发布了提案征求（RFC 1550）。以下 3 个提案被详细研究：

- Internet 公共结构（CATNIP），提议用网络业务接入点（NSAP）地址融合 CLNP、IP 和 IPX 协议（在 RFC 1707 中定义）；
- 增强的简单 Internet 协议（SIPP），提议将 IP 地址长度增加到 64 比特，改进 IP 包头（在 RFC 1752 中定义）；
- CLNP 编址网络上的 TCP/UDP（TUBA），建议用无连接网络协议（CLNP）代替 IP（第 3 层），TCP/UDP 和其他上层协议运行在 CLNP 之上（在 RFC 1347 中定义）。

推荐的提案是 SIPP，地址长度为 128 比特。SIPP 的主要作者是 Steve Deering。IANA 为这个协议分配的版本号是 6。1993 年一个叫下一代 IP（IPng）的工作组在 IETF 成立，刚好在万维网导致 Internet 流量爆炸之前。然而，这个 IPv4 的问题在万维网之前就存在。随后，在 1995 年末发布了第一个规范（RFC 1883）。2001 年 IPng 工作组更名为 IPv6。图 1-3 显示了 IPv6 的起始和发展。

在 1996 年，Internet 上建立了一个 IPv6 试验床，叫做 IPv6 骨干（6bone）。6bone 主要混合

使用了具有IPv6 beta版实现的Cisco IOS 软件的路由器和其他基于UNIX平台的路由器软件。IPv6地址空间中前缀3ffe::/16被分配给了6bone的参与者。在1997年，最初的尝试是按照基于提供商的IPv6地址格式划分IPv6地址空间。一年后，第一个IPv6交换局（称作6TAP）在芝加哥的STARTAP部署。在1999年，区域Internet注册机构（RIR）开始用IPv6地址空间2001::/16分配运营的IPv6前缀。在同一年，一个由主要的Internet提供商和研究与教育网络组成的世界范围内的联盟——IPv6论坛（IPv6 Forum）成立，目的是为了推进IPv6市场，促进提供商之间合作。在2000年，许多提供商开始在他们的主流产品上捆绑IPv6。Cisco发布了IPv6发展的三阶段路线图，在Cisco IOS软件版本12.2 (2)T中提供IPv6支持。在2001年，Microsoft宣布在其最新的操作系统Windows XP的主流代码中支持IPv6。

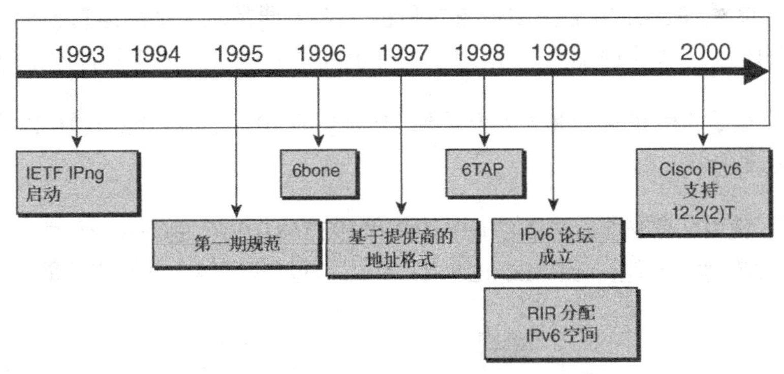

图1-3 IPv6的历史

注：第7章提供了关于6bone和IANA分配IPv6地址空间的详细信息。第6章描述了Microsoft Windows XP对IPv6的支持。

1.5 IPv5

Internet社团使用IPv4，并且使用IPv6也已经有一些年了。IANA是一个组织，它对世界范围内与Internet相关的所有事情包括分配地址负责，其中包括IP协议版本号。IANA应IPng工作组的要求在1995年分配版本6给IPng协议。

那么“IP版本5”呢？IPv5是一个试验性的资源预留协议，被称为Internet流协议（ST），目的是提供服务质量（QoS）。它能支持多媒体（如语音、视频和实时数据流量）在Internet上实时传输。这个协议基于先前Jim Forgie在1979年所做的工作，记录在IETF Internet试验记录199（Internet Experiment Note 199）中。它由两个协议组成——用作数据传输的ST协议和流控制消息协议（SCMP）。IPv5又称为ST2，记录在RFC 1819和RFC 1190中。

Internet流协议版本2（ST2）不是IPv4的替代物。它被设计与IPv4一起运行。IANA分配数字5给这个协议，原因是它在链路层的封帧方式与IPv4相同。一个典型的分布式多媒体应用可以使用这两个协议：IP 用来传输传统数据和控制信息，如 TCP/UDP 数据包；ST2 用于传输实时数据。ST2 使用与 IPv4 相同的编址方案标识主机。IP 上的资源预留现已用其他协议实现，如资源预留协议（RSVP）。

1.6 网络地址转换

自 1992 年以来，CIDR 并不是唯一的直接与缓解 IPv4 地址短缺相关的机制。多年来，被视为短期解决方案的 NAT 机制（在 RFC 1631 中定义）在允许组织机构在大型网络中使用少量 Internet 全球唯一单播 IP 地址方面扮演着重要角色。NAT 通常从一个网络转换数据包到 Internet，这个网络使用全球唯一单播 IP 地址或使用一个在 RFC 1918 中定义的私有地址空间。

注： IANA 预留了 3 块 IP 地址用于私有编址。地址空间 10.0.0.0/8、172.16.0.0/12 和 192.168.0.0/16 被用来与 Internet 进行地址转换。

图 1-4 显示了使用私有编址的网络。10.0.0.0/8 和 192.168.0.0/16 通过同一个使用 NAT 的 ISP 连接到 Internet。因为私有地址不能在 Internet 上路由，所以这些私有网络上的节点不能从 Internet 上访问。

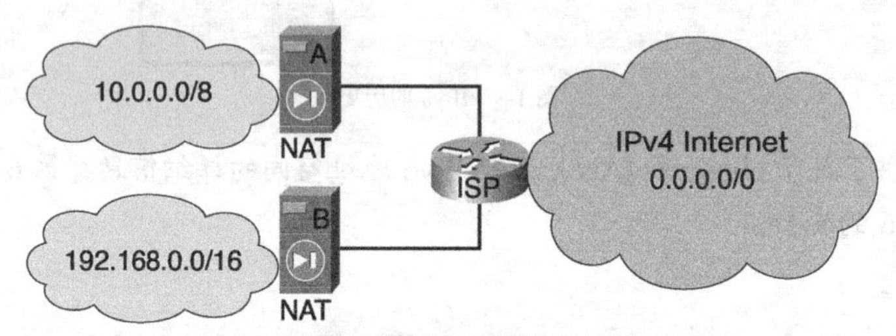

图 1-4 私有编址的网络使用 NAT 连接到 Internet

自 1990 年以来，CIDR、NAT 和私有编址的组合已经为减缓 IPv4 地址的耗尽提供了帮助。

而且，反对发展 IPv6 的其中一个论据就是 NAT 的使用。这被一些人视为 IPv4 地址空间短缺的永久解决方案。然而，使用 NAT 有许多潜在的弊端，这些在 IPv6 工程中得到了考虑。其中一些限制被记录在 RFC 2775 和 RFC 2993 中。

- NAT 破坏了 IP 的端到端模型——IP 最初被设计为只有端点（主机和服务器）才处理连接。作为低层的网络和 NAT 不必处理连接。
- 保持连接状态的需求——NAT 隐含要求网络（NAT 转换器）保持连接的状态，NAT 必须记住转换的地址和端口。
  - ➢ NAT 保持连接状态的要求使得当 NAT 设备出现故障或 NAT 邻近的链路出现故障时，难以快速重路由。使用链路和路由冗余的网络会遇到问题。
  - ➢ 组织机构部署高速链路（吉比特以太网、10G 以太网）提高其网络骨干的性能。

然而地址转换需要额外的处理，因为每条连接的状态必须和 NAT 一起保持。因此，NAT 影响了网络的性能。

➢ 对出于安全原因需要记录其最终用户的所有连接的提供商和组织来说，记录 NAT 状态表是追溯问题根源所必需的。

- 阻止了端到端的网络安全——为了通过一些加密方法保护 IP 包头的完整性，包头不能在从源点到最终目的地之间被改变。源点保护包头的完整性，最终目的地检查收到数据包的完整性。

  任何在路途中对包头部分的转换都会破坏完整性检查。虽然许多改进能在某些情况下部分地解决这个问题，但根本问题难以解决。IPSec 认证包头（AH）是这个问题的一个例子。在图 1-5 中，具有 IPSec 实现的计算机 A（1）用协议号 51（IPSec 认证包头）发送 IP 数据包到计算机 B。在转发数据包（2）到网络 206.123.31.0/24 之前，NAT 改变包头中的 IP 源地址，从 10.0.0.10 到 206.123.31.1。然而，在计算机 B 中的 IPSec 实现检查完整性时失败，因为在传输过程中包头中的一些东西被修改了。

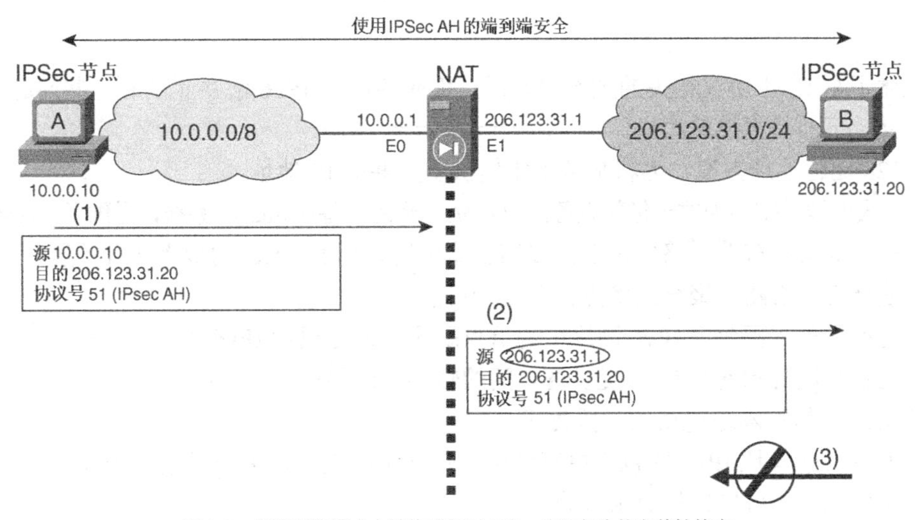

图 1-5 在端到端模式中转换破坏了 IPSec 认证包头的完整性检查

- NAT 不友好的应用——不仅仅端口和地址在通过 NAT 设备转发时需要映射。NAT 必须内置关于所有应用的所有知识才能做好这件事。这在用聚集端口动态分配端口、在应用协议中嵌入 IP 地址、安全关联等情况下尤其重要。结果是每当一个新的 NAT 不友好的应用被开发出来，NAT 就需要升级一次。
- 地址空间冲突——当使用相同私有地址空间的不同网络和组织要合并或互联时，将导致地址空间的冲突：不同的主机/服务器可能有相同的地址，路由选择不能到达另外的网络。但是这可以通过一些技术来解决，例如重新编址或二次 NAT。然而，这些技术不仅痛苦而且耗费金钱，以后还会增加 NAT 的复杂程度。

- 内部 IP 地址和可达 IP 地址的比例——当在内部有大量的主机和服务器，在外部有很少的可达地址时，NAT 是有效率的。内部 IP 地址和可达 IP 地址的比例必须很大，NAT 才有效率。

然而，在 NAT 背后的许多服务器必须从 Internet 可达，这是一个问题。相同的协议不能使用 NAT 外部地址复用在相同的端口上，例如在网络地址端口转换（NAPT）模式中。NAPT 允许使用 TCP 和 UDP 端口作为标记的转换机制共享一个 IP 地址。例如，两个万维网服务器位于 NAT 之后，都用 TCP 80 端口，不能使用相同的外部 IP 地址，除非改变端口号。因为许多协议把节点作为服务器，这占用了很多外部地址。结果 NAT 就不那么有用了。

IP 的最初设计是基于端到端模型的。这个模型导致了数千个 Internet 标准的设计，这些标准具有对 Internet 有益的可预测的行为。但是作为临时解决方案的 NAT 破坏了这种端到端模型。NAT 是一个短期延长 IPv4 生命的补丁。IPv6 是保持端到端模型和 IP 协议透明度的长期解决方案。

1.7 IPv6 的特点

在概述了与 IPv4 协议相关的主要问题后，你应该明白 IPv6 解决了所有这些问题，并提供了新的好处。下面是主要的改进。

- 128 比特地址方案，为将来数十年提供了足够的 IP 地址。
- 巨大的地址空间为数十亿新设备，如 PDA、蜂窝设备和 802.11 系统，提供了全球唯一地址。
- 多等级层次有助于路由聚合，提高了路由选择到 Internet 的效率和可扩展性。
- 使具有严格路由聚合的多点接入成为可能。
- 自动配置过程允许 IPv6 网络中的节点配置它们自己的 IPv6 地址。
- 重新编址机制使得 IPv6 提供商之间的转换对最终用户是透明的。
- ARP 广播被本地链路的多播替代。
- IPv6 的包头比 IPv4 的包头更有效率。数据字段更少，去掉了包头校验和。
- 流标记字段可以提供流量区分。
- 新的扩展包头替代了 IPv4 包头的选项字段，并且提供了更多的灵活性。
- IPv6 被设计为比 IPv4 协议能更有效地处理移动性和安全机制。
- 为 IPv6 设计了许多过渡机制，允许从 IPv4 网络平稳地向 IPv6 网络过渡。

以下的小节考察了这些 IPv6 特性中的几个，并讨论了它们是如何带来了 IP 协议的改进。

1.7.1 大的地址空间

IPv6 地址的比特数增长了 4 倍，从 32 比特增加到 128 比特。在 IPv6 设计规范期间，曾有是使用固定长度 64 比特地址还是使用变长（直至 160 比特）地址的争论。表 1-2 对每种观点的争论点进行了比较。

表 1-2　IPv6：64 比特和 160 比特提案

64 比特提案	160 比特提案
足够对 10 万亿个站点和 10^{15} 个节点编址	地址与 NSAP 编址兼容
与 IPv4 相比最小化了包头大小的增长	使用 IEEE 802.x 链路层地址的自动配置成为可能
—	可变的地址长度允许使用 64 比特地址替代定长地址；随着时间的推移，地址长度可变长

最后，为 IPv6 使用定长 128 比特地址成为最恰当的选择。

使用 IPv4，可编址的节点数是 4 294 967 296（2^{32}），约每 3 个人有 2 个 IPv4 地址（基于 2001 年世界人口总数为 60 亿）。

作为对比，128 比特 IPv6 地址长度意味着 3.4×10^{38} 个地址，允许世界上每个人大约有 5.7×10^{28} 个 IPv6 地址。正如在任何编址方案中那样，如 IPv4 和电话号码系统，不是所有的地址都能被使用，但是对任何种类的应用有足够可获得的地址。增加地址比特数也意味着 IP 包头大小的增加。因为每个 IP 包头都包含一个源地址和一个目的地址。IPv4 包头中包含 IP 地址的长度为 64 比特，IPv6 是 256 比特。

对比 IPv4 和 IPv6 的 OSI 参考模型（见图 1-6），IPv6 只在第 3 层（网络层）做了改变。其他层稍微做了一点儿修改。在 IPv6 工程化过程中，这是一个要考虑的重点。两个 OSI 参考模型的其他层是相同的，这表明在 IPv4 上使用的协议（如 TCP 和 UDP）可以继续在 IPv6 上运行。

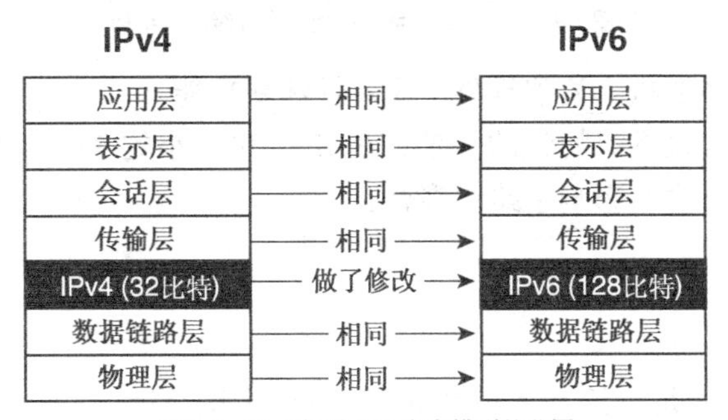

图 1-6　IPv6 相对 OSI 参考模型的范围

1.7.2　全球可达性

给连接到 Internet 上的每个设备分配一个全球唯一单播地址会使地址空间耗尽，这个研究是发起 IPv6 工作的重要论点。通过使用比 IPv4（4 294 967 296 个地址）大很多的地址空间，IPv6 使得几乎每种设备都有一个全球可达的地址：计算机、IP 电话、IP 传真、TV 机顶盒、照相机、传呼机、无线 PDA、802.11b 设备、蜂窝电话、家庭网络和汽车。在 2006 年之前蜂窝电话制造商计划生产数十亿包含 IP 协议栈的新型无线设备。这些下一代无线设备将通过电话向用户提供 Internet 连接和服务。

试图把这些设备都放入 IPv4 地址空间几乎是不可能的。为每个设备分配一个唯一 IP 地址能实现端到端可达性，这种功能在过去的几年里由于使用 NAT 设备和私有编址而丧失了。端到端模型对电话呼叫和端到端安全性尤其重要。IPv6 不需要对网络自身进行特殊处理就能完全支持应用协议。

注：在 IPv6 中，IPv6 单协议网络之间是不希望有 NAT 的。本来就有充足的 IPv6 地址保持 IP 协议的端到端模型。

1.7.3 编址层次等级

一个较大的地址空间可以在地址空间内使用多层等级结构，如图 1-7 所示。每一层都有助于聚合 IP 地址空间，增强地址分配功能。提供商和组织机构可以有层叠的等级结构，管理其所辖范围内空间的分配。

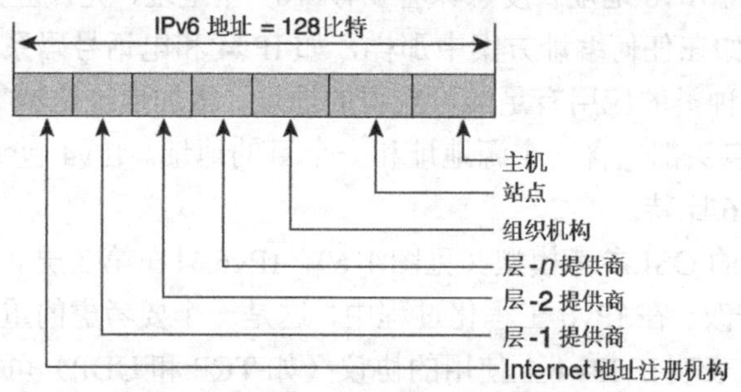

图 1-7 128 比特地址空间使用多等级层次结构

在等级结构中使用多层次为协议提供了灵活性和新功能。

一个灵活的编址构架是网络协议的关键。在 IPv4 里，小的 32 比特地址空间是一个重要限制，不能使用几个等级层次，影响了路由聚合。

1.7.4 聚合

较大的 IPv6 地址空间足以给 ISP 和组织机构分配大块地址。

给组织机构的整个网络一个足够大的前缀，能够使它只使用一个前缀。而且，ISP 可以把它所有客户的前缀路由聚合到一个前缀并发布给 IPv6Internet。

在图 1-8 中，ISP B 向 IPv6 Internet 公告它能够路由网络 2001:0420::/35，这个网络包含分配给客户 B3（网络 2001:0420:b3::/48）的 IPv6 空间和客户 B10（网络 2001:0420:b10::/48）的 IPv6 空间。ISP A 向 IPv6 Internet 公告它能够路由网络 2001:0410::/35，包括网络 2001:0410:a1::/48 和网络 2001:0410:a2::/48。

注：当一个客户改变他的 IPv6 提供商时，他必须改变他的 IPv6 前缀来维持这个全球聚合。改变提供商意味着网络重新编址。然而，自动配置（即将讨论，稍后在第 3 章中详细介绍）使一个组织中的主机重新编址变得容易。

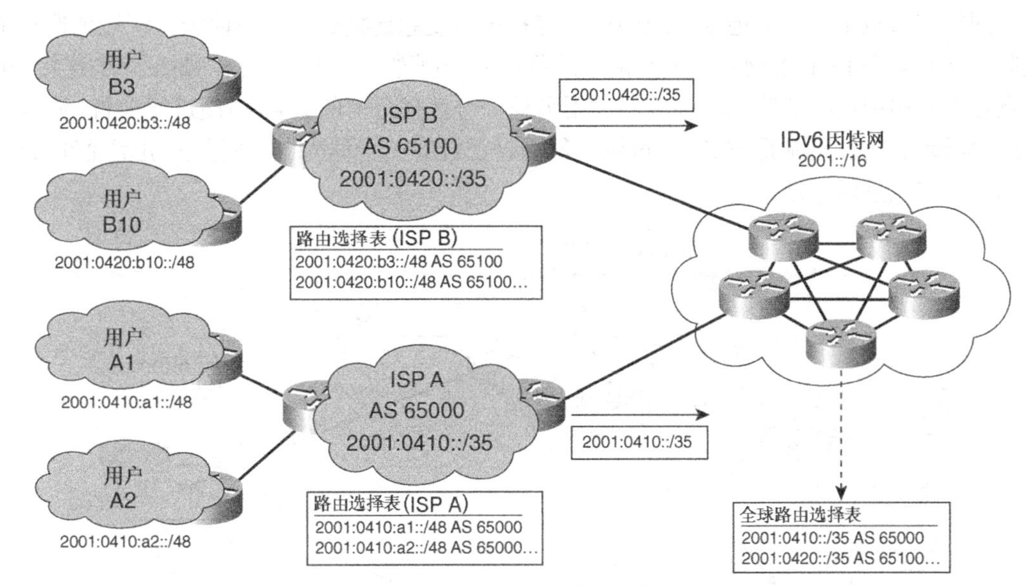

图 1-8　提供商聚合客户的前缀并公告他们的前缀到 IPv6 Internet

这种路由聚合促进了高效的和可扩展的路由选择。为了将来连接所有种类的设备和网络到Internet，这意味着数十亿个节点，可扩展的路由选择是必要条件。然而，全球IPv6 Internet路由选择表中的路由选择表项应该比现在的IPv4 Internet少很多。IPv6路由聚合是可能的，因为多点接入站点能够从数个上游提供商那里配置地址。

1.7.5　多重地址

在IPv4里，一个网络连接到多个提供商并不简单。组织进行多点接入的一种方法是从区域Internet注册机构获得提供商独立的IPv4地址空间。然后组织可以与多个提供商缔结同等协定，提供商把组织的网络前缀公告到Internet。在基于提供商进行聚合的IPv4空间条件下，使用的前缀是提供商地址空间的一部分。如果连接的其他ISP向Internet公告相同的前缀，那么多点接入是可能的。它至少打破了在全球Internet路由选择表中任何种类的聚合。然而，多点接入是网络高可靠性的要求。

使用IPv6拥有大很多的地址空间，能够为一个组织同时使用多个前缀。一个连接到几个ISP的组织得到这些ISP IPv6地址空间的部分前缀。这允许不破坏全球路由选择表而实现多点接入，目前这在IPv4中是不可能的。

在图1-9中，多点接入的客户连接到ISP A和ISP B，分别为它们分配了网络2001:0420: b3::/48和2001:0410:a1::/48。ISP A和ISP B向IPv6 Internet公告它们的/35前缀。

用IPv4进行多点接入显然是可能的。但是它对全球Internet路由选择表有影响，因为相同的网络前缀可能被不同的自治系统（AS）公告出去。IPv6的一个目标是保持全球路由选择表尽可能小。

多重地址的概念隐含说明一个节点的每个网络接口可能同时有多个全球唯一单播IP地址。

在一个网络和节点上有多重地址要求源地址选择选出发起连接时使用的地址。源地址选择是一个机制，当有多个 IPv6 前缀时，节点能够选择或者强制选用一个。而且，如果一个连接失败，在多点接入网络中所有的路由器都应能够用另外一个替代目前的 IPv6 前缀进行公告。源地址选择和路由器重新编址机制正被 IETF 讨论。然而，已经有一个称为自动配置的机制允许 IPv6 网络上的所有节点重新编址。

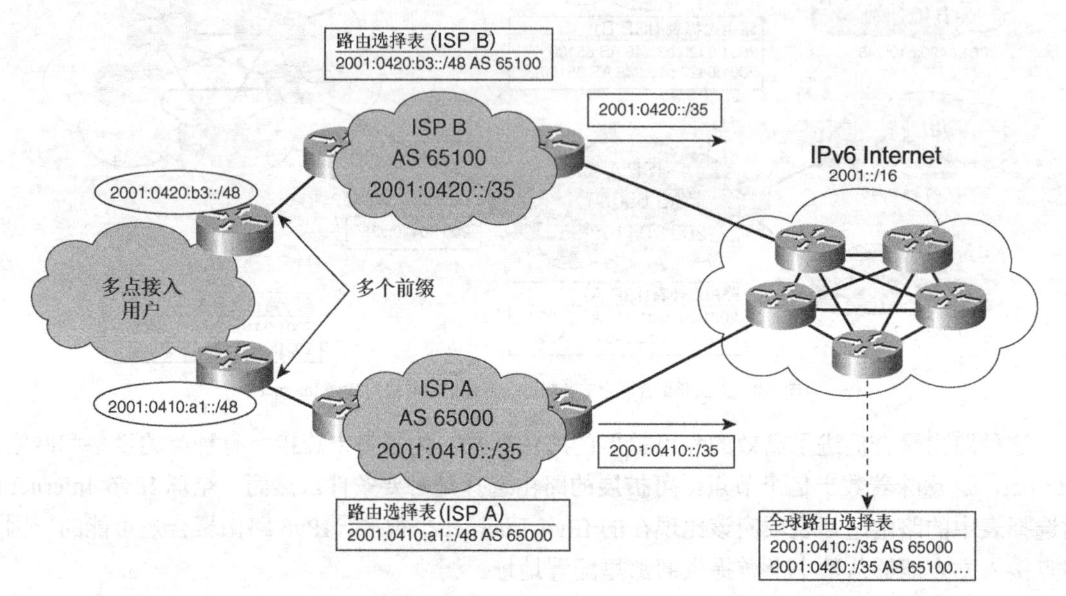

图 1-9 IPv6 让使用多个前缀实现多点接入成为可能

第 2 章给出了详细的 IPv6 编址结构。

1.7.6 自动配置

自动配置是 IPv6 带来的新功能。由于具有比较大的地址空间，IPv6 被设计成能够在保持全球唯一性的同时自动配置设备上的地址。如图 1-10 所示，一个在相同本地链路上的 IPv6 路由器发送网络类型信息，如本地链路的 IPv6 前缀和默认 IPv6 路由。本地链路上的所有 IPv6 主机监听这个信息，然后自己配置它们的 IPv6 地址和默认路由器。自动配置是一种机制，每一个 IPv6 主机和服务器将链路层地址（例如，以太网 MAC 地址）以 EUI-64 的格式附加在子网上公告的全球唯一单播 IPv6 前缀后面。

注：自动配置（在 RFC 2462 中定义）又被称为 IPv6 无状态地址自动配置。

接口的链路层地址基于网络接口的 MAC 地址，转换成长度为 64 比特的 EUI-64（Extended Unique Identifier 64，扩展唯一识别符 64）格式。第 2 章详细介绍从 48 比特 MAC 地址到 EUI-64 的转换。接口的链路地址是 IPv6 地址的低 64 比特部分，IPv6 前缀是 128 比特地址的高 64 比特部分。

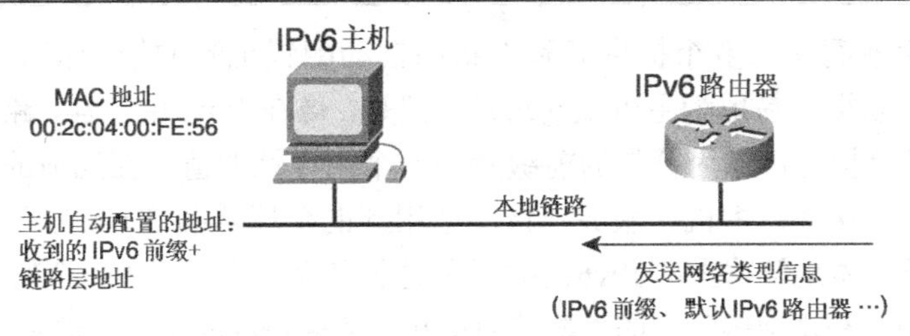

图 1-10　IPv6 主机自动配置它的 IPv6 地址

注：分配给本地链路的 IPv6 前缀的长度是 64 比特（/64）。低 64 比特部分是接口的链路层地址。用这个概念，IPv6 简化了网络中子网的编址，使用相同长度的前缀而不是像 IPv4 中使用不同的网络掩码值。

自动配置提供的 128 比特地址保证是全球唯一的，因为 48 比特的 MAC 地址是由 IEEE 分配给厂商的 24 比特组织唯一标识符（Organizational Unique Identifier, OUI）和为每个创建的接口产生的唯一的 24 比特值组合而成的。因为在特殊情况下可以用软件修改网络接口的 48 比特 MAC 地址，这可能导致地址冲突。每个 IPv6 协议栈都有一个能够检测本地链路重复地址的过程。重复地址检测（DAD）机制在第 3 章中详细解释。

注：自动配置并不是为节点的接口分配 IPv6 地址的唯一方法。在 IPv6 中仍可手动配置网络接口，这对路由器来说是必需的。IPv6 主机也可以通过 DHCPv6 服务器得到接口地址和参数。这个模式（DHCPv6）称为 IPv6 有状态地址配置（与 IPv6 无状态地址配置或自动配置相对）。最后，还有一种方法允许节点产生一个随机的接口标识，可以用作地址的低 64 比特部分。增加随机地址生成方式是为了保护隐私。

自动配置启用即插即用，这使设备连接到网络而不用任何配置，也不需要任何服务器（如 DHCP 服务器），这是一个关键的特性，使得在 Internet 上大规模布设新设备成为可能，例如蜂窝电话、无线设备、本地应用和本地网络。

第 3 章详细介绍无状态自动配置机制。

1.7.7　重新编址

IPv6 提供的大地址空间让组织机构得到 IPv6 前缀，从而根据其运营需要提供 IPv6 地址。IPv6 的一个主要目标是通过强制执行严格聚合保持 Internet 全球 IPv6 路由选择表尽可能最小。但是，当一个组织改变它的上游 IPv6 提供商时，它必须对它的网络重新编址。

就 IPv4 来说，重新编址是一个费时且容易出错的任务。组织机构先得到一个新的 IPv4 空间，然后它必须改变网络上所有的路由器、服务器、主机和其他设备的 IPv4 地址。路由选择协议和 DNS 服务器必须同时用新的 IPv4 地址更新。因此，在 IPv4 中重新编址会带来停机时间和停止网络服务。

在 IPv6 中，把重新编址过程设计得很稳定，因为单播 IPv6 提供商之间的转换对最终用户完全透明。在转换期间具有多个提供商和无状态自动配置机制的结合使得通过发送新的单播 IPv6 前缀到网络可以很容易地为主机重新编址。但是，像在 IPv4 中一样，路由器的重新编址为网络运营商带来了负担。可以为公告的前缀赋予一个生存期的值，在当前的前缀到期后允许节点使用最新的前缀。这样，主机和服务器自动选用新的全球单播 IPv6 前缀，使用新的地址。图 1-11 显示了在同一本地链路上的 IPv6 路由器发送网络类型信息，如一个新的 IPv6 前缀和一个新的默认 IPv6 路由。在本地链路上的主机使用这些新值来自动配置它们的新 IPv6 地址。

注：在 IPv6 中，路由器不能用自动配置机制配置它的网络接口。路由器接口上的 IPv6 地址必须手工配置。而且，路由器接口在本地链路上被主机和服务器看到的是另外一种 IPv6 地址，称为本地链路地址。这保证路由器能够被访问，甚至在网络重新编址期间。显然，分配给路由器每一个网络接口的单播 IPv6 地址都会在重新编址期间改变。本地链路地址在第 2 章中给出。

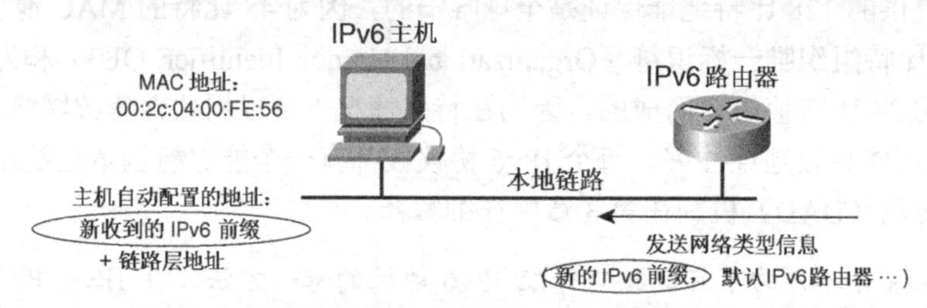

图 1-11 重新编址期间在本地链路上公告一个新的单播 IPv6 前缀

在转换发生的那一刻，重新编址过程不能防止主机和服务器丢失它们的当前 TCP 和 UDP 会话，这只能用像移动 IP 这样的协议才能解决。

第 3 章讲述了 IPv6 在网络重新编址之后的机制。

1.7.8 多播使用

在 IPv4 中，众所周知，使用第 2 层 MAC 地址 ff:ff:ff:ff:ff:ff 的 ARP（地址解析协议）广播对网络而言效率低下。每次一个广播请求送往本地链路，即使只有一两个节点与此有关，也会导致在此链路上的每台计算机至少产生一个中断。计算机的网络接口侦听广播数据包，然后数据包被送到操作系统，最后到达 IP 协议栈，在那里数据包被使用或者简单地忽略。在某些情况下，广播能完全中止整个网络，这叫做广播风暴。图 1-12 显示了 IPv4 中从一台主机发送到本地链路上每一台主机的广播数据包。这个广播数据包到达本地链路上所有节点的 IPv4 协议栈。

IPv6 中不使用 ARP 广播，用多播替代。如图 1-13 所示，多播组 1 定义了一组网络接口。计算机 A 和计算机 D 的网络接口是多播组 1 的成员。当用这个组的多播地址发送一个数据包到多播组 1 时，数据包只被这个组的成员计算机 A 和 D 处理。在这个本地链路上的其他所有计算机和路由器都不处理发送到多播组 1 的数据包，因为它们不是组成员。

通过对不同的功能使用不同的和特殊的多播组，把广播请求发布到尽可能少的计算机，从而多播有效地利用了网络。这减少了本地链路上所有计算机 CPU 时钟周期的耗费，防止了大多数问题，如 IPv4 中的广播风暴。

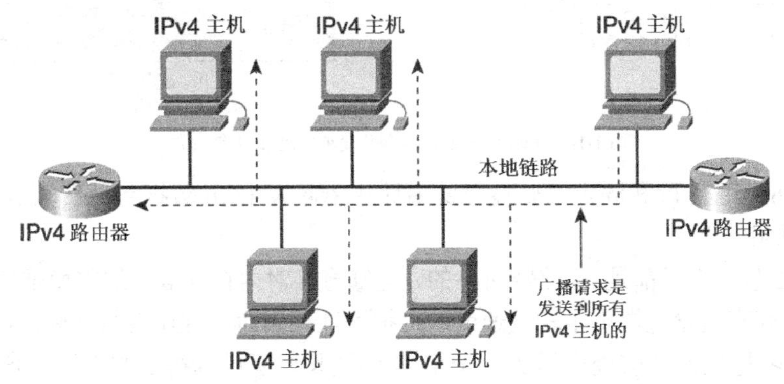

图 1-12 任何 IPv4 主机发送到本地链路的 ARP 广播请求

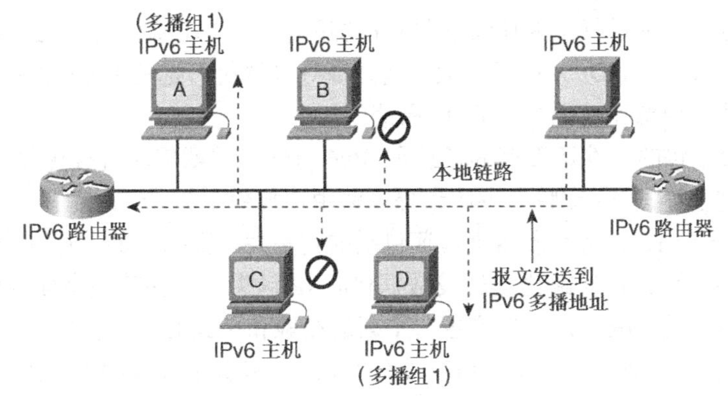

图 1-13 在 IPv6 本地链路上多播数据包送往多播组的所有成员

在 IPv6 中多播被用来替代 ARP 广播流量，意味着并不因此而需要在本地链路子网间的路由器基础设施上使用多播路由。然而，与在 IPv4 中一样，为了全球使用而启用路由器上的 IPv6 多播路由是可能的。

因为 IPv6 中的多播地址范围远比 IPv4 中的大，多播组的分配不应受到限制。例如，在整个 IPv6 编址空间中定义了一个范围，可用于任何类型的多播。

第 3 章详细解释了使用多播代替 ARP。

1.7.9 高效包头

如图 1-14 所示，新 IPv6 包头比 IPv4 数据包头简单。IPv4 包头的 6 个字段在 IPv6 包头中被去掉了。IPv4 包头算上选项和填充字段有 14 个字段，IPv6 包头有 8 个字段。基本的 IPv6 包头大小是 40 个 8 比特字节，IPv4 包头不带选项和填充字段是 20 个 8 比特字节。基本的 IPv6 包头长度固定，IPv4 包头在使用选项字段时可以是变长的。

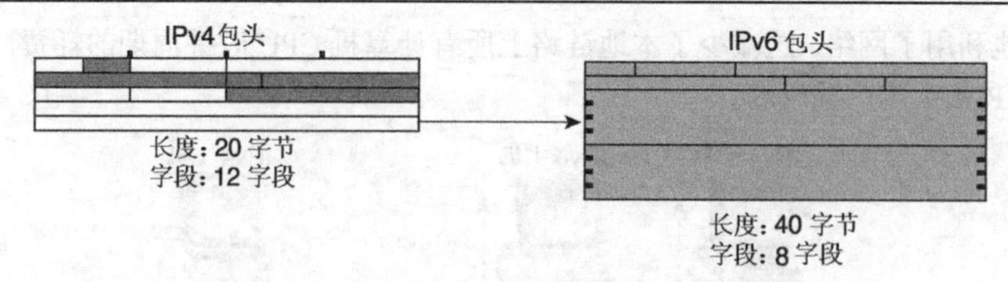

图 1-14 IPv6 包头比 IPv4 包头简单，比 IPv4 包头大

较少的 IPv6 包头字段和固定的长度意味着路由器转发 IPv6 数据包耗费较少的 CPU 周期。这直接有益于网络性能。

所有的 IPv6 包头字段都是 64 比特对齐的，能够直接对内存存取。这些增强启用了基于硬件的处理，为下一代高速管道提供了转发速度的可扩展性。然而，这还有待观察，由于以下原因：

- 128 比特地址比当前处理器的原子字[1]长还要长，所以为得到整个 128 比特地址需要多次查找。
- 在转发数据包前进行 128 比特的最长前缀匹配与 32 比特相比对性能有明显的影响。
- 在第 4 层（TCP/UDP）进行的数据包过滤导致解析可选的 IPv6 包头（如果有的话），对路由器来说意味着额外的 CPU 周期。

而且，处理数据包的硬件还没有为了满足 IPv6 对性能的期望而进行优化。然而，从长远的观点来看，IPv6 包头字段 64 比特对齐应该提高路由选择效率。

在 IPv4 中，一个 16 比特字段用来验证包头的完整性。数据包的发送者产生校验和，然后转发数据包到网络。因为每次路由器转发数据包时 IP 包头中一些其他字段发生改变，如 TTL（生存期）值在每一跳都减少，所以产生一个新的校验和填到 IP 包头中。

对 IPv6 包头的另一个改进与校验和字段有关。这个包头字段被简单去掉，以提高路由选择效率。实际上，路径上的所有路由器在转发处理期间不必重新计算校验和。错误检测由数据链路层技术（第 2 层）和传输层（第 4 层）端到端连接的校验和来处理。在第 2 层和第 4 层所做的校验和足够强壮，从而不必考虑对第 3 层校验和的需要。对 IPv6 而言，TCP 和 UDP 传输协议都需要校验和。IPv4 中 UDP 校验和是可选的。

在 IPv6 中分段的处理是不同的。IPv4 中的分段字段要么被完全去掉，要么先移除然后被扩展包头取代。第 2 章详细介绍处理分段的新方法，解释对包头的影响。

1.7.10 流标签

IPv6 在包头中包含一个新的流标签字段，如图 1-15 所示。源节点可以使用这个特殊字段来请求对一特定的数据包序列进行特殊处理。流标签字段主要在端点站处理，而不是路由器。这对于流式应用，如视频会议和基于 IP 的语音有用，这些应用需要实时数据传输。在路径上的

[1] 译者注：指一次可以存取的字

路由器中，流标签能对要求 QoS 的应用进行基于每个流的处理。这比尽力而为的转发要好。

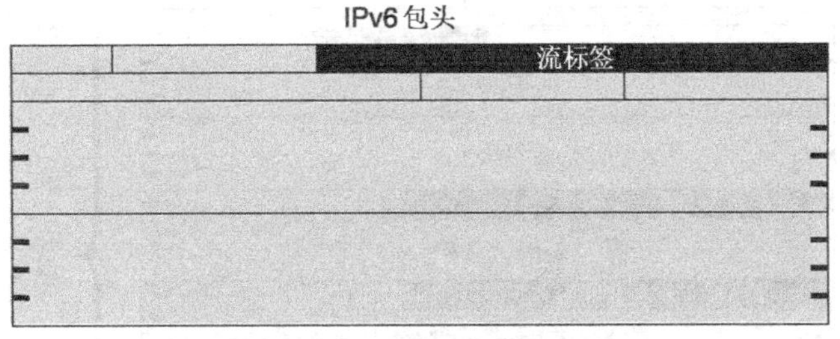

图 1-15　流标签是 IPv6 包头中的新字段

这个字段在 IP 层区分不同的流量而不需做其他的巧妙处理来识别流。用这个标签，路由器不必打开传送的内层数据包来识别流：它在 IP 数据包头部查找这个信息。当前 IETF 的标准没有详细说明怎样管理和处理这个标签。与 DiffServ、IntServ、RSVP 和 MPLS 的交互是可能的开发方法。

第 2 章详细讲述 IPv6 包头。

1.7.11　扩展包头

在 IPv4 数据包中，选项字段（RFC 791）可能出现在包头的尾部。这个选项字段如果有的话，就是变长的，这取决于端点主机间使用的可选特征。路径上所有的路由器必须计算数据包中这个可变字段的长度，即使选项字段只被端节点使用。图 1-16 演示了 IPv4 包头中的选项字段。

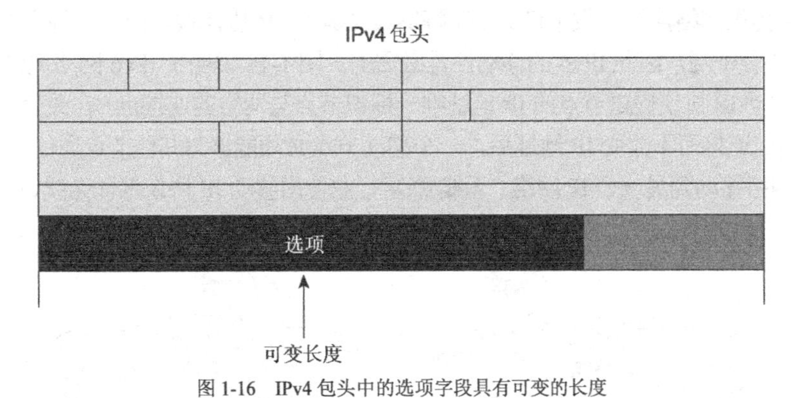

图 1-16　IPv4 包头中的选项字段具有可变的长度

IPv6 使用新的方式管理包头中的可选信息。IPv6 使用扩展包头，而不是在包头结尾使用选项字段。扩展包头由包头中称为下一个包头的字段连接而形成一个包头菊花链，如图 1-17 所示。

在使用的每一个 IPv6 扩展包头中都有下一个包头字段。为 IPv6 应用的不同需要定义了许多类型的扩展包头。这个方法提供了较好的选项处理效率，因为它确保沿路的路由器和节点只有在包头目标是它们时才进行计算。

移动 IPv6 是一个协议的例子，当移动节点远离家乡网络时，协议使用不同的扩展包头来进行处理。与 IPv4 网络中使用的移动 IP 相比，扩展包头提供移动 IPv6 协议的重要改进。

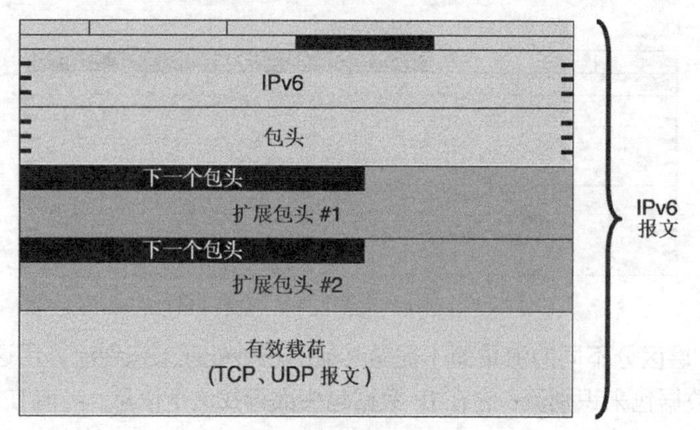

图 1-17 扩展包头以菊花链的形式连接在 IPv6 包头之后

第 2 章详细讲述扩展包头。

1.7.12 移动性

对于公司、组织和雇员，移动性是一个非常需要和重要的特性，因为他们想从网络以外，甚至在汽车里访问万维网、电子邮件、他们的银行账户和家庭。新的第 2 层无线技术，如 802.11b 和 3G（第三代）能帮助他们满足这些需求。802.11b 设备便宜，能够以令人兴奋的带宽在多个商业场所，如办公室、机场和酒店提供网络连接。数十亿的 3G 蜂窝设备具有 IP 协议栈，而且，蜂窝网络运营商基于 IPv6 构建 IP 核心骨干网，因此 IPv6 的移动性是必需的。图 1-18 说明了 IPv6 网络提供的移动性。

在 IP 层，移动 IP 协议假定节点的 IP 地址唯一标识节点与网络的连接点。在改变数据链路层的接入点并且断开当前连接而不改变 IP 地址后，一个移动节点必须能够与其他节点通信。移动 IP 协议使节点从一个 IP 网络移动到另一个 IP 网络。无线/蜂窝行业使用移动 IP 协议保证无线数据的 IP 移动性。

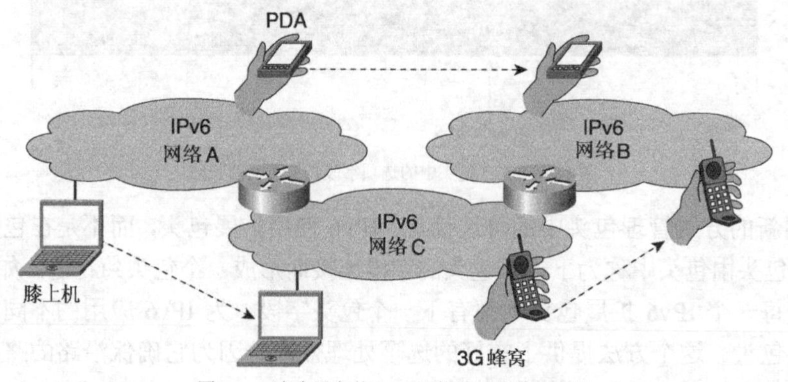

图 1-18 多个设备从 IPv6 网络移动到其他网络

IPv4 和 IPv6 都有移动 IP。然而，对于 IPv6，移动性是协议内置的而不像 IPv4 那样是一个附加的新功能。这意味着任何 IPv6 节点在需要时都能够使用移动 IP。移动 IPv6 使用下列 IPv6 扩展包头：

- 路由选择扩展包头，为注册使用
- 目的地址扩展包头，用于在移动节点和通信节点间传输数据报

这两个扩展包头都为 IP 协议提供了较好的通信性能和功能增强。

1.7.13　安全性

IPSec 协议是 IETF 为 IP 网络安全制定的标准，能提供如下几个安全功能：

- 访问控制限制访问范围，只有那些授权的人可以访问；
- 认证确保发送数据的人是他声称的那个人；
- 保密性确保通过公共网络传输的任何数据（包括密码）都被加密，使任何人都很难看到交换的数据；
- 完整性确保数据在传输过程中没有被修改；
- 重放保护防止会话被记录，而后被恶意的用户重放。

任何 IP 协议都能在 IPSec 上使用。IPSec 用来在 IP 之上建立加密的隧道（虚拟专用网）或简单地加密计算机间交换的数据。在 IPSec 背后有两个协议：

- 认证包头（AH）
- 封装安全有效载荷（ESP）

IPv4 和 IPv6 都有 AH 和 ESP，本质上都相同。

注：正如在 RFC 2460 中描述的，IPv6 的一个完整实现包括 AH 和 ESP 扩展包头的实现。在 IPv4 中，AH 和 ESP 被认为是在协议设计完后新增加的功能。

在 IPv6 的每种实现中都包含 IPSec，使得 IPv6 Internet 具有潜在的端到端的安全性，因为 IPSec 在所有节点上都是可用的，如图 1-19 所示。

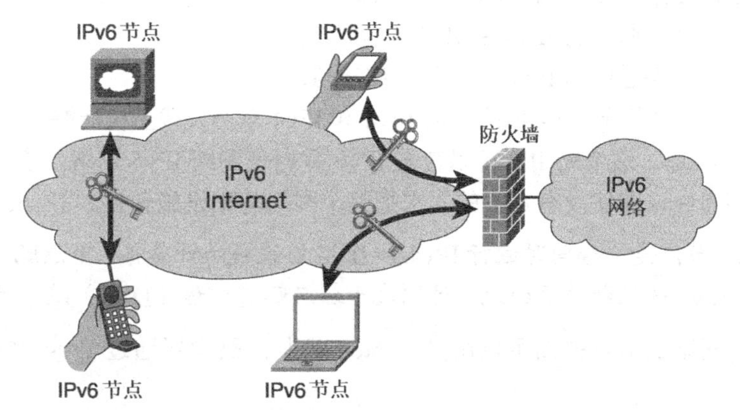

图 1-19　在 IPv6 节点中强制实现 IPSec，使得 IPv6 Internet 具有端到端的安全性

但是，IPSec 的弊端之一是要求每个通信节点都有密钥，这意味着全球密钥的部署、分发和管

理。这个主题超出了本书的范围。如果你想得到更多的关于建立一个安全 PKI 基础设施推荐的策略和实践信息，可以阅读 RFC 2527，“Internet X.509 公开密钥基础设施证书策略和认证实践框架”（*Internet X.509 Public Key Infrastructure Certificate Policy and Certification Practices Framework*）。

1.7.14　过渡

从 IPv4 网络所组成的 Internet 到 IPv6 的过渡是新协议的另一个基础部分。标准化组织、业界和 Internet 团体不想重复如千年虫（Y2K bug）一样的现象，在一个特定的时间（1999 年 12 月 31 日）有一个主要的转换发生。

IPv6 取代 IPv4 的最终目标是众所周知的。但是，没有一个从 IPv4 Internet 转换到 IPv6 的最后期限。IETF 建立了一个特别工作组，称作从 IPv4 到 IPv6 的下一代转换（NGtrans），专门从事这个过渡工作。NGtrans 与 IPv6 工作组（以前称为 IPng）密切合作，建立过渡策略和机制。第 5 章集中讲述这些策略和机制。

注：一个经常被问到的问题是 IPv6 什么时候会来？IPv6 不像千年虫（Y2K）问题，世界上所有的计算机在相同的时间被升级而平稳地进入新千年。没有人知道这个问题的答案。但是整合和共存机制在被实施，使得 IPv4 平稳地向 IPv6 迁移。

向 IPv6 的过渡已经设计好了，从而不要求所有的 IPv4 节点同时升级。IPv4 和 IPv6 能在相同的链路层技术上同时使用：需要从 IPv4 到 IPv6 的平稳的网络过渡。在对 IPv6 有足够的需求或整体战略实施升级基础结构到 IPv6 之前，过渡和共存机制允许组织在当前的 IPv4 基础设施上提供 IPv6 连接性给他们早期的应用人员，如客户、研究和开发人员以及雇员。

现有许多过渡和共存机制能够应用于不同的场景：

- IPv4 网络上的双协议栈节点；
- IPv4 网络上的 IPv6 单协议网络节点孤岛；
- 能与 IPv6 网络通信的 IPv4 单协议网络节点；
- 能与 IPv4 网络通信的 IPv6 单协议网络节点。

在图 1-20 中，一个位于 IPv4 网络上的 IPv6 和 IPv4 双协议栈主机能够建立到边界路由器的 IPv4 之上的 IPv6 隧道。这个路由器可以转发 IPv6 数据包到纯 IPv6 网络。这个机制在 IPv4 网络中提供 IPv6 连通性，即使没有足够的需求把整个网络基础设施转换到 IPv6。

注：双协议栈节点是一台同时运行 IPv4 和 IPv6 协议栈的计算机。节点既可以使用 IPv6 地址，也可以使用 IPv4 地址到达目的地，这取决于域名解析过程（DNS）赋予的 IP 地址。

IPv6 单协议网络的节点孤岛可以用具有 6to4 机制的路由器通过 IPv4 网络连接起来，如图 1-21 所示。

IETF 还提供和标准化了许多其他的过渡机制。第 5 章讨论过渡机制，其中几种用 Cisco IOS 软件技术实现。

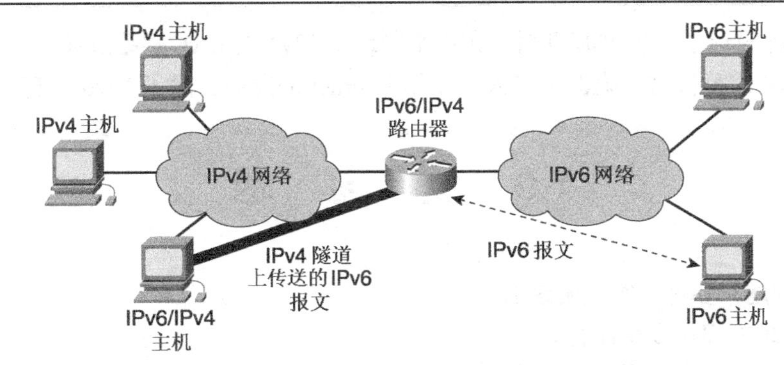

图1-20 过渡机制允许IPv4网络上的双协议栈节点发送IPv6数据包

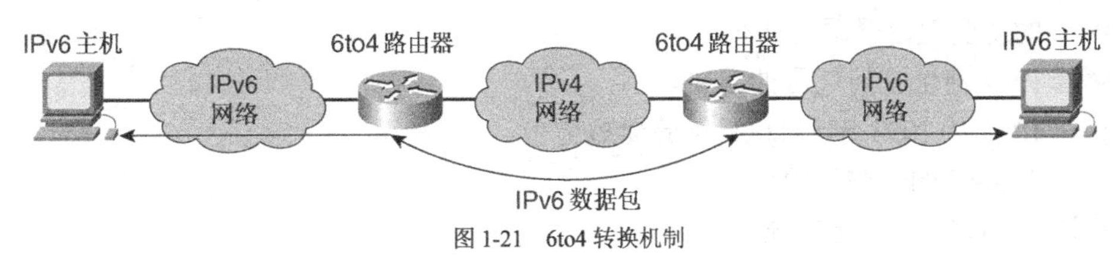

图1-21 6to4转换机制

1.8 总　结

读完本章后，你应该能够解释IPv6背后的合理性，应该对IPv6的主要特点和它带来的好处有一个基本的了解。此外，你应该记住以下信息：

- 研究预计IPv4地址空间将在2005年至2011年间被耗尽。
- IPv4地址空间受到32比特地址方案的限制。而且，大部分地址空间已经被分配，其他部分不能作为全球单播地址。
- 随着Internet的持续增长，新的设备和应用要求更多的IPv4地址。
- CIDR和NAT机制的结合已经帮助减缓了地址空间的耗尽速度。但是，NAT破坏了IP协议的端到端模型，所以它对协议有许多限制。
- IPv6具有128比特地址方案，为将来提供了大量的IP地址。
- IPv6的大地址空间提供了全球唯一单播地址，支持了Internet的不断发展。
- IPv6的多等级层次结构提高了路由选择到Internet的效率和可扩展性。
- 保持严格路由聚合的多点接入成为可能。
- 自动配置机制允许节点配置它们自己的IPv6地址。
- IPv6提供商之间的转换对最终用户是透明的。
- IPv6包头比IPv4更有效率，包头具有较少的字段，新添一个字段，用多播取代了ARP广播。
- 新的扩展包头取代了IPv4的选项字段。
- 移动性和安全性内置于协议中，而不像IPv4那样是附加的新功能。

- 为 IPv6 设计了许多过渡机制，允许平稳地从 IPv4 向 IPv6 网络过渡。

IPv6 是 IPv4 的替代物，确保了未来几十年 Internet 的发展。除了 IPv6 没有其他的选择。

1.9 复习题

回答下列问题，参考答案见附录 B。

1. IPv4 地址方案是多少比特？
2. IPv4 地址的哪些类型不是全球唯一单播 IP 地址？
3. IPv6 的主要理论根据是什么？
4. 解释 IPv4 地址空间耗尽的后果。
5. 描述 IPv6 从 1993 年到 2000 年的简短历史。
6. 列举出 NAT 的一些局限性。
7. 描述 IPv6 增加的一些特性。
8. IPv6 地址方案是多少比特？
9. 比较 IPv4 和 IPv6 的 OSI 参考模型，对哪一层进行了更新？
10. 有了 IPv6 的大量 IP 地址，什么情况将不应出现？
11. 定义路由聚合。
12. 当客户改变 IPv6 提供商时会发生什么？
13. 为什么 IPv6 的多点接入比 IPv4 更有吸引力？
14. 解释自动配置。
15. 除了自动配置，列举出其他配置节点 IPv6 地址的方法。
16. 描述 IPv4 中 ARP 广播的缺点。
17. 列出 IPv6 包头与 IPv4 相比所做的主要改变。
18. 扩展包头的目的是什么？
19. 列出并定义两个内置于 IPv6 协议中而被认为是 IPv4 附加物的机制。
20. 从 IPv4 过渡到 IPv6 与千年虫问题如何不同？

1.10 参考文献

1. RFC 791,*Internet protocol, DARPA Internet Program, Protocol Specification*, USC, IETF, www.ietf.org/rfc/rfc791.txt, September 1981
2. RFC 1347,*CP and UDP with Bigger Addresses (TUBA), A Simple Proposal for Internet Addressing and Routing*, R.Callon, IETF, www.ietf.org/rfc/rfc1347.txt, June 1992

3. RFC 1517,*Applicability Statement for the Implementation of Classless Inter-Domain Routing (CIDR)*, R.Hinden, IETF, www.ietf.org/rfc/rfc1517.txt, September 1993
4. RFC 1518, *An Architecture for IP Address Allocation with CIDR*, Y.Rekhter, T.Li, IETF, www.ietf.org/rfc/rfc1518.txt, September 1993
5. RFC 1519,*Classless Inter-Domain Routing (CIDR): an Address Assignment and Aggrega- tion Strategy*, V.Fuller, et al., IETF, www.ietf.org/rfc/rfc1519.txt, September 1993
6. RFC 1520,*Exchanging Routing Information Across Provider Boundaries in the CIDR Environment*, Y.Rekhter, C.Topolcic, IETF, www.ietf.org/rfc/rfc1520.txt, September 1993
7. RFC 1550,*IP: Next Generation (IPng) White Paper Solicitation*, S.Bradner, A.Mankin, IETF, www.ietf.org/rfc/rfc1550.txt, Decembre 1993
8. RFC 1631,*The IP Network Address Translator (NAT)*, K.Egevang, P.Francis, IETF, www.ietf.org/rfc/rfc1631.txt, May 1994
9. RFC 1707,*CATNIP: Common Architecture for the Internet*, M.McGovern, R.Ullmann, IETF, www.ietf.org/rfc/rfc1707.txt, October 1994
10. RFC 1715,*The H Ratio for Address Assignment Efficiency*, C.Huitema, IETF, www.ietf. org/rfc/rfc1715.txt, November 1994
11. RFC 1752, *The Recommendation for the IP Next Generation Protocol*, S.Bradner, A. Mankin, IETF, www.ietf.org/rfc/rfc1752.txt, January 1995
12. RFC 1918, *Address Allocation for Private Internets*, Y.Rekhter et al,. IETF, www.ietf.org/rfc/rfc1918.txt, February 1996
13. RFC 2002, *IP Mobility Support*, C.Perkins, IETF, www.ietf.org/rfc/rfc2002.txt, October 1996
14. RFC 2460, *Internet Protocol, Version 6 (IPv6) Specification*, S.Deering, R.Hinden, IETF, www.ietf.org/rfc/rfc2460.txt, December 1998
15. RFC 2462, *IPv6 Stateless Address Autoconfiguration*, S.Thomson, T.Narten, IETF, www.ietf.org/rfc/rfc2462.txt, December 1998
16. RFC 2527, *Internet X.509 Public Key Infrastructure Certificate Policy and Certification Practices Framework*, S.Chokhani, W.Ford, IETF, www.ietf.org/rfc/rfc2527.txt, March 1999
17. RFC 2775, *Internet Transparency*, B.Carpenter, IETF, www.ietf.org/rfc/rfc2775.txt, February 2000
18. RFC 2993, *Architectural Implications of NAT*, T.Hain, IETF, www.ietf.org/rfc/rfc2993.txt, November 2000
19. RFC 3041, *Privacy Extensions for Stateless Address Autoconfiguration in IPv6*, T.Narten, R.Draves IETF, www.ietf.org/rfc/rfc3041.txt, January 2001
20. *IPv6 Addressing and Routing*, PowerPoint presentation, S.Deering, www.ipv6.or.kr/ipv6summit/Download/1st-day/t-1.ppt, July 2001
21. *IPv6, How long can we wait?*, C.Huitema,www.huitema.net/ipv6/howlong.html

第二部分是本书最基础的部分，因为这部分讨论了 IPv6 协议规范，并给出了构建 IPv6 网络时 Cisco IOS 软件中的主要命令。第二部分首先描述新的 IPv6 包头，接着是 IPv6 编址结构和协议规范中定义的所有地址类型。本部分详细描述了邻居发现协议（NDP），这是 IPv6 的一个关键协议，该协议使用 IPv6 Internet 控制消息协议（ICMPv6）和多播地址替代地址解析协议（ARP）。本部分还讨论了在链路上公告前缀、无状态自动配置和重复地址检测（DAD）机制。最后一章概述了应用在路由选择协议 BGP4、RIP、IS-IS 和 OSPF 上的更新和修改。IPv6 路由选择协议 BGP4+、RIPng、IPv6 IS-IS 和 OSPFv3 仍然使用最长匹配前缀的路由算法进行路由选择，与 IPv4 中的算法相同。

在实践方面，第二部分详细讲解了 Cisco IOS 软件技术中新增加的命令，这些命令用来在 Cisco 路由器上启用 IPv6 并在网络接口上分配 IPv6 地址。然后本部分讲解了在链路上启用和管理 IPv6 前缀公告、定义标准的和扩展的 IPv6 访问控制列表（ACL）以及使用支持 IPv6 的工具（如 debug、ping、Telnet 和 traceroute）。最后，第二部分详细描述了在 IPv6 网络上如何配置 BGP4+、RIPng、IPv6 IS-IS 和 OSPFv3。

第二部分

IPv6 设计

第 2 章　IPv6 编址

第 3 章　深入探讨 IPv6

第 4 章　IPv6 路由选择

"电话有太多的缺陷，因此不应当作为一种通信工具。这个设备对我们没用。"
西部联盟内部备忘录，1876

第 2 章

IPv6 编址

读完本章，您将能够描述新的 IPv6 包头格式以及 IPv6 对用户数据报协议（UDP）、传输控制协议（TCP）的数据报和最大传送单元（MTU）的影响。您还将理解 IPv6 编址结构和协议中所包含的各种 IPv6 地址。这些地址包括本地链路、本地站点、可聚合全球单播、回环、未指定、IPv4 兼容、多播指定、请求点多播和任意播。本章还描述了以太网上的 IPv6、以太网上的多播映射和 EUI-64 格式。

本章包括使用 Cisco IOS 软件技术的范例配置，您可以从中获得在 IPv6 环境下配置和操作路由器的基本知识。例子教您如何在路由器上启用 IPv6 和 IPv6 转发功能，以及如何在 Cisco IOS 软件技术环境下为网络接口配置 IPv6 地址。

最后，通过案例研究的配置练习，使用 Cisco IOS 软件技术进行配置、分析和显示 IPv6 信息，您能够实际应用本章中学习的命令。

2.1 IP 包头

本节回顾 IPv4 包头，描述字段并将它们与 IPv6 包头中的字段作比较。

2.1.1 IPv4 包头格式

IP 数据包由链路层技术承载，这些技术包括以太网（10Mbit/s）、快速以太网（100Mbit/s）、吉比特以太网（1000Mbit/s）、帧中继等。每种链路技术家族都有其承载 IP 数据包的链路层帧。

如图 2-1 所示，IP 数据包在链路层帧的帧头和帧尾之间。IP 数据包有两个基本组成部分。

- IP 包头——IP 包头包含许多字段，路由器用这些信息从网络到网络转发数据包，直到最终目的地。IP 包头中的字段标识发送方、接收方和传输协议，并定义许多其他参数。
- 有效载荷—— 表示发送方传给接收方的信息（数据）。

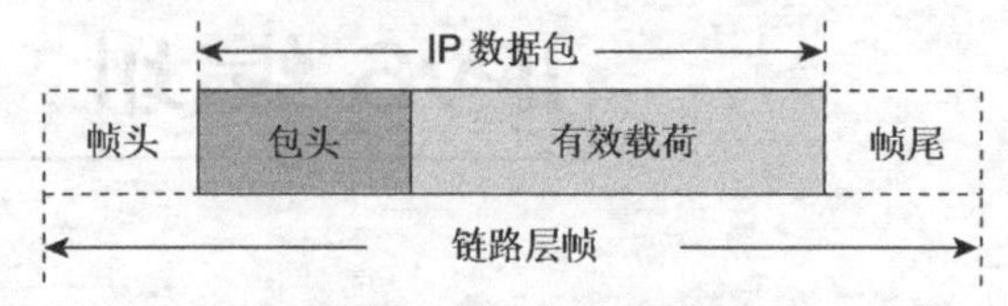

图 2-1　IP 数据包在链路层帧的帧头和帧尾之间

如图 2-2 所示，基本 IPv4 包头包含 12 个字段。正如 RFC 791“Internet 协议 DARPA Internet 程序规范”所定义的，IPv4 包头的每个字段都有其特定用途。本节简述 IPv4 包头的内容，帮您理解 IPv4 包头和新的 IPv6 包头的主要区别。

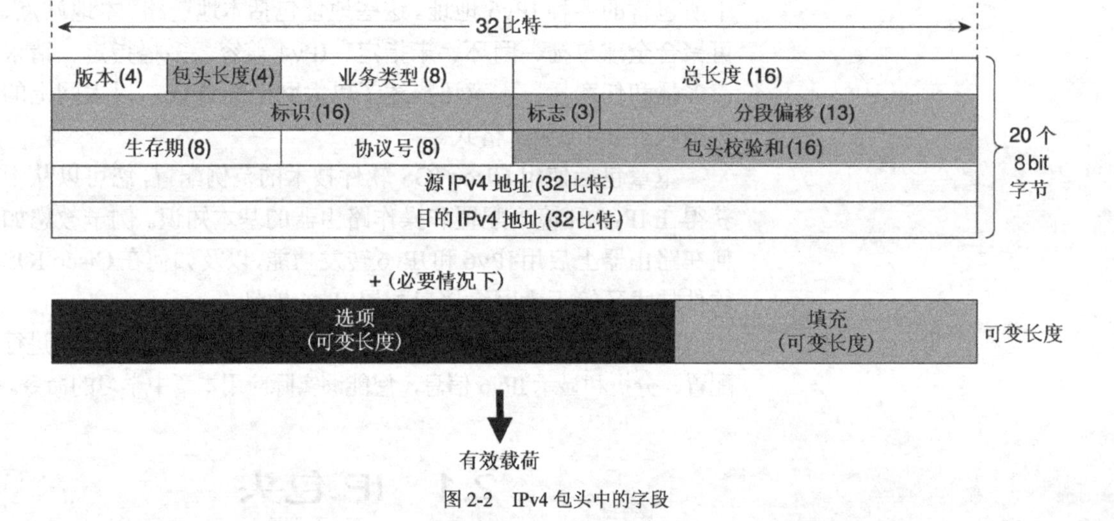

图 2-2　IPv4 包头中的字段

以下是 IPv4 包头中的字段。

- 版本（4 比特）——IP（Internet 协议）包头的版本。Internet 使用的当前 IP 版本是 4（IPv4）。这个字段包含的值为 4。
- 包头长度（4 比特）——有效载荷字段之前的以 8bit 字节[1]表示的包头长度。
- 业务类型（TOS）（8 比特）——指定通过路由器的传送过程中如何处理数据报。这个字段也能解释为区分业务编码点（DSCP）。
- 总长度（16 比特）——以 8bit 字节表示的 IP 数据包尺寸，包括包头和有效载荷。这

[1] 译者注：应是 4 个 8bit 字节

个字段是 16 比特长，意味着 IP 数据包最大尺寸为 65 535 个 8bit 字节（$2^{16}-1=65\,535$）。

- 标识（16 比特）、标志（3 比特）和分段偏移（13 比特）——当沿一条路径的 MTU 小于发送方的 MTU 时，与路由器进行数据包分段有关的字段。MTU 是一个 IP 数据包在某种特定通信介质上能够传送的以 8bit 字节表示的最大尺寸，这些通信介质如以太网、快速以太网等。以太网的 MTU 是 1500 个 8bit 字节。
- 存活时间（8 比特）——数据包每通过一个中间路由器时，该字段减小。当该字段包含的值是 0 时，数据包被丢弃，同时一条 IPv4 Internet 控制消息协议（ICMPv4）类型 11 的错误消息（超时）被发往源节点。
- 协议号（8 比特）——指定数据包有效载荷中的高层协议，如传输控制协议（TCP）、用户数据报协议（UDP）、Internet 控制消息协议（ICMP）或任何其他协议。所支持的协议由 Internet 地址授权委员会（IANA）定义。
- 包头校验和（16 比特）——表示 IP 包头的校验和，用于错误检查。该字段由沿途的每个中间路由器重新计算并验证。
- 源 IPv4 地址（32 比特）——发送方的 IPv4 地址。
- 目的 IPv4 地址（32 比特）——接收方的 IPv4 地址。
- 选项（可变）——该可选字段可能出现在一个 IPv4 数据包中。选项字段的长度可变，使用时增加包头长度。
- 填充（可变）——填充用来确保数据包终止于 32 比特边界。填充也增加包头长度。
- 有效载荷（可变）——有效载荷不是基本 IPv4 包头的一个字段，而是表示发往目的地址的数据。有效载荷包括一个高层包头。

注： 协议号由 IANA 指定。IANA 指定的所有协议号的完整列表能够在 www.iana.org/assignments/protocol-numbers 找到。

在 IPv6 中，去掉了 IPv4 包头的几个字段。在图 2-2 中，这些字段是灰的或黑的。去掉这些字段的主要理由如下：

- 包头长度——基本 IPv4 包头只有 20 字节长。然而，基本 IPv6 包头是 40 个 8bit 字节的固定长度。IPv4 包头长度指明包括选项字段的数据包总长度[2]。如果有选项字段，IPv4 包头长度就要增加。IPv6 不用选项字段，而用扩展字段。扩展字段的处理不同于 IPv4 对选项字段的处理。
- 标识、标志和分段偏移——IPv6 处理分段有所不同。网络中的中间路由器不再处理分段，而只在产生数据包的源节点处理分段。去掉分段字段就去掉了中间路由器中大量耗费 CPU 的处理。推荐每个 IPv6 节点使用本章后面将讲到的路径 MTU 发现（PMTUD）机制以避免分段。

[2] 译者注：应是数据包头的总长度，数据包头指除去有效载荷外的部分

- 包头校验和——链路层技术（第2层）执行其校验和与错误控制。如今链路层可靠性良好，高层协议，如TCP和UDP（第4层），都有其校验和。UDP校验和在IPv4中是可选的，在IPv6中是必需的。因此，第3层校验和是冗余的，IPv6的包头校验和字段是不必要的，进而去掉了数据包每次通过路由器时的重计算过程。
- 选项和填充——在IPv6中从根本上改变了选项字段。如今选项由扩展包头处理（本章后面讲到）。填充字段也去掉了。去掉选项和填充字段简化了IP包头。这样，基本IPv6包头有40个8bit字节的固定长度，与IPv4相比，减少了发送路径上路由器中的处理。IPv4包头的其他字段——版本、业务类型、总长度、存活时间、协议号、源IPv4地址和目的IPv4地址——要么没有更改，要么变化很小（如下节所述）。

2.1.2 基本IPv6包头格式

正如RFC 2460"Internet协议版本6（IPv6）规范"所定义的，与IPv4包头的12个字段（没有选项和填充字段）相比，基本IPv6包头包含8个字段，总长度为40个8bit字节。而且，基本IPv6包头可能有一个或多个顺接在一起的扩展包头紧跟在40个8bit字节后面。本节简述基本IPv6包头的各个字段。

IPv6协议是IPv4协议的升级。如图2-3所示，流标签字段和可变的扩展包头在IPv6中是新增的。下面是基本IPv6包头字段的描述：

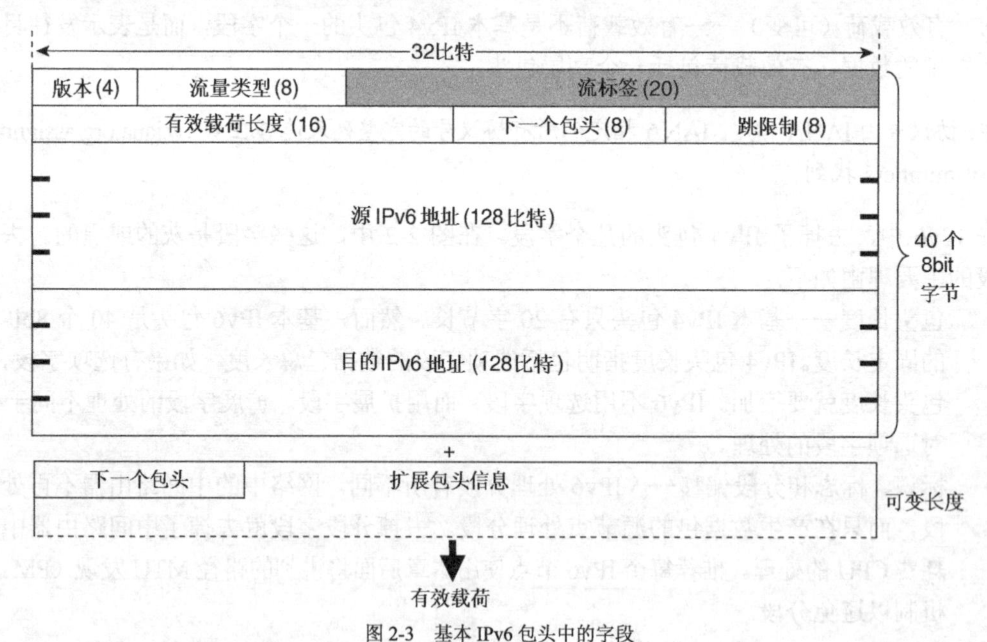

图2-3 基本IPv6包头中的字段

- 版本（4比特）——IP版本。该字段的值为6，而IPv4数据包中的值是4。

- 流量分类（8 比特）——该字段及其功能类似于 IPv4 的业务类型字段。该字段以区分业务编码点（DSCP）标记一个 IPv6 数据包，以此指明数据包应当如何处理。
- 流标签（20 比特）——该字段用来标记 IPv6 数据包的一个流，在 IPv6 协议中这是新增的。当前的 IETF 标准没有定义如何管理和处理流标签的细节。

注：参见 IETF 草案“IPv6 流标签规范”（www.ietf.org/internet-drafts/draft-ietf-ipv6-flow-label-06.txt），以了解规范的详细内容和 IPv6 流标签的可能用途。

- 有效载荷长度（16 比特）——该字段表示有效载荷的长度。有效载荷是紧跟 IPv6 包头的数据包其他部分。
- 下一个包头（8 比特）——如图 2-4 所示，该字段定义紧跟基本 IPv6 包头的信息类型。信息类型可能是高层协议，如 TCP 或 UDP；也可能是一个新增的可选扩展包头。下一个包头字段类似于 IPv4 的协议号字段。支持协议由 IANA 定义。

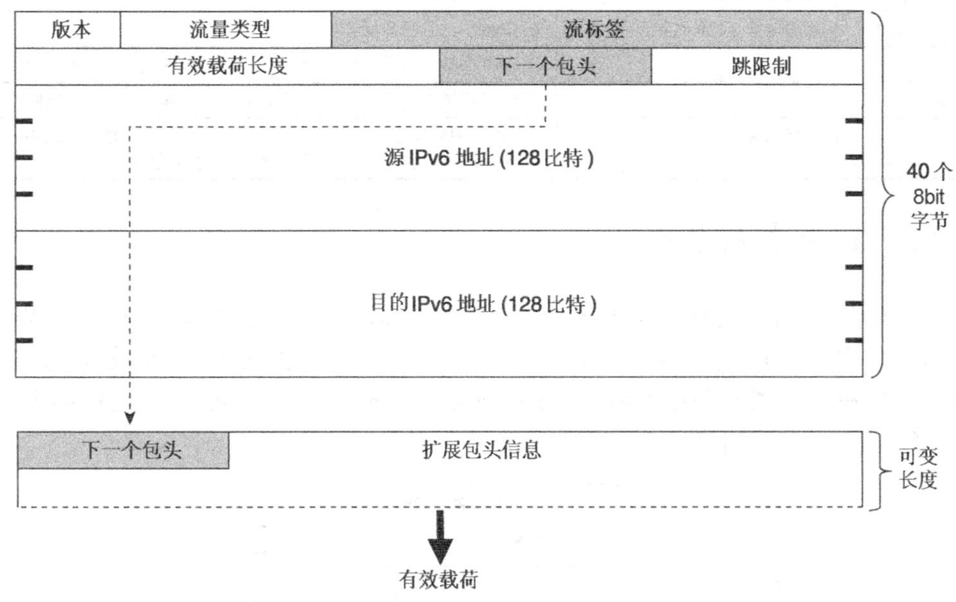

图 2-4　下一个包头字段指明紧跟基本 IPv6 包头的信息类型

- 跳限制（8 比特）——该字段定义了 IP 数据包所能经过的最大跳数（中间路由器）。每过一跳将此值减 1。和 IPv4 中一样，当该字段的值为 0 时，数据包被毁掉，同时一条 IPv6 Internet 控制消息协议（ICMPv6）类型 3 消息（超时）被发往源节点。参见第 3 章以了解 ICMPv6。
- 源地址（128 比特）——该字段标识发送方的 IPv6 源地址。
- 目的地址（128 比特）——该字段标识数据包的 IPv6 目的地址。

表 2-1 对 IPv4 包头和 IPv6 包头进行了比较。

表 2-1　　IPv4 包头与 IPv6 包头的比较

IPv4 包头的字段	IPv6 包头的字段	IPv4 包头与 IPv6 包头的比较
版本（4 比特）	版本（4 比特）	功能相同，但 IPv6 包头包含一个新值
包头长度（4 比特）	—	在 IPv6 中被去掉了。基本 IPv6 包头总是有 40 个 8bit 字节
业务类型（8 比特）	流量分类（8 比特）	在两种包头中，执行相同的功能
—	流标签（20 比特）	新增字段，用来标记 IPv6 数据包的流
总长度（16 比特）	有效载荷长度（16 比特）	在两种包头中，执行相同的功能
标识（16 比特）	—	因为在 IPv6 中分段处理的不同，所以在 IPv6 中被去掉了
标志（3 比特）	—	因为在 IPv6 中分段处理的不同，所以在 IPv6 中被去掉了
分段偏移（13 比特）	—	因为在 IPv6 中分段处理的不同，所以在 IPv6 中被去掉了
存活时间（8 比特）	跳限制（8 比特）	在两种包头中，执行相同的功能
协议号（8 比特）	下一个包头（8 比特）	在两种包头中，执行相同的功能
包头校验和（16 比特）	—	在 IPv6 中被去掉了。链路层技术和高层协议处理校验和以及错误控制
源地址（32 比特）	源地址（128 比特）	在 IPv6 中，源地址被扩展了
目的地址（32 比特）	目的地址（128 比特）	在 IPv6 中，目的地址被扩展了
选项（可变）	—	在 IPv6 中被去掉了。在 IPv4 中，处理该选项的方式是不同的
填充（可变）	—	在 IPv6 中被去掉了。在 IPv4 中，处理该选项的方式是不同的
—	扩展包头	在 IPv6 中处理选项字段、分段、安全、移动性、松散源路由选择、记录路由等的新方式。下一小节讲解 IPv6 扩展包头

2.1.3 IPv6 扩展包头

IPv6 扩展包头是可能跟在基本 IPv6 包头后面的可选包头。在 RFC 2460 “Internet 协议版本 6（IPv6）规范” 中定义了几种扩展包头。一个 IPv6 数据包可能包括 0 个、1 个或多个扩展包头。如图 2-5 所示，在 IPv6 数据包中使用多个扩展包头时，通过前面包头的下一个包头字段指明扩展包头而形成链接的包头列表。

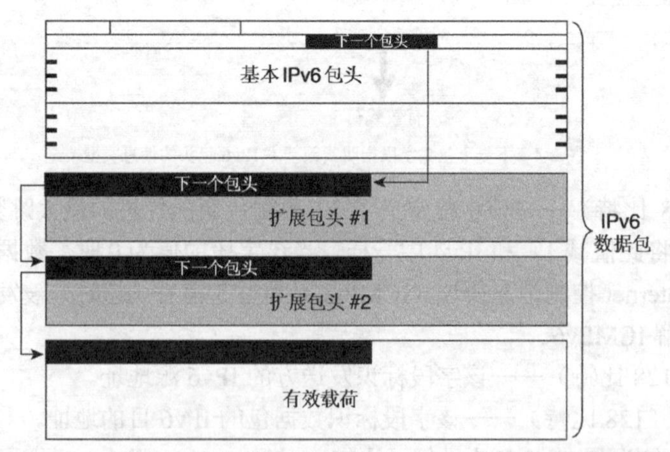

图 2-5　多个扩展包头形成链接的包头列表（所有包头都链接到下一个包头字段）

对于典型的IPv6应用，链的最后包头是承载数据报有效载荷的高层协议。例如，高层协议可以是TCP、UDP或一个ICMPv6数据包。

下面是IPv6定义的扩展包头：

- 逐跳选项包头（协议 0）——该字段由传送路径上的每个节点和路由器读取并处理。逐跳选项包头用于巨型数据包和路由器警报。应用逐跳选项包头的一个例子是资源预留协议（RSVP），因为每个路由器都需要查看资源预留协议。

注：IPv6能够发送大于65 535个8bit字节的数据包，特别是在有非常大MTU值的网络上。正如在RFC 2675 "IPv6巨型数据包"中所定义的，这些数据包称为巨型数据包。因为总长度字段为16比特的值，所以IPv4不能发送大于65 535个8bit字节的数据包。基本而言，IPv6包头受到与有效载荷长度字段相关的相同的65 535个8bit字节限制。但是，通过在逐跳选项包头中应用一个32比特字段，巨型数据包可以有4 294 967 295个8bit字节的最大长度。

注：源节点使用扩展包头向目的节点发送IPv6数据包时，发送路径上的中间路由器不能扫描和处理扩展包头。但是，正如RFC 2711 "IPv6路由器警报选项"所定义的，如果数据包发往一个特定目的地，要求发送路径上的中间路由器进行特殊处理时，可以使用逐跳选项包头内的路由器警报特性。

- 目的选项包头（协议60）——该包头承载特别针对数据包目的地址的可选信息。处于IETF草案状态的移动IPv6协议（Mobile IPv6）规范建议使用目的选项包头在移动节点和家乡代理之间交换注册信息。移动IP是这样的一个协议，即使移动节点改变了连接点，仍允许它们保持永久的IP地址。
- 路由包头（协议 43）——在数据包发往目的地的途中，该包头能够被IPv6源节点用来强制数据包经过特定的路由器。当路由类型字段设为0时，在路由包头中可以指定中间路由器列表。这个功能类似于IPv4中的松散源路由选项。

1. 路由包头详解

与IPv4相比，IPv6处理松散源路由的方式是不同的。一旦确定了中间IPv6路由器列表，在发送IPv6数据包之前，源节点就会按顺序执行下列操作。

步骤1　将基本IPv6包头的目的地址换为中间路由器列表的第一个路由器地址，而不是原始的IPv6目的地址。

步骤2　将原始的IPv6目的地作为中间路由器列表的最后目的地。

步骤3　数据包经过每个路由器时，将路由包头的剩余段字段减1。该字段作为一个指针，指向包含到原始目的地的剩余路由器段数。

然后，在列表中的每个中间路由器上发生下列步骤：

（a）中间路由器将基本IPv6包头的目的地址更改为中间列表的下一个路由器；

（b）路由器将路由选择包头的剩余段字段减1；

（c）路由器将自己的地址放在路由选择包头中间路由器列表的下一个路由器前面（记录路由的方式）；

（d）如果路由器是中间路由器列表的最后一项，路由器将基本 IPv6 包头的 IPv6 目的地址更改为最后目的节点，而这实际上是数据包的原始目的地。

接收到有路由包头的数据包之后，目的节点能够看到记录在路由包头中的中间路有器列表。然后，目的节点还能够使用路由包头向源节点发送应答数据包，并以逆序指定相同的路由器列表。

如图 2-6 所示，源节点 A 想发送数据包到目的节点 B，强制数据包经过在路由包头中指定的一列中间路由器。在中间路由器列表中先是路由器 R2，接着是路由器 R4，以发送数据包到目的节点 B。节点 A 首先发送数据包到路由器 R2。数据包用路由器 R2 作为基本 IPv6 包头的目的地址。中间路由器列表的下一个地址是路由器 R4，列表的最后一个地址是目的节点 B。路由器 R2 收到数据包之后，发送数据包到路由器 R4。数据包用路由器 R4 作为基本 IPv6 包头的目的地址。现在中间路由器列表的下一个地址是目的节点 B，也就是数据包的原始目的节点。最后，路由器 R4 收到数据包之后，将数据包通过路由器 R6 而不是路由器 R7（到达目的节点 B 的最短路径）发往目的节点 B。因为路由器 R6 不在中间路由器列表中，通常数据包由路由器 R4 转发。数据包使用目的节点 B 作为目的地址，路由包头包含属于这条路径的中间路由器列表（R2，R6）。

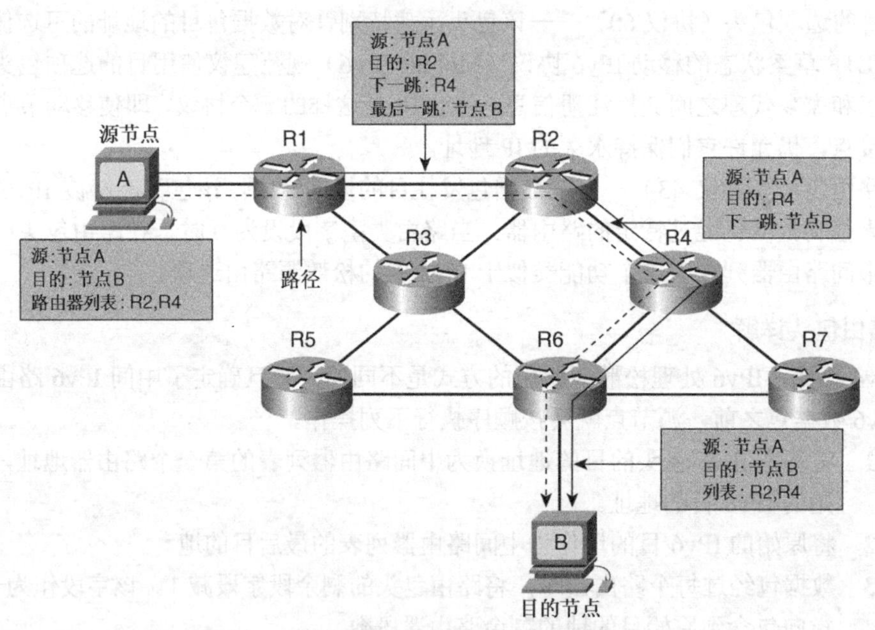

图 2-6　数据包通过沿着传送路径的一列中间路由器

只有少数一些应用使用 IPv6 的路由选择包头。当节点离开家乡网络时，移动 IPv6 是使用路由选择包头的一个协议例子。与移动 IPv4 相比，使用路由选择包头对协议而言是有效的。第

3 章概述移动 IPv6 协议。

参见 RFC 2460 "Internet 协议版本 6（IPv6）规范"，以了解路由包头规范和字段的更多信息。

以上内容详细介绍了路由包头，下面列出了 IPv6 协议定义的其他扩展包头。

- 分段包头（协议 44）——在 IPv6 中，建议 IPv6 所有的节点都使用 PMTUD 机制。第 3 章将详细讨论 PMTUD。如果 IPv6 节点不支持 PMTUD，但必须发送比传送路径的最大 MTU 还大的数据包时，要使用分段包头。这种情况发生时，节点将数据包分段，使用分段包头发送每个分段。然后目的节点通过串接所有的分段来组装原始数据包。

注：在 IPv6 中，不期望使用分段。必要时，由源节点执行分段，而不是由数据包传送路径上的路由器执行分段。在 IPv4 中，既可以由源节点也可以由中间路由器进行分段。

- 认证包头（协议 51）——该包头由 IPSec 使用，以提供认证、数据完整性和重放保护。它还确保基本 IPv6 包头中一些字段的保护。该包头在 IPv4 和 IPv6 中是相同的，通常称之为 IPSec 认证包头（AH）。
- 封装安全有效载荷包头（协议 50）——该包头由 IPSec 使用，以提供认证、数据完整性、重放保护和 IPv6 数据包的保密。类似于认证包头，该包头在 IPv4 和 IPv6 中是相同的，通常称之为 IPSec 封装安全有效载荷（ESP）。

2. 多个扩展包头

在 IPv6 数据包中使用多个扩展包头时，它们的顺序必须如下：

① 基本 IPv6 包头
② 逐跳选项
③ 目的选项（如果使用路由包头）
④ 路由选择
⑤ 分段
⑥ 认证
⑦ 封装安全有效载荷
⑧ 目的选项
⑨ 高层协议（TCP、UDP、ICMPv6……）

目的节点处理包含几个扩展包头的数据包时，必须严格按照它们在 IPv6 数据包中出现的顺序进行处理。例如，在处理所有的前导扩展包头之前，节点不能扫描数据包以寻找某种特定的扩展包头，并对其进行处理。

2.1.4　用户数据报协议（UDP）和 IPv6

IPv4 和 IPv6 认为 UDP（协议 17）是高层协议。IPv6 没有更改 UDP，仍然运行在 IPv6 和 IPv4 包头之上。但是，如图 2-7 所示，IPv6 中 UDP 数据包的校验和字段是必需的。该字段在 IPv4 中是可选的。因此，在 IPv6 数据包发送之前，必须由 IPv6 源节点计算 UDP 校验和字段。

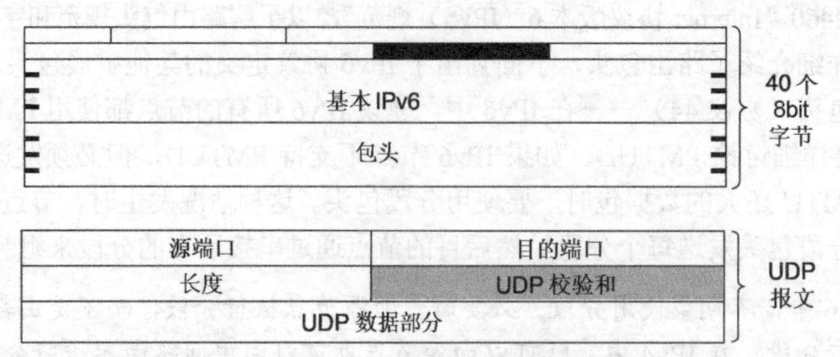

图 2-7　IPv6 中 UDP 数据包的校验和字段是必需的

因为 IPv4 包头的校验和字段被去掉了，所以 UDP 校验和是必需的。该字段用来验证内部数据包的完整性。

2.1.5　传输控制协议（TCP）和 IPv6

IPv4 和 IPv6 认为 TCP（协议 6）也是高层协议。在 IPv4 中 TCP 包头的校验和字段是必需的。因为 TCP 是个非常复杂的协议，所以在 IPv6 中没有对该协议进行修改。在 IPv6 的制定过程中，决定在 IPv6 之上继续运行 TCP 和 UDP 协议而未做结构性的修改。

2.1.6　IPv6 的最大传送单元（MTU）

在 IPv4 中，一个链路的最小 MTU 长度是 68 个 8bit 字节。IPv4 的每个 Internet 模块必须能够在不继续分段的情况下转发 68 字节的 IPv4 数据包。一个 IPv4 包头的最大长度是 60 个 8bit 字节。最小分段尺寸是 8 个 8bit 字节。

如图 2-8 所示，与 IPv4 的 68 个 8bit 字节相比，IPv6 链路的最小 MTU 长度是 1280 个 8bit 字节。

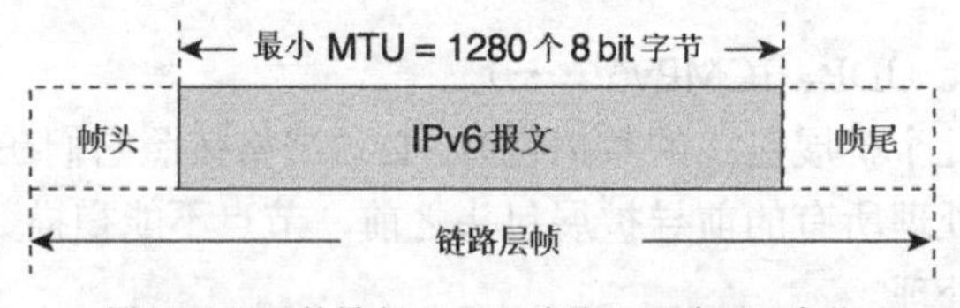

图 2-8　IPv6 的最小 MTU 尺寸是 1280 个 8bit 字节

而且，Internet 中的每条 IPv6 链路，包括 PPP 链路、隧道等，MTU 尺寸为 1280 个 8bit 字节或更大。但是，在 IPv6 中最小支持的数据报长度为 1500 个 8bit 字节。最小支持的数据报长度是经 IP 处理的 IP 层组装（接受片段并将它们组合在一起）之后的数据报尺寸。在 IPv4 中，最小支持的数据报尺寸是 576 个 8bit 字节。

1. IPv6的路径MTU发现（PMTUD）

数据包分段是有害的，对节点和中间路由器而言，要大量耗费CPU周期。在IPv6中为了避免数据包分段，RFC 2460强烈建议IPv6节点实现IPv6 PMTUD（在RFC 1981中定义）。PMTUD由源节点启动，允许它们发现传送路径上的最小MTU值。PMTUD在第3章详细介绍。

2. 巨型MTU

基本IPv6包头支持的最大数据包尺寸是65 535个8bit字节，是由16比特长度的有效载荷长度字段限制的。正如前面在逐跳扩展包头描述中所讲到的，在IPv6中称为巨型数据包的大型数据包是可能的。与巨型数据包的最大尺寸（4 294 967 295个8bit字节）相比，注意10吉比特以太网技术的MTU尺寸是9 216个8bit字节。

2.2 寻　址

IPv6地址长度是IPv4地址长度的4倍。IPv6地址表示也是非常不同的。本节讲述IPv6地址新的表示法、语法和压缩格式。

2.2.1 IPv6地址表示

如RFC 2373"IP版本6寻址结构"中所定义，有3种格式表示IPv6地址。首选格式是最长的方法。由所有的32个十六进制字符组成一个IPv6地址。首选格式也可以看成是匹配计算机"思维"的表示法。

另一种方法是IPv6地址的压缩表示。为了简化人们的IPv6地址输入，当IPv6地址中有0值时，压缩地址是可能的。这意味着首选格式和压缩格式是同一个IPv6地址的不同表示，与IPv4相比，这是个新概念。

最后，第3种表示地址的方法与过渡机制有关，在这里IPv4地址内嵌在IPv6地址中。这种表示法没有首选格式和压缩格式重要，因为只有在使用特定的过渡机制时，它才是有用的，如使用自动IPv4兼容隧道和动态网络地址转换-协议转换（NAT-PT）时。自动IPv4兼容隧道和动态NAT-PT在第5章中详细讨论。

1. 首选IPv6地址表示

如图2-9所示，首选表示法也称为IPv6地址的完全形式，由一列以冒号（:）分开的8个16比特十六进制字段组成。每个16比特字段以文本表示为4个十六进制字符，意指每个16比特字段的值可以是0x0000到0xFFFF。十六进制中所用的表示数字的字符不区分大小写。

首选格式是一个IPv6地址的最长表示。在这种首选形式（8个字段，每个字段为4个十六进制字符）中共有32个十六进制字符。相比较而言，一个IPv4地址由以点（.）分开的4个8

比特十进制字段组成，最多可能有 12 个十进制字符。

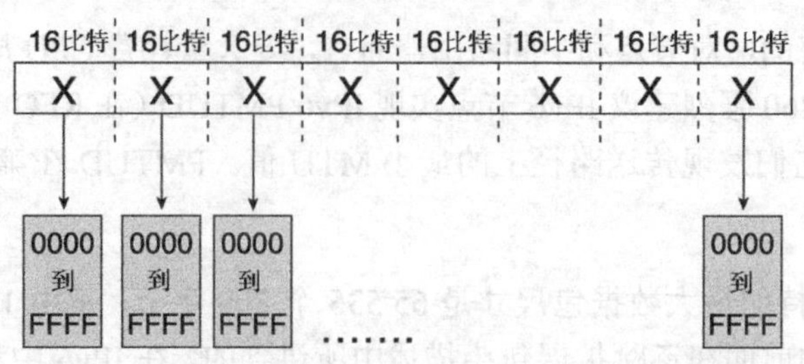

图 2-9 IPv6 地址有 8 个以冒号分开的 16 比特十六进制值字段

表 2-2 显示了首选格式的 IPv6 地址范例。

表 2-2 首选格式的 IPv6 地址范例

首选格式的 IPv6 地址
0000:0000:0000:0000:0000:0000:0000:0000
0000:0000:0000:0000:0000:0000:0000:0001
2001:0410:0000:1234:FB00:1400:5000:45FF
3ffe:0000:0000:0000:1010:2a2a:0000:0001
3FFE:0B00:0C18:0001:0000:1234:AB34:0002
FE80:0000:0000:0000:0000:0000:0000:0009
FFFF:FFFF:FFFF:FFFF:FFFF:FFFF:FFFF:FFFF

2．压缩表示

在 IPv6 中，常见到使用包含一长串 0 的地址。为了方便人们书写包含 0 比特的地址，在两种情况下——IPv6 地址的连续 16 比特字段为 0 和 16 比特字段中的前导 0，使用一种特定语法压缩连续的 0。

连续 16 比特字段为 0

当一个或多个连续的 16 比特字段为 0 字符时，为了缩短 IPv6 地址的长度，用∷（两个冒号）表示这些字段的 0 是合法的。但是，IPv6 地址中只允许一个∷，该方法使许多 IPv6 地址非常短。IPv6 地址的压缩表示也意味着同一个地址可能有几种表示。

注：IPv6 地址中有∷存在时，地址分析器能够确定所缺 0 的数目。然后，分析器在地址的两部分之间填充 0 字符直到地址长度为 128 比特。在压缩的 IPv6 地址中，如果存在多个∷，分析器就没有办法确定每个字段的 0 数目。因此，每个 IPv6 地址只允许一个∷。

表 2-3 显示了首选格式的 IPv6 地址经过压缩的例子，能够压缩的原因在于有一个或多个连续的 16 比特字段为 0 字符。首选格式地址中的黑体字符表示为了压缩地址被去掉的值。

地址 FFFF:FFFF:FFFF:FFFF:FFFF:FFFF:FFFF:FFFF 是一个地址实例，所有比特都为 1。因此，该地址不能压缩。只有存在多个连续的 16 比特字段 0 字符时，才能使用∷的压缩格式。

表 2-3　　首选格式的 IPv6 地址格式化为压缩格式的例子

首选格式	使用::的压缩格式
0000:0000:0000:0000:0000:0000:0000:0000	::
0000:0000:0000:0000:0000:0000:0000:0001	::0001
2001:0410:**0000**:1234:FB00:1400:5000:45FF	2001:0410::1234:FB00:1400:5000:45FF
3ffe:**0000:0000:0000**:1010:2a2a:0000:0001	3ffe::1010:2a2a:0000:0001
3FFE:0B00:0C18:0001:**0000**:1234:AB34:0002	3FFE:0B00:0C18:0001::1234:AB34:0002
FE80:**0000:0000:0000:0000:0000:0000:**0009	FE80::0009
FFFF:FFFF:FFFF:FFFF:FFFF:FFFF:FFFF:FFFF	FFFF:FFFF:FFFF:FFFF:FFFF:FFFF:FFFF:FFFF

表 2-4 列出了不合法的压缩地址例子。所给出的压缩地址多次使用::，这是不合法的 IPv6 压缩地址表示。

表 2-4　　不合法的 IPv6 压缩地址表示例子

首选格式	使用::的压缩格式
0000:0000:AAAA:0000:0000:0000:0000:0001	::AAAA::0001
3ffe:0000:0000:0000:1010:2a2a:0000:0001	3ffe::1010:2a2a::0001

IPv6 地址中 16 比特字段的前导 0

在 IPv6 地址中存在一个或多个前导 0 的 16 比特十六进制字段，第二种压缩地址的方法可应用于每个这样的字段。每个字段的前导 0 可以简单地去掉以缩短 IPv6 地址的长度。但是，如果 16 比特字段的每个十六进制字符都设为 0，那么至少要保留一个 0 字符。表 2-5 给出了存在前导 0 时地址压缩的例子。在这些例子中，去掉了每个 16 比特字段的所有前导 0，保留所有的后续值。首选格式地址中的黑体字符表示为了压缩地址要去掉的值。

结合两种压缩方法

压缩连续的 0 字符 16 比特字段和压缩 16 比特字段中的前导 0 能够结合起来，以缩短 IPv6 地址的长度。表 2-6 给出了同时应用这两种方法的例子。首选格式地址中的黑体字符表示为了压缩地址要去掉的值。

表 2-5　　去掉 16 比特字段前导 0 以压缩地址的 IPv6 地址例子

首选格式	压缩格式
0000:**000**0:**000**0:**000**0:**000**0:**000**0:**000**0:**000**0	0:0:0:0:0:0:0:0
0000:**000**0:**000**0:**000**0:**000**0:**000**0:**000**0:**000**1	0:0:0:0:0:0:0:1
2001:**0**410:**000**0:1234:FB00:1400:5000:45FF	2001:410:0:1234:FB00:1400:5000:45FF
3ffe:**000**0:**000**0:**000**0:1010:2a2a:**000**0:**000**1	3ffe:0:0:0:1010:2a2a:0:1
3FFE:**0**B00:**0**C18:**000**1:**000**0:1234:AB34:**000**2	3FFE:B00:C18:1:0:1234:AB34:2
FE80:**000**0:**000**0:**000**0:**000**0:**000**0:**000**0:**000**9	FE80:0:0:0:0:0:0:9
FFFF:FFFF:FFFF:FFFF:FFFF:FFFF:FFFF:FFFF	FFFF:FFFF:FFFF:FFFF:FFFF:FFFF:FFFF:FFFF

表 2-6　压缩表示的 IPv6 地址例子

首选格式	压缩格式
0000:0000:0000:0000:0000:0000:0000:0000	::
0000:0000:0000:0000:0000:0000:0000:0001	::1
2001:0410:0000:1234:FB00:1400:5000:45FF	2001:410::1234:FB00:1400:5000:45FF
3ffe:0000:0000:0000:1010:2a2a:0000:0001	3ffe::1010:2a2a:0:1
3FFE:0B00:0C18:0001:0000:1234:AB34:0002	3FFE:B00:C18:1::1234:AB34:2
FE80:0000:0000:0000:0000:0000:0000:0009	FE80::9

3．内嵌 IPv4 地址的 IPv6 地址

IPv6 地址的第 3 种表示法是在 IPv6 地址中使用内嵌的 IPv4 地址。

IPv6 地址的第一部分使用十六进制表示，而 IPv4 地址部分是十进制格式。这是过渡机制所用的 IPv6 地址特有的表示法。

注：在支持自动 IPv4 兼容隧道机制的实现中，地址的低 32 比特也可以用十六进制表示。这样，十进制值转换为十六进制。

注：正如本节开头所提到的，只有两种过渡机制使用这种 IPv6 地址形式。Cisco IOS 软件技术支持使用这种格式的过渡机制，但是，由于考虑到更有效的机制，所以去掉了自动 IPv4 兼容隧道机制。然而，为了使称为动态 NAT-PT 的过渡机制正常运行，仍旧在 IPv6 地址中内嵌了一个 IPv4 地址。因此，用到了这种形式的地址。

图 2-10 给出了使用内嵌 IPv4 地址的 IPv6 地址格式。这种地址由两部分组成：6 个高 16 比特十六进制值字段，以 X 字符表示，后跟 4 个低 8 比特十进制值字段（IPv4 地址），以 d 字符表示（共 32 比特）。

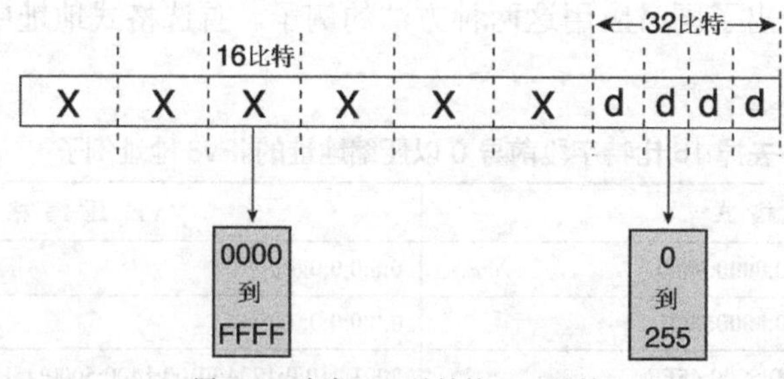

图 2-10　内嵌 IPv4 地址的 IPv6 地址

两种 IPv6 地址有内嵌的 IPv4 地址：

- IPv4 兼容的 IPv6 地址——用于在 IPv4 网络上建立自动隧道，以传输 IPv6 数据包。这种地址与 IPv6 协议的一种过渡机制有关。

- 映射 IPv4 的 IPv6 地址——仅用于拥有 IPv4 和 IPv6 双协议栈节点的本地范围。节点仅在内部使用映射 IPv4 的 IPv6 地址。节点外部永远不会知道这些地址，不应作为 IPv6 地址出现在线路上。

虽然上面两种方法都使用 IPv6 地址内嵌 IPv4 地址的相同地址表示法，但还是为每种内嵌的 IPv4 地址定义了不同的 IPv6 前缀。对于 IPv4 兼容的 IPv6 地址，其 IPv6 前缀表示为高 96 比特设为 0，紧跟 32 比特的 IPv4 地址。对于映射 IPv4 的 IPv6 地址，其前缀表示为高 80 比特设为 0，接着的 16 比特设为 1，最后跟随 32 比特的本地节点 IPv4 地址。下一节详细讲述内嵌 IPv4 地址的 IPv6 地址格式。

表 2-7 给出了每种内嵌在 IPv6 地址内的 IPv4 地址例子，也说明了两种地址都能够表示为压缩格式。给出的第一个地址是 IPv4 兼容的 IPv6 地址，第二个是映射 IPv4 的 IPv6 地址。首选格式地址中的黑体字符表示为了压缩地址长度要去掉的值。

表 2-7　IPv4 兼容的 IPv6 地址和映射 IPv4 的 IPv6 地址例子

首选格式	压缩格式
0000:0000:0000:0000:0000:0000:206.123.31.2	0:0:0:0:0:0:206.123.31.2 或::206.123.31.2
0000:0000:0000:0000:0000:0000:ce7b:1f01	0:0:0:0:0:0:ce7b:1f01 或::ce7b:1f01
0000:0000:0000:0000:0000:FFFF:206.123.31.2	0:0:0:0:0:FFFF:206.123.31.2 或 ::FFFF:206.123.31.2
0000:0000:0000:0000:0000:FFFF:ce7b:1f01	0:0:0:0:0:FFFF:ce7b:1f01 或::FFFF:ce7b:1f01

注：虽然动态 NAT-PT 机制基于 IPv4 兼容的 IPv6 地址格式，但是没有使用这里所说的 IPv6 前缀。参见第 5 章以了解动态 NAT-PT 机制所用前缀的更多细节。

4. URL 的 IPv6 地址表示

在统一资源定位符（URL）格式中，冒号（：）字符定义为指定可选的端口号。下面是用冒号字符指定端口号的 URL 例子:

www.example.net:8080/index.html

https://www.example.com:8443/abc.html

在 IPv6 中，Internet 浏览器的 URL 分析器必须能够区分端口号的冒号和 IPv6 地址中的冒号。但是，因为 IPv6 地址的压缩表示可能在 IPv6 地址的任何地方包含双冒号，所以做出如上的区分是不可能的。

因此，为了识别 IPv6 地址，同时还要为 URL 格式保留冒号（端口号），如 RFC 2732 “URL 中的直观 IPv6 地址格式” 所定义，IPv6 地址必须由方括号括起。然后，在方括号后面可以加上端口号，接着是目录和文件名。下面是 IPv6 地址在方括号间的 URL 例子。

[3ffe:b80:c18:1::50]:8080/index.html

https://[2001:410:0:1:250:fcee:e450:33ab]:8443/abc.html

但是，使用方括号中的 IPv6 地址通常仅用于诊断目的，或者用于不存在域名服务（DNS）时。因为 IPv6 地址比 IPv4 地址长，所以用户倾向于使用 DNS 和完全合格域名（FQDN）格式，而不是用十六进制表示的 IPv6 地址。

5．IPv6 和划分子网

在 IPv4 中，有两种方法表示一个网络前缀：

- 十进制表示法——网络掩码指定为 d.d.d.d 格式。网络掩码值表示二进制形式设为 1 的连续比特数。
- 无类域间路由选择（CIDR）表示法——网络前缀掩码也可以指定为一个十进制数，表示二进制形式中设为 1 的连续比特数。在前缀和网络掩码值之间使用了斜线（/）字符。

两种表示法意味着同样的节点网络掩码比特数。例如，网络掩码值为 255.255.255.0 的网络前缀 192.168.1.0 和 CIDR 表示法的 192.168.1.0/24 是相同的。该网络中节点的 IP 地址范围是从 192.168.1.1 到 192.168.1.254。

在 IPv6 中，因为 IPv6 地址有新的长度，使用如 d.d.d.d 长形式的网络掩码表示法消失了。在 IPv6 中，表示网络掩码的唯一可接受形式是 CIDR 表示法。虽然 IPv6 地址是十六进制格式，但网络掩码值仍然是一个十进制值。表 2-8 给出了网络值为 CIDR 表示法的 IPv6 地址和网络前缀例子。

表 2-8　　IPv6 前缀与网络掩码的例子

IPv6 前缀	描　述
2001:410:0:1:0:0:0:45FF/128	表示只有一个 IPv6 地址的子网
2001:410:0:1::/64	网络前缀 2001:410:0:1::/64 能够处理 2^{64} 个节点，这是子网的默认前缀长度
2001:410:0::/48	网络前缀 2001:410:0::/48 能够处理 2^{16} 个 64 比特的网络前缀，这是站点的默认前缀长度

对于 IPv4 和 IPv6，网络掩码中设为 1 的比特数确定网络前缀的长度，其余部分用于节点寻址。这是 IP 的基本信息，当数据包必须发往默认路由器或者同一个链路层子网上的特定节点时，该信息告知节点如何处理。

IPv6 中的另一个不同之处是网络前缀范围内没有保留地址。在 IPv4 中，前缀范围内的第一个和最后一个地址是保留地址。前缀范围内的第一个地址是网络地址，最后一个是广播地址。这意味着一个范围内可用的 IPv4 地址总数等于 2^n-2，其中 n 是主机寻址的比特数。例如，给定网络前缀 192.168.1.0/24，地址 192.168.1.0 和 192.168.1.255 是保留地址，从而不能指定给节点。在 IPv4 中，也常见到在一个位置范围内使用不同的网络掩码值。一个子网使用一个网络掩码值，下一个子网可以使用一个不同值。

IPv6 没有广播或网络保留地址。而且，IPv6 站点前缀（48 比特）中节点寻址比特数是如此之大，以致于没有必要为在一个站点内使用不同的网络掩码值而制定寻址计划。因此，就不需要为每个子网计算网络掩码，也不需要使用变长子网掩码（VLSM）。在 IPv6 中，子网划分比 IPv4 中要简单得多。

2.2.2　IPv6 地址类型

与表示法和子网划分无关，正如 RFC 2373 “IP 版本 6 寻址结构” 中所描述的，为 IPv6 定义了不同种类的地址。本节给出了协议中所定义的 IPv6 地址类型。在 IPv6 中，地址指定给网络接口，而不是节点。而且，每个端口同时拥有和使用多个 IPv6 地址。

如图 2-11 所示，地址的 3 种类型是单播、任意播和多播。在每种地址中有一种或多种类型的地址。单播有本地链路、本地站点、可聚合全球、回环、未指定和 IPv4 兼容地址。任意播有可聚合全球、本地站点和本地链路地址。多播有指定地址和请求节点地址。IPv6 128 比特寻址模式的具体范围已经指定给了每种类型的地址。

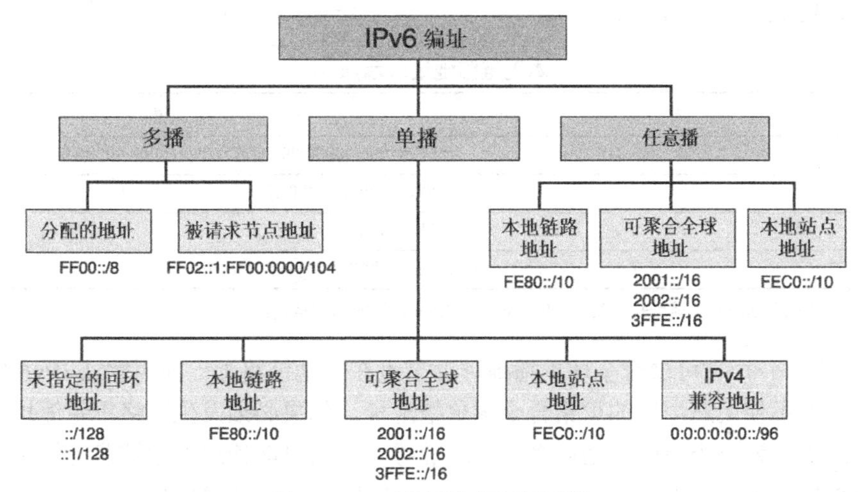

图 2-11　IPv6 寻址结构中的地址类型

1．本地链路地址

IPv6 引入受限的单播地址，只能用在一个受到限制的范围内。单播本地链路地址有范围限制，只能在连接到同一本地链路的节点之间使用。在几个 IPv6 机制中用到了本地链路地址，如第 3 章详细讲述的邻居发现协议（NDP）。

当在一个节点上启用 IPv6 协议栈，启动时节点的每个接口自动配置一个本地链路地址。如图 2-12 所示，使用了 IPv6 本地链路前缀 FE80::/10，同时扩展唯一标识符 64（EUI-64）格式的接口标识符添加在后面作为地址的低 64 比特。比特 11 到比特 64 设为 0（54 比特）。本地链路地址只用于本地链路范围，不能在站点内的子网间路由。

注： IEEE 定义了一种基于 64 比特的扩展唯一标识符——EUI-64。EUI-64 格式是 IEEE 指定的公共 24 比特制造商标识和制造商为产品指定的 40 比特值的组合。EUI-64 与接口链路层地址有关。本章提供了链路层地址转换为 EUI-64 格式的详细信息。

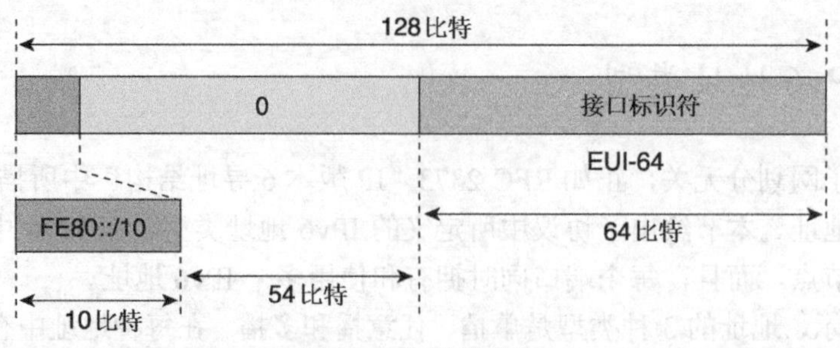

图 2-12 本地链路地址

因为本地链路地址的低 64 比特是接口标识符，本地链路前缀长度基于 64 比特长（/64）。如表 2-9 所示，本地链路地址表示为首选格式 FE80:0000:0000:0000:0000:0000: 0000:0000/10 的 IPv6 前缀和压缩表示的 FE80::/10。

表 2-9 本地链路地址表示法

表示法	值
首选格式	FE80:0000:0000:0000:0000:0000:0000:0000/10
压缩格式[1]	FE80:0:0:0:0:0:0:0/10
压缩格式	FE80::/10
二进制格式	高 10 比特设为 1111 1110 10

1 这是同一地址的中间压缩表示。地址是有效的，但应该使用 IPv6 地址的缩短格式。

在 IPv6 中，一个有可聚合全球单播地址的节点在本地链路上，使用默认 IPv6 路由器的本地链路地址，而不使用路由器的可聚合全球单播地址。如果必须发生网络重新编址，即单播可聚合全球前缀更改为一个新的单播可聚合全球前缀，那么总能使用本地链路地址到达默认路由器。在网络重新编址过程中，节点和路由器的本地链路地址不会发生变化。第 3 章给出了在一条本地链路上前缀重新编址的例子。

2．本地站点地址

本地站点地址是另一种单播受限地址，仅在一个站点内使用。本地站点地址在节点上不能像本地链路地址一样被默认启用，即必须指定。

本地站点地址与 RFC 1918“私有 Internet 地址分配”所定义的 IPv4 私有地址空间类似，这些私有地址空间如 10.0.0.0/8、172.16.0.0/12 和 192.168.0.0/16。任何没有接收到提供商所分配的可聚合全球单播 IPv6 地址空间的组织机构可以使用本地站点地址。一个本地站点前缀和地址可赋予站点内的任何节点和路由器。但是，本地站点地址不能在全球 IPv6 Internet 上路由。

注： 虽然本地站点地址与 IPv4 私有地址类似，但在 IPv6 单协议网络之间，不希望使用 IPv6 网络地址转换（NAT）。IPv6 地址空间中有巨大数量的 IPv6 地址，以保持 IP 协议的端到端模型的有效性。

如图2-13所示，本地站点地址由前缀FEC0::/10、称为子网标识的54比特字段和用作低64比特EUI-64格式的接口标识符所组成。

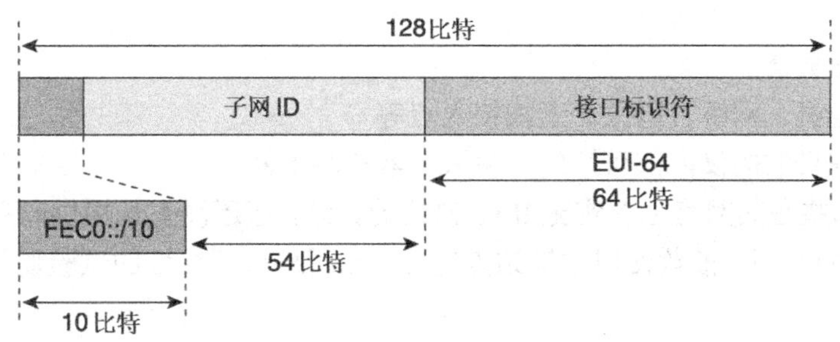

图2-13 本地站点地址

54比特子网标识用于站点子网划分。该字段允许一个站点创建多达2^{54}个不同的IPv6子网（/64前缀）。每个子网能够使用不同的IPv6前缀。

注：本地站点地址原来的子网标识长度基于16比特，允许一个站点创建65 535个不同的IPv6子网。

例如，一个有10个子网的站点可以如下分配本地站点前缀：

- 子网1——FEC0:0:0:0001::/64
- 子网2——FEC0:0:0:0002::/64
- 子网3——FEC0:0:0:0003::/64
- 子网4——FEC0:0:0:0004::/64
- 子网5——FEC0:0:0:0005::/64
- 子网6——FEC0:0:0:0006::/64
- 子网7——FEC0:0:0:0007::/64
- 子网8——FEC0:0:0:0008::/64
- 子网9——FEC0:0:0:0009::/64
- 子网10——FEC0:0:0:000A::/64

如表2-10所示，本地站点地址表示为首选格式FEC0:0000:0000:0000:0000:0000:0000: 0000/10的IPv6前缀和压缩表示的FEC0::/10。

表2-10 本地站点地址表示

表 示 法	值
首选格式	FEC0:0000:0000:0000:0000:0000:0000:0000/10
压缩格式[1]	FEC0:0:0:0:0:0:0:0/10
压缩格式	FEC0::/10
二进制格式	高10比特设为1111 1110 11

1 这是同一地址的中间压缩表示。地址是有效的，但应该使用IPv6地址的缩短格式。

本地站点地址设计用于永远不会与全球IPv6 Internet通信的设备。本地站点地址在一个站点内可能有下列用途：

- 打印机
- 内部网服务器
- 网络交换机、网桥、网关、无线接入点等
- 用于管理目的的仅内部可达的任何服务器和路由器

如今，对于那些在其网络上有实施IPv6协议的计划，但还没有从提供商那里获得可聚合全球单播IPv6空间的组织，推荐使用本地站点地址。在网络重新编址的试验场景中，也推荐使用本地站点寻址。

特别要注意一个IPv6节点可以有几个单播IPv6地址，所以在使用可聚合全球单播地址的同时，能够使用本地站点地址。在这种情况下，DNS是仲裁者（即决定使用哪个地址）。而且，期望站点为本地站点和可聚合全球单播前缀使用相同的子网标识符。

3. 可聚合全球单播地址

可聚合全球单播地址是用于IPv6 Internet通常IPv6数据流量的IPv6地址。可聚合全球单播地址与IPv4 Internet上用于通信的单播地址类似。

可聚合全球单播地址代表IPv6寻址结构的最重要部分。可聚合全球单播结构使用严格的路由前缀聚合，以限制全球Internet路由选择表的大小。

每个可聚合全球单播IPv6地址有3部分：

- 从提供商那里接收到的前缀——如RFC 3177 “IAB/IESG关于IPv6站点地址分配的建议”所言，由提供商指定给一个组织机构（末端站点）的前缀应至少是/48前缀。/48前缀表示网络前缀的高48比特。而且，指定给组织机构的前缀是提供商前缀的一部分。
- 站点——利用提供商分配给组织机构的一个/48前缀，该组织机构就可能将网络分为多达65 535个子网（为子网指定64比特的前缀）。组织机构能够使用所收到前缀的49比特到64比特（16比特）来划分子网。
- 主机——主机部分使用每个节点的接口标识符。IPv6地址的这部分表示地址的低64比特，称为接口标识符（接口ID）。

如图2-14所示，前缀2001:0410:0110::/48是由提供商指定给组织机构的。进而，在该组织内部，在网络子网上使用前缀2001:0410:0110:0002::/64。最终，该子网上的一个节点拥有IPv6地址2001:0410:0110:0002:0200:CBCF:1234:4402。

这是提供商向末端站点指定可聚合全球单播前缀的一个简单例子。第7章提供了在多个站点、提供商和末端站点间分配可聚合全球单播地址的详细信息。

4. 可聚合全球单播前缀的IANA分配

IANA分配整个IPv6寻址空间中的一个IPv6地址前缀范围作为可聚合全球单播地址。如表2-11所示，这个可聚合全球单播地址空间用IPv6前缀2000::/3来表征。

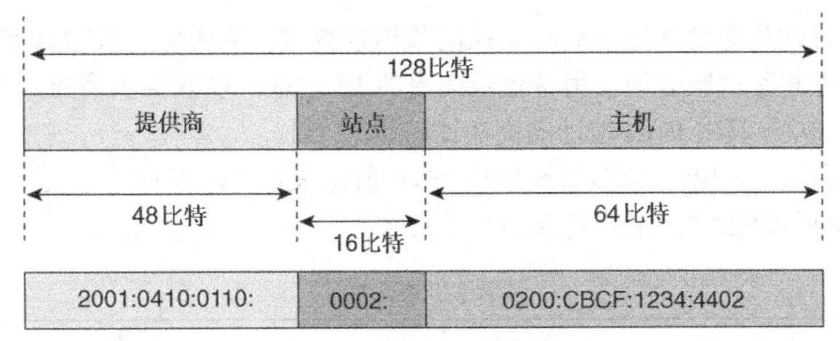

图 2-14　可聚合全球单播地址

表 2-11　可聚合全球单播地址空间

表 示 法	值
范围	2xxx:xxxx:xxxx:xxxx:xxxx:xxxx:xxxx:xxxx/3
范围的第一个地址	2000:0000:0000:0000:0000:0000:0000:0000
范围的最后一个地址	3FFF:FFFF:FFFF:FFFF:FFFF:FFFF:FFFF:FFFF
二进制格式	高 3 比特设为 001

从前缀 2000::/3 中取出 3 个较小前缀（/16）指定为公用。如表 2-12 所示，前缀 2001::/16 用于 IPv6 Internet 的运作。前缀 2002::/16 为使用 6 到 4 过渡机制的节点保留。3FFE::/16 是用于 6bone 测试目的的前缀。

表 2-12　IPv6 地址空间 2000::/3 中的/16 前缀指定为可聚合全球单播地址

前　缀	二进制表示	描　述
2001::/16	0010 0000 0000 0001	IPv6 Internet
2002::/16	0010 0000 0000 0010	6 到 4 过渡机制
从 2003::/16 到 3FFD::/16	0010 xxxx xxxx xxxx	未指定（可用）
3FFE::/16	0010 1111 1111 1110	6bone

注意 IANA 仍然没有分配从 2003::/16 到 3FFD::/16 的前缀空间，即大约 8192 个前缀(/16)。在一个/16 前缀中，能够容纳数十亿个 IPv4 Internet。这是 IPv6 巨大寻址空间的一个例证。获得许多的 IP 地址对 IPv6 而言不是问题。

注：参见第 5 章，获得基于 2002::/16 前缀的 6 到 4 机制的详细信息。

5．多播地址

多播是一种技术，即一个源节点发送单个数据包，同时到达多个目的地（一到多）。相对而言，单播是从一个源节点发送单个数据包到一个目的地（一到一）。

多播含有组的概念：

- 任何节点能够是一个多播组的成员
- 一个源节点可以发送数据包到多播组
- 多播组的所有成员收到发往该组的数据包

多播的主要目标是通过优化节点间交换的数据包数量，从而使高效网络节省链路带宽。但是，网络上的节点和路由器必须使用特定范围内的 IP 地址，以获得多播的好处。在 IPv4 中，该范围是 224.0.0.0/3，其中 IPv4 地址的高 3 比特设为 111。

如表 2-13 所示，在 IPv6 中多播地址由 IPv6 前缀来定义，其首选格式为 FF00:0000:0000:0000:0000:0000:0000:0000/8，压缩表示为 FF00::/8。

表 2-13　多播地址表示法

表 示 法	值
首选格式	FF00:0000:0000:0000:0000:0000:0000:0000/8
压缩格式 [1]	FF00:0:0:0:0:0:0:0/8
压缩格式	FF00::/8
二进制格式	高 8 比特设为 1111 1111

1　这是同一地址的中间压缩表示。地址是有效的，但应该使用 IPv6 地址的缩短格式。

在 IPv4 中，存活时间（TTL）用来限制多播流量。IPv6 多播没有 TTL，因为在多播地址内定义了范围。

在协议机制中，IPv6 多处用到多播地址，如 IPv4 中地址解析协议（ARP）的替代协议、前缀通告、重复地址检测（DAD）和前缀重新编址。所有这些机制在第 3 章详细讲述。

在 IPv6 中，本地链路上的所有节点监听多播，能够发送多播数据包以交换信息。因此，仅靠监听本地链路上的多播数据包，IPv6 节点就能够知道所有的邻居节点和邻居路由器。就获得有关网络邻居的信息而言，这是不同于 IPv4 ARP 的技术。

在多播中，范围是一个必要的参数，由它限制发送多播数据包到网络的某个确定区或部分。

如图 2-15 所示，使用标志和范围共 4 比特字段，多播地址格式定义了地址的几种范围和类型。这些字段在前缀 FF::/8 之后。最后，多播地址的低 112 比特是多播组标识符（多播组 ID）。

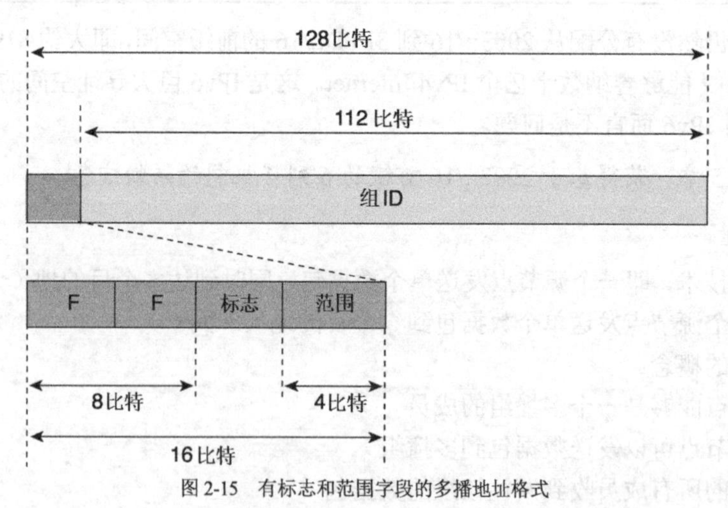

图 2-15　有标志和范围字段的多播地址格式

标志字段指明多播地址类型。其中，两种多播地址定义为：

- 永久的——由 IANA 指定的一个地址
- 临时的——没有被永久指定

如表 2-14 所示，标志字段的高 3 比特是保留的并且必须用 0 值初始化。但是，其他比特指明多播地址类型。

表 2-14　标志字段（4 比特）的值和含义

二进制表示	十六进制值	多播地址类型
0000	0	永久多播地址
0001	1	临时多播地址

下一个 4 比特字段称为范围，定义多播地址的范围。表 2-15 给出了多播范围字段的可能值和类型。这里没有列出的其他值要么是保留的要么没有指定。

表 2-15　范围字段（4 比特）的值和含义

二进制表示	十六进制值	范围类型
0001	1	本地接口范围
0010	2	本地链路范围
0011	3	本地子网范围
0100	4	本地管理范围
0101	5	本地站点范围
1000	8	组织机构范围
1110	E	全球范围

表 2-16 给出了不同范围的多播地址例子。FF02::/16 是仅用于本地链路范围的永久地址。FF12::/16 有一个类似的范围，但被认为是一个临时地址。FF05::/16 是本地站点范围的一个永久地址。

表 2-16　不同范围的多播地址范例

多播地址	描述
FF02::/16	本地链路范围的永久多播地址
FF12::/16	本地链路范围的临时多播地址
FF05::/16	本地站点范围的永久多播地址

注：当一个 IPv6 节点发送多播数据包到一个多播地址时，数据包中的源地址不能是一个多播地址。而且，在任何 IPv6 扩展路由选择包头中，多播地址不能作为源地址。

多播指定地址

RFC 2373 在多播范围内为 IPv6 协议操作定义和保留了几个 IPv6 地址。这些保留地址称为多播指定地址。表 2-17 给出了 IPv6 中的所有多播指定地址。

表 2-17　　多播指定地址

多播地址	范围	含义	描述
FF01::1	节点	所有节点	在本地接口范围的所有节点
FF01::2	节点	所有路由器	在本地接口范围的所有路由器
FF02::1	本地链路	所有节点	在本地链路范围的所有节点
FF02::2	本地链路	所有路由器	在本地链路范围的所有路由器
FF05::2	站点	所有路由器	在一个站点范围内的所有路由器

指定多播地址用于协议特定机制的相关情形。例如，子网上的一台路由器要发送一条消息到相同子网上的所有节点，使用多播地址 FF02::1。子网上的一个节点要发送一条消息到相同子网上的所有节点，也使用相同的多播地址。在 IPv6 协议栈中，所有 IPv6 节点和路由器被设定好以识别这些多播指定地址。

被请求节点多播地址

第二种多播寻址是被请求节点多播寻址。对于节点或路由器的接口上配置的每个单播和任意播地址，都自动启用一个对应的被请求节点多播地址。被请求节点多播地址受限于本地链路。

被请求节点多播地址是特定类型的地址，用于两个基本的 IPv6 机制。

- 替代 IPv4 中的 ARP——因为 IPv6 中不使用 ARP，被请求节点多播地址被节点和路由器用来获得相同本地链路上邻居节点和路由器的链路层地址。和 IPv4 ARP 相同，获知邻居节点的链路层地址，为构造链路层帧以发送 IPv6 数据包所必需的。
- 重复地址检测（DAD）——DAD 是 NDP 的组成部分。在使用无状态自动配置将某个地址配置为自己的 IPv6 地址之前，节点利用 DAD 验证在其本地链路上该 IPv6 地址是否已被使用。被请求节点多播地址用来探测本地链路，以搜索已经配置在另一个节点上的特定单播或任意播地址。

注：DAD 和 NDP 在第 3 章详细描述。

如表 2-18 所示，被请求节点多播地址定义为首选格式的 IPv6 前缀 FF02:0000:0000:0000:0000:0001:FF00:0000/104 和压缩表示的 FF02::1:FF00:0000/104。

表 2-18　　被请求节点多播地址表示法

表示法	值
首选格式	FF02:0000:0000:0000:0000:0001:FF00:0000/104
压缩格式[1]	FF02:0:0:0:0:1:FF00:0000/104
压缩格式	FF02::1:FF00:0000/104

1　这是同一地址的中间压缩表示。地址是有效的，但应该使用 IPv6 地址的缩短格式。

被请求节点多播地址由前缀 FF02::1:FF00:0000/104 和单播或任意播地址的低 24 比特组成。

如图 2-16 所示，单播或任意播地址的低 24 比特附加在前缀 FF02::1:FF 的后面。

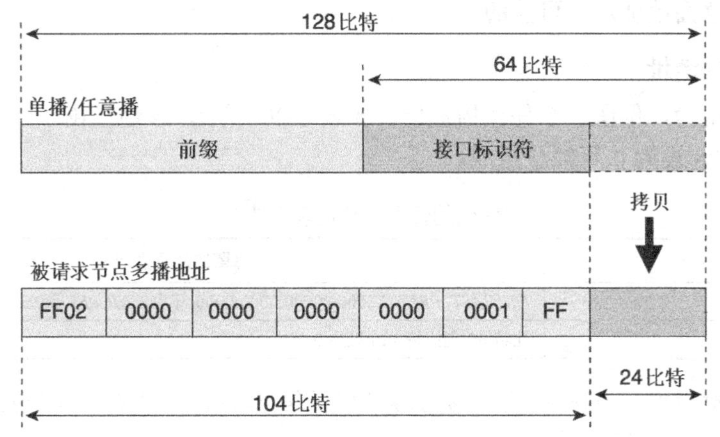

图 2-16　被请求节点多播地址

表 2-19 给出了由单播地址生成的被请求节点多播地址例子。

表 2-19　由单播地址生成的被请求节点多播地址例子

单 播 地 址	被请求节点多播地址
2001:410:0:1:0:0:0:45FF	**FF02::1:FF**00:45FF
2001:420:0:1:250:3434:0100:1234	**FF02::1:FF**00:1234
FEC0:0:0:1:1:1:1:999	**FF02::1:FF**01:0999
3FFE:B00:C18:1:2:2:45:410	**FF02::1:FF**45:0410

6. 任意播地址

单播是一个源节点用来发送数据包到一个目的地（一到一）的方法，多播用于一到多通信，任意播用于一到最近点的通信。任意播是一种机制，发送数据包到任意播组最近节点成员的任意播地址。任意播使一种到最近点的发现机制成为可能。通过度量网络距离，路由选择数据包到最近目的地，网络本身在任意播中扮演了重要角色。

在 IPv4 和 IPv6 中都存在任意播。在 IPv4 中，从区域 Internet 注册机构（如 ARIN、RIPE NCC 或 APNIC）获得一个可移动的 IPv4 空间，组织机构可以使用边界网关协议（BGP）通告其 IPv4 前缀到全球 Internet。使用相同的自治系统号（ASN），BGP 从 Internet 上的几个站点完成路由选择通告。在这些站点内使用一个任意播前缀的服务器能够共享相同的 IP 地址。全球 Internet 上的节点发送到这个任意播前缀的数据包，由 BGP 路由器路由选择到就 AS 路径而言的最优路径。因此，使用任意播机制，数据包被发送到最近的目的地。

注：第 5 章给出了 IPv4 任意播前缀在全球 Internet 上通告的实例。Internet 有几个 6 到 4 中继，但很难找到使用它们的 IPv4 地址。在这种情况下，IPv4 任意播前缀允许任一连接到 Internet 的 6 到 4 路由器自动寻找最近的 6 到 4 中继。第 5 章也提供了 6 到 4 机制和 6 到 4 路由器的详细信息。

任意播地址使用可聚合全球单播地址，也能够使用本地站点或本地链路地址。注意，要区分单播地址和任意播地址是不可能的。

保留的任意播地址

为了特定的用途，保留一个任意播地址。如表 2-20 所示，该地址由子网的/64 单播前缀和比特 65 到比特 128 设为 0 两部分组成。

表 2-20 保留的任意播地址表示法

表 示 法	保留的任意播地址
首选格式	*UNICAST_PREFIX* :0000:0000:0000:0000,其中 *UNICAST_PREFIX* 是一个 64 比特的值
二进制格式	比特 65 到比特 128 设为 0

该保留的任意播地址也称为*子网-路由器任意播地址*。所有 IPv6 路由器在其每个子网接口上必须支持子网-路由器任意播地址。

在 IPv6 中，只有少数几个应用使用任意播地址。移动 IPv6 是设计使用任意播的一个协议范例。当一个移动节点离开其家乡网络并欲发现其家乡代理的 IPv6 地址时，它可以使用任意播。移动节点能够向其家乡子网前缀的移动 IPv6 家乡代理任意播地址发送一条 ICMPv6“家乡代理地址发现请求”消息，然后，移动节点等待一个家乡代理返回一条包含家乡代理列表的 ICMPv6“家乡代理地址发现应答”消息。

但是，移动 IPv6 是刚推出不久的协议。大体而言，在从这种地址获得实实在在的好处之前，关于任意播仍有很多工作要做。

7．回环地址

类似于 IPv4 协议，每个设备都有一个回环地址，由节点自己使用。如表 2-21 所示，回环地址表示为首选格式的前缀 0000:0000:0000:0000:0000:0000:0000:0001 和压缩格式的::1。

表 2-21 回环地址表示法

表 示 法	值
首选格式	0000:0000:0000:0000:0000:0000:0000:0001
压缩格式[1]	0:0:0:0:0:0:0:1
压缩格式	::1
二进制格式	除了第 128 比特设为 1 外，其他所有的比特都设为 0

1 这是同一地址的中间压缩表示。地址是有效的，但应该使用 IPv6 地址的缩短格式。

8．未指定地址

未指定地址是没有指定给任何接口的单播地址。这表明少了一个地址，用于特殊目的。例如，当主机从 IPv6 动态主机配置协议（DHCPv6）服务器请求一个 IPv6 地址时，或者由 DAD 发出一个数据包时，使用这种地址。如表 2-22 所示，未指定地址表示为首选格式的前缀 0000:0000:

0000:0000:0000:0000:0000:0000 和压缩格式的::。

表 2-22　未指定地址表示法

表　示　法	值
首选格式	0000:0000:0000:0000:0000:0000:0000:0000
压缩格式 [1]	0:0:0:0:0:0:0:0
压缩格式	::
二进制格式	所有比特都设为 0

1　这是同一地址的中间压缩表示。地址是有效的，但应该使用 IPv6 地址的缩短格式。

9．IPv4 兼容的 IPv6 地址

正如前面所提到的，IPv4 兼容的 IPv6 地址是由过渡机制使用的特殊单播 IPv6 地址，目的是在主机和路由器上，自动创建 IPv4 隧道以在 IPv4 网络上传送 IPv6 数据包。

图 2-17 显示了 IPv4 兼容的 IPv6 地址的格式。前缀由高 96 比特设为 0 组成，其他 32 比特（低比特）以十进制形式的 IPv4 地址表示。

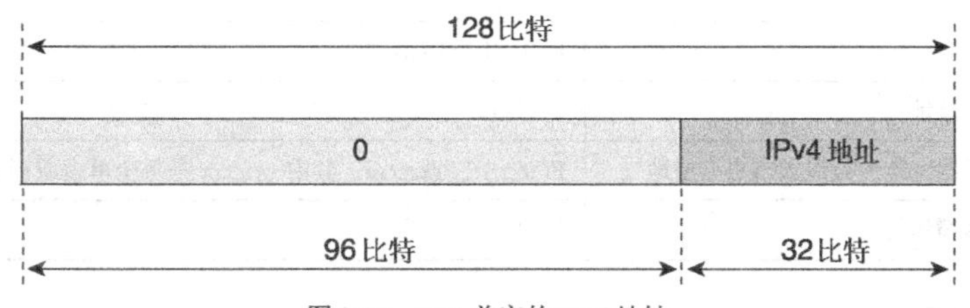

图 2-17　IPv4 兼容的 IPv6 地址

IPv4 兼容的 IPv6 地址用于过渡机制，路由器和主机自动在 IPv4 网络上创建隧道。这种机制在两个节点之间，使用目的 IPv6 地址中的 IPv4 目的地址自动建立 IPv4 之上的一条 IPv6-over-IPv4（建立在 IPv4 之上的 IPv6）隧道。应用动态 NAT-PT，将目的 IPv4 地址映射成 IPv6 地址。

注： 由于倾向于使用其他更完善的过渡机制，应用 IPv4 兼容的 IPv6 地址的自动隧道过渡机制就被废除了。第 5 章将讲解自动隧道和动态 NAT-PT。

如表 2-23 所示，IPv4 兼容的 IPv6 地址表示为首选格式的 IPv6 前缀 0000:0000:0000:0000:0000:0000::/96 和压缩格式的::/96。

表 2-23　IPv4 兼容的 IPv6 地址表示法

表　示　法	值
首选格式	0000:0000:0000:0000:0000:0000::/96
压缩格式 [1]	0:0:0:0:0:0::/96
压缩格式	::/96
二进制格式	高 96 比特设为 0

1　这是同一地址的中间压缩表示。地址是有效的，但应该使用 IPv6 地址的缩短格式。

10．必需的 IPv6 地址

如本章前面讨论过的，IPv6 节点和路由器同时有数个 IPv6 地址。但是，这些 IPv6 地址用于不同情景之中。IPv6 的 128 比特地址空间使协议设计高效利用地址成为可能。因此，正如 RFC 2373 所描述的，节点和路由器必须支持数个 IPv6 地址。

节点必需的 IPv6 地址

表 2-24 列出了在 IPv6 中节点必需的 IPv6 地址。一旦节点启用了 IPv6 协议支持，节点的每个接口就有一个本地链路地址、一个回环地址以及所有节点多播地址 FF01::1 和 FF02::1。同样，节点可以有一到多个分配的可聚合全球单播地址和相应的被请求节点多播地址。如果节点是另一个多播组的成员，它可以有其他的多播地址。

表 2-24　　节点必需的 IPv6 地址

必需的地址	地 址 表 示
每个网络接口的本地链路地址	FE80::/10
回环地址	::1
所有节点多播地址	FF01::1,FF02::1
分配的可聚合全球单播地址	2000::/3
所用的每个单播和任意播地址的被请求节点多播地址	FF02::1:FF*xx:xxxx*，其中 *xx:xxxx* 是每个单播或任意播地址的低 24 比特
主机所属的所有组的多播地址	FF00::/8

路由器必需的 IPv6 地址

表 2-25 给出了 IPv6 中路由器必需的 IPv6 地址。基本而言，路由器有节点必需的所有 IPv6 地址。进而，路由器有所有路由器多播地址 FF01::2、FF02::2 和 FF05::2。一个子网路由器任意播地址和其他的任意播配置地址是路由器的必需地址。

表 2-25　　路由器必需的 IPv6 地址

必需的地址	地 址 表 示
一个节点的所有必需的 IPv6 地址	FE80::/10、::1、FF01::1、FF02::1、2000::/3、FF02::1:FF*xx:xxxx*、FF00::/8
所有路由器多播地址	FF01::2、FF02::2、FF05::2
子网路由器任意播地址	*UNICAST_PREFIX* :0:0:0:0
其他任意播配置地址	2000::/3

2.3 IPv6 的寻址结构

因为具有 128 比特地址模式，所以 IPv6 拥有巨大的地址空间。正如本章前面所讨论的，该地址空间的几个部分用于协议本身的功能，如本地链路、本地站点、多播地址、多播指定地址、被请求节点多播地址、回环、未指定和IPv4兼容的IPv6地址。虽然128比特地址的几个部分已被使用，但是为这些功能保留的仅仅是整个空间的一小部分（小于2%）。

表2-26给出了已分配空间与IPv6整个寻址空间对比的情形。第一栏的二进制格式前缀表示每个分配空间的高16比特，字符*x*指这些比特可以是任何二进制值。第二栏是十六进制值格式的分配空间范围。后面的两栏显示了每个分配空间与整个IPv6空间相比的比值和百分比。最后一栏描述分配空间的特定用途。

表2-26　　整个IPv6空间的已分配IPv6空间

二进制表示的前缀（高16比特）	十六进制表示的范围	大小（比值）	%	分配空间描述
0000 0000 *xxxx xxxx*	0000到00FF	1/256	0.38%	未指定、回环、IPv4兼容地址
0000 0001 *xxxx xxxx*	0100到01FF	1/256	0.38%	没有分配
0000 001*x xxxx xxxx*	0200到03FF	1/128	0.77%	NSAP
0000 010*x xxxx xxxx*	0400到05FF	1/128	0.77%	没有分配
0000 011*x xxxx xxxx*	0600到07FF	1/128	0.77%	没有分配
0000 1*xxx xxxx xxxx*	0800到0FFF	1/32	3.13%	没有分配
0001 *xxxx xxxx xxxx*	1000到1FFF	1/16	6.26%	没有分配
001*x xxxx xxxx xxxx*	2000到3FFF	1/8	12.5%	可聚合全球单播地址（IANA）
010*x xxxx xxxx xxxx*	4000到5FFF	1/8	12.5%	没有分配
011*x xxxx xxxx xxxx*	6000到7FFF	1/8	12.5%	没有分配
100*x xxxx xxxx xxxx*	8000到9FFF	1/8	12.5%	没有分配
101*x xxxx xxxx xxxx*	A000到BFFF	1/8	12.5%	没有分配
110*x xxxx xxxx xxxx*	C000到DFFF	1/8	12.5%	没有分配
1110 *xxxx xxxx xxxx*	E000到EFFF	1/16	6.26%	没有分配
1111 0*xxx xxxx xxxx*	F000到F7FF	1/32	3.13%	没有分配
1111 10*xx xxxx xxxx*	F800到FBFF	1/64	1.6%	没有分配
1111 110*x xxxx xxxx*	FC00到FDFF	1/128	0.77%	没有分配
1111 1110 0*xxx xxxx*	FE00到FE7F	1/512	0.2%	没有分配
1111 1110 10*xx xxxx*	FE80到FEBF	1/1024	0.1%	本地链路
1111 1110 11*xx xxxx*	FEC0到FEFF	1/1024	0.1%	本地站点
1111 1111 *xxxx xxxx*	FF00到FFFF	1/256	0.38%	多播

译者注：%（百分比）一栏给出的值有些是约数，为了给读者一个准确的概念，列出对应关系如下：1/8=12.5%，1/16=6.25%，1/32=3.125%，1/64=1.5625%，1/128=0.78125%，1/256=0.390625%，1/512=0.1953125%，1/1024=0.09765625%。

下面列出IPv6地址空间分配的主要特点：

- 00::/8或::8是为未指定（::）、回环（::1）和IPv4兼容地址（::/96）保留的空间。该分配用了大约0.38%（1/256）的地址空间。
- 200::/7保留用于网络业务接入点（NSAP）分配，用了 0.77%（1/128）的空间。当前没有使用NSAP保留空间。NSAP地址主要用于ATM技术中。过去，另一个地址范围保留用于IPX（互联网络数据包交换）协议，但是，为IPX保留的空间已被废除。

- 2000::/3是可聚合全球单播地址空间，用了12.5%（1/8）的地址空间。可聚合全球单播地址是IPv6Internet实际使用的IPv6地址。虽然该空间范围包含总共8192个/16前缀，但是IANA分配公用地址的前缀仅是2001::/16、2002::/16和3FFE::/16（8192中的3个）。注意，一个/16前缀能够处理若干倍的IPv4 Internet整个地址空间。
- FE80::/10是本地链路地址空间，用了整个空间的0.1%（1/1024），每个网络接口有一个自动分配的本地链路地址。
- FEC0::/10是本地站点地址空间，用了整个空间的0.1%（1/1024），本地站点地址能够在任何网络内部使用。
- FF00::/8是多播地址空间，用了0.38%（1/256）的空间。多播地址用于IPv6协议的基本操作。
- 小于整个寻址空间的2%保留下来或分配给实际应用。

表2-26展示了IPv6的128比特地址模式为未来几十年提供了足够的地址。

2.4　在Cisco IOS软件技术上配置IPv6

路由器可用的Cisco IOS软件技术支持部署和管理IPv6网络所必需的大部分IPv6协议特征。本节考察Cisco IOS软件技术所实现的IPv6特征。这些特征为启用IPv6、在网络接口上激活IPv6和在NDP（邻居发现协议）内配置机制如ARP替代、无状态自动配置、前缀通告、DAD（重复地址检测）和前缀重新编址等功能所必需的。第3章讲解NDP、无状态自动配置、前缀通告、DAD和前缀重新编址。

本节重点是在Cisco IOS软件技术上配置和操作IPv6地址。本节也假设在您的路由器上已经成功安装了支持IPv6的Cisco IOS软件。您能够从Cisco.com下载支持IPv6的Cisco IOS软件。Cisco技术的IPv6基本信息可以在www.cisco.com/ipv6/找到。

注：要学习如何在路由器上安装支持IPv6的Cisco IOS软件，参见本章末尾的案例研究任务1。

2.4.1　在Cisco IOS软件技术上打开IPv6功能

在Cisco路由器上打开IPv6功能的第一步是激活IPv6流量转发，以便在网络接口之间转发单播IPv6数据包。默认情况下，在Cisco路由器上，IPv6流量转发是关闭的。

ipv6 unicast-routing命令用于在路由器上打开接口之间的IPv6数据包转发功能。该命令的语法如下：

```
Router(config)#ipv6 unicast-routing
```

ipv6 unicast-routing 命令是在全局基础上启用的。

完成该命令后的下一步是在网络接口上激活 IPv6。

在 Cisco 上启用 CEFv6

在 Cisco 上，IPv6 的 Cisco 快速转发（CEF）也是可用的。CEFv6 的行为与 IPv4 CEF 相同。但是，命令分为 CEFv6 新的配置命令和 CEFv6 与 IPv4 CEF 两者都可用的通用命令。

ipv6 cef 命令启用中心 CEFv6 模式。IPv4 CEF 必须使用 **ip cef** 命令来启用。类似地，IPv4 dCEF 必须在 dCEFv6 之前启用。**ipv6 cef** 命令是在全局基础上启用的。

第 4 章详细讲述了配置和管理 IPv6 CEF 的通用命令和新增命令。

2.4.2　数据链路技术之上的 IPv6

定义 IPv6 运行在几乎所有的数据链路技术之上，如以太网、FDDI、令牌环、ATM、PPP、帧中继、非广播多路接入（NBMA）和 ARCnet 等。下列 RFC 描述了在每种数据链路技术上 IPv6 协议的行为：

- **以太网**——RFC 2464，在以太网络上传送 IPv6 数据包
- **FDDI**——RFC 2467，在 FDDI 网络上传送 IPv6 数据包
- **令牌环**——RFC 2470，在令牌环网络上传送 IPv6 数据包
- **ATM**——RFC 2492，ATM 网络之上的 IPv6
- **PPP**——RFC 2472，PPP 之上的 IP 版本 6
- **帧中继**——RFC 2590，帧中继网络上传送 IPv6 数据包
- **NBMA**——RFC 2491，非广播多路接入（NBMA）网络之上的 IPv6
- **ARCnet**——RFC 2497，在 ARCnet 网络上传送 IPv6 数据包
- **通用数据包隧道**——RFC 2473，IPv6 规范中的通用数据包隧道
- **IEEE-1394**——RFC 3146，在 IEEE 1394 网络上传送 IPv6 数据包

有 IPv6 功能的 Cisco IOS 软件技术支持几种接口类型，如以太网、快速以太网、千兆以太网、Cisco HDLC、PPP、帧中继 PVC、ATM PVC、隧道和回环。因为以太网是网络中最常用的数据链路技术，所以本书中的配置范例多数针对以太网技术。

1．以太网之上的 IPv6

类似于 IPv4，IPv6 运行在任何以太网技术之上。但是，在承载 IPv6 数据包的以太网帧中指定的协议 ID 值不同于 IPv4 中的协议 ID。以太网帧内的协议 ID 确定第 3 层所用的协议，如 IPv4，IPv6 甚至如 IPX、DECnet、AppleTalk 等其他协议。

如表 2-27 所示，IPv4 的协议 ID 是 0x0800，IPv6 的协议 ID 是 0x86DD。

表 2-27 IPv4 和 IPv6 的协议 ID 值

协 议	以太网帧内的协议 ID
IPv4	0x0800
IPv6	0x86DD

这样，路由器、服务器和节点就能够使用以太网帧的协议 ID 值区分同时在网络上传输的协议。

2. Cisco 上常用数据链路层之上的 IPv6

就 PPP 链路而言，一个 IPv6 控制协议（IPv6CP）数据包封装在 PPP 数据链路层的信息字段中。对于 PPP 链路之上的 IPv6 数据包来说，IPv6CP 的协议 ID 是 0x8057。

Cisco 高级数据链路控制(HDLC)是 Cisco 路由器上的默认串行协议，是由 ISO 开发的一种同步数据链路层协议。这种协议定义了同步串行链路上的一种数据封装方法。对于 Cisco-HDLC 之上的 IPv6 数据包来说，IPv6CP 的协议 ID 是 0x86|0xDD。

最后，对于 ATM AAL5 SNAP 之上的 IPv6 来说，IPv6CP 的协议 ID 是 0x86DD，与以太网上的相同。

3. 以太网之上的多播映射

正如前面所提到的，IPv6 协议在本地链路范围的若干机制（如 ARP 替代、无状态自动配置、前缀通告、DAD 和前缀重新编址）中依赖多播的使用。

因此，IPv6 有一个多播地址到以太网链路层地址（以太网 MAC 地址）的特殊映射。映射是这样构造的：多播地址的低 32 比特附加在前缀 33:33 的后面，该前缀定义为 IPv6 多播以太网前缀。如图 2-18 所示，所有节点多播地址（FF02::1）的低 32 比特 00:00:00:01 附加在多播以太网前缀 33:33 之后。

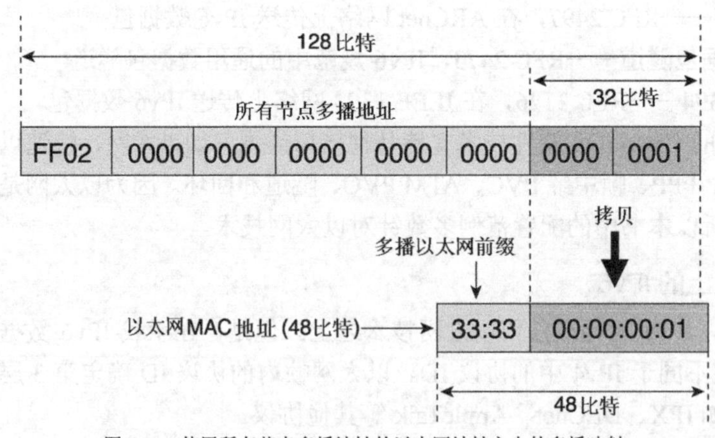

图 2-18 使用所有节点多播地址的以太网地址之上的多播映射

48 比特地址 33:33:00:00:00:01 表示发送一个数据包到 IPv6 目的地 FF02::1（所有节点多播地址）的以太网帧中用作目的地的以太网 MAC 地址（链路层地址）。默认情况下，本地链路上的所有 IPv6 节点都在侦听，并且获得在以太网 MAC 地址中以 33:33:00:00:00:01 作为目的地的任何 IPv6 数据包。这是所有节点多播地址的一个例子，但在“多播地址”一节中讲到的所有其他多播指定地址都采用了相同的方式。

4. IPv6 地址的 EUI-64 格式

如 RFC 2462 中所定义，本地链路、本地站点和无状态自动配置机制使用 EUI-64 格式来构造相应的 IPv6 地址。无状态自动配置是一种在没有中间设备如 DHCP 服务器的情况下，允许网络节点自行配置 IPv6 地址的机制。

本地链路地址和无状态自动配置是自动将基于 48 比特格式的以太网地址扩展成 64 比特格式（EUI-64）的 IPv6 功能。从 48 比特到 64 比特转换是一个两步操作。

如图 2-19 所示，第一步包括将值 FFFE 插入到 OUI 节（厂商码）和 ID 节（类似于一个序列号）之间的 48 比特链路层地址中。这里所给出的基于 48 比特的原始以太网 MAC 地址是 00:50:3E:E4:4C:00。

如图 2-20 所示，第二步即最后一步是设定 64 比特的第 7 比特。该比特确定 48 比特地址的唯一性与否。一个以太网地址可以有两种含义。地址可以被全球或本地管理。全球管理指使用如 08-00-2B-xx-xx-xx（DEC 模式）之类的厂商 MAC 地址。本地管理指使用自己的值（Sun 模式）重写 MAC 地址。在这种情况下，第 7 比特指：1 是本地管理，0 是全球管理。但是，在 EUI-64 格式中，数值是反的：0 是本地管理，1 是全球管理。总之，使用 EUI-64 格式的 IPv6 地址，如果第 7 比特设为 1，地址是全球唯一的；否则，是本地唯一的。

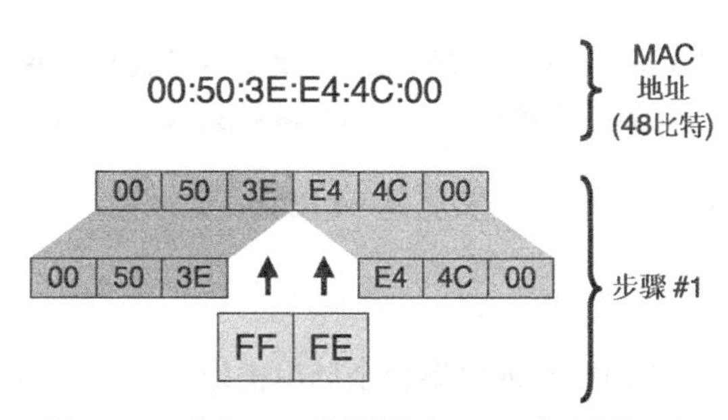

图 2-19　48 比特 MAC 地址转换成 EUI-64 格式的第一步

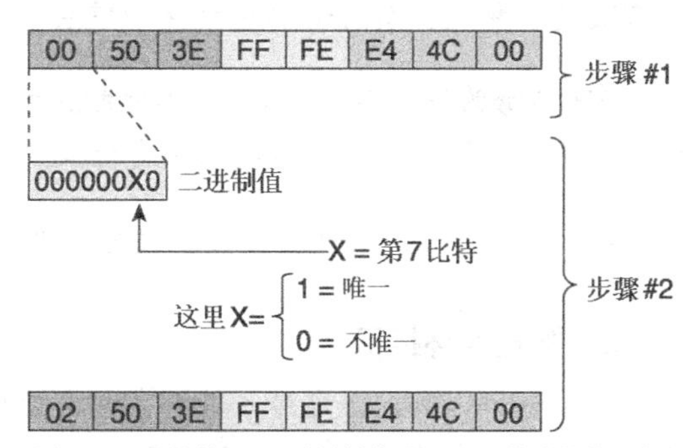

图 2-20　48 比特 MAC 地址转换成 EUI-64 格式的第二步

2.4.3　在网络接口上启用 IPv6

在路由器上启用 IPv6 转发之后，下一步是给接口指定一个 IPv6 地址。在 Cisco 路由器上配置 IPv6 地址有不同的方法。本节教您在 Cisco IOS 软件技术上配置 IPv6 地址的不同方法。

1. 静态地址配置

如表2-28所示，**ipv6 address** 命令可以用来在网络接口上配置本地链路地址（FE80::/10）、本地站点（FEC0::/10）地址或可聚合全球单播地址（2000::/3）。这种方法类似于静态地址配置（指在IPv4中），因此，必须提供完整的IPv6地址，同时必须有如本章前面给出的一个合法表示。

表2-28 ipv6 address 命令

命令	描述
步骤1 Router(config)#**interface** *interface-type interface-number*	指定一个接口类型和接口号
例： RouterA(config)#**interface FastEthernet 0/0**	选定接口 FastEthernet 0/0
步骤2 Router(config-if)#**ipv6 address** *ipv6-address/ prefix-length* **[link-local]**	指定要为网络接口分配的 IPv6 地址和前缀长度。默认情况下，使用该命令设定本地站点或可聚合全球单播地址时，自动配置本地链路地址。默认前缀长度是64比特
例： RouterA(config-if)#**ipv6 address 2001:0410:0:1:0:0:0:1/64**	在接口上配置可聚合全球单播地址 2001:0410:0:1:0:0:0:1/64，该命令完成之后，自动配置本地链路地址
例： RouterA(config-if)#**ipv6 address FEC0:0:0:1::1/64**	在接口上配置本地站点地址 FEC0:0:0:1::1/64，该命令完成之后，自动配置本地链路地址
例： RouterA(config-if)#**ipv6 address FE80:0:0:0:0123:0456:0789:0abc link-local**	这里配置的是本地链路地址 FE80:0:0:0:0123:0456:0789:0abc，该命令可以使用 **link-local** 参数以覆盖路由器分配的默认本地链路地址

注：在一台Cisco路由器上，一旦为某个网络接口配置了本地站点或可聚合全球单播IPv6地址以及相应的前缀长度，结果就是在路由器的本地接口上通告指定的前缀。参见第3章以了解前缀通告和无状态自动配置的详细信息。

注：能够为每个接口配置多个本地站点和可聚合全球单播IPv6地址，但只允许一个本地链路地址。而且，在现在的Cisco IOS软件发行版中，本地站点地址是按可聚合全球单播地址来处理的。

注：如RFC 2373所描述的，指定给子网的IPv6前缀的推荐长度是64比特。

2. 配置回环接口

使用 **ipv6 address** 命令，能够在回环接口上配置本地站点或可聚合全球单播地址。在下面的例子中，选定的是接口loopback0：

```
RouterA(config)#interface loopback0
```

在下面的例子中，为接口loopback0指定的是地址fec0:0:0:9::1/128：

```
RouterA(config-if)#ipv6 address fec0:0:0:9::1/128
```

3. 使用EUI-64格式配置静态地址

在这种方法中，使用 **ipv6 address** 命令，能够在接口上使用本章前面讨论过的EUI-64格式配置地址。重要的是指定地址的高 64 比特（IPv6 前缀）。然后路由器使用 EUI-64 格式自动完成低 64 比特。

下面的例子为接口指定了前缀和前缀长度：

```
Router(config-if)#ipv6 address ipv6-prefix/prefix-length eui-64
```

路由器使用 EUI-64 格式完成低 64 比特。该命令完成之后，自动配置本地链路地址。

在下面的例子中，可聚合全球单播前缀 2001:0410:0:1::/64 用来配置地址。可聚合全球单播和本地链路地址就自动配置好了：

```
RouterA(config-if)#ipv6 address 2001:0410:0:1::/64 eui-64
```

在下面的例子中，本地站点前缀 FEC0:0:0:1::/64 用来配置地址。本地站点和本地链路地址就自动配置好了：

```
RouterA(config-if)# ipv6 address FEC0:0:0:1::/64 eui-64
```

注：能够使用这个命令指定多个本地站点和可聚合全球单播 IPv6 地址。

4．在一个网络接口上仅启用 IPv6

也可以使用 **ipv6 enable** 命令在一个接口上仅启用 IPv6，而不指定可聚合全球单播或本地站点地址，如下：

```
Router(config-if)#ipv6 enable
```

该命令在接口上也自动配置本地链路地址。默认情况下，该命令不可用。

5．配置无编号接口

当从无编号接口产生数据包时，使用命令 **ipv6 unnumbered**，令该接口使用另一个接口的可聚合全球单播地址作为源地址，如下所示：

```
Router(config-if)#ipv6 unnumbered interface
```

注：所指定接口必须至少有一个使用 **ipv6 address** 命令配置的可聚合全球单播地址。

6．在接口上配置 MTU

在 Cisco 路由器上，以太网（10Mbit/s）和快速以太网（100Mbit/s）的默认 MTU 值预置为 1500 个八位字节。但是，能够使用 **ipv6 mtu** 命令修改此值：

```
Router(config-if)# ipv6 mtu bytes
```

下面是在网络接口上配置 MTU 值为 1492 的例子：

```
RouterA(config-if)# ipv6 mtu 1492
```

注：如前所述，IPv6 的最小 MTU 值是 1280 个八位字节，而推荐的最小 MTU 值是 1500 个八位字节。

7．验证接口的 IPv6 配置

图 2-21 显示了一个基本 IPv6 网络拓扑的例子，其中路由器 A 有一个快速以太网接口连接

到一条本地链路。在本例中，网络管理员给这条本地链路指定了两个前缀：

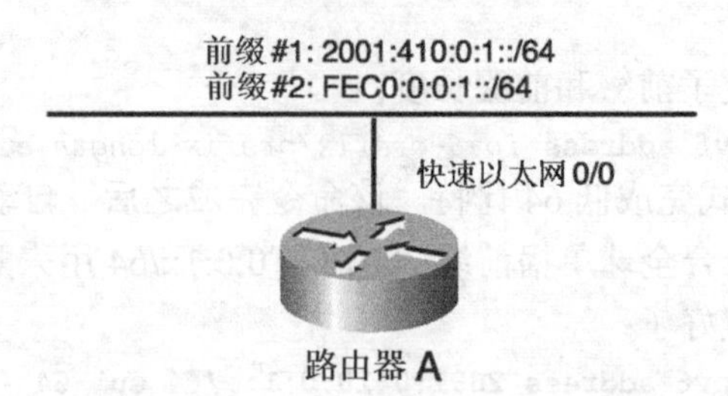

图 2-21 路由器有一个接口连接到一条链路

- 可聚合全球单播前缀 2001:410:0:1::/64
- 本地站点前缀 FEC0:0:0:1::/64

在路由器 A 上启用 IPv6 之前，使用 **show interface** 命令显示链路层地址（以太网 MAC 地址）和快速以太网 0/0 接口的 MTU 值。例 2-1 显示了快速以太网 0/0 接口的链路层地址是 00:50:3E:E4:4C:00，MTU 值是 1500 字节。

例 2-1　使用 show interface 命令显示接口的链路层地址和 MTU 值

```
RouterA#show interface fastEthernet 0/0

FastEthernet0/0 is up, line protocol is up
  Hardware is AmdFE, address is 0050.3ee4.4c00 (bia 0050.3ee4.4c00)
  MTU 1500 bytes, BW 10000 Kbit, DLY 1000 usec,
<output omitted>
```

然后就可以在路由器 A 上启用 IPv6 并为快速以太网 0/0 接口配置一个地址。如例 2-2 所示，命令 **ipv6 address 2001:410:0:1::/64 eui-64** 强制路由器利用接口的链路层地址（以太网 MAC 地址）完成地址的低 64 比特。本例中所用的以太网 MAC 地址是 00:50:3E:E4:4C:00。

例 2-2　在路由器上启用 IPv6 并使用 ipv6 address 命令在快速以太网 0/0 接口上配置两个地址

```
RouterA#configure terminal
RouterA(config)#ipv6 unicast-routing
RouterA(config)#int fastethernet 0/0
RouterA(config-if)#ipv6 address 2001:410:0:1::/64 eui-64
RouterA(config-if)#ipv6 address FEC0::1:0:0:1:1/64
RouterA(config-if)#exit
RouterA(config)#exit
```

最后，命令 **show ipv6 interface** 允许显示某个特定接口的 IPv6 配置相关参数。

在例 2-3 中，一旦在这个接口上启用了 IPv6，本地链路地址 FE80::250:3EFF:FEE4:4C00 就自动生效。**ipv6 address** 命令的 EUI-64 选项令路由器在可聚合前缀 2001:410:0:1::/64 的后面附加低 64 比特 250:3EFF:FEE4:4C00。但是，本地站点地址 FEC0::1:0:0:1:1 是静态配置的。注意，虽然有两个单播地址，但只有一个本地链路地址是有效的。

例 2-3 show ipv6 interface 显示接口 *FastEthernet 0/0* 的相关参数

```
RouterA#show ipv6 interface fastEthernet 0/0
FastEthernet0/0 is up, line protocol is up
  IPv6 is enabled, link-local address is FE80::250:3EFF:FEE4:4C00
  Global unicast address(es):
    2001:410:0:1:250:3EFF:FEE4:4C00, subnet is 2001:410:0:1::/64
    FEC0::1:0:0:1:1, subnet is FEC0:0:0:1::/64
  Joined group address(es):
    FF02::1
    FF02::2
    FF02::1:FF01:1
    FF02::1:FFE4:4C00
  MTU is 1500 bytes
<output omitted>
```

如例 2-3 所示，接口自动加入了几个多播指定地址。下面是每个多播指定地址的含义：

- **FF02::1**——表示本地链路上的所有节点和路由器。
- **FF02::2**——表示本地链路上的所有路由器。
- **FF02::1:FF01:1**——用于替换 ARP 机制的被请求节点多播地址。DAD 也使用这个地址。接口上配置的每个单播地址都有一个被请求节点多播地址。因此，这个地址是与单播地址 FEC0::1:0:0:1:1 相关的被请求节点多播地址。
- **FF02::1:FFE4:4C00**——与单播地址 2001:410:0:1:250:3EFF:FEE4:4C00 相关的被请求节点多播地址。

注：替换 ARP 的机制在第 3 章详细讲解。

2.5 小 结

本章讲述了新的 IPv6 包头格式和 IPv6 对用户数据报协议（UDP）、传输控制协议（TCP）及最大传送单元（MTU）的影响。还讲到了 IPv6 的寻址结构，包括各种不同的 IPv6 地址，如本地链路、本地站点、可聚合全球单播、回环、未指定、IPv4 兼容、多播指定、被请求节点多播和任意播等。本章也涵盖了以太网上的 IPv6、以太网上的多播映射和 EUI-64 格式。

本章讲述了如何使用 IPv6 配置和操作 Cisco 路由器，包括了一些在路由器上启用 IPv6 和在网络接口上配置如可聚合全球单播、本地站点及本地链路的静态 IPv6 地址的范例。接着谈到使用 EUI-64 格式配置 IPv6 地址和在接口上定义 MTU。最后，验证了在路由器网络接口上启用的可聚合全球单播、本地站点、本地链路、多播指定和被请求节点多播地址。

2.6 配置练习：使用 Cisco 路由器配置一个 IPv6 网络

完成下面的练习，在一个网络上配置 IPv6，从而达到实际应用本章中学到的技能的目的。

注：配置练习允许您使用本章讲到的命令，通过在一台 Cisco 路由器上配置 IPv6，实际应用您的技能和学到的知识。在下面的练习中，只有一台配备多个快速以太网接口的路由器，它为一个网络上的节点提供 IPv6 连接。本练习的前提是：您有一点使用命令行接口（CLI）的经验，并能够从 Cisco 站点下载新的 Cisco IOS 软件。

2.6.1 目标

在下面的练习中，您将完成下列任务：

1. 在 Cisco 路由器上安装新的支持 IPv6 的 Cisco IOS 软件。新映像的文件名是 c2600-is-mz.2001120。
2. 在 Cisco 路由器上启用 IPv6。
3. 为接口分配 IPv6 地址。
4. 验证接口及所分配的地址。

2.6.2 任务 1 和任务 2 的网络结构

图 2-22 显示了任务 1 和任务 2 用到的基本网络结构。

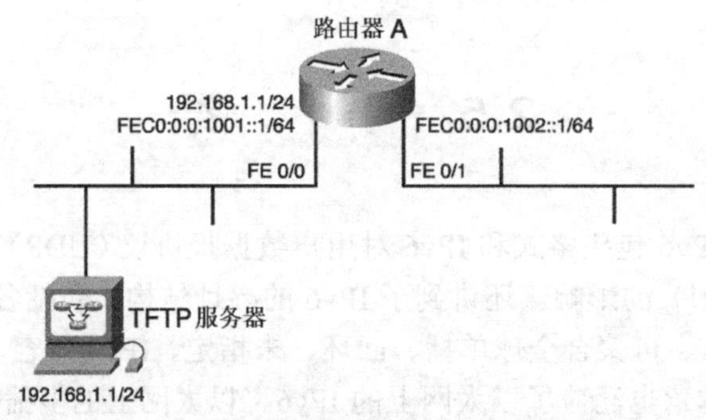

图 2-22 在一台路由器上启用 IPv6 的网络结构

2.6.3 命令列表

在这个配置练习中，所用到的命令见表 2-29。练习过程中参照这个列表。

表 2-29　　配置练习命令列表

命　令	描　述
copy running-config startup-config	保存当前配置到 NVRAM 中
copy tftp flash	在路由器上，使用 TFTP 服务器安装新的 IOS
hostname *name*	配置路由器名称
interface *interface-type interface-number*	指定接口类型和接口号
ip address *ip-address network-mask*	给一个接口配置 IPv4 地址
ip cef	启用 IPv4 CEF
ipv6 cef	启用 IPv6 CEF
ipv6 unicast-routing	启用 IPv6 流量转发
ipv6 address *ipv6- address/prefix-length*	配置 IPv6 静态地址及其前缀长度
no ip address *ip-address network-mask*	关闭一个 IPv4 地址
show interface *interface-type interface-number*	显示接口的一般信息
show ipv6	在路由器上显示 IPv6 支持的一般信息
show ipv6 interface *interface-type interface-number*	显示一个接口类型和接口号所用的 IPv6 配置

2.6.4　任务 1：基本路由器安装和安装新的支持 IPv6 的 Cisco IOS 软件

在路由器 A 上配置基本安装，目的是在路由器上安装新的支持 IPv6 的 IOS。TFTP 服务器连接到与快速以太网（FE）0/0 接口相同的链路层网络。TFTP 服务器只能通过 IPv4 地址 192.168.1.1 使用 IPv4 访问到。

步骤 1　路由器的名称是 Router A。在路由器上设定主机名称。使用哪条命令执行这个任务？

下面显示了如何在路由器 A 上配置主机名称：

```
Router# conf t
Router(config)# hostname RouterA
Router(config)# exit
RouterA#
```

步骤 2　为路由器接口 FE 0/0 分配如下表所示的 IPv4 地址和网络掩码。在基本路由器安装任务中，没有用到其他接口。在 Cisco 路由器上为一个网络接口配置 IPv4 地址用到了什么命令？

路由器接口	IPv4 地址	网 络 掩 码
Fast Ethernet 0/0	192.168.1.2	255.255.255.0

下面显示了在路由器 A 的接口 FE 0/1 上如何配置一个 IPv4 地址：

```
RouterA(config)# interface fastEthernet 0/0
RouterA(config-if)# ip address 192.168.1.2 255.255.255.0
RouterA(config-if)# exit
RouterA(config)# exit
```

步骤 3 在路由器上，使用 TFTP 服务器，输入命令下载并安装支持 IPv6 的新 IOS。从 TFTP 服务器安装 IOS 使用什么命令？

下面的命令显示了在一台路由器上如何使用 TFTP 服务器安装新的 IOS：

```
RouterA# copy tftp flash
Address or name of remote host []?192.168.1.1
Source filename []?c2600-is-mz.20011207
Destination filename [c2600-is-mz.20011207 ]?
Do you want to over write?[confirm ] ENTER
Accessing tftp://192.168.1.1/c2600-is-mz.20011207...
Erase flash:before copying?[confirm ] ENTER
Erasing the flash filesystem will remove all files!Continue?[confirm ]
Erasing device...
eeeeeeeeeeeeeeeeeeeeeeeeeeeeeeeeeeeeeeeeeeeeeeeeeeeeeeeeeeeeeee ...erased
Erase of flash:complete
Loading c2600-is-mz.20011207 from 192.168.1.1 (via FastEthernet0/0):
<output omitted>
[OK -12460516/24920064 bytes ]
Verifying checksum...OK (0xE9F1)
12460516 bytes copied in 106.92 secs (117552 bytes/sec)
```

步骤 4 一旦新映像成功下载，重启路由器，使用特权模式登录，并验证支持 IPv6 的映像已在路由器中完全安装。在 IOS 中使用什么命令验证 IPv6 支持？

下面的命令用来验证是否启用了 IPv6 支持：

```
RouterA# show ipv6 ?
  access-list    Summary of access lists
  cef            Cisco Express Forwarding for IPv6
  interface      IPv6 interface status and configuration
  mtu            MTU per destination cache
  neighbors      Show IPv6 neighbor cache entries
  prefix-list    List IPv6 prefix lists
  protocols      IPv6 Routing Protocols
  rip            RIP routing protocol status
  route          Show IPv6 route table entries
  routers        Show local IPv6 routers
  traffic        IPv6 traffic statistics
  tunnel         Summary of IPv6 tunnels
RouterA# show ipv6
```

注：如果出现语法错误，就表明路由器没有运行支持 IPv6 的 IOS。

步骤5 因为本配置练习只关注IPv6，所以可以去掉接口FE 0/1上的IPv4地址。在Cisco路由器上使用什么命令去掉网络接口的IPv4地址？

下面的命令显示了如何去掉路由器A的接口FE 0/0上的IPv4地址：

```
RouterA(config)# interface fastEthernet 0/0
RouterA(config-if)# no ip address 192.168.1.2 255.255.255.0
RouterA(config-if)# exit
RouterA(config)# exit
```

步骤6 保存当前配置到NVRAM：

```
RouterA# copy running-config startup-config
Destination filename [startup-config ]?
Building configuration...
[OK ]
```

2.6.5 任务2：在路由器上启用IPv6并配置静态地址

完成下列步骤。

步骤1 输入命令，在路由器上启用IPv6流量转发功能，以便在接口之间转发单播IPv6数据包。然后在路由器中启用CEFv6。要用到什么命令？

```
RouterA# conf t
RouterA(config)# ipv6 unicast-routing
RouterA(config)# ip cef
RouterA(config)# ipv6 cef
RouterA(config)# exit
```

步骤2 在路由器A上，验证所有接口的硬件地址（以太网MAC地址），并计算每个接口的本地链路地址。填写在下表中。用什么命令得到每个接口的硬件地址？

接　口	硬件地址	本地链路地址
Fast Ethernet 0/0		
Fast Ethernet 0/1		

```
RouterA# show interface fastEthernet 0/0
FastEthernet0/0 is up,line protocol is up
  Hardware is AmdFE,address is 0050.3ee4.4c00 (bia 0050.3ee4.4c00)
  MTU 1500 bytes,BW 10000 Kbit,DLY 1000 usec,
    reliability 255/255,txload 1/255,rxload 1/255
  Encapsulation ARPA,loopback not set
  Keepalive set (10 sec)
  Half-duplex,10Mb/s,100BaseTX/FX
  ARP type:ARPA,ARP Timeout 04:00:00
  Last input 00:03:01,output 00:00:07,output hang never
  Last clearing of "show interface"counters never
  Queueing strategy:fifo
```

```
<data omitted>
..
RouterA# show interface fastEthernet 0/1
FastEthernet0/1 is administratively down,line protocol is down
  Hardware is AmdFE,address is 0050.3ee4.4c01 (bia 0050.3ee4.4c01)
  MTU 1500 bytes,BW 100000 Kbit,DLY 100 usec,
    reliability 255/255,txload 1/255,rxload 1/255
  Encapsulation ARPA,loopback not set
  Keepalive set (10 sec)
  Auto-duplex,Auto Speed,100BaseTX/FX
  ARP type:ARPA,ARP Timeout 04:00:00
  Last input never,output never,output hang never
  Last clearing of "show interface"counters never
  Queueing strategy:fifo
```

步骤 3 假定路由器作为一台 IPv6 主机。为每个接口配置一个静态单播 IPv6 地址，使用下表中的地址配置路由器接口。用什么命令为每个接口分配一个 IPv6 地址？

接　口	IPv6 地址
Fast Ethernet 0/0	FEC0:0:0:1001::1/128
Fast Ethernet 0/1	FEC0:0:0:1002::1/128

```
RouterA# conf t
Enter configuration commands,one per line.End with CNTL/Z.
RouterA(config)# interface fastEthernet 0/0
RouterA(config-if)# ipv6 address fec0:0:0:1001::1/128
RouterA(config-if)# interface fastEthernet 0/1
RouterA(config-if)# ipv6 address fec0:0:0:1002::1/128
RouterA(config)# exit
```

步骤 4 验证每个接口的静态地址和本地链路地址。用什么命令显示接口上的 IPv6 地址？然后将此处的本地链路地址与步骤 2 中计算的地址进行比较。相似吗？

```
RouterA# show ipv6 interface fastEthernet 0/0
FastEthernet0/0 is up,line protocol is up
  IPv6 is enabled,link-local address is FE80::250:3EFF:FEE4:4C00
  Global unicast address(es):
    FEC0:0:0:1001::1,subnet is FEC0:0:0:1001::/128
  Joined group address(es):
    FF02::1
    FF02::2
    FF02::1:FF00:1
    FF02::1:FFE4:4C00
  MTU is 1500 bytes
  ICMP error messages limited to one every 100 milliseconds
  ICMP redirects are enabled
  ND DAD is enabled,number of DAD attempts:1
```

```
  ND reachable time is 30000 milliseconds
  ND advertised reachable time is 0 milliseconds
  ND advertised retransmit interval is 0 milliseconds
  ND router advertisements are sent every 200 seconds
  ND router advertisements live for 1800 seconds
  Hosts use stateless autoconfig for addresses.

RouterA# show ipv6 interface fastEthernet 0/1
FastEthernet0/1 is administratively down,line protocol is up
  IPv6 is enabled,link-local address is FE80::250:3EFF:FEE4:4C01
  Global unicast address(es):
    FEC0:0:0:1002::1,subnet is FEC0:0:0:1002::/128
  Joined group address(es):
    FF02::1
    FF02::2
    FF02::1:FF00:1
    FF02::1:FFE4:4C01
  MTU is 1500 bytes
  ICMP error messages limited to one every 100 milliseconds
  ICMP redirects are enabled
  ND DAD is enabled,number of DAD attempts:1
  ND reachable time is 30000 milliseconds
  ND advertised reachable time is 0 milliseconds
  ND advertised retransmit interval is 0 milliseconds
  ND router advertisements are sent every 200 seconds
  ND router advertisements live for 1800 seconds
  Hosts use stateless autoconfig for addresses.
```

步骤 5　保存当前配置到 NVRAM：

```
RouterA# copy running-config startup-config
Destination filename [startup-config ]?
Building configuration...
```

2.7　复　习　题

回答下列问题，然后参见附录 B 中的答案。

1. 对于下表中的每个字段，给出字段长度并指出是在 IPv4 包头中还是在 IPv6 包头中使用该字段。

字　段	比特表示的长度	IPv4 包头	IPv6 包头
业务类型			
标识			
版本			

续表

字　段	比特表示的长度	IPv4 包头	IPv6 包头
存活时间			
包头校验和			
包头长度			
流量分类			
总长度			
流标签			
标志			
填充			
扩展包头			
有效载荷长度			
协议号			
跳限制			
源地址			
目的地址			
选项			
下一个包头			
分段偏移			

2．列出从 IPv4 包头中去掉的字段。

3．在 IPv6 包头中新添了哪个字段？

4．描述 IPv6 包头中下一个包头字段的用途。

5．列出可能在基本 IPv6 包头后面出现的扩展包头，并按必须出现的顺序进行排列。

6．在 IPv6 上使用 UDP 时，什么是必需的？

7．在 IPv6 中为了避免分段，建议节点使用什么机制？

8．IPv6 的最小 MTU 和建议的最小 MTU 是多少？

9．IPv6 地址的 3 种表示法是什么？

10．将下面的 IPv6 地址压缩成可能的最短形式。

首 选 表 示	压 缩 表 示
A0B0:10F0:A110:1001:5000:0000:0000:0001	
0000:0000:0000:0000:0000:0000:0000:0001	
2001:0000:0000:1234:0000:0000:0000:45FF	
3ffe:0000:0010:0000:1010:2a2a:0000:1001	
3FFE:0B00:0C18:0001:0000:1234:AB34:0002	
FEC0:0000:0000:1000:1000:0000:0000:0009	
FF80:0000:0000:0000:0250:FFFF:FFFF:FFFF	

11．描述 URL 的 IPv6 地址表示法。

12．列出 IPv6 寻址结构中的 3 种地址。

13．对于下面的每种地址类型，找出IPv6前缀并写出地址的压缩表示。

未指定

回环

IPv4兼容的IPv6地址

本地链路

本地站点

多播

被请求节点多播

可聚合全球单播

14．什么是本地链路地址？

15．在IPv4中与本地站点地址相似的是什么？

16．在下表中，列出与每个单播地址对应的被请求节点多播地址。

单 播 地 址	被请求节点多播地址
A0B0:10F0:A110:1001:5000:0000:0000:0001	
2001:0000:0000:1234:0000:0000:0000:45FF	
3ffe:0000:0010:0000:1010:2a2a:0000:1001	
3FFE:0B00:0C18:0001:0000:1234:AB34:0002	
FEC0:0000:0000:1000:1000:0000:0000:0009	

17．给出可聚合全球单播IPv6地址中以比特表示的主机部分和站点部分的长度。

18．在IPv6中，IANA分配了哪3个前缀用于公共地址？

19．在Cisco路由器上，启用IPv6的Cisco IOS软件命令是什么？

20．在以太网帧中，用于IPv6的协议ID是多少？

21．解释IPv6多播地址在以太网上是如何映射的。

22．利用下列以太网链路层地址，生成IPv6接口ID（EUI-64格式）。

以太网链路层地址	IPv6接口ID（EUI-64格式）
00:90:27:3a:9e:9a	
00:90:27:3a:8d:c3	
00:00:86:4b:fe:ce	

23．使用EUI-64格式为接口分配IPv6地址的命令是什么？

24．路径MTU发现机制的目标是什么？

2.8 参考文献

1．RFC 768, *User Datagram Protocol,* J. Postel, IETF, www.ietf.org/rfc/|rfc768.txt, August 1980

2. RFC 791, *Internet Protocol, DARPA Internet Program, Protocol Specification,* USC, IETF, www.ietf.org/rfc/rfc791.txt, September 1981

3. RFC 792, *Internet Control Message Protocol,* J. Postel, IETF, www.ietf.org/ ietf/rfc/ rfc792.txt, September 1981

4. RFC 793, *Transmission Control Protocol,* DARPA Internet Program, IETF, www.ietf.org/ rfc/rfc793.txt, September 1981

5. RFC 1191, *Path MTU Discovery,* J. Mogul, S. Deering, IETF, www.ietf.org/ ietf/rfc/ rfc1191.txt, November 1990

6. RFC 1981, *Path MTU Discovery for IP version 6,* J. McCann et al., IETF, www.ietf.org/ rfc/rfc1981.txt, August 1996

7. RFC 2373, *IP Version 6 Addressing Architecture,* R. Hinden, S. Deering, IETF, www.ietf.org/rfc/rfc2373.txt, July 1998

8. RFC 2374, *An IPv6 Aggregatable Global Unicast Address Format,* R. Hinden, S. Deering, M. O’Dell, IETF, www.ietf.org/rfc/rfc2374.txt, July 1998

9. RFC 2460, *Internet Protocol, Version 6 (IPv6) Specification,* S. Deering, R. Hinden, IETF, www.ietf.org/rfc/rfc2460.txt, December 1998

10. RFC 2461, *Neighbor Discovery for IP Version 6 (IPv6),* T. Narten, E. Normark, W. Simpson, IETF, www.ietf.org/rfc/rfc2461.txt, December 1998

11. RFC 2462, *IPv6 Stateless Address Autoconfiguration,* S. Thomson, T. Narten, IETF, www.ietf.org/rfc/rfc2462.txt, December 1998

12. RFC 2463, *Internet Control Message Protocol (ICMPv6) for the Internet Protocol version6 (IPv6),* A. Conta, S. Deering, IETF, www.ietf.org/rfc/rfc2463.txt, December 1998

13. RFC 2464, *Transmission of IPv6 Packets over Ethernet Networks,* M. Crawford, IETF, www.ietf.org/rfc/rfc2464.txt, December 1998

14. RFC 2467, *Transmission of IPv6 Packets over FDDI Networks,* M. Crawford, IETF, www.ietf.org/rfc/rfc2467.txt, December 1998

15. RFC 2470, *Transmission of IPv6 Packets over Token Ring Networks,* M. Crawford, T. Narten, S. Thomas, IETF, www.ietf.org/rfc/rfc2470.txt, December 1998

16. RFC 2472, *IP Version 6 over PPP,* D. Haskin, E. Allen, IETF, www.ietf.org/rfc/ rfc2472.txt, December 1998

17. RFC 2473, *Generic Packet Tunneling in IPv6 Specification,* A. Conta, S. Deering, IETF, www.ietf.org/rfc/rfc2473.txt, December 1998

18. RFC 2491, *IPv6 over Non-Broadcast Multiple Access (NBMA) Networks,* G. Armitage et al., IETF, www.ietf.org/rfc/rfc2491.txt, January 1999

19. RFC 2492, *IPv6 over ATM Networks,* G. Armitage, P. Schulter, M. Jork, IETF,

www.ietf.org/rfc/rfc2492.txt, January 1999

20. RFC 2497, *Transmission of IPv6 Packets over ARCnet Networks,* I. Souvatzis, IETF, www.ietf.org/rfc/rfc2497.txt, January 1999
21. RFC 2529, *Transmission of IPv6 over IPv4 Domains without Explicit Tunnels,* B. Carpenter, C. Jung, IETF, www.ietf.org/rfc/rfc2529.txt, March 1999
22. RFC 2590, *Transmission of IPv6 Packets over Frame Relay Networks Specification,* A. Conta, A. Malis, M. Mueller, IETF, www.ietf.org/rfc/rfc2590.txt, May 1999
23. RFC 2675, *IPv6 Jumbograms,* D. Borman, S. Deering, R. Hinden, IETF, www.ietf.org/rfc/rfc2675.txt, August 1999
24. RFC 2711, *IPv6 Router Alert Option,* C. Partridge, A. Jackson, IETF, www.ietf.org/rfc/rfc2711.txt, October 1999
25. RFC 2732, *Format for Literal IPv6 Addresses in URL's,* R. Hinden, B. Carpenter, L. Masinter, IETF, www.ietf.org/rfc/rfc2732.txt, December 1999
26. RFC 3146, *Transmission of IPv6 Packets over IEEE 1394 Networks,* K. Fujisawa, A. Onoe, IETF, www.ietf.org/rfc/rfc3146.txt, October 2001
27. RFC 3177, *IAB/IESG Recommendations on IPv6 Address Allocations to Sites,* IAB, IETF, www.ietf.org/rfc/rfc3177.txt, September 2001

“我想也许有一个容纳 5 台计算机的世界市场。”
Thomas Watson，IBM 的 CEO，1943

第 3 章

深入探讨 IPv6

本章详细讲述了 IPv6 的 Internet 控制消息协议（ICMP）和路径 MTU 发现（PMTUD），也深入研究了邻居发现协议（Neighbor Discovery Protocol，NDP）的机制，如替代 IPv4 中的地址解析协议（ARP）、无状态自动配置、前缀公告、重复地址检测（DAD）和前缀重新编址。学完本章之后，你将能够描述域名系统（DNS）、动态主机配置协议（DHCP）、IPSec 和移动 IPv6 的使用。

第 2 章已经介绍了在 Cisco 路由器上启用 IPv6 和为网络接口配置 IPv6 地址方面的内容，本章集中于讲述以下内容。

- 管理在路由器邻居发现表中的邻居表项；
- 调整邻居发现消息；
- 启用并调整接口上的前缀公告；
- 当需要时，禁止路由器上的路由器公告；
- 重新编址在网络接口上公告的前缀；
- 在路由器中为 IPv6 地址建立主机表（DNS）；
- 定义标准的和扩展的具有反射 ACL 的 IPv6 访问控制列表（ACL）；
- 在网络接口上启用标准的和扩展的 IPv6 ACL；
- 在路由器上使用 IPv6 工具，如 ping、Telnet、traceroute、SSH（安全 Shell）和普通文件传输协议（Trivial File Transfer Protocol，TFTP）进行诊断和调试。

最后，利用配置练习，你将实际应用在本章中学到的命令，在 Cisco IOS 软件技术上配置、分析、显示、测试和调试 IPv6。

3.1 IPv6 Internet 控制消息协议（ICMPv6）

Internet 控制消息协议（ICMP）向源节点报告关于向目的地传输 IP 数据包的错误和信息。在 IPv4 和 IPv6 中，ICMP 为诊断、信息和管理目的定义了一些消息。如 RFC 2463 中定义，IPv6 ICMP（ICMPv6）处理 IPv4 ICMP（ICMPv4）所支持的消息和为 IPv6 协议的特殊操作而附加的消息。如表 3-1 所示，ICMPv6 处理与 ICMPv4 相同的基本错误和信息性消息，如目的不可达、数据包超长、超时、回应请求和回应应答。

表 3-1 ICMPv4 和 ICMPv6 共同使用的错误和信息性消息

消 息	类 型 号	消 息 类 型	定 义
目的不可达	1	错误	目的主机中的 IP 地址或者端口未处于活动状态
数据包超长	2	错误	数据包长度超过发送链路的最大传送单元（MTU）
超时	3	错误	当存活时间（TTL）字段到 0 时，数据包被丢弃，中间路由器通知源主机
回应请求	128	信息	发送到目的地的消息，请求一个回应消息
回应应答	129	信息	用来回答回应请求消息的消息

ICMPv6 被 Internet 地址授权委员会 （IANA）定义协议号为 58。如图 3-1 所示，这个协议号被用在基本 IPv6 包头的下一包头字段中，指示这是一个 ICMPv6 数据包。IPv6 认为 ICMPv6 数据包是一个上层协议，像 TCP 和 UDP 一样，意味着它必须被放在 IPv6 数据包中所有可能的扩展包头之后。

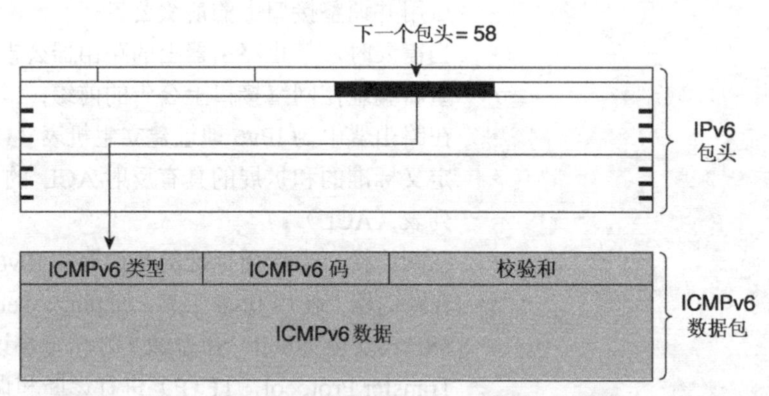

图 3-1 在 IPv6 包头之后使用的 ICMPv6 数据包及其字段

如图 3-1 所示，ICMPv6 数据包中的字段如下：

- ICMPv6 类型（ICMPv6 Type）——这个字段标识 ICMPv6 消息的类型。列在表 3-1 中的错误和信息性消息是这些消息类型的例子。

- ICMPv6 代码（ICMPv6 Code）——这个字段提供了与送往节点的消息类型相关的具体细节。
- 校验和（Checksum）——计算所得值，用以检测 ICMPv6 数据包在传送过程中的数据损坏。
- ICMPv6 数据（ICMPv6 Data）——这个字段可能用，也可能不用，取决于消息的类型。当使用时这个字段为目的节点提供信息。

在 IPv6 中，协议的几种机制和功能使用 ICMPv6 消息：

- 替代地址解析协议（ARP）——一种用在本地链路区域取代 IPv4 中 ARP 协议的机制。节点和路由器保留邻居信息。为了这个特殊应用，IPv6 定义了新的 ICMPv6 消息。
- 无状态自动配置——自动配置功能允许节点自己使用路由器在本地链路上公告的前缀配置它们的 IPv6 地址。前缀公告和无状态自动配置使用新的 ICMPv6 消息。
- 重复地址检测（DAD）——启动时和在无状态自动配置过程中，每一个节点都先验证临时 IPv6 地址的存在性，然后使用它。执行这个功能也使用新的 ICMPv6 消息。
- 前缀重新编址——前缀重新编址是当网络的 IPv6 前缀改变为一个新前缀时使用的一种机制。像前缀公告一样，前缀重新编址使用新的 ICMPv6 消息。
- 路径 MTU 发现（PMTUD）——源节点检测到目的主机的传送路径上最大 MTU 值的机制。ICMPv6 消息也被用来执行这个任务。

所有这些 IPv6 机制和功能都在本章中进行详细介绍。

因为 ICMPv6 消息被若干 IPv6 机制使用，Cisco IOS 软件技术为 ICMPv6 消息提供了 **debug** 命令。**debug ipv6 icmp** 命令启用 ICMPv6 消息的调试模式，除了那些与邻居发现协议（NDP）相关的消息。日志可以在控制台端口打印出来或发送到一个系统日志服务器。这个命令的语法如下：

```
Router# debug ipv6 icmp
```

undebug ipv6 icmp 取消 ICMPv6 消息的调试模式。这个命令的语法如下：

```
Router# undebug ipv6 icmp
```

例 3-1 显示了在路由器 A 上执行 **debug ipv6 icmp** 命令后控制台上的日志。头两行显示从主机 2001:410:0:1:200:86FF:FE4B:F9CE 接收的 ICMPv6 类型 128 回应请求消息。下一行显示路由器向这个节点回答 ICMPv6 类型 129 的回应应答消息。

例 3-1 用 debug ipv6 icmp 命令显示 ICMPv6 消息

```
RouterA#debug ipv6 icmp
ICMPv6: Received ICMPv6 packet from 2001:410:0:1:200:86FF:FE4B:F9CE, type 128
ICMPv6: Received echo request from 2001:410:0:1:200:86FF:FE4B:F9CE
ICMPv6: Sending echo reply to 2001:410:0:1:200:86FF:FE4B:F9CE
ICMPv6: Received ICMPv6 packet from 2001:410:0:1:200:86FF:FE4B:F9CE, type 128
<output omitted>
```

3.2 IPv6 路径 MTU 发现（PMTUD）

如 RFC 1191 中所描述，路径 MTU 发现（PMTUD）机制是 1990 年为 IPv4 而定义的；对 IPv6 协议来说不是新的。然而，在 IPv4 中 PMTUD 是可选的，通常不被节点使用。

PMTUD 的主要目的是发现路径上的 MTU，当数据包发向目的地时避免分段。然后源节点可以使用发现的最大 MTU 与目的节点通信。当数据包比链路层 MTU 大时，分段可能在中途的路由器中发生。在路由器的 CPU 周期方面，分段是有害的和昂贵的。而且，在某些情况下，在传送路径上几个中间路由器中可能发生分段上的分段，导致性能的下降。

IPv6 中的分段不是在中间路由器上进行的。仅当路径 MTU 比传送的数据包小时源节点自己才可以对数据包分段。如 RFC 2460 “Internet 协议版本 6（IPv6）规范”中所描述，强烈建议 IPv6 节点实现 IPv6 PMTUD 以避免分段。

如 RFC 1981 “IPv6 路径 MTU 发现”中所定义，IPv6 PMTUD 使用 ICMPv6 类型 2，即数据包超长错误消息。图 3-2 显示了源节点使用 IPv6 PMTUD 的一个例子。首先，源节点用 1500 字节作为 MTU 值向目的节点发送第一个 IPv6 数据包（1）。然后，中间路由器用 ICMPv6 类型 2，数据包超长消息向源节点应答，在 ICMPv6 消息中指定较小的 MTU 值为 1400 字节（2）。源节点转而用 1400 字节作为 MTU 值发送数据包；数据包通过路由器 A（3）。然而，沿路的中间路由器 B 用 ICMPv6 类型 2 消息向源节点应答，指定 MTU 值为 1300 字节（4）。最后，源节点用 1300 字节作为 MTU 值重新发送数据包。数据包通过这两个中间路由器被传送到目的节点（5）。源节点和目的节点间的会话被建立起来，在它们之间发送的所有数据包用 1300 字节作为 MTU 值（6）。

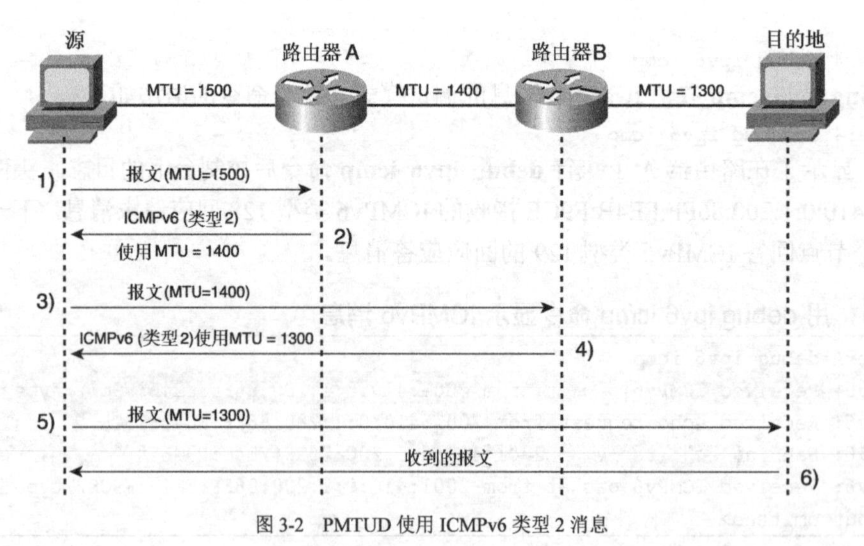

图 3-2 PMTUD 使用 ICMPv6 类型 2 消息

用 IPv6 PMTUD 发现的 MTU 值被源节点缓存。使用 Cisco IOS 软件技术，你可以用 **show ipv6 mtu** 命令显示缓存的每个目的地 PMTUD 值。这个命令的语法如下：

```
Router# show ipv6 mtu
```

3.3 邻居发现协议（NDP）

如 RFC 2461“IP 版本 6（IPv6）的邻居发现”中所定义，邻居发现协议（NDP）是 IPv6 中的一个关键协议。而且，如图 3-3 所示，NDP 是一个伞型结构，定义了下面这些机制：

- 替代 ARP——因为 ARP 在 IPv6 中被去掉了，所以 IPv6 提供了一种新的确定本地链路上节点链路层地址的方法。这个新机制混合使用 ICMPv6 消息和多播地址。

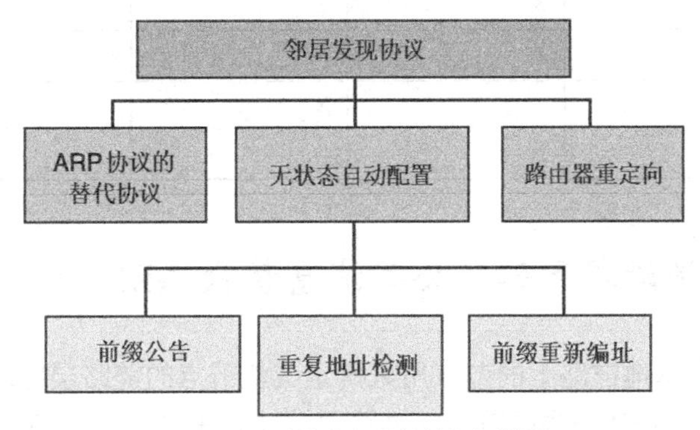

图 3-3 NDP 是包括一些机制的伞型结构

- 无状态自动配置——这个机制允许本地链路上的节点混合使用 ICMPv6 消息和多播地址自己配置 IPv6 地址。
- 路由器重定向——路由器向一个 IPv6 节点发送 ICMPv6 消息，通知它在相同的本地链路上存在一个更好的到达目的网络的路由器地址。

为 NDP 特有的范畴定义了新的 ICMPv6 消息。如表 3-2 所示，这些 ICMPv6 消息在 NDP 的上下文中被标记出。这些新的 ICMPv6 消息是路由器请求、路由器公告、邻居请求、邻居公告和重定向消息。

表 3-2 为 NDP 定义的 ICMPv6 消息

ICMPv6 类型	消 息 名 称
类型 133	路由器请求（RS）
类型 134	路由器公告（RA）
类型 135	邻居请求（NS）
类型 136	邻居公告（NA）
类型 137	重定向消息

表 3-3 显示了 NDP 机制使用的 ICMPv6 消息。替代 ARP 使用邻居请求（ICMPv6 类型 135）和邻居公告（ICMPv6 类型 136）消息。前缀公告和前缀重新编址使用路由器请求（ICMPv6 类型 133）和路由器公告（ICMPv6 类型 134）消息。DAD 使用邻居请求。路由器重定向使用重定向消息（ICMPv6 类型 137）。

在 Cisco 设备上，NDP 和在其下的机制的参数用 **ipv6 nd** 命令控制。下面的小节详细描述了 NDP 范围下的每一个机制。

表 3-3　　NDP 机制使用的 ICMPv6 消息

机　制	ICMPv6 类型 133	ICMPv6 类型 134	ICMPv6 类型 135	ICMPv6 类型 136	ICMPv6 类型 137
替代 ARP			X	X	
前缀公告	X	X			
前缀重新编址	X	X			
DAD			X		
路由器重定向					X

3.3.1　用邻居请求和邻居公告消息替代 ARP

在 IPv4 中 ARP 由本地链路上的节点用来确定其他节点的链路层地址。每个节点维护一个 ARP 缓存，缓存中包含 ARP 获悉的节点的链路层地址。在 IPv6 中，对节点链路层地址的确定使用邻居请求消息（ICMPv6 类型 135）、邻居公告消息（ICMPv6 类型 136）和被请求节点多播地址（FF02::1:FF*xx:xxxx*）的组合，这在第 2 章中已经讨论过了。

正如下面的列表所解释的那样，在 IPv6 中使用的 NDP 比 IPv4 中的 ARP 效率高很多：

- 在 IPv6 中，只有关心这个机制的邻居节点才会在它们的协议栈中处理邻居请求和邻居公告消息。在 IPv4 中，ARP 广播消息用来发现一个节点的链路层地址。但是 ARP 广播迫使本地链路上的所有节点都把 ARP 广播消息发送给 IPv4 协议栈。
- 在 IPv6 中，节点在相同的请求中互相交换链路层地址。在 IPv4 中，需要两个 ARP 广播消息才能得到相同的结果。
- 验证邻居缓存中的 IPv6 地址和链路层地址的可达性。在 IPv4 的 ARP 中，表项过期（超时）后被删除。

1．邻居请求和邻居公告是如何工作的

本节详细描述邻居请求消息、邻居公告消息和被请求节点多播地址是如何在 IPv6 中使用来替代 ARP 的；然后，解释与邻居请求和邻居公告相关的 Cisco IOS 软件命令。

如图 3-4 所示，下列步骤会发生：

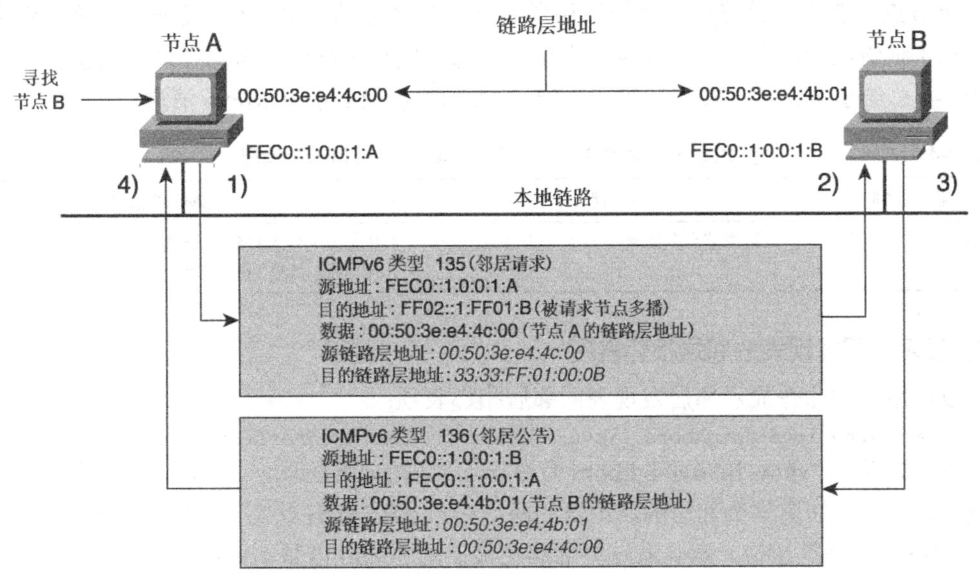

图 3-4　用来发现本地链路上节点的链路层地址的邻居请求和邻居公告消息

步骤 1　使用地址 FEC0::1:0:0:1:A 的节点 A 要传送数据包到相同本地链路上的使用 IPv6 地址 FEC0::1:0:0:1:B 的目的节点 B。然而节点 A 不知道节点 B 的链路层地址。节点 A 发送类型 135 的 ICMPv6 消息（邻居请求）到本地链路，它的本地站点地址 FEC0::1:0:0:1:A 作为 IPv6 源地址，与 FEC0::1:0:0:1:B 对应的被请求节点多播地址 FF02::1:FF01:B 作为目的地址，发送节点 A 的源链路层地址 00:50:3e:e4:4c:00 作为 ICMPv6 消息的数据。

这个帧的源链路层地址是节点 A 的链路层地址 00:50:3e:e4:4c:00。这个帧的目的链路层地址 33:33:FF:01:00:0B 是 IPv6 目的地址 FF02::1:FF01:B 的多播映射。

注：注意，这个例子中的本地链路是一个以太网链路。要得到关于 IPv6 的以太网多播映射的更多详细信息，参见第 2 章。

步骤 2　侦听本地链路上多播地址的节点 B 获取这个邻居请求消息，因为目的 IPv6 地址 FF02::1:FF01:B 代表它的 IPv6 地址 FEC0::1:0:0:1:B 相对应的被请求节点多播地址。

步骤 3　节点 B 发送一个邻居公告消息应答，用它的本地站点地址 FEC0::1:0:0:1:B 作为 IPv6 源地址，本地站点地址 FEC0::1:0:0:1:A 作为目的 IPv6 地址。它还在 ICMPv6 消息中包括了它的链路层地址 00:50:3e:e4:4b:01。

在接收到邻居请求和邻居公告消息后，节点 A 和节点 B 互相知道了对方的链路层地址。获悉的链路层地址被保存在邻居发现表（邻居缓存）中。因此，节点可以在本地链路上通信。

邻居请求消息也可用于验证在邻居发现表（邻居缓存）中邻居节点的可达性。但是，在这种情况下，ICMPv6 消息的目的 IPv6 地址使用邻居节点的单播地址而不是被请求节点多播地址。

一个节点改变它的链路层地址可以用所有节点的多播地址 FF02::1 发送邻居公告消息，通知其他在本地链路上的节点。本地链路上节点的邻居发现表被新的链路层地址更新。

表 3-4 总结了多播地址类型和取代 ARP 的机制中涉及到的 ICMPv6 消息。

表 3-4 多播地址和取代 ARP 的机制中使用的 ICMPv6 消息

机　制	多播地址	ICMPv6 消息
替代 ARP	请求节点多播地址（FF02::1:FF*xx*:*xxxx*）	ICMPv6 类型 135（邻居请求） ICMPv6 类型 136（邻居公告）

2．显示邻居发现表的邻居相邻表项

可以使用下列命令显示邻居发现表的邻居相邻表项：

```
Router# show ipv6 neighbors [ipv6-address-or-name | interface_type interface_number]
```

如例 3-2 所示，**show ipv6 neighbors** 命令显示邻居的 IPv6 地址、生存期（单位：min）、链路层地址、状态和知道这个邻居的路由器的网络接口。REACH 状态意味着这个邻居是可达的。STALE 状态（这是默认值）意味着这些邻居在最后的 30min 内是不可达的。

例 3-2　show ipv6 neighbors 命令

```
RouterA#show ipv6 neighbors
IPv6 Address                 Age Link-layer Addr State Interface
FEC0::1:200:86FF:FE4B:F9CE     0 0000.864b.f9ce REACH FastEthernet0/0
<waiting of 10 minutes>
RouterA#show ipv6 neighbors
IPv6 Address                 Age Link-layer Addr State Interface
FEC0::1:200:86FF:FE4B:F9CE     2 0000.864b.f9ce STALE FastEthernet0/0
FE80::200:86FF:FE4B:F9CE      10 0000.864b.f9ce STALE FastEthernet0/0
```

3．添加静态邻居表项到邻居发现表

在 Cisco 路由器上可以添加静态邻居表项到邻居发现表。

注：Cisco 实现了添加静态邻居表项，因为大多数 IPv6 流量产生设备不能正确地支持 IPv6 的 NDP。因此，如果在邻居发现表中没有建立起邻居表项，就不可能发送 IPv6 流量通过路由器。通过添加静态表项命令，Cisco IOS 软件技术允许对设备测试，即使没有适当的 NDP 支持。

ipv6 neighbor 命令允许添加一个静态表项到邻居发现表。单播 IPv6 地址、邻居所在路由器的网络接口和链路层地址是这个命令的必备参数：

```
Router# ipv6 neighbor ipv6-address interface hw-address
```

这个命令是在全局基础上被启用的。

注：如果在添加之前邻居发现表中已经存在这个邻居表项，那么已存在的邻居表项被转变为静态表项。

例 3-3 显示了向邻居发现表中添加一个静态邻居表项。与链路层地址 0080.12ff.6633 相关的 IPv6 地址 FEC0::1:0:0:1:B 被添加到路由器 A 的邻居发现表。

例 3-3　向邻居发现表添加静态邻居表项

```
RouterA(config)#ipv6 unicast-routing
RouterA(config)#ipv6 neighbor fec0::1:0:0:1:b fastEthernet 0/0 0080.12ff.6633
RouterA(config)#exit
RouterA#show ipv6 neighbors
IPv6 Address                 Age Link-layer Addr State Interface
FEC0::1:200:86FF:FE4B:F9CE   15 0000.864b.f9ce STALE FastEthernet0/0
FEC0::1:0:0:1:B               - 0080.12ff.6633 REACH FastEthernet0/0
FE80::200:86FF:FE4B:F9CE     15 0000.864b.f9ce STALE FastEthernet0/0
```

4．从邻居发现表中去除邻居表项

可以使用 **clear ipv6 neighbors** 命令去除邻居发现表中所有的表项：

```
Router# clear ipv6 neighbors
```

5．调整邻居发现消息的参数

使用一个 Cisco IOS 软件命令，可以调整邻居发现消息的时间间隔和邻居的可达性。

ipv6 nd ns-interval 命令设置邻居请求消息间的时间间隔。为了正常的操作，Cisco 不建议非常短的时间间隔。**ipv6 nd ns-interval** 命令的语法如下：

```
Router(config-if)# ipv6 nd ns-interval milliseconds
```

这个命令基于接口被启用。默认情况下，这个值调整到 1000ms（1s）。

ipv6 nd reachable-time 命令配置时间量，一个邻居在由某个事件证实它的可达性后，在这段时间内这个邻居被认为是可达的。较短的值会较快地发现已死的邻居，但是这从耗费的带宽和处理来看代价较高。Cisco 不建议在正常的操作中采用非常短的可达时间间隔。**ipv6 nd reachable-time** 命令的语法如下：

```
Router(config-if)# ipv6 nd reachable-time milliseconds
```

这个命令基于接口被启用。

默认情况下，这个值被调整到 30min（1 800 000ms）。

3.3.2　无状态自动配置

如 RFC 2462“IPv6 无状态地址自动配置”中所定义，无状态自动配置是 IPv6 最有吸引力和最有用的新特性之一。它允许本地链路上的节点根据路由器在本地链路上公告的信息自己配置单播 IPv6 地址。

本节描述这些在无状态自动配置中涉及到的机制。如图 3-3 所示，这些机制如下：

- 前缀公告——在本地链路上公告前缀和参数。IPv6 节点利用前缀公告信息来配置 IPv6 地址。

- DAD——确保在接口上无状态自动配置的每个 IPv6 地址在本地链路的范围内是唯一的。
- 前缀重新编址——在本地链路上公告修改了的前缀或新的前缀和参数，重新编址一个已经公告过的前缀。

对于给出的每一个机制，下面的小节包括了在 Cisco 设备上用来配置无状态自动配置的命令和参数。

注：路由器不能用无状态自动配置为它们的接口分配 IPv6 地址。无状态自动配置仅为节点设计。

1. 前缀公告

前缀公告是无状态自动配置中的初始机制。前缀公告机制使用路由器公告消息（ICMPv6 类型 134）和所有节点的多播地址 FF02::1。路由器公告消息在本地链路上周期性地发送到所有节点的多播地址。

注：关于无状态自动配置，IPv6 路由器是唯一一种允许在本地链路上公告前缀的设备类型。禁止节点公告前缀。用于无状态自动配置的前缀长度为 64 比特。

2. 在 Cisco 路由器上公告 IPv6 前缀

如第 2 章所述，只要在网络接口上配置了一个本地站点或者全球可聚合单播 IPv6 地址及其前缀长度，就启用了 Cisco 路由器上的 IPv6 前缀公告。如第 2 章所述，**ipv6 address** 命令用于这个目的。如果你用不同的前缀为同一个网络接口配置了几个 IPv6 地址，不同的前缀被公告到本地链路上的主机。

路由器公告消息包含节点在自动配置过程期间和之后使用的参数：

- **IPv6 前缀**——每个本地链路可能公告一至多个 IPv6 前缀。默认情况下，无状态自动配置公告的前缀长度为 64 比特。节点得到 IPv6 前缀，然后把它们的链路层地址以 EUI-64 格式附加在这个接收到的前缀之后。这个信息的组合为节点提供了 128 比特地址。
- **生存期**——每一个被公告前缀的生存期都提供给节点。这个值可以从 0 到无穷大变化。节点检查这个值，在它过期后停止使用这个前缀，例如当这个值等于 0 时。每个前缀有两种类型的生存期值：
  - **有效生存期**——节点地址保持有效状态的时间长度。当这个值过期时，节点的地址变为无效。
  - **首选生存期**——节点用无状态自动配置得到的地址保持首选状态的时间。首选生存期必须小于或等于有效生存期。当这个值过期时，所有由无状态自动配置得来的和使用这个前缀的地址都被废止。因此，节点不能使用被废止的地址建立新的连接。但是节点仍可以在有效生存期没过期期间接受连接。这个参数用于前缀重新编址。
- **默认路由器信息**——提供关于默认路由器 IPv6 地址的存在和生存期信息。在 IPv6 中，节点使用的默认路由器地址是路由器的本地链路地址（FE80::/10）。因此，即使前缀重新编址，路由器也总是可达的。

- **标志/选项**——设置节点的标志和选项。可以使用标志来指示节点使用有状态自动配置而不是无状态自动配置。Cisco IOS 软件上有的标志和选项在后面描述 **ipv6 nd prefix** 命令时详细地进行了定义。

注：有状态自动配置允许节点手工地或者从一个服务器得到它们的地址和配置参数。服务器维护一个跟踪已分配给节点的地址的数据库。DHCPv6 是 IPv6 中有状态自动配置的一个例子。

3. 前缀公告是如何工作的

本节描述路由器公告消息和多播地址是如何在 IPv6 中被用来公告前缀的。有关前缀公告的 Cisco IOS 软件命令稍后介绍。

如图 3-5 所示，路由器 A 周期性地发送路由器公告消息（ICMPv6 类型 134），用它的本地链路地址 FE80::250:3EFF:FEE4:4C00 作为源 IPv6 地址，所有节点的多播地址 FF02::1 作为目的 IPv6 地址。路由器公告消息公告的前缀是 FEC0:0:0:1::/64，有效生存期和首选生存期为无穷大。然后，监听本地链路多播地址 FF02::1 的节点 A 和节点 B 得到路由器公告消息，可以自己配置它们的 IPv6 地址。

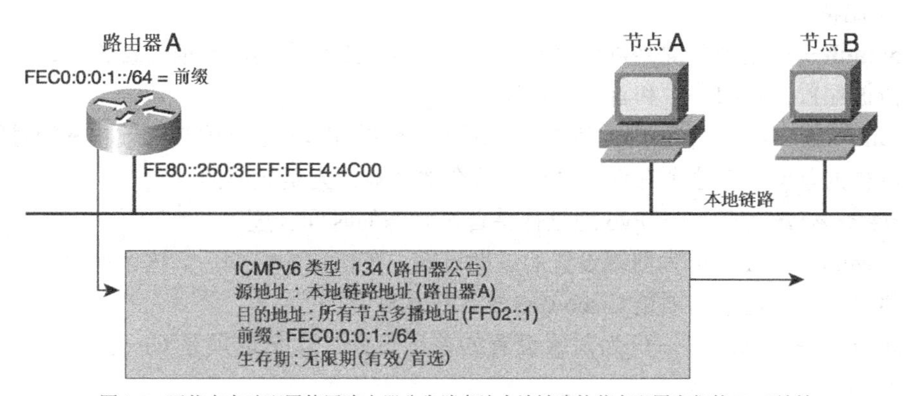

图 3-5　无状态自动配置使用路由器公告消息让本地链路的节点配置它们的 IPv6 地址

4. 显示前缀公告参数

如例 3-4 所示，命令 **show ipv6 interface** *interface* **prefix** 显示了接口上公告的前缀的参数。在这个例子中，公告的前缀 2001:410:0:1::/64 有效生存期为 2 592 000s，首选生存期为 604 800s。正如你从[LA]值所看到的，指定前缀的 L 比特和 A 比特标志被启用。L 比特和 A 比特在下一节中讨论。

例 3-4　命令 show ipv6 interface *interface* prefix

```
RouterA#show ipv6 interface fastEthernet 0/0 prefix
IPv6 Prefix Advertisements FastEthernet0/0
Codes: A - Address, P - Prefix-Advertisement, O - Pool
```

（待续）

```
     X - Proxy RA, U - Per-user prefix, D - Default
     N - Not advertised, C - Calendar

AD 2001:410:0:1::/64 [LA] valid lifetime 2592000 preferred lifetime 604800
```

注：在 Cisco 设备上，默认情况下有效生存期设为 30 天（2 592 000s），首选生存期设为 7 天（604 800s）。

5. 改写前缀公告的默认参数

ipv6 nd prefix 命令改写路由器公告前缀的参数。这个命令控制任何被公告的单个前缀（基于每接口启用）的参数：

```
Router(config-if)#ipv6 nd prefix ipv6-prefix/prefix-length |default
  [[ valid-lifetime preferred-lifetime] |[ at valid-date preferred-date] [ off-link]
  [ no-autoconfig] [ no-advertise] ]
```

下面描述 **ipv6 nd prefix** 命令可能使用的参数和关键字：

- *ipv6-prefix/prefix-length*——定义要管理的前缀长度。在无状态自动配置中前缀长度为 64 比特。
- **default**——这个关键字可以用来为在每个接口上公告的所有前缀设置默认参数。默认值被配置，例如有效和首选生存期。
- *valid-lifetime*——节点用无状态自动配置得到的 IPv6 地址保持有效状态的时间长度，以秒为单位。在这个有效期之后，这个地址被认为是无效的。
- *preferred-lifetime*——IPv6 地址保持首选状态的时间长度。
- **at** *valid-date*——可为前缀设置的过期日期。在指定的日期后，这个前缀不再在本地链路上公告。这个选项是 Cisco IOS 软件技术独有的。
- **at** *preferred-date*——可为前缀设置的首选日期。这个选项是 Cisco IOS 软件技术独有的。
- **off-link**——这个标志与 L 比特有关，L 比特在 RFC 2461“IPv6 版本 6（IPv6）的邻居发现”中定义。当可选的 off-link 关键字在 Cisco IOS 软件技术中使用时，L 比特被关闭。然而，当 L 比特被打开（默认设置）时，它表示在路由器公告消息中指定的前缀是分配给本地链路的。因此，向包含这个指定前缀的地址发送数据的节点认为目的地是本地链路可达的。默认情况下，Cisco IOS 软件技术启用这个 L 比特标志。
- **no-autoconfig**——这个标志与 A 比特有关，在 RFC 2461 中定义。A 比特也称为自治地址配置标志。当这个可选关键字 **no-autoconfig** 在 Cisco IOS 软件技术中使用时，A 比特标志被关闭。然而，当 A 比特被打开（默认设置）时，它指示本地链路的主机指定的前缀可以用于无状态自动配置。因此，含有生存期值的前缀被公告，指明从指定的前缀产生的地址保持首选和有效状态的时间。默认情况下，Cisco IOS 软件技术启用这个 A 标志比特。

- **no-advertise**——当前缀标志为可选的 **no-advertise** 关键字时，它指示本地链路的主机指定的前缀不能用于无状态自动配置（这个前缀不包含在路由器公告消息中）。默认情况下，Cisco IOS 软件技术关闭这个标志。因此，前缀在本地链路上被公告。有了这个可选的 **no-advertise** 关键字，可以不公告指定的前缀，即使你为网络接口配置了带有前缀长度的 IPv6 地址。

要去除一个被公告的前缀，使用这个命令的 **no** 形式：

```
Router(config-if)# no ipv6 nd prefix ipv6-prefix
```

图 3-6 显示了一个典型的场景，路由器 A 用路由器公告消息公告前缀 2001:410:0:1::/64。本地链路上的节点可以用这个前缀配置它们的地址。

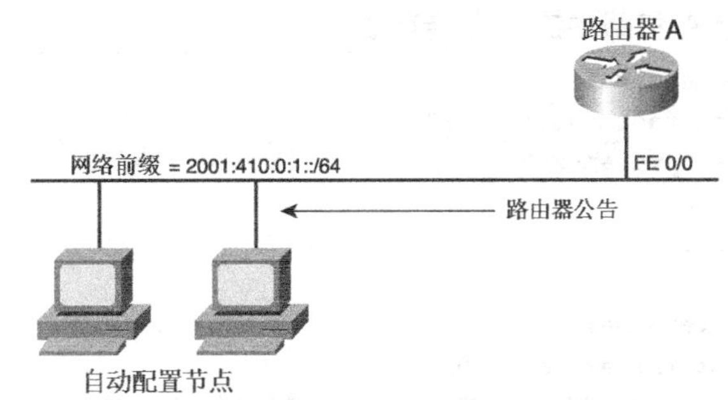

图 3-6　路由器 A 通过在本地链路上发送路由器公告消息公告一个前缀

例 3-5 显示了一个配置，覆盖了网络接口 FastEthernet 0/0 上公告的前缀 2001:0410:0:0::/64 的默认参数。**ipv6 address 2001:0410:0:1::/64 eui-64** 命令不仅用来给这个接口分配 IPv6 地址，而且还在这个接口上启用前缀公告，前缀为 2001:0410:0:1::/64。**ipv6 nd prefix** 命令指定 43 200s（12h）为有效和首选生存期。

例 3-5　在接口 FastEthernet 0/0 上使能和控制前缀公告

```
RouterA#configure terminal
RouterA(config)#int fastethernet 0/0
RouterA(config-if)#ipv6 address 2001:0410:0:1::/64 eui-64
RouterA(config-if)#ipv6 nd prefix 2001:410:0:1::/64 43200 43200
RouterA(config-if)#exit
RouterA(config)#exit
```

图 3-7 显示了另一个场景。路由器 A 和路由器 B 都在相邻的本地链路上发送路由器公告消息。路由器 A 在接口 FastEthernet 0/0 上公告前缀 2001:410:0:1::/64，路由器 B 在接口 FastEthernet 0/1 上公告相同的前缀。路由器 B 还在接口 FastEthernet 0/0 上公告前缀 2001:410:0:2::/64。

例 3-6 显示了与图 3-7 对应的在路由器 A 和路由器 B 上应用的配置。

在这个例子中使用 **ipv6 address** 命令启用接口的前缀公告。

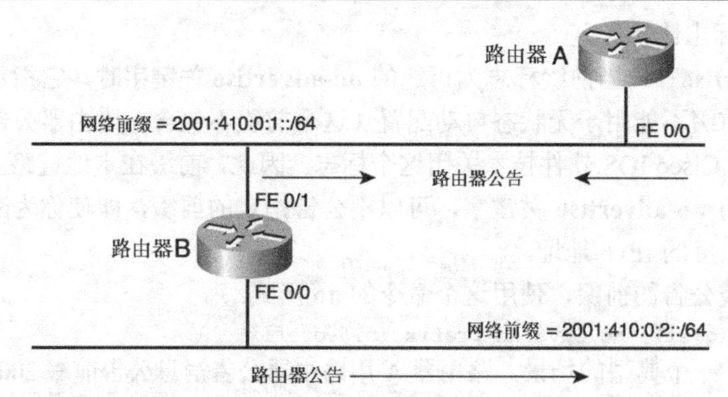

图 3-7 路由器 A 和路由器 B 在不同的本地链路上公告前缀 2001:410:0:1::/64 和 2001:410:0:2::/64

例 3-6 配置路由器 A 和路由器 B 公告前缀

```
RouterA#configure terminal
RouterA(config)#int fastethernet 0/0
RouterA(config-if)#ipv6 address 2001:0410:0:1::/64 eui-64
RouterA(config-if)#exit
RouterA(config)#exit

RouterB#configure terminal
RouterB(config)#int fastethernet 0/1
RouterB(config-if)#ipv6 address 2001:0410:0:1::/64 eui-64
RouterB(config-if)#interface fastethernet 0/0
RouterB(config-if)#ipv6 address 2001:0410:0:2::/64 eui-64
RouterB(config)#exit
```

6. 在接口上禁止路由器公告

可以关闭接口上的路由器公告。默认情况下，当全局命令 **ipv6 unicast-routing** 被启用时，Cisco 设备的 Ethernet（10、100、1000 Mbit/s）、FDDI 和令牌环接口上具有路由器公告功能。

ipv6 nd suppress-ra 命令基于接口关闭路由器公告：

```
Router(config-if)# ipv6 nd suppress-ra
```

下面的命令取消抑制路由器公告：

```
Router(config-if)# no ipv6 nd suppress-ra
```

ipv6 nd suppress-ra 命令基于每接口被启用。

当一个链路上相邻的路由器相连接时，抑制路由器公告是有用的。当两个路由器在相邻的链路上公告相同的前缀时，节点可能看到不同的生存期值和默认的路由器。

为了强制在有多个相邻路由器的链路上的节点选择默认的路由器，除了一个路由器以外，推荐在所有其他的路由器上用 **ipv6 nd suppress-ra** 命令禁止路由器公告。

如图 3-8 所示，路由器 A 和路由器 B 在一条链路上相邻。路由器公告可以在路由器 B 上关闭。因此，节点使用路由器 A 的默认地址和参数。

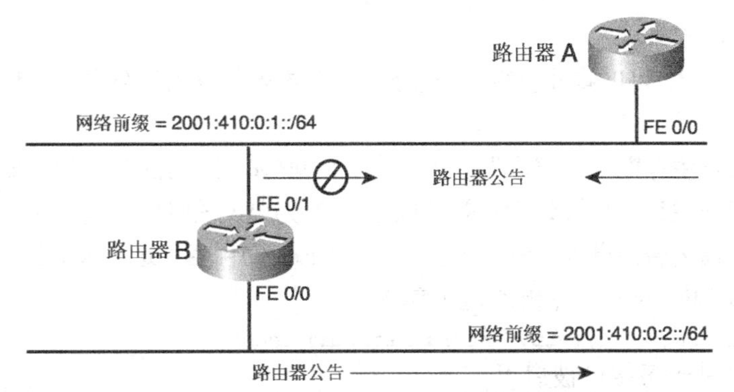

图 3-8　路由器 B 接口 FastEthernet 0/1 上关闭路由器公告

例 3-7 显示了在路由器 B 的 FastEthernet 0/1 接口上应用 **ipv6 nd suppress-ra** 命令关闭路由器公告。

例 3-7　在接口上关闭路由器公告

```
RouterA#configure terminal
RouterA(config)#int fastethernet 0/0
RouterA(config-if)#ipv6 address 2001:0410:0:1::/64 eui-64
RouterA(config-if)#exit
RouterA(config)#exit
```

```
RouterB#configure terminal
RouterB(config)#int fastethernet 0/1
RouterB(config-if)#ipv6 address 2001:0410:0:1::/64 eui-64
RouterB(config-if)#ipv6 nd suppress-ra
RouterB(config-if)#interface fastethernet 0/0
RouterB(config-if)#ipv6 address 2001:0410:0:2::/64 eui-64
RouterB(config)#exit
```

当多个路由器连接在同一个链路上时，可以用 Cisco IOS 软件命令显示其他路由器公告的前缀和参数。

如例 3-8 所示，**show ipv6 routers** 命令显示从其他路由器接收到的路由器公告信息。这个例子显示了接口 FastEthernet 0/0 连接的链路上公告的前缀 2001:410:0:2::/64 的信息。

例 3-8　显示接口 FastEthernet 0/0 上收到的路由器公告信息

```
RouterA#show ipv6 routers
Router FE80::260:8FF:FE37:BF6 on FastEthernet0/0, last update 3 min
  Hops 64, Lifetime 1800 sec, AddrFlag=0, OtherFlag=0, MTU=1500
  Reachable time 0 msec, Retransmit time 0 msec
  Prefix 2001:410:0:2::/64 onlink autoconfig
    Valid lifetime 2592000, preferred lifetime 604800
```

7. 调整前缀公告参数

在 Cisco 路由器上，可以修改前缀公告参数。这些参数与路由器公告消息和无状态自动配置相关，如下所述：

- **路由器公告生存期**——路由器公告消息（ICMPv6 类型 134）的生存期。这个参数定义了每个消息在发送之后被认为有效的以秒（s）为单位的时间长度。这个值包含在所有被发送的路由器公告消息内。默认情况下，在 Cisco 路由器上这个参数设为 1800s（30min）。**ipv6 nd ra-lifetime** 命令修改这个参数：

```
Router(config-if)# ipv6 nd ra-lifetime seconds
```

  这个命令基于每接口被启用。

- **路由器公告间隔时间**——连续的路由器公告消息之间的时间，以秒为单位。这个值应小于或等于路由器公告生存期。在 Cisco 路由器上这个参数默认设为 200s。对正在启动的节点必须等待下一个路由器公告消息多长时间来配置它的地址，这个参数有直接影响。如果节点不能等待下一个路由器公告消息，它可以发送路由器请求消息，强制在本地链路上的路由器发送一个新的路由器公告消息（路由器请求将在下一节讨论）。**ipv6 nd ra-interval** 命令定义这个参数：

```
Router(config-if)# ipv6 nd ra-interval seconds
```

  这个命令基于每接口被启用。

- **managed-config-flag**——当这个参数没有设置时，允许节点自己使用无状态自动配置（而不是有状态自动配置）来配置它们的 IPv6 地址。在 Cisco 路由器上，默认情况下这个值没有设置，意味着无状态自动配置被启用。否则，当这个标志置位时，节点应该使用有状态自动配置机制（而不是无状态自动配置），例如从 DHCPv6 服务器得到它们的 IPv6 地址。因此，**ipv6 nd managed-config-flag** 命令启用有状态自动配置：

```
Router(config-if)# ipv6 nd managed-config-flag
```

  相反，**no ipv6 nd managed-config-flag** 命令禁止有状态自动配置：

```
Router(config-if)# no ipv6 nd managed-config-flag
```

  这些命令基于每接口被启用。

- **other-config-flag**——这个标志也与有状态自动配置相关。当它被关闭时，节点不应该使用有状态自动配置机制来配置除 IPv6 地址以外的其他参数。默认情况下，这个值设为关闭。**ipv6 nd other-config-flag** 命令启用这个标志：

```
Router(config-if)# ipv6 nd other-config-flag
```

  这些命令基于每接口被启用。

8. 使用路由器请求要求路由器公告

路由器周期性地在本地链路上发送路由器公告消息。然而，当节点启动时，在下一个路由器公告消息之前可能有较长的时间。在这种情况下，任何节点都可以发送路由器请求消息（ICMPv6 类型 133）到本地链路上的所有路由器多播地址 FF02::2。当本地链路上的路由器接收到这个路由器请求消息之后，用所有节点多播地址 FF02::1 以路由器公告消息（ICMPv6 类型 134）进行回答。

图 3-9 显示了这个机制。节点 A 用本地链路地址（FE80::/10）作为 IPv6 源地址发送一个路由器请求消息到所有路由器多播地址 FF02::2。路由器 A 侦听它所属组的多播数据包，得到这个路由器请求消息。然后路由器 A 用它的本地链路地址作为源 IPv6 地址回答路由器公告消息（ICMPv6 类型 134）到所有节点多播地址 FF02::1。

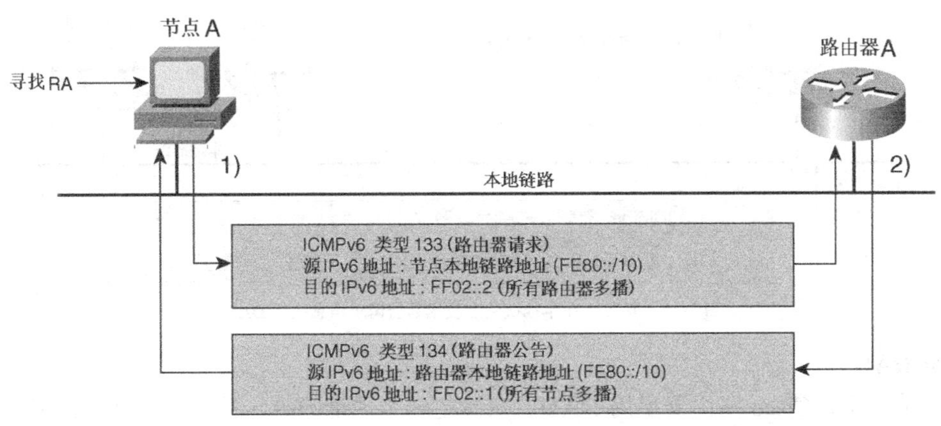

图 3-9 发送路由器请求消息要求路由器回应一个路由器公告消息

注：为了避免路由器请求消息在本地链路上泛滥，在启动时每个节点只能发送 3 个路由器请求消息。当本地链路上没有 IPv6 路由器时，这条规则避免路由器请求消息在链路上泛滥。

表 3-5 总结了在前缀公告中使用最多的多播地址和 ICMPv6 消息。

表 3-5 前缀公告使用的多播地址和 ICMPv6 消息

机　制	多 播 地 址	ICMPv6 消息
前缀公告	所有节点的多播（FF02::1） 所有路由器的多播（FF02::2）	ICMPv6 类型 134（路由器公告） ICMPv6 类型 133（路由器请求）

3.3.3 重复地址检测是如何工作的

DAD 是无状态自动配置和节点启动时的一个 NDP 机制。在节点可以用无状态自动配置配置它的 IPv6 单播地址之前，必须在本地链路上验证要使用的临时地址是唯一的并且未被其他节点使用。

DAD 用邻居请求消息（ICMPv6 类型 135）和请求节点的多播地址完成这个任务。这个操作要求节点在本地链路上发送邻居请求消息，用未指定的地址（::）作为源 IPv6 地址，用临时单播地址的请求节点多播地址作为目的 IPv6 地址。如果在此过程中发现了一个重复地址，这个临时地址就不能分配给接口。否则，这个临时地址配置到接口。

图 3-10 显示了这个机制。首先，节点 A 发送 DAD。节点 A 想在它的接口上配置临时 IPv6 单播地址 2001:410:0:1::1:a。因此，节点 A 发送一个邻居请求消息，用未指定地址（::）作为源 IPv6

地址，用临时单播地址 2001:410:0:1::1:a 的被请求节点多播地址 FF02::1:FF01:000A 作为目的地址。

只要这个邻居请求被发送到本地链路上，如果一个节点对这个请求应答，就说明这个临时单播 IPv6 地址已被另外一个节点使用。在没有应答的情况下（如图 3-10 所示），节点 A 认为这个临时单播地址 2001:410:0:1::1:a 在本地链路上是唯一的，可以分配给它的接口。

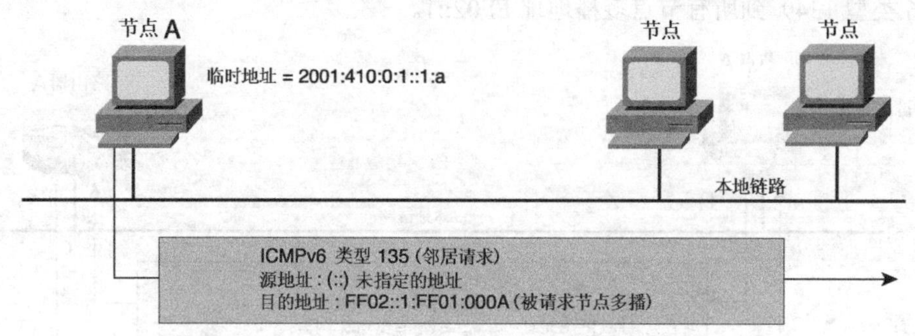

图 3-10　节点 A 在本地链路上发送邻居请求消息执行 DAD

调整 DAD

默认情况下，Cisco 路由器启用 DAD。在确定一个地址的唯一性之前，在本地链路上发送邻居请求消息的个数被设为 1。然而，如表 3-6 中所描述的，**ipv6 nd dad attempts** 命令可以用来修改邻居请求消息的数目。可接受的范围是从 0～600 个消息。这个命令用 0 来禁止 DAD。

表 3-6　　ipv6 nd dad attempts 命令

命　　令	描　　述
Router(config-if)#**ipv6 nd dad attempts** *number*	定义在确定 IPv6 地址的唯一性之前，DAD 在链路上发送路由器请求消息的数目。
例 RouterA(config-if)#**ipv6 nd dad attempts 3**	在确定 IPv6 地址的唯一性之前，DAD 在链路上发送 3 个邻居请求消息。
例 RouterA(config-if)#**ipv6 nd dad attempts 0**	0 值禁止在一个接口上发送 DAD。

这个命令基于每接口被启用。

表 3-7 总结了在 DAD 中使用最多的多播地址类型和 ICMPv6 消息。

表 3-7　　DAD 使用的多播地址和 ICMPv6 消息

机　　制	多播地址	ICMPv6 消息
DAD	请求节点的多播（FF02::1:FF*xx:xxxx*）	ICMPv6 类型 135（邻居请求）

3.3.4　前缀重新编址是如何工作的

IPv6 协议的一个关键好处是在必须改变到一个新前缀时，它具有提供对最终用户透明的网络重新编址的能力。因为 IPv6 协议的严格路由聚合，当一个组织机构决定改变 IPv6 提供商时它必须进行前缀重新编址。

前缀重新编址允许从以前的网络前缀平稳地过渡到新的前缀。要得到透明重新编址的好处意味着站点内的所有节点使用无状态自动配置。其他网络重新编址方法也可使用，但是不如在无状态自动配置条件下的前缀重新编址透明。

前缀重新编址由在本地公告前缀的路由器执行。这个机制使用与前缀公告机制相同的 ICMPv6 消息和多播地址。实际上，前缀重新编址是一个新的概念，使用包含在路由器公告消息中的时间参数执行这个任务。

首先，站点中所有的路由器继续公告当前的前缀，但是有效和首选生存期被减小到接近于 0 的一个值。然后，路由器开始在本地链路公告新的前缀。因此，在每个本地链路上至少有两个前缀共存。这意味着路由器公告消息包含一个旧的和一个新的 IPv6 前缀。

收到这些路由器公告消息后，节点发现当前前缀有短的生存期从而被废止使用，但是它们也得到了新的前缀。在这个转换期间，所有节点使用两个单播地址：

- 旧单播地址——旧单播地址基于旧的前缀。使用旧地址的当前连接仍被处理。
- 新单播地址——新连接用新的地址来建立。

当旧的前缀完全被废止时（它的生存期已经过期），路由器公告消息仅包括新的前缀。当有效/首选生存期值被设为 0 时，前缀被废止使用。

注：在前缀重新编址期间，用旧的前缀设置的特性（如 IPv6 ACL 或者 QoS）必须被更新，以反映新的前缀，如在 IPv6 路由器上一样。

1．配置前缀重新编址

Cisco IOS 软件技术在路由器公告消息中引入专有参数，以帮助前缀重新编址。用 **ipv6 nd prefix** 命令可以指定前缀必须被废止的确切日期和时间，而不是手工减少前缀的生存期。实现这个功能的新关键字是 **at** *valid-date* 和 **at** *preferred-date*。下面是 **ipv6 nd prefix** 命令的语法：

```
Router(config-if)# ipv6 nd prefix ipv6-prefix/ prefix-length | default
[ [ valid-lifetime preferred-lifetime] | [ at valid-date preferred-date]
[ off-link] [ no-autoconfig] [ no-advertise] ]
```

当用这些参数指定日期和时间后，路由器执行倒计时，意味着每个新的路由器公告消息包含递减的生存期值直至为 0。

注：为了在 **ipv6 nd prefix** 命令中使用与日期和时间相关的参数，必须调整路由器上的日期和时间。可以用 **clock set** 命令或通过 **ntp server** 命令指定网络时间协议（NTP）服务器来做此事。

例 3-9 显示了用来在接口 FastEthernet 0/0 上执行前缀重新编址的基于 *valid-date* 和 *preferred-date* 关键字的 **ipv6 nd prefix** 命令。路由器上初始的日期/时间用 **clock set** 命令设为 2003 年 2 月 10 日 16h35min00s。**ipv6 nd prefix** 命令确定前缀 2001:410:0:1::/64 在 2003 年 2 月 10 日 17h00min00s

（25min 后）失效。然而，另一个前缀 2001:420:0:2::/64 接着用默认值被公告。在这个示例中，路由器公告间隔被设为 60s。

例 3-9　用 ipv6 nd prefix 命令和日期、时间参数使前缀失效

```
RouterA#clock set 16:35:00 10 February 2003
RouterA(config)#interface Fast-Ethernet 0/0
RouterA(config-if)#ipv6 address 2001:410:0:1::/64 eui-64
RouterA(config-if)#ipv6 address 2001:420:0:2::/64 eui-64
RouterA(config-if)#ipv6 nd ra-interval 60
RouterA(config-if)#ipv6 nd prefix 2001:410:0:1::/64 at Feb 10 2003 17:00
  Feb 10 2003 17:00
RouterA(config-if)#exit
```

2．调试前缀公告和前缀重新编址

debug ipv6 nd 命令可以用来显示与邻居发现消息（前缀公告和前缀重新编址）相关的信息。例 3-10 显示了当用 **ipv6 nd prefix** 命令和日期、时间关键字使前缀失效时的调试信息。在这个示例中，前缀 2001:410:0:1::/64 的剩余有效/首选生存期在路由器每次发送一个新的路由器公告消息时递减。最后，当前缀失效后，路由器公告消息为空，因为没有新的前缀被公告。

例 3-10　debug ipv6 nd 命令

```
RouterA#debug ipv6 nd
RouterA#ICMP Neighbor Discovery events debugging is on
01:51:14: ICMPv6-ND: Sending RA to FF02::1 on FastEthernet0/0
01:51:14: ICMPv6-ND:      prefix = 2001:410:0:1::/64 onlink autoconfig
01:51:14: ICMPv6-ND:          1138/1138 (valid/preferred)
01:52:09: ICMPv6-ND: Sending RA to FF02::1 on FastEthernet0/0
01:52:09: ICMPv6-ND:      prefix = 2001:410:0:1::/64 onlink autoconfig
01:52:09: ICMPv6-ND:          1084/1084 (valid/preferred)
<Data omitted>
02:09:15: ICMPv6-ND: Sending RA to FF02::1 on FastEthernet0/0
02:09:15: ICMPv6-ND:      prefix = 2001:410:0:1::/64 onlink autoconfig
02:09:15: ICMPv6-ND:          58/58 (valid/preferred)
02:10:10: ICMPv6-ND: Sending RA to FF02::1 on FastEthernet0/0
02:10:10: ICMPv6-ND:      prefix = 2001:410:0:1::/64 onlink autoconfig
02:10:10: ICMPv6-ND:          2/2 (valid/preferred)
02:11:02: ICMPv6-ND: Sending RA to FF02::1 on FastEthernet0/0
02:12:02: ICMPv6-ND: Sending RA to FF02::1 on FastEthernet0/0
02:12:57: ICMPv6-ND: Sending RA to FF02::1 on FastEthernet0/0
```

注：默认路由器总是以本地链路地址（FE80::/10）出现在本地链路上节点的路由选择表中。这样可以保证所有的路由器都是可达的，甚至当发生网络重新编址时。在重新编址期间，分配给路由器接口的单播 IPv6 地址改变，而不是本地链路地址。

3.3.5　路由器重定向

路由器重定向是 IPv6 NDP 的一个机制。路由器使用 ICMPv6 重定向消息通知链路上的节点，在链路上存在一个更好的转发数据包的路由器。接收到这个 ICMPv6 重定向消息的节点可以根据 ICMPv6 重定向消息中新的路由器地址修改它的本地路由选择表。IPv6 中的路由器重定向机制使用重定向消息（ICMPv6 类型 137）。这个机制相当于 IPv4 中的重定向消息。

如图 3-11 所示，节点 A 想发送数据包到局域网 ZZ。首先，节点 A 传送第一个数据包到它的默认路由器（路由器 A）。然而，在转发这个数据包到局域网 ZZ 后，路由器 A 知道路由器 C 是这条链路上为节点转发数据包到局域网 ZZ 的更好路径。因此，在第二步，路由器 A 向节点 A 发送一个 ICMPv6 重定向消息，包含路由器 C 的 IPv6 地址。最后，节点 A 再发送到局域网 ZZ 的数据包时送到路由器 C。

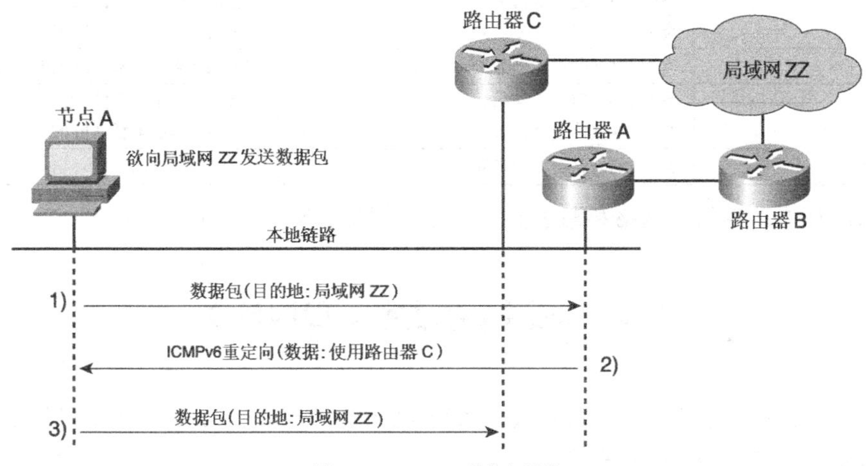

图 3-11　ICMPv6 重定向消息

在 Cisco 路由器接口上 ICMPv6 重定向默认是启用的。**ipv6 redirects** 命令可用来禁止或使能发送 ICMPv6 重定向消息。下面是一个禁止发送此消息的示例：

```
Router(config-if)# no ipv6 redirects
```

下面的示例显示了使能发送消息的命令。默认情况下，ICMPv6 重定向在所有接口上被启用。

```
Router(config-if)# ipv6 redirects
```

ipv6 redirects 命令基于每接口被启用。

ipv6 icmp error-interval 命令可以用来限制路由器产生 ICMPv6 错误消息的最小速率。默认情况下，这个参数被设为 500ms。

这是 **ipv6 icmp error-interval** 命令的语法：

```
Router(config)# ipv6 icmp error-interval msec
```

这个命令基于全局范围被启用。

3.3.6 NDP 总结

如本节所述，NDP 机制是 IPv6 协议的基础组成部分。我们已经介绍了如下内容：

- 用邻居请求和邻居公告消息取代 ARP。
- 无状态自动配置使用前缀公告、DAD 和前缀重新编址机制。
- 路由器重定向与 IPv4 的重定向相似。

表 3-8 总结了与每个机制相关的 ICMPv6 消息和多播地址。

表 3-8 所有 NDP 机制使用的 ICMPv6 消息、多播和其他地址

机 制	ICMPv6 消息	多 播 地 址
替代 ARP	类型 135（邻居请求） 类型 136（邻居公告）	所有节点的多播（FF02::1） 被请求节点的多播（FF02::1:FF*xx:xxxx*）
前缀公告	类型 133（路由器请求） 类型 134（路由器公告）	所有节点的多播（FF02::1） 所有路由器的多播（FF02::2）
DAD	类型 135（邻居请求）	被请求节点的多播（FF02::1:FF*xx:xxxx*）
前缀重新编址	类型 133（路由器请求） 类型 134（路由器公告）	所有节点的多播（FF02::1） 所有路由器的多播（FF02::2）
路由器重定向	类型 137（路由器重定向）	—

你应该能在本地链路、网络和路由器上布署、管理和支持 IPv6。

3.4 域名系统（DNS）

IETF 已经为 IPv6 地址定义了新的域名系统（DNS）资源记录类型。本节讨论在 DNS 服务器中用于 IPv6 地址的 AAAA 和 PTR 记录。

3.4.1 AAAA 记录

在 IPv4 中，A 资源记录将一个主机名称映射到一个 IPv4 地址。相似地，AAAA 资源记录将一个主机名映射到一个 IPv6 地址。表 3-9 显示了两个例子，使用相同的完全合格域名（FQDN）的不同资源记录。

表 3-9 IPv4 和 IPv6 的 DNS 资源记录

协 议	记 录	DNS 映射
IPv4	A	www.example.org A 206.123.31.200
IPv6	AAAA	www.example.org AAAA 2001:410:1:1:250:3EFF:FEE4:1

从 ISC 伯克利 Internet 名称域（Berkeley Internet Name Domain, BIND）软件 4.9.4 版开始就有

了 AAAA 记录。BIND 是被大多数 DNS 根服务器运营者、一般的顶层域（gTLD）如.com、.net、.org 等以及国家代码顶层域（ccTLD）所使用的 DNS 服务器软件。

当有一个支持 IPv6 的 DNS 服务器时，在一个有限的规模内在 Cisco 路由器上用 **ipv6 host** 命令为 IPv6 地址配置静态主机名称是可能的。表 3-10 显示了 **ipv6 host** 命令的示例。

表 3-10　ipv6 host 命令

命　令	描　述
Router(config)# **ipv6 host** *name* [*port*] *ipv6-address1* [*ipv6-address2* ...]	定义一个静态主机名称到 IPv6 地址的映射
例 RouterA(config)# **ipv6 host RouterA 2001:410:0:1:250:3EFF:FEE4:4C00**	分配 IPv6 地址 2001:410:0:1:250:3EFF:FEE4:4C00 给主机名称 RouterA
例 RouterA(config)# **ipv6 host RouterB FEC0::1:0:0:1:1**	分配 IPv6 地址 FEC0::1:0:0:1:1 给主机名称 RouterB

这个命令基于全局范围被启用。

使用 Cisco IOS 软件技术的解析器 DNS 接受一个 IPv6 地址或者一个 IPv4 地址作为名称服务器。通过使用 **ip name-server** 命令，如表 3-11 所示，可以指定一个 DNS 服务器的 IPv6 地址。因此，路由器用 IPv6 作为名称解析的传输层向这个名称服务器查询。

表 3-11　ip name-server 命令

命　令	描　述
Router(config)# **ip name -server** *ipv6-address*	配置路由器可以查询的 DNS 服务器的 IP 地址。这个地址可以是 IPv4 或者是 IPv6 地址。它可以接受多达 6 个不同的名称服务器
例 RouterA(config)# **ip name-server FEC0::1:0:0:1ff:10**	配置路由器以查询名称服务器，名称解析可以使用 IPv6 地址 FEC0::1:0:0:1ff:10 访问名称服务器

这个命令基于全局范围被启用。

注：必须用 **ip domain lookup** 命令在路由器上启用域查找。

在解析任何主机名称值期间，路由器查询所有指定的名称服务器，试图将名称解析为一个 IPv6 地址。如果没有发现 AAAA 记录（IPv6 地址），路由器就查询相同的名称服务器，以解析名称到一个 A 记录（IPv4 地址）中。因此，如果用 A 记录和 AAAA 记录把同一个 FQDN 记录到一个区域文件中，路由器总是先解析 IPv6 地址，用 IPv6 作为传输层进行通信。

3.4.2　IPv6 的资源记录 PTR

与 IPv4 一样，使用 PTR（指针）记录进行 IPv6 反向地址解析，映射一个 IPv6 地址到一个主机名称。但是，如 RFC 3152 “IPv6.ARPA 授权”中所定义，一个称为 ip6.arpa 的特殊顶层域（TLD）

被定义。在 IPv6 协议早期，TLD 是 ip6.int。虽然这个 TLD 仍在使用，但正被废除。

PTR 记录用一个由点分隔的、以 ip6.arpa 为前缀的四位字节序列表示。这个四位字节序列被逆序编码：低序四位字节编在第一位，其后跟次低序的四位字节，依此类推。每个四位字节都用十六进制值表示。这个首选格式是 PTR 记录唯一能接受的格式。

下面是一个从有效 IPv6 地址得到的 PTR 记录的示例：

IPv6 地址 = 2001:0410:0000:1234:FB00:1400:5000:45FF

PTR =f.f.5.4.0.0.0.5.0.0.4.1.0.0.b.f.4.3.2.1.0.0.0.0.0.1.4.0.1.0.0.2.ip6.arpa

下面是一个在 DNS 区域文件中的 PTR 记录的示例：

f.f.5.4.0.0.0.5.0.0.4.1.0.0.b.f.4.3.2.1.0.0.0.0.0.1.4.0.1.0.0.2.ip6.arpa.IN PTR

www.example.org

3.4.3 其他在 IPv6 中定义的资源记录

其他资源记录类型（例如 A6、DNAME 和 BITSLABEL）是专门为 IPv6 而定义的，但是在 2001 年 8 月被 IETF 团体移到试验状态。

如果你想了解更多关于 A6、DNAME 和 BITSLABEL 的信息，请阅读 RFC 2874“支持 IPv6 地址聚合和网络重新编址的 DNS 扩展”、RFC 2672“非终端 DNS 名称重定向”和 RFC 2673“域名系统中的二进制标签”。

3.5 用 IPv6 访问控制列表（ACL）保护网络

数据包过滤帮助约束、限制和控制出入网络的流量。像 IPv4 一样，在 IPv6 路由器上你可以定义和启用标准的和扩展的 IPv6 ACL 来控制 IPv6 流量。本节介绍 IPv6 ACL 命令和示例。

3.5.1 创建 IPv6 ACL

要创建一个 IPv6 ACL，必须先用 **ipv6 access-list** 命令给每个 ACL 分配一个唯一的名称。这些步骤显示在表 3-12 中。这个命令启用标准的和扩展的 IPv6 ACL。Cisco 建议用配置子模式写 IPv6 ACL。在定义 ACL 名称之后，系统进入配置子模式并显示提示符（config-ipv6-acl）#。

表 3-12 ipv6 access-list 命令

命　令	描　述
Router(config)# **ipv6 access-list** *access-list-name*	定义一个 IPv6 标准或扩展 ACL 的名称
例 RouterA(config)# **ipv6 access-list blocksitelocal** RouterA(config-ipv6-acl)#	定义 IPv6 ACL 的名称为 blocksitelocal

这个命令基于全局范围被启用。

与 IPv4 一样，IPv6 的 ACL 由一个或几个使用 **permit** 或 **deny** 的声明组成。每个 ACL 声明必须至少定义协议类型、要匹配的源和/或目的地址。在 IPv6 中，如果所有的 ACL 声明都不匹配，则应用隐含声明 **deny ipv6 any any**。IPv6 中 **any** 地址的意思与**::/0** 等价。你看不到这个隐含声明，它在 IPv6 ACL 的最后一行。

注：声明的顺序在 ACL 配置中很重要。顺序是从特殊到一般。

3.5.2　在接口上应用 IPv6 ACL

在定义了一个 IPv6 ACL 之后，最后的步骤是将这个 ACL 应用于路由器的接口。在 IPv6 中将一个 IPv6 ACL 应用于接口的命令是 **ipv6 traffic-filter**。IPv6 ACL 可以用来过滤进出的流量。这个命令的语法如下：

```
Router(config-if)# ipv6 traffic-filter access-list-name {in | out}
```

这个命令基于每接口被启用。

3.5.3　定义标准 IPv6 ACL

标准 IPv6 ACL 仅基于源和/或目的地址允许或拒绝数据包。在定义了标准 IPv6 ACL 的唯一名称后，下一步是写这些声明。你可以用配置子模式写这些声明或为每个新的声明输入 ACL *access-list-name*。Cisco 建议用配置子模式写 IPv6 ACL。

用来定义标准 IPv6 ACL 的 **ipv6 access-list** 命令语法如下：

```
Router(config)# ipv6 access-list access-list-name {permit | deny}
    {source-ipv6-prefix/prefix-length |any | host host-ipv6-address}
    {destination-ipv6-prefix/prefix-length |any | host host-ipv6-address}
    [ log | log-input]
```

下面描述可能与 **ipv6 access-list** 命令一起使用的参数和关键字：

- *access-list-name*——指定 IPv6 ACL 的名称。
- **permit**——IPv6 ACL 的允许条件。
- **deny**——IPv6 ACL 的拒绝条件。
- *source-ipv6-prefix/prefix-length*——源 IPv6 前缀及前缀的长度，数据包从这里发出。
- **any**——任何 IPv6 地址，与::/0 相当。
- **host** *host-ipv6-address*——一个单独的 IPv6 地址。这个关键字必须仅在配置子模式中使用。
- *destination-ipv6-prefix/prefix-length*——目的 IPv6 前缀及前缀的长度，数据包发向这里。
- **log**——IPv6 访问列表日志记录的 log 关键字。

- **log-input**——IPv6 访问列表日志记录的 log 关键字。用这个关键字，只要可行，日志包括输入接口和源 MAC 地址。

这个命令基于全局范围被启用。

注：要移走一个完全的 IPv6 ACL，使用 **no ipv6 access-list** *ipv6-access-name* 命令。

表 3-13 定义了名为 INTRANET 的标准 IPv6 ACL。

图 3-12 显示了一个网络，前缀 2001:410:0:1::/64 和 FEC0:0:0:1::/64 用在路由器 A 的接口 FastEthernet 0/0 上。在这个子网上，本地站点地址 FEC0::/10 和具有前缀 2001::/16 的全球可聚合单播地址分配给节点。路由器 A 作为这个网络和 IPv6 提供商之间的边界路由器。但是，因为本地站点地址（FEC0::/10）不能路由到 IPv6 Internet，网络本地策略不允许使用本地站点前缀 FEC0::/16 的数据包离开这个网络。当然，使用其他 IPv6 源地址的数据包，如前缀 2001:410:0:1::/64，允许离开这个网络。

表 3-13 ipv6 access-list 命令

命　令	描　述
声明 1 RouterA(config)# **ipv6 access-list INTRANET permit 2001:410:0:1::/64 2001::/16**	允许从源网络 2001:410:0:1::/64 到目的网络 2001::/16 的所有数据包
声明 2 RouterA(config)# **ipv6 access-list INTRANET deny FEC0::/16 2001::/16**	拒绝从源网络 FEC0::/16 到目的网络 2001::/16 的所有数据包

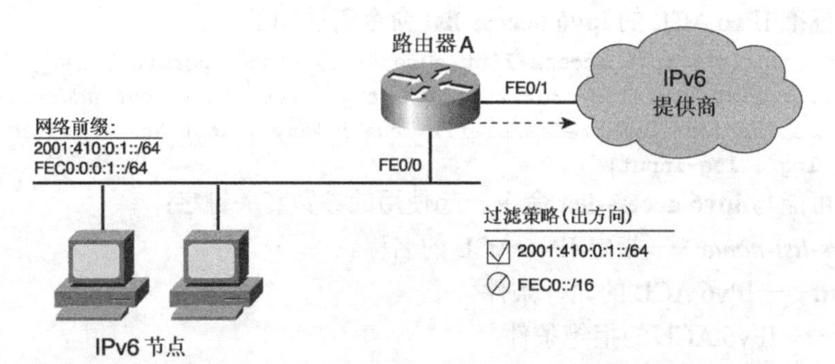

图 3-12　过滤策略不允许从本地站点前缀 FEC0::/16 发出的数据包送到 IPv6 提供商

因此，标准的 IPv6 ACL 应该应用于路由器 A 来管理流量。例 3-11 显示了一个应用于图 3-12 中路由器 A 的典型的标准 IPv6 ACL 配置。第一个声明，**ipv6 access-list blocksitelocal deny FEC0::/16 any**，拒绝所有使用 FEC0::/16 作为源地址的 IPv6 数据包发送到任何目的网络。下一个声明，**ipv6 access-list blocksitelocal permit any any**，允许使用任何其他 IPv6 地址作为源地址的 IPv6 数据包离开这个网络。**ipv6 traffic-filter blocksitelocal out** 命令应用于接口 FastEthernet 0/1，以过滤出去的流量。

例 3-11　在 Cisco 路由器上配置并应用一个标准的 IPv6 ACL

```
RouterA#configure terminal
RouterA(config)#ipv6 access-list blocksitelocal deny FEC0::/16 any
RouterA(config)#ipv6 access-list blocksitelocal permit any any
RouterA(config)#interface FastEthernet 0/1
RouterA(config-if)#ipv6 traffic-filter blocksitelocal out
RouterA(config)#exit
RouterA#show running-config
<output omitted>
!
interface FastEthernet0/1
 ipv6 traffic-filter blocksitelocal out
...
!
<output omitted>
!
ipv6 access-list blocksitelocal
 deny ipv6 FEC0::/16 any
 permit ipv6 any any
!
<output omitted>
```

注：与路由选择协议如边界网关协议（BGP）相关的前缀过滤使用 **ipv6 prefix-list** 命令代替。第 4 章给出了使用这个命令进行前缀过滤的示例。

3.5.4　定义扩展 IPv6 ACL

与 IPv4 一样，扩展 IPv6 ACL 基于源地址、目的地址、传输层协议、源端口、目的端口和其他 IP 特性允许或者拒绝数据包。扩展 IPv6 ACL 的行为与扩展 IPv4 ACL 相似。

然而，扩展 IPv6 ACL 为 IPv6 协议特有的和新的特性进行了调整：

- 添加了新的可选关键字——IPv6 数据包可根据基本 IPv6 包头中的流量类别和流标签进行匹配。数据包也可以根据路由扩展包头的存在、非初始分段扩展包头的存在或者缺少的或未确定的传输层（第 4 层）信息进行匹配。新的可选关键字是 **dscp**、**flow-label**、**fragments**、**routing** 和 **undetermined-transport**。
- 支持新的 ICMPv6 消息类型——因为为 IPv6 定义了新的 ICMPv6 消息类型，如邻居公告、邻居请求、路由器公告和路由器请求，所以添加了新的关键字 **nd-na**、**nd-ns**、**router-advertisement** 和 **router-solicitation**。
- 为 NDP 添加了新的隐含 IPv6 规则——允许从任意地址到任意地址的邻居请求和邻居公告消息的新隐含规则强制引入了与不阻塞 ARP 的 IPv4 ACL 协同运作的功能。这些规则加入到最后的匹配条件中默认的隐含规则 **deny ipv6 any any** 之前。这些新的扩展 IPv6 ACL 隐含规则是：

- **permit icmp any any nd-ns**
- **permit icmp any any nd-na**
- **deny ipv6 any any**

注：可以通过在前面指定 IPv6 ACL 条目来覆盖这些隐含规则。隐含规则不被 **show ipv6 access-list** 命令显示。

用来定义扩展 IPv6 ACL 的 **ipv6 access-list** 命令语法如下：

```
Router(config)# ipv6 access-list access-list-name{permit | deny}[ protocol]
{source-ipv6-prefix/prefix-length |any | host host-ipv6-address}
 [ eq | neq | lt | gt | range source-port(s)]
{destination-ipv6-prefix/prefix-length |any | host host-ipv6-address}
 [ eq | neq | lt | gt | range destination-port(s)] [ dscp value] [ flow-label value]
 [ fragments] [ routing] [ undetermined-transport] [ [ reflect reflexive-access-
list-name]
 [ timeout value] ] [ time-range time-range-name] [ log | log-input] [ sequence value]
```

下面是这个命令的关键字和参数的描述：

- *access-list-name*——指定 IPv6 ACL 的名称。
- **permit**——IPv6 ACL 的允许条件。
- **deny**——IPv6 ACL 的拒绝条件。
- *protocol*——支持的第 4 层协议基本上与 IPv4 中的相同，如 TCP、UDP 和 ICMP 等。下面是为 ICMPv6 增加的新关键字：
  - **nd-na**——邻居公告消息。邻居公告是 ICMPv6 类型 136。
  - **nd-ns**——邻居请求消息。邻居请求是 ICMPv6 类型 135。
  - **router-advertisement**——路由器公告是 ICMPv6 类型 134。
  - **router-solicitation**——路由器请求是 ICMPv6 类型 133。
- *source-ipv6-prefix/prefix-length*——源 IPv6 前缀及前缀长度，数据包从这里发出。
- **any**——任何 IPv6 地址，与::/0 等同。
- **host** *host-ipv6-address*——源 IPv6 地址（单个 IPv6 地址），数据包从这里送出。这个关键字只能用在配置子模式中。
- *destination-ipv6-prefix/prefix-length*——目的 IPv6 前缀及前缀长度，数据包被发送到这里。
- **eq**——第 4 层操作符 *equal*。
- **neq**——第 4 层操作符 *not equal*。
- **lt**——第 4 层操作符 *less than*。
- **gt**——第 4 层操作符 *greater than*。

- **range** *source-port(s)*——第 4 层操作符，包含的源端口范围。
- **range** *destination-port(s)*——第 4 层操作符，包含的目的端口范围。
- **dscp** *value*——区分服务编码点（Differentiated Services Code Point，DSCP）定义了一个与基本 IPv6 包头中流量类别字段进行匹配的值。流量类别字段（8 比特）的高 6 比特称为 DiffServ 比特，定义在 RFC 2474“在 IPv4 和 IPv6 包头中的区分服务字段（DS 字段）定义”中。DSCP 可以指定为 0～63 范围内的值或者是预先定义的名称。
- **flow-label** *value*——定义了一个与基本 IPv6 包头中流标签字段（20 比特）进行匹配的值。这个值可在 0～1 048 575 之间变化。
- **fragments**——与基本 IPv6 包头后的非初始分段扩展包头匹配。这个关键字可以用来允许或者拒绝这类数据报。
- **routing**——与基本 IPv6 包头后出现的路由扩展包头匹配。这个关键字可以用来允许或者拒绝这类数据报。
- **undetermined-transport**——与任何上层协议（第 4 层）不能被确定的 IPv6 数据报匹配，包括任何不能通过的未知扩展包头。
- **reflect** *reflexive-access-list-name*——指定一个反射的 IPv6 ACL。
- **timeout** *value*——指定的反射 IPv6 ACL 的超时时间值。
- **time-range** *time-range-name*——指定一个基于时间的 IPv6 ACL。
- **log**——IPv6 访问列表日志的 log 关键字。
- **log-input**——IPv6 访问列表日志的 log 关键字。用这个关键字，只要可能，日志包括输入接口和源 MAC 地址。
- **sequence** *value*——定义每表项递增的一个数值。对 ACL 表项排序有用。

这个命令基于全局范围被启用。

注意：对扩展的 IPv6 ACL 而言，没有对于 PMTUD 的默认的隐含规则。正如先前所讨论的，源节点用 PMTUD 机制检测沿发送路径直到目的主机的最大 MTU 值。确保在扩展 IPv6 ACL 中定义这样一个声明：允许 ICMPv6 类型 2 数据包过大，从 any 到 any，以避免大数据包带来的问题。然而，为了 IPv6 的其他需要，例如回应请求和回应应答消息，允许 ICMP 从 any 到 any 会更为简便。

表 3-14 显示了使用新关键字的扩展 IPv6 ACL 声明的示例。

表 3-14　　扩展 IPv6 ACL 声明的示例

命　令	描　述
Router(config)# **ipv6 access-list TEST**	定义称为 TEST 的扩展 IPv6 ACL。系统进入 IPv6 ACL 配置子模式
Router(config-ipv6-acl)# **permit icmp any any router-advertisement**	允许路由器公告消息从任何 IPv6 源地址到达任何 IPv6 目的地址
Router(config-ipv6-acl)# **permit icmp any any router-solicitation**	允许路由器请求消息从任何 IPv6 源地址到达任何 IPv6 目的地址

续表

命　令	描　述
Router(config-ipv6-acl)# **permit udp any host 3ffe:b00:0:1::1 eq domain**	允许 UDP 数据包从任何 IPv6 源地址到达 IPv6 目的主机 3ffe:b00:0:1::1 的端口 53（DNS）
Router(config-ipv6-acl)# **permit tcp 3ffe:b00:0:1::/64 any reflect OUTGOING**	允许 TCP 数据包从源网络 3ffe:b00:0:1::/64 到达任何目的 IPv6 网络的任何 TCP 端口。当匹配时，这个声明添加一个反射 ACL 表项到 OUTGOING
Router(config-ipv6-acl)# **deny any 2001:410:0:1::/64 routing**	当有路由扩展包头时，拒绝从任何 IPv6 源地址来的数据包到达目的网络 2001:410:0:1::/64
Router(config-ipv6-acl)# **deny any 2001:410:0:1::/64 fragments**	当有分段扩展包头时，拒绝从任何 IPv6 源地址来的数据包到达目的网络 2001:410:0:1::/64
Router(config-ipv6-acl)# **permit any 2001:410:0:1::/64 flow-label 100**	当流标签字段等于 100 时，允许从任何 IPv6 源地址来的数据包到达目的网络 2001:410:0:1::/64
Router(config-ipv6-acl)# **deny any any log**	拒绝从任何 IPv6 源地址到达任何目的地址的数据包并记录它们。这个规则使用配置子模式，改写隐含规则 **deny any any**

图 3-13 演示了使用扩展 IPv6 ACL 进行流量过滤。这个网络通过边界路由器 B 连接到 IPv6 Internet。这个网络在地址 2001:410:0:1::1 的端口 80 上有一个万维网服务器，在地址 2001:410: 0:1::2 的端口 53 上有一个 DNS 服务器。万维网和 DNS 服务可被 IPv6 Internet 上的任何节点访问。然而，除了 ICMPv6 数据包，任何其他从 IPv6 Internet 进入的流量都被禁止。允许 PMTUD 的 ICMPv6 流量。

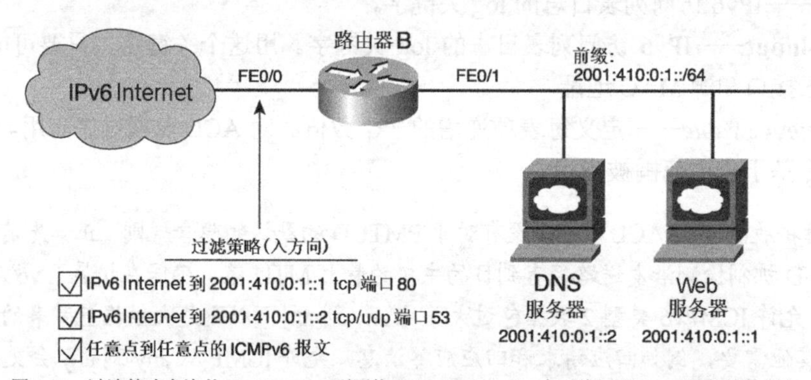

图 3-13　过滤策略允许从 IPv6 Internet 到网络 2001:410:0:1::/64 中万维网和 DNS 服务的数据包

表 3-15 显示了应用在图 3-13 所示的边界路由器 B 上的扩展 IPv6 ACL。

表 3-15　应用在图 3-13 中路由器 B 上的扩展 IPv6 ACL

命　令	描　述
RouterB(config)# **ipv6 access-list PUBLIC**	定义称为 PUBLIC 的扩展 IPv6 ACL。系统进入 IPv6 ACL 配置子模式
RouterB(config-ipv6-acl)# **permit tcp any host 2001:410:0:1::1 eq www**	允许任何 TCP 数据包从任何 IPv6 源地址到达目的主机 2001:410:0:1::1 的目的端口 80。这个声明允许在 IPv6 Internet 上的任何主机访问万维网服务器 2001:410:0:1::1

续表

命令	描述
RouterB(config-ipv6-acl)# **permit udp any host 2001:410:0:1::2 eq domain**	允许任何 UDP 数据包从任何 IPv6 源地址到达主机 IPv6 目的地址 2001:410:0:1::2 的目的端口 53。这个声明允许在 IPv6 Internet 上的任何主机访问 DNS 服务器 2001:410:0:1::2（DNS 查询）
RouterB(config-ipv6-acl)# **permit tcp any host 2001:410:0:1::2 eq domain**	允许任何 TCP 数据包从任何 IPv6 源地址到达主机 IPv6 目的地址 2001:410:0:1::2 的目的端口 53。使用 TCP 的大于 572 个八位字节的 DNS 区域传输和响应 DNS 查询
RouterB(config-ipv6-acl)# **permit icmp any any**	允许所有 ICMPv6 消息从任何 IPv6 源地址到达任何目的 IPv6 地址。为 PMTUD 和 IPv6 的其他需要添加了这个规则
RouterB(config-ipv6-acl)# **deny any any log**	拒绝从任何源 IPv6 地址到达任何目的地址的数据包并记录它们。这个规则改写隐含规则 **deny any any**，使用配置子模式
RouterB(config-ipv6-acl)# **exit**	退出配置子模式
RouterB(config)# **interface fastethernet 0/0**	选择接口 fastethernet 0/0
RouterB(config-if)# **ipv6 traffic-filter PUBLIC in**	将扩展的 IPv6 ACL 应用于接口 fastethernet 0/0 来过滤进入的流量

本节只概述了扩展的 IPv6 ACL。除了 IPv6 新增加的关键字，扩展 IPv6 ACL 的行为与 IPv4 相同。要得到更多关于扩展 ACL 的信息，参见 Cisco 网站 www.cisco.com 上的文档。

反射的和基于时间的 IPv6 ACL

如 IPv4 中一样，IPv6 支持反射的和基于时间的 ACL。前面的一节给出了用于这些目的的关键字 **reflect** 和 **time-range**。它们的语法和行为与扩展 IPv4 ACL 相同：

- **反射 ACL**——当一个出去或进入的会话被 ACL 表项允许，在反射 ACL 中建立一个临时表项。那个临时表项用来匹配被允许会话返回的数据流。**evaluate** 关键字在一个单独的 ACL 中应用指定的反射 ACL。如果没能匹配，试着按顺序匹配 **evaluate** 后面的下一个 ACL 表项。一个 ACL 中允许有多个 **evaluate** 关键字。
- **基于时间的 ACL**——定义了 ACL 表项有效的时期。

如果 IPv6 中定义了反射 ACL，就用 **evaluate** 命令把它嵌入到一个扩展的 IPv6 ACL 中。语法如下：

```
Router(config-ipv6-acl)# evaluate reflexive-access-control-list
```

图 3-14 显示了带有反射过滤的扩展 IPv6 ACL 的使用。这个网络使用前缀 2001:410:0:2::/64 和 FEC0:410:0:2::/64，它们通过边界路由器 C 连接到 IPv6 Internet。允许网络内部的 IPv6 主机用任何 TCP 和 UDP 服务到达 IPv6 Internet 上的任何 IPv6 目的地。在路由器 C 上应用的扩展 IPv6 ACL 定义为允许使用可聚合全球单播前缀 2001:410:0:2::/64 的数据流外出。然而，这个扩展 IPv6 ACL 拒绝使用本地站点前缀作为源地址发送数据包到 IPv6 Internet。最后，允许 PMTUD 的任何 ICMPv6 数据流。

表 3-16 显示了在边界路由器 C 上应用的具有反射的扩展 IPv6 ACL，如图 3-14 所示。

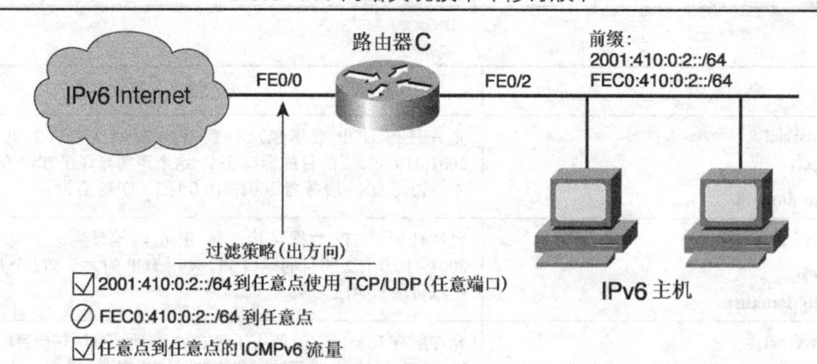

图 3-14 为 TCP/UDP 会话使用反射 ACL 过滤策略允许从 2001:410:0:2::/64 到 IPv6 Internet 的数据包通过

表 3-16 在图 3-14 中路由器 C 上应用的反射的扩展 IPv6 ACL

命 令	描 述
RouterC(config)# **ipv6 access-list OUTGOING**	定义名为 OUTGOING 的扩展 IPv6 ACL。系统进入 IPv6 ACL 配置子模式
RouterC(config-ipv6-acl)# **permit tcp 2001:410:0:2::/64 any reflect REFLECTOUT**	允许源网络 2001:410:0:2::/64 的任何 TCP 数据包到达任何目的网络。当这个声明被匹配时，向 REFLECTOUT 添加一个反射 ACL 表项
RouterC(config-ipv6-acl)# **permit udp 2001:410:0:2::/64 any reflect REFLECTOUT**	允许源网络 2001:410:0:2::/64 的任何 UDP 数据包到达任何目的网络。当这个声明被匹配时，向 REFLECTOUT 添加一个反射 ACL 表项
RouterC(config-ipv6-acl)# **deny fec0::/10 any**	拒绝所有使用本地站点前缀作为 IPv6 源地址的外出 IPv6 数据包
RouterC(config-ipv6-acl)# **permit icmp any any**	允许从任何 IPv6 源地址到任何 IPv6 目的地址的 ICMPv6 消息。这条规则是为 PMTUD 和 IPv6 的其他需要而添加的
RouterC(config-ipv6-acl)# **deny any any log**	拒绝从任何 IPv6 源地址到任何 IPv6 目的地址的数据包并记录它们。使用配置子模式，这个规则改写隐含规则 **deny any any**
RouterC(config-ipv6-acl)# **exit**	退出配置子模式
RouterC(config)# **ipv6 access-list INCOMING**	定义称为 INCOMING 的扩展 IPv6 ACL。系统进入 IPv6 ACL 配置子模式
RouterC(config-ipv6-acl)# **permit icmp any any**	允许从任何 IPv6 源地址到任何 IPv6 目的地址的 ICMPv6 消息。这条规则是为 PMTUD 和 IPv6 的其他需要而添加的
RouterC(config-ipv6-acl)# **evaluate REFLECTOUT**	在 INCOMING 扩展 IPv6 ACL 中定义一个称为 REFLECTOUT 的反射 ACL
RouterC(config-ipv6-acl)# **deny any any log**	拒绝从任何 IPv6 源地址到任何 IPv6 目的地址的数据包并记录它们。使用配置子模式，这个规则改写隐含规则 **deny any any**
RouterC(config)# **interface fastethernet 0/0**	选中接口 fastethernet 0/0
RouterC(config-if)# **ipv6 traffic-filter OUTGOING out**	将扩展 IPv6 ACL OUTGOING 应用于接口 fastethernet 0/0 以过滤外出数据流
RouterC(config-if)# **ipv6 traffic-filter INCOMING in**	将扩展 IPv6 ACL INCOMING 应用于接口 fastethernet 0/0 以过滤进入数据流

本节仅是对反射 ACL 的概述。它的行为与 IPv4 中的相同。要得到关于反射 ACL 的更多信息，参见 Cisco 网站 www.cisco.com 上的文档。

3.5.5 管理 IPv6 ACL

本节介绍与 IPv6 ACL 相关的用于显示、清除和调试流量的命令。

1．显示 IPv6 ACL

可以用 **show ipv6 access-list** 命令显示路由器上定义的 IPv6 ACL。下面是它的语法：

```
Router# show ipv6 access-list [ access-list-name]
```

显示每个声明的匹配数目。可以用 **clear ipv6 access-list** 命令清除表项。它的语法如下：

```
Router# clear ipv6 access-list [ access-list-name]
```

2．用 ACL 调试 IPv6

在 Cisco 路由器上，**debug ipv6 packet** 命令显示匹配 IPv6 ACL 的数据包。这个命令仅显示与 IPv6 ACL 允许表项匹配的数据包。这个命令的语法如下：

```
Router# debug ipv6 packet [ access-list access-list-name] [ detail ]
```

可选关键字 **log** 和 **log-input** 可用于任何 IPv6 ACL。这些关键字对调试与 ACL 匹配的 IPv6 数据流有用。**ipv6 access-list log-update threshold** *value* 命令定义 **log** 或者 **log-input** 表项被记录时的命中阀值。

3.6 Cisco IOS 软件的 IPv6 工具

本节包括 ping 和 traceroute 工具，是对 IPv6 目的地的连通性进行基本验证的有用的诊断命令。本节也包括其他用于管理路由器的工具，如 Telnet、SSH、TFTP 和 Cisco 上的 HTTP 服务器。

3.6.1 使用 Cisco IOS 软件的 IPv6 ping 命令

ping 命令可以为 IPv6 故障排除提供支持。这个命令允许发送 ICMPv6 回应请求消息到 IPv6 目的节点。对每个接收到的 ICMPv6 回应请求消息，目的节点都返回一个 ICMPv6 回应应答消息。ICMPv6 回应应答消息的丢失能够指示在发送节点和接收节点间存在问题。

这个命令接受一个目的地址或者主机名作为参数。然而，必须指定 IPv6 地址族。例 3-12 显示了具有一个目的 IPv6 地址的 **ping ipv6** 命令。

例 3-12 ping ipv6 命令发送 ICMPv6 回应请求消息到 IPv6 目的节点

```
RouterA#ping ?
  WORD  Ping destination address or hostname
  ip    IP echo
```

（待续）

```
  ipv6   IPv6 echo
  srb    srb echo
  tag    Tag encapsulated IP echo
  <cr>
RouterA#ping ipv6 2001:410:0:1:200:86ff:fe4b:f9ce
Type escape sequence to abort.
Sending 5,100-byte ICMP Echos to 2001:410:0:1:200:86FF:FE4B:F9CE,timeout is 2
 seconds:
!!!!!
Success rate is 100 percent (5/5),round-trip min/avg/max =1/1/1 ms
```

3.6.2 使用 Cisco IOS 软件的 IPv6 traceroute 命令

traceroute 命令也支持 IPv6 故障排除。它让你追踪到达 IPv6 目的节点的路径。这个命令显示直到最终目的地的中间路由器列表。

这个命令接受一个目的地址或者主机名作为参数。然而，必须指定地址族 ipv6。例 3-13 显示了以一个目的 IPv6 地址使用 **traceroute ipv6** 命令。

例 3-13 traceroute ipv6 命令追踪到达 IPv6 目的地的路径

```
RouterA#traceroute ?
  WORD       Trace route to destination address or hostname
  appletalk  AppleTalk Trace
  clns       ISO CLNS Trace
  ip         IP Trace
  ipv6       IPv6 Trace
  ipx        IPX Trace
  oldvines   Vines Trace (Cisco)
  vines      Vines Trace (Banyan)
  <cr>
RouterA#traceroute ipv6 2001:410:0:1:200:86FF:FE4B:F9CE
Type escape sequence to abort.
Tracing the route to 2001:410:0:1:200:86FF:FE4B:F9CE
  1 2001:410:0:1:200:86FF:FE4B:F9CE 0 msec * 0 msec
```

3.6.3 使用 Cisco IOS 软件 IPv6 Telnet 命令

Telnet 应用主要用于与一个可以通过 IP 网络远程访问的系统建立连接。默认情况下，在 Cisco 路由器上启用 Telnet 服务器。

路由器上的 Telnet 客户端和服务器都支持 IPv6。因此，可以用它的 IPv6 地址建立一个到 Cisco 路由器的 Telnet 会话。命令 **telnet** 接受一个目的地址或者主机名作为参数。然而，当使用主机名时，首先尝试使用 IPv6 地址，然后才是 IPv4 地址来建立连接。例 3-14 显示路由器 A 用另一台路由器的 IPv6 地址使用 Telnet 访问它。

例 3-14　用路由器的 IPv6 地址 Telnet 到一台路由器

```
RouterA#telnet 2001:410:0:1:250:3EFF:FEE4:4C00
Trying 2001:410:0:1:250:3EFF:FEE4:4C00 ... Open
User Access Verification
Password:
```

3.6.4　使用 Cisco IOS 软件 IPv6 安全 Shell（SSH）

SSH（安全 Shell）可以用于取代 Telnet 通过 IP 网络访问远程系统。使用 Telnet，恶意用户可以监听网络上的登陆名、密码和整个会话内容。SSH 提供安全认证和安全会话。

对 IPv6 的支持已经加到 SSH 客户端和服务器中。在 Cisco IOS 软件上有 IPv4 和 IPv6 的具有 3DES 加密软件的 SSH。

1．具有 IPv6 支持的 SSH 客户端

如 Telnet 一样，**ssh** 命令接受一个目的 IPv6 地址或者主机名作为参数。语法与 IPv4 命令一样。然而，当使用主机名时，首先尝试使用 IPv6 地址，然后才是 IPv4 地址来建立连接。下面是 **ssh** 命令的语法：

```
Router# ssh [ -l userid] [ -c {des | 3des}] [ -o numberofpasswdprompts n] [ -p portnum]
  {ipv6-address |hostname}[ command]
```

2．具有 IPv6 支持的 SSH 服务器

Cisco IOS 软件上的 SSH 服务器命令已经扩展以支持 IPv6。使用配备 3DES 软件的 Cisco IOS 软件平台支持 SSH 服务器。在路由器上，命令 **ip ssh** {[**timeout** *seconds*] | [**authentication-retries** *integer*] }配置 SSH 控制变量。

show ip ssh 显示 SSH 服务器的版本和配置。**show ssh** 显示 SSH 服务器上的连接状态。

3.6.5　使用 Cisco IOS 软件 IPv6 TFTP

可以通过 IPv6 在路由器和 TFTP 服务器间下载和上载文件。命令 **tftp** 接受一个目的 IPv6 地址或者主机名作为参数。然而，当使用主机名时，首先尝试使用 IPv6 地址，然后才是 IPv4 地址来建立连接。

例 3-15 显示了一个路由器用 IPv6 地址使用 **tftp** 将配置复制到 TFTP 服务器 2001:410:0:1::10 的示例。

例 3-15　用 IPv6 地址 TFTP 到一个 TFTP 服务器

```
Router#copy running-config tftp
Address or name of remote host []? 2001:410:0:1::10
Destination filename [router-config]?
```

3.6.6 在 Cisco IOS 软件上启用支持 IPv6 的 HTTP 服务器

路由器上的 **ip http server** 命令已经更新，可以接受 IPv4 和 IPv6 地址。然而，当 HTTP 服务器被启用时，对 IPv4 和 IPv6 是相同的，因为支持 IPv6 的 Cisco IOS 软件没有提供对单个协议的配置。

当用 **ip http server** 启用 HTTP 服务器时，极力推荐使用 IPv6 ACL 限制对路由器的访问。

3.7 IPv6 动态主机配置协议（DHCPv6）

动态主机配置协议（DHCP）已经更新以支持 IPv6。DHCPv6 能为 IPv6 主机提供有状态的自动配置。DHCPv6 处理的 IPv6 协议编址结构和新的特性如下：

- 启用比无状态自动配置更多的对节点的控制。
- 可同时在具有无状态自动配置的网络上使用。
- 能为没有路由器的网络中的主机提供 IPv6 地址。
- 可用于网络重编址。
- 可用于向用户端局设备（Customer Premises Equipment, CPE）的路由器（如家庭网关）分配/48 或者/64 的前缀。

除了少数例外情况，IPv6 主机从 DHCPv6 得到 IPv6 配置数据的过程与 IPv4 中相似。例如，IPv6 主机首先检测本地链路上 IPv6 路由器的存在。在下面两种情况中，会发生一种情况：

- 如果发现一个 IPv6 路由器，IPv6 主机检查路由器公告消息，以确定是否可以使用 DHCPv6（有状态自动配置）：
  - ➢ 如果能够使用 DHCPv6，IPv6 主机（仅支持 DHCPv6 客户端的节点）发送一个 DHCPv6 请求消息到本地链路上的所有 DHCPv6 代理多播地址（FF02::1:2），使用本地链路地址（FE80::/10）作为源地址。
  - ➢ 如果不能使用 DHCPv6，IPv6 主机使用无状态自动配置，以使用路由器公告消息中公告的前缀配置它的 IPv6 地址。
- 如果本地链路没有 IPv6 路由器，IPv6 主机（仅支持 DHCPv6 客户端的节点）发送一个 DHCPv6 请求消息到本地链路上的所有 DHCPv6 代理多播地址（FF02::1:2），使用本地链路地址（FE80::/10）作为源地址。

3.8 IPv6 安全性

IPv6 协议中的安全性是基于 IPSec 协议的。在 IPv4 和 IPv6 中都有 IPSec。正如 RFC 2460

中所描述的，IPv6 的完整实现包括插入认证包头（AH）和封装安全有效载荷（ESP）扩展包头。任意 IPv6 节点上有 IPSec 应该可以实现端到端安全会话。

对支持 IPv6 的路由器，IPSec 可用于不同方面：

- OSPFv3——开放最短路径优先版本 3（OSPFv3）协议使用 AH 和 ESP 扩展包头作为认证机制，而不是在 OSPFv2 中定义的多样的认证方案和过程。
- 移动 IPv6——这个协议规范是一个 IETF 草案，提议使用 IPSec 认证绑定更新。
- 隧道——在站点(IPv6 路由器)间配置 IPSec 隧道，而不是让所有的主机使用 IPSec。
- 网络管理——IPSec 可用来为网络管理保证访问路由器的安全。

IPSec 定义在两个分离的 IPv6 扩展包头中，在一个 IPv6 数据包中两个包头可以链接在一起。本节给出认证包头和封装安全有效载荷扩展包头的概述。

3.8.1 IPSec 认证包头（AH）

第一个 IPSec 包头是认证包头（AH）。它提供完整性、源节点认证和重放保护。IPSec AH 保护 IPv6 包头大部分字段的完整性，除了那些在传送路径上改变的字段，如跳限制字段。而且，IPSec AH 通过基于签名的算法认证来源。

IPv4 和 IPv6 安全性的关键不同在于 IPv6 的 IPSec 是强制性的，如 RFC 2460 中所述。如果在大规模基础上存在密钥基础设施，这就意味着所有的端到端 IP 通信可被保护。

3.8.2 IPSec 封装安全有效载荷（ESP）

第二个 IPSec 包头是封装安全有效载荷（ESP）包头。这个包头提供保密性、源节点认证、内部数据包的一致性和重放保护。

3.9 移动 IP

移动 IP 协议设计用来允许网络节点在从一个接入点移动到另一个接入点时维持它们与远端节点的 IP 连通性。移动 IP 协议主要是为无线设备设计的，虽然它能在任何有线技术上使用。

移动 IPv6

移动 IPv6 协议与移动 IPv4 协议相比有重要的设计改变：

- 外地代理——移动 IPv6 没有外地代理，因为每个移动 IPv6 节点都能处理移动性。然而，在 IPv6 中家乡代理仍是必需的。

- Internet 节点——任何支持 IPv6 的节点都内置移动性支持。在 IPv4 中不是这样，因为移动 IPv4 支持是 IPv4 协议的附加物。
- 注册——在 IPv4 中，使用 UDP 在端口 434 上移动节点和代理之间交换消息，在 IPv6 中使用目的扩展包头取代了端口 434 上的 UDP。
- 数据包传递——家乡代理传递到移动节点的第一个数据包是通过 IPv6 中的 IPv6（IPv6-in-IPv6）隧道发送的。但是在移动节点和任何 Internet 节点间交换的后续数据包使用路由扩展包头。这种在移动和通信节点间交换数据包的方式比所有数据包都经由家乡代理更有效率，如移动 IPv4。

总之，移动 IPv6 比移动 IPv4 在很多方面更有效。

注：*在 IETF 的移动 IPv6 规范工作还没有结束。*

3.10 总 结

在本章中，你学到了关于 IPv6 新的 Internet 控制消息协议（ICMPv6）消息；IPv6 路径最大传输单元发现（PMTUD）的用途；邻居发现协议（NDP）中的机制，例如替代 IPv4 中的地址解析协议（ARP）、无状态自动配置、前缀公告、重复地址检测（DAD）和前缀重新编址。现在你了解了 IPv6 对流行的协议如域名系统（DNS）、动态主机配置协议（DHCP）、IPSec 认证包头（AH）、IPSec 封装安全有效载荷（ESP）和移动 IP 的影响。

然后你学习了关于管理路由器邻居发现表中的邻居表项、调整 NDP 消息、在路由器网络接口上启用和配置前缀公告、根据需要在接口上禁止路由器公告和公告前缀重新编址。你还学到了创建 IPv6 访问的主机表、定义标准和扩展的 IPv6 ACL 以及在路由器接口上启用它们。最后，你看到了在 Cisco 路由器上支持 IPv6 的诊断和管理工具，如 ping、Telnet、traceroute、SSH 和 TFTP。

3.11 配置练习：用 Cisco 路由器管理在 IPv6 网络上的前缀

完成下面的练习，即在网络上公告 IPv6 前缀，从而达到实际应用在本章中学到的技术的目的。

3.11.1 目标

在下面的练习中，你将完成这些任务：

1．启用一个本地站点前缀的前缀公告。
2．验证前缀公告参数。
3．改变默认的前缀公告参数。
4．显示 NDP 调试消息。
5．用一个全球单播前缀重新编址一个本地站点前缀。
6．使一个前缀作废。

3.11.2　任务 1 的网络结构

图 3-15 显示了完成任务 1 所使用的网络拓扑结构。必须配置路由器以便在网络接口 FastEthernet 0/0 和 FastEthernet 0/1 上公告本地站点前缀。

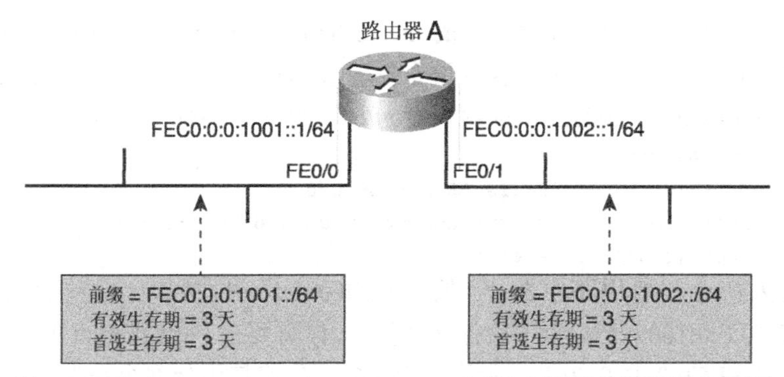

图 3-15　在接口 FastEthernet 0/0 和 FastEthernet 0/1 上公告本地站点前缀的网络拓扑结构

3.11.3　命令列表

在这个配置练习中，你将使用表 3-17 中所示的命令。在练习期间参考这个列表。

表 3-17　配置练习命令列表

命　令	描　述
clock *set hh:mm:ss day month year*	设置日期
copy running-config startup-config	保存当前的配置到 NVRAM
copy tftp flash	用 TFTP 服务器在路由器上安装一个新的 IOS
debug ipv6 nd	启用邻居发现消息的调试模式
interface *interface-type interface-number*	指定接口类型和接口号
ipv6 address *ipv6-address/prefix-length*	配置具有前缀长度的 IPv6 静态地址
ipv6 nd prefix *ipv6-prefix/prefix-length* [**at** *valid-date preferred-date*]	自动减少指定前缀的有效和首选日期
ipv6 nd prefix *ipv6-prefix/prefix-length* [*valid-lifetime preferred-lifetime*]	改变指定前缀的有效和首选生存期

续表

命　令	描　述
ipv6 nd suppress-ra	在指定的接口上抑制路由器公告
ipv6 nd ra-interval *number*	定义路由器公告的间隔
show ipv6	显示路由器上关于 IPv6 支持的一般信息
show ipv6 interface *interface-type interface-number* **prefix**	显示公告到某一接口的前缀参数
undebug ipv6 nd	禁止邻居发现消息的调试模式

3.11.4　任务 1：用本地站点前缀启用路由器公告

完成下列步骤。

步骤 1　输入命令，启用路由器 A 的 FastEthernet 0/0 接口上的前缀公告，使用前缀 FEC0:0:0:1001::/64。为了执行这个任务，你需要在 FastEthernet 0/0 接口上配置 IPv6 地址 FEC0:0:0:1001::1，前缀长度为/64。你将使用什么命令呢？

```
RouterA# conf t
RouterA(config)# int fastEthernet 0/0
RouterA(config-if)# ipv6 address fec0:0:0:1001::1/64
RouterA(config-if)# exit
```

步骤 2　输入命令，启用路由器 A 的 FastEthernet 0/1 接口上的前缀公告，使用前缀 FEC0:0:0:1002::/64。为了执行这个任务，你需要在 FastEthernet 0/1 接口上配置 IPv6 地址 FEC0:0:0:1002::1，前缀长度为/64。你将使用什么命令呢？

```
RouterA# conf t
RouterA(config)# int fastEthernet 0/1
RouterA(config-if)# ipv6 address fec0:0:0:1002::1/64
RouterA(config-if)# exit
```

步骤 3　显示两个接口的前缀公告参数。使用什么命令得到路由器前缀公告的参数呢？

```
RouterA# show ipv6 interface fastEthernet 0/0 prefix
IPv6 Prefix Advertisements FastEthernet0/0
Codes: A -Address,P -Prefix-Advertisement,O -Pool
       X -Proxy RA,U -Per-user prefix,D -Default
       N -Not advertised,C -Calendar

AD FEC0:0:0:1001::/64 [ LA] valid lifetime 2592000 preferred lifetime 604800
RouterA# show ipv6 interface fastEthernet 0/1 prefix
IPv6 Prefix Advertisements FastEthernet0/1
Codes: A -Address,P -Prefix-Advertisement,O -Pool
       X -Proxy RA,U -Per-user prefix,D -Default
       N -Not advertised,C -Calendar

AD FEC0:0:0:1002::/64 [ LA] valid lifetime 2592000 preferred lifetime 604800
```

步骤4　改变有效和首选生存期的值为3天。使用什么命令来改变每个接口的这些参数呢？

```
RouterA(config)# int fast
RouterA(config)# int fastEthernet 0/0
RouterA(config-if)# ipv6 nd prefix fec0:0:0:1001::/64 259200 259200
RouterA(config-if)# int fast
RouterA(config-if)# int fastethernet 0/1
RouterA(config-if)# ipv6 nd prefix fec0:0:0:1002::/64 259200 259200
RouterA(config-if)# exit
```

步骤5　显示每个接口上新的前缀公告参数。

```
RouterA# show ipv6 interface fastethernet 0/0 prefix
IPv6 Prefix Advertisements FastEthernet0/0
Codes: A -Address,P -Prefix-Advertisement,O -Pool
       X -Proxy RA,U -Per-user prefix,D -Default
       N -Not advertised,C -Calendar

AP FEC0:0:0:1001::/64 [ LA] valid lifetime 259200 preferred lifetime 259200
RouterA# show ipv6 interface fastethernet 0/1 prefix
IPv6 Prefix Advertisements FastEthernet0/1
Codes: A -Address,P -Prefix-Advertisement,O -Pool
       X -Proxy RA,U -Per-user prefix,D -Default
       N -Not advertised,C -Calendar

AP FEC0:0:0:1002::/64 [ LA] valid lifetime 259200 preferred lifetime 259200
```

步骤6　启用NDP的调试模式，显示接口FastEthernet 0/1上的路由器公告消息。

```
RouterA# debug ipv6 nd
ICMP Neighbor Discovery events debugging is on
RouterA#
02:29:33:ICMPv6-ND: Sending RA to FF02::1 on FastEthernet0/0
02:29:33:ICMPv6-ND:     prefix =FEC0:0:0:1001::/64 onlink autoconfig
02:29:33:ICMPv6-ND:         259200/259200 (valid/preferred)
02:32:53:ICMPv6-ND: Sending RA to FF02::1 on FastEthernet0/0
02:32:53:ICMPv6-ND:     prefix =FEC0:0:0:1001::/64 onlink autoconfig
02:32:53:ICMPv6-ND:         259200/259200 (valid/preferred)
RouterA# undebug ipv6 nd
ICMP Neighbor Discovery events debugging is off
RouterA#
```

步骤7　改变默认路由器公告的间隔为5s。默认路由器公告间隔为200s。使用什么命令改变路由器公告间隔呢？

```
RouterA# conf t
RouterA(config)# int fastEthernet 0/0
RouterA(config-if)# ipv6 nd ra-interval 5
RouterA(config-if)# exit
RouterA(config)# exit
RouterA#debug ipv6 nd
```

```
ICMP Neighbor Discovery events debugging is on
RouterA#
02:37:21:ICMPv6-ND: Sending RA to FF02::1 on FastEthernet0/0
02:37:21:ICMPv6-ND:     prefix =FEC0:0:0:1001::/64 onlink autoconfig
02:37:21:ICMPv6-ND:          259200/259200 (valid/preferred)
02:37:25:ICMPv6-ND: Sending RA to FF02::1 on FastEthernet0/0
02:37:25:ICMPv6-ND:     prefix =FEC0:0:0:1001::/64 onlink autoconfig
02:37:25:ICMPv6-ND:          259200/259200 (valid/preferred)
02:37:30:ICMPv6-ND: Sending RA to FF02::1 on FastEthernet0/0
02:37:30:ICMPv6-ND:     prefix =FEC0:0:0:1001::/64 onlink autoconfig
02:37:30:ICMPv6-ND:          259200/259200 (valid/preferred)undebug ip
02:37:34:ICMPv6-ND: Sending RA to FF02::1 on FastEthernet0/0
02:37:34:ICMPv6-ND:     prefix =FEC0:0:0:1001::/64 onlink autoconfig
02:37:34:ICMPv6-ND:          259200/259200 (valid/preferred)v6 nd
ICMP Neighbor Discovery events debugging is off
```

步骤 8 保存当前配置到 NVRAM。

```
RouterA# copy run start
Destination filename [ startup -config] ?
Building configuration...
```

3.11.5 任务 2 的网络结构

图 3-16 显示了完成任务 2 所使用的网络拓扑结构。这个站点从它的提供商那里接收到一个可聚合全球单播前缀。站点应该使用这个前缀而不是本地站点前缀。因此，路由器 A 必须配置成在 30min 内在接口 FastEthernet 0/0 上废止前缀 FEC0:0:0:1001::1/64，并公告新的前缀 2001:420:0:1::/64。然而，在接口 FastEthernet 0/1 上，前缀 FEC0:0:0:1002::1/64 必须被完全抑制。

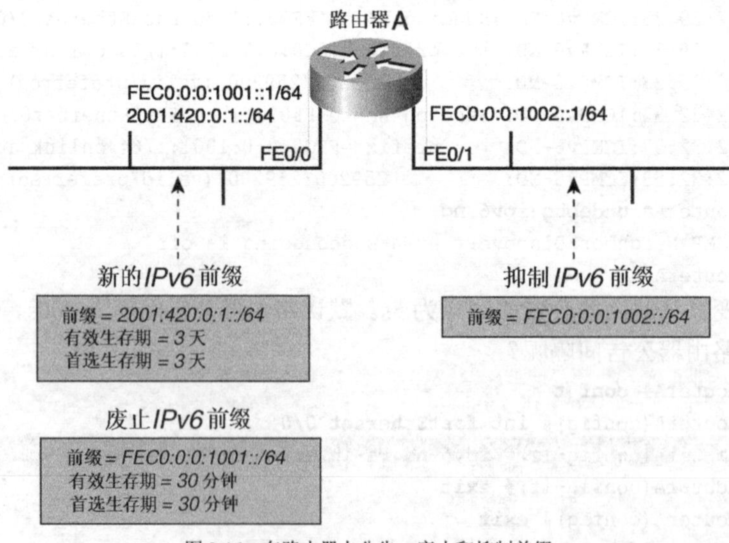

图 3-16 在路由器上公告、废止和抑制前缀

3.11.6 任务2：用可聚合全球单播前缀重新编址本地站点前缀

完成下列步骤：

步骤1 输入命令废止在接口 FastEthernet 0/0 上的前缀 FEC0:0:0:1001::/64。从设置有效和首选生存期值为 30min 开始。使用什么命令呢？

```
RouterA# conf t
RouterA(config)# int fastEthernet 0/0
RouterA(config-if)# ipv6 nd prefix fec0:0:0:1001::/64 1800 1800
RouterA(config-if)# exit
RouterA(config)# exit
```

步骤2 显示接口 FastEthernet 0/0 的前缀公告参数，确认有效和首选生存期被设为 30min。用什么命令得到那个接口上公告的前缀参数呢？

```
RouterA# show ipv6 interface fastethernet 0/0 prefix
IPv6 Prefix Advertisements FastEthernet0/0
Codes: A -Address,P -Prefix-Advertisement,O -Pool
       X -Proxy RA,U -Per-user prefix,D -Default
       N -Not advertised,C -Calendar
AP FEC0:0:0:1001::/64 [ LA] valid lifetime 1800 preferred lifetime 1800
```

步骤3 在接口 FastEthernet 0/0 上，输入命令以 3 天的有效和首选生存期公告新的前缀 2001:420:0:1::/64。用什么命令来实现呢？

```
RouterA# conf t
RouterA(config)# int fastEthernet 0/0
RouterA(config-if)# ipv6 address 2001:0:420:1::/64
RouterA(config-if)# ipv6 nd prefix 2001:0:420:1::/64 259200 259200
RouterA(config-if)# exit
RouterA(config)# exit
```

步骤4 显示接口 FastEthernet 0/0 的前缀公告参数。

```
RouterA# show ipv6 interface fastethernet 0/0 prefix
IPv6 Prefix Advertisements FastEthernet0/0
Codes: A -Address,P -Prefix-Advertisement,O -Pool
       X -Proxy RA,U -Per-user prefix,D -Default
       N -Not advertised,C -Calendar
AP 2001:0:420:1::/64 [ LA] valid lifetime 259200 preferred lifetime 259200
AP FEC0:0:0:1001::/64 [ LA] valid lifetime 1800 preferred lifetime 1800
```

步骤5 输入命令抑制接口 FastEthernet 0/1 上的前缀公告 FEC0:0:0:1002::/64。使用什么命令？

```
RouterA# conf t
RouterA(config)# int fastEthernet 0/1
RouterA(config-if)# ipv6 nd suppress-ra
RouterA(config-if)# exit
RouterA(config)# exit
```

步骤 6 启用 NDP 调试模式，显示两个 IPv6 前缀的路由公告消息。

```
RouterA# debug ipv6 nd
ICMP Neighbor Discovery events debugging is on
01:30:36:ICMPv6-ND: Sending RA to FF02::1 on FastEthernet0/0
01:30:36:ICMPv6-ND:     prefix =2001:0:420:1::/64 onlink autoconfig
01:30:36:ICMPv6-ND:         259200/259200 (valid/preferred)
01:30:36:ICMPv6-ND:     prefix =FEC0:0:0:1001::/64 onlink autoconfig
01:30:36:ICMPv6-ND:         1800/1800 (valid/preferred)
01:30:41:ICMPv6-ND: Sending RA to FF02::1 on FastEthernet0/0
01:30:41:ICMPv6-ND:     prefix =2001:0:420:1::/64 onlink autoconfig
01:30:41:ICMPv6-ND:         259200/259200 (valid/preferred)
01:30:41:ICMPv6-ND:     prefix =FEC0:0:0:1001::/64 onlink autoconfig
```

步骤 7 设置路由器中的日期，在指定的日期废止本地站点前缀 FEC0:0:0:1001::/64 在接口 FastEthernet 0/0 上的公告。在当前日期后 5h 废止本地站点前缀并使用相同的有效日期和首选日期。需要使用什么命令呢？

```
RouterA# clock set 12:00:00 15 March 2003
RouterA(config)# interface FastEthernet 0/0
RouterA(config-if)# ipv6 nd prefix fec0:0:0:1001::/64 at Mar 15 2003 17:00
Mar 15 17:00
RouterA(config-if)# exit
```

步骤 8 保存当前配置到 NVRAM。

```
RouterA# copy run start
Destination filename [ startup -config] ?
Building configuration...
```

3.12 复 习 题

回答下列问题，答案参见附录 B。

1．完成下面的表格，指定每个 ICMPv6 消息类型的名称。

ICMPv6 类型	消 息 名 称
类型 133	
类型 134	
类型 135	
类型 136	
类型 137	

2．填写下面的表格，指定为每个 NDP 机制使用哪些 ICMPv6 消息类型。

机　制	类型 133	类型 134	类型 135	类型 136	类型 137
替代 ARP					
前缀公告					
DAD					
前缀重编址					
路由器重定向					

3．无状态自动配置的目的是什么？

4．列出当公告一个前缀时路由器公告消息携带的主要信息。

5．什么命令显示一个接口上的前缀公告参数？

6．什么命令覆盖接口上的默认前缀公告参数？

7．什么是重复地址检测（DAD）？

8．填写下面的表格，给出每个 NDP 机制使用的多播地址类型。

机　制	多 播 地 址
替代 ARP	
前缀公告	
DAD	
前缀重编址	
路由器重定向	

9．IPv6 新增了什么 DNS 记录？

10．什么是扩展 IPv6 ACL 中的隐含规则？

11．在 IOS IPv6 中有什么命令和工具用来诊断问题和管理路由器？

3.13　参 考 文 献

1．RFC 768,*User Datagram Protocol,* J.Postel, IETF, www.ietf.org/rfc/rfc768.txt, August 1980

2．RFC 791,*Internet Protocol, DARPA Internet Program, Protocol Specification,* USC, IETF, www.ietf.org/rfc/rfc791.txt, September 1981

3．RFC 792,*Internet Control Message Protocol,* J.Postel, IETF, www.ietf.org/rfc/rfc792.txt,

4．RFC 793,*Transmission Control Protocol,* DARPA Internet Program, IETF, www.ietf.org/rfc/rfc793.txt, September 1981

5．RFC 1191,*Path MTU Discovery,* J.Mogul, S.Deering, IETF, www.ietf.org/rfc/rfc1191.txt, November 1990

6．RFC 1981,*Path MTU Discovery for IP version 6,* J.McCann et al.,IETF, www.ietf.org/rfc/

rfc1981.txt, August 1996

7. RFC 2002,*IP Mobility Support,* C.Perkins, IETF, www.ietf.org/rfc/rfc2002.txt, October 1996
8. RFC 2373,*IP Version 6 Addressing Architecture,* R.Hinden, S.Deering, IETF, www.ietf.org/rfc/rfc2373.txt, July 1998
9. RFC 2374,*An IPv6 Aggregatable Global Unicast Address Format,* R.Hinden, S.Deering, M.O ’ Dell,IETF, www.ietf.org/rfc/rfc2374.txt, July 1998
10. RFC 2460,*Internet Protocol, Version 6 (IPv6) Specification,* S.Deering, R.Hinden, IETF, www.ietf.org/rfc/rfc2460.txt, December 1998
11. RFC 2461, *Neighbor Discovery for IP Version 6 (IPv6),* T.Narten, E.Normark, W.Simpson, IETF, www.ietf.org/rfc/rfc2461.txt, December 1998
12. RFC 2462,*IPv6 Stateless Address Autoconfiguration,* S.Thomson, T.Narten, IETF, www.ietf.org/rfc/rfc2462.txt,December 1998
13. RFC 2463,*Internet Control Message Protocol (ICMPv6) for the Internet Protocol version 6 (IPv6),* A.Conta,S.Deering,IETF,www.ietf.org/rfc/rfc2463.txt, December 1998
14. RFC 2474,*Definition of the Differentiated Services Field (DS Field) in the IPv4 and IPv6 Headers,* K.Nichols, S.Blake et al., IETF, www.ietf.org/rfc/rfc2474.txt, December 1998
15. RFC 2672,*Non-Terminal DNS Name Redirection,* M.Crawford, IETF, www.ietf.org/rfc/rfc2672.txt, August 1999
16. RFC 2673,*Binary Labels in the Domain Name System,* M.Crawford, IETF, www.ietf.org/rfc/rfc2673.txt, August 1999
17. RFC 2675,*IPv6 Jumbograms,* D.Borman, S.Deering, R.Hinden, IETF, www.ietf.org/rfc/rfc2675.txt, August 1999
18. RFC 2711,*IPv6 Router Alert Option,* C.Partridge, A.Jackson, IETF, www.ietf.org/rfc/rfc2711.txt, October 1999
19. RFC 2874,*DNS Extensions to Support IPv6 Address Aggregation and Renumbering* , M.Crawford, C.Huitema, www.ietf.org/rfc/rfc2874.txt, July 2000
20. FC 2894,*Router Renumbering for IPv6*, M.Crawford, IETF, www.ietf.org/rfc/rfc2894.txt, August 2000
21. RFC 3152,*Delegation of IP6.ARPA,* R.Bush, IETF, www.ietf.org/rfc/rfc3152.txt, August 2002
22. RFC 3177,*IAB/IESG Recommendations on IPv6 Address Allocations to Sites,* IAB, IETF, www.ietf.org/rfc/rfc3177.txt, September 2001

“将来的计算机可能重不到 1 吨半。”

Popular Mechanics, 1949

第 4 章

IPv6 路由选择

读完本章，您将理解 IPv6 网络上所用的路由选择协议之间的主要差别。域间路由选择协议——边界网关协议（BGP-4）的 IPv6 版本和域内路由选择协议，如路由选择信息协议（RIP）、集成的中间系统到中间系统（IS-IS）和开放最短路径优先（OSPF）等，与 IPv4 中的对应协议类似。

本章的主要目标是综述这些路由选择协议为支持IPv6而做的更新和修改，而不详细描述每种路由选择协议的完整规范、机制和适用性。

本章包括使用 Cisco IOS 软件技术的支持 IPv6 路由选择协议的配置和范例，展示了如何在网络中使用它们。更具体地讲，范例展示了如何使用 Cisco IOS 软件技术配置、启用和管理支持 IPv6 的 BGP、RIP、IS-IS 和 OSPF。

最后，通过配置练习，您能够实际使用本章中学到的命令，并配置由 IPv6 支持的某些路由选择协议。

4.1 IPv6 路由选择简介

IPv6 路由选择协议仍然使用最长匹配前缀作为路由选择机制，与 IPv4 中相同。但是，因为 IPv6 协议定义成一种新的协议簇，在路由器上同时启用 IPv4 和 IPv6 协议时，IPv6 路由选择表的处理和管理是与 IPv4 路由选择表分离的。

下面的小节涵盖这些主题：

- **路由器上的 IPv6 路由选择表**——这部分内容简要描述 Cisco IOS 软件技术中用来显示IPv6路由选择表的命令。

- **路由选择协议的管理距离**——与IPv4相比，支持IPv6的路由选择协议的管理距离保持不变。

4.1.1 显示 IPv6 路由选择表

在网络中，任何接收 IP 数据报的中间路由器的最重要任务是确定到目的地的最佳路径。然后中间路由器转发所有的数据包到下一个网络段，到达另一个中间路由器，该路由器重复相同的过程，如此下去直到最终目的地。在转发过程中，为了确定最佳路径，路由器使用路由选择表，路由选择表指出将要使用的下一个网络段。路由选择表包含的条目要么是通过路由选择协议动态得到的，要么是由网络管理员静态配置的。

一旦如第 2 章所述，在 Cisco IOS 软件内启用了 **ipv6 unicast-routing** 命令，路由器就能使用 IPv6 路由选择表在接口之间转发 IPv6 数据包。

在 Cisco IOS 软件内，**show ipv6 route** 是一个新命令，用于显示 IPv6 路由选择表。路由选择表包括目的网络路由列表，每条路由包括掩码、输出接口、路由类型（C 表示已连接、S 表示静态，等等）和每条路由的管理距离。该命令与 IPv4 中常用的 **show ip route** 命令功能相同。

例 4-1 显示了 **show ipv6 route** 命令。这个例子显示，几个可聚合全球单播路由，例如 2001:410:ffff:1::/64、2002:410:ffff:2::/64 和 3ffe:b00:ffff:1::/64，都指向了路由器的接口。与本地链路前缀 FE80::/10 和多播前缀 FF00::/10 相关的路由也出现在路由选择表中。最后，路由选择表中最后一项显示的默认 IPv6 路由（::/0）是由网络管理员静态加入的。

例 4-1 使用 show ipv6 route 命令显示 IPv6 路由

```
RouterA#show ipv6 route
IPv6 Routing Table - 11 entries
Codes: C - Connected, L - Local, S - Static, R - RIP, B - BGP
       U - Per-user Static route
       I1 - ISIS L1, I2 - ISIS L2, IA - ISIS interarea
L   2001:410:FFFF:1::1/128 [0/0]
     via ::, Ethernet1
C   2001:410:FFFF:1::/64 [0/0]
     via ::, Ethernet1
L   2001:410:FFFF:2::1/128 [0/0]
     via ::, Ethernet0
C   2001:410:FFFF:2::/64 [0/0]
     via ::, Ethernet0
L   3FFE:B00:FFFF:1::1/128 [0/0]
     via ::, Ethernet1
C   3FFE:B00:FFFF:1::/64 [0/0]
     via ::, Ethernet1
L   FE80::/10 [0/0]
     via ::, Null0
L   FF00::/8 [0/0]
     via ::, Null0
S   ::/0 [1/0]
     via fe80::250:3eff:fee4:4c01 , Ethernet1
```

4.1.2　管理距离

管理距离是表示路由选择协议可靠性的一个值。随着时间变化，路由选择协议使用管理距离数值，从最可靠到不太可靠进行优先级排序。在转发过程中，当使用不同路由选择协议的若干路由指向相同的目的网络时，路由器用管理距离来选择最佳路径。管理距离数值越低，对路由器而言，路由的优先级就越高。支持 IPv6 的路由选择协议的管理距离与 IPv4 的对应协议相比没有变化。表 4-1 给出了在 Cisco IOS 软件技术中所支持的每个 IPv6 路由选择协议的管理距离。

表 4-1　IPv6 路由选择协议的管理距离

路由选择协议	管理距离（默认）
已连接接口	0
静态路由（面向接口）	0
静态路由（面向下一跳）	1
外部 BGP（eBGP）	20
OSPF	110
IS-IS	115
RIP	120
内部 BGP（iBGP）	200

注：表 4-1 给出了 Cisco IOS 软件当前支持的 IPv6 路由选择协议。其他 IPv4 路由选择协议如内部网关路由选择协议（IGRP）、内部网增强内部网关路由选择协议（EIGRP）、外部网外部网关协议（EGP）和外部网 EIGRP 等，没有列入表中。Cisco 只考虑 EIGRP 作为 IPv6 实现的可能候选。

4.2　静态 IPv6 路由

本节描述配置静态 IPv6 路由的命令。和 IPv4 相同，静态 IPv6 路由手工地添加到路由器的配置中。IPv6 静态配置的语法不同于 IPv4 中的相应命令。

4.2.1　配置静态 IPv6 路由

ipv6 route 命令添加静态 IPv6 路由。该命令对应于 IPv4 中的 **ip route** 命令。一旦确定了目的 IPv6 网络，路由必须指向下一跳 IPv6 地址和路由器的接口二者中的一个，如下所示：

```
Router(config)# ipv6 route ipv6-prefix/prefix-length { next-hop | interface}
   [ distance]
```

ipv6-prefix 参数是目的 IPv6 网络；*prefix-length* 是给定的 IPv6 前缀长度；*next-hop* 是用来到达目的 IPv6 网络的一个 IPv6 地址；*interface* 能够用来指示静态路由输出的接口，如串行链路或隧道；*distance* 是可选参数，设定管理距离，默认情况下，静态路由的管理距离是 1。

注：在 IPv6 规范中，不推荐使用可聚合全球单播或本地站点地址作为下一跳地址。如果这样做，IPv6 Internet 控制信息协议（ICMPv6）重定向消息（类型 137）就不会工作。路由器重定向在第 3 章中详细讨论过了。下一跳地址必须是本地链路地址。但是，在配置本地链路地址作为下一跳时，在配置中必须指出路由器上的相应网络接口。在 Cisco IOS 软件技术中，这种情况下 **ipv6 route** 命令的建议语法是 **ipv6 route** *ipv6-prefix/prefix-length interface link-local-address*。

使用相应的网络接口 ethernet0，通过下一跳地址 fe80::250:3eff:fee4:4c01，可到达目的 IPv6 网络 2001:410:ffff::/48，如下所示：

```
Router(config)# ipv6 route 2001:410:ffff::/48 ethernet0 fe80::250:3eff:fee4:4c01
```

通过 Tunnel0 接口，可到达目的 IPv6 网络 3ffe::/16：

```
Router(config)# ipv6 route 3ffe::/16 Tunnel0
```

下面是默认的 IPv6 路由配置，其中使用了相应的网络接口 ethernet1，并指向下一跳地址 fe80::250:3eff:fee4:4c01：

```
Router(config)# ipv6 route ::/0 ethernet1 fe80::250:3eff:fee4:4c01
```

注：**ipv6 route ::/0** *interface next-hop* 命令对应于 IPv4 中的 **ip route 0.0.0.0 0.0.0.0** *next-hop* 命令。目的地::/0 指任意 IPv6 地址。

ipv6 route 命令是在全局基础上启用的。

4.2.2 显示 IPv6 路由

命令 **show ipv6 route** 显示路由器内的当前 IPv6 路由选择表，该命令对应于 IPv4 中的 **show ip route** 命令。和 IPv4 中相同，可以显示特定类型的 IPv6 路由，如 **connected**、**local**、**static**、**rip**、**bgp**、**isis** 或 **ospf**。但是，当用 **show ipv6 route** 命令指定 IPv6 前缀时，显示单条 IPv6 路由。该命令的语法如下：

```
Router# show ipv6 route [connected | local | static | rip | bgp | isis | ospf] |
    [ ipv6-prefix/prefix-length | ipv6-address]
```

如果指定了 *ipv6-prefix/prefix-length* 参数，就显示单条路由。*ipv6-address* 是可选的，能够显示特定 IPv6 地址的路由选择信息。

注：如第 2 章所述，使用 **ipv6 address** 命令在一个接口上配置 IPv6 地址时，有两项插入到 IPv6 路由选择表中。第一项是完整的 128 比特接口地址本身，因此第一项标记为 L，表明是本地路由。第二项是有合适掩码的前缀项，因此第二项标记为 C，表明是直接连接路由。但是，

如果配置 IPv6 地址，以 128 比特作为 *prefix-length*，就只能添加一项，即同时标记为 L 表示本地路由，标记为 C 表示直接连接路由。本地路由只是表明一个接口地址。

4.3　IPv6 的 EGP 协议

本章谈到的第一个路由选择协议簇与 EGP 有关。EGP 用于自治系统之间的对等信息交换。本节只讲一个 EGP，即常说的边界网关协议 4（BGP-4）。BGP-4 是提供商和组织在 AS 之间交换路由选择信息的用于域间的现行 EGP。

注：本章内容的组织顺序是：从最著名的路由选择协议到不怎么出名的路由选择协议。从 1995 年起，在 Cisco IOS 软件技术中，支持 IPv6 的 BGP-4 就可用了，到现在为止在 6bone 中已经用了 6 年了。这样，BGP-4 被认为是当今 IPv6 Internet 和 6bone 上最著名的 IPv6 路由选择协议。

4.3.1　BGP-4 简介

BGP-4 是一种路径矢量路由选择协议，使用 TCP（传输控制协议）在端口 179 上与其他 BGP-4 路由器（所谓的 *BGP 邻居*）建立连接。在邻居之间由 BGP-4 携带的路径矢量信息称为属性。

BGP-4 使用更新消息与 BGP 邻居交换网络可达性信息。这些消息交换是增量式的：在 BGP 邻居之间只交换更新消息。如果添加或删除一条路由，就发送一条更新信息通知 BGP 邻居。

在广域网络上运行期间，要到达一个特定的网络目的地，BGP-4 路由器有多个 AS 路径。这样，BGP-4 算法设计用来在到达一个特定网络的可行 AS 路径列表中确定最佳 AS 路径。BGP AS 路径确定基于一个属性列表。BGP-4 是为如全球 Internet 一样的巨型网络而设计的可扩展性极好的路由选择协议。

注：本章只概述一下路由选择协议。如果您想更多地了解 BGP，请阅读参考书，如 Bassam Halabi（Cisco Press）的“Internet 路由选择结构”。Cisco 网站也提供了关于 BGP-4 的丰富信息，以及在 IP 网络的广域实施中如何进行管理。

4.3.2　IPv6 的 BGP4+

RFC 1771“边界网关协议 4（BGP-4）”定义了 BGP-4 标准。现在 BGP-4 主要在 Cisco 路由器实现中实施并且使用，但它只能为 IPv4 协议携带路由选择信息。

一个增强版本叫做 BGP4+，也称为多协议 BGP，扩展 BGP-4 规范以包括如 IPv6、IPX 和 VPN 这样的新地址簇的多协议扩展。因此，BGP4+能够为 IPv6 和包括 IPv4 在内的其他协议携带路由选择信息。RFC 2858“BGP-4 多协议扩展”和 RFC 2545“使用 BGP-4 多协议扩展的 IPv6 域间路由选择”定义了在 BGP4+中处理 IPv6 地址而进行了更新的属性。

下面是 BGP-4 规范中为了支持 IPv6 而进行了更新的属性：

- **NEXT_HOP**——这个多协议属性定义了应当用作到目的地的下一跳边界路由器的 IP 地址。BGP4+中的 NEXT_HOP 属性表示为 IPv6 地址。该属性可以包括：或者是一个可聚合全球单播 IPv6 地址，或者是一个可聚合全球单播 IPv6 地址及其下一跳的本地链路 IPv6 地址。
    - **可聚合全球单播 IPv6 地址**——如第 2 章所述，可聚合全球单播地址基于前缀 2000::/3。例如，一个可聚合全球单播 IPv6 地址形式的 NEXT_HOP 值可以是 2001:410:ffff:1::1。
    - **本地链路 IPv6 地址**——如第 2 章所述，本地链路地址基于单播前缀 fe80::/10。如果本地可到达 BGP 邻居（邻接路由器），那么本地链路地址可以作为 BGP4+的 NEXT_HOP 值。例如，对于使用邻接 BGP4+路由器的本地链路地址到达该路由器的 NEXT_HOP 值，本地链路地址有点类似于 fe80::200:abcd:af56:fefc。在 BGP4+中使用本地链路地址的详细信息将在本章后面讲到。
- **NLRI**——NLRI（网络层可达性信息）是一组目的地。在 BGP-4 中，目的地定义为一个带前缀长度值的网络前缀。在 BGP4+中，该属性表示为一个 IPv6 前缀。例如，网络前缀 2001:410:ffff::/48 的 NLRI 是 2001:410:ffff::/48。

注：BGP-4 的完整规范不在本书讨论的范围之内。如前面所提及，这些规范是为了适应 IPv6 而添加到 BGP-4 规范中的更新内容。要得到 BGP-4 的完整规范，参见 RFC 1771“边界网关协议 4（BGP-4）”。

1. 在 Cisco 上启用 IPv6 BGP4+

从 1995 年起，为了测试目的，6bone 就已经使用 BGP4+路由选择协议在伪 TLA（顶级聚合者）提供商之间交换 IPv6 路由选择信息了。而且，几乎所有的 IPv6 路由器生产厂家和开发厂家，包括 Cisco IOS 软件技术，现在都支持 IPv6 的 BGP4+版本。

注：要了解 6bone 和伪 TLA 的详细信息，参见第 7 章。

配置 IPv6 BGP4+

下面的步骤在一台路由器上定义和配置 BGP4+路由选择进程。配置路由选择进程之后，使用 IPv6 地址建立 BGP 对等端。按照这些步骤为 IPv6 配置 BGP4+：

步骤 1　在路由器上启用一个 BGP 进程。要完成这个操作，应指明本地自治系统：

```
Router(config)# router bgp autonomous-system
```

例如，在路由器上为本地 AS65001 启用一个 BGP 进程：

```
Router(config)# router bgp 65001
```

步骤 2　默认情况下，对每个会话而言，IPv4 地址簇的路由选择信息通告是使用 **neighbor [..] remote-as** 命令自动启用的。如果使用 **no bgp default ipv4-unicast** 命令，那么在 BGP 更新中，只通告 IPv6 地址簇：

```
Router(config-router)# no bgp default ipv4-unicast
```

步骤 3　在 IPv4 中，使用路由器上配置的最高 IPv4 地址，优先使用回环接口的地址，自动分配本地路由器 ID 参数。虽然 IPv6 地址长于 IPv4 地址，但对 IPv4 和 IPv6 而言，BGP 本地路由器 ID 参数的大小和格式都相同。本地路由器 ID 是一个 32 比特的数，书写为由句点分隔的 4 个八位字节（点分十进制格式）。当路由器上没有配置 IPv4 时，在 BGP 配置中必须使用 **bgp router-id** *ipv4-address* 命令将本地路由器 ID 定义为一个 IPv4 地址。可以使用任何 IPv4 地址作为本地路由器 ID 参数的值：

```
Router(config-router)# bgp router-id 172.16.1.10
```

步骤 4　定义一个 BGP 邻居。*ipv6-address* 是 BGP 邻居的下一跳 IPv6 地址。该命令定义一个 iBGP 或 eBGP 邻居：

```
Router(config-router)# neighbor ipv6-address remote-as autonomous-system
```

例如，下面的命令使用 2001:410:ffff:1::1 作为下一跳可聚合全球单播 IPv6 地址，使用 AS65002 作为 AS，来定义一个 eBGP 邻居：

```
Router(config-router)# neighbor 2001:410:ffff:1::1 remote-as 65002
```

步骤 5　使用 **neighbor** *ipv6-address* **peer-group** *peer-group-name*，能够将 BGP 邻居的一个 IPv6 地址分配给一个对等端组。例如，下面的命令将 BGP 邻居的 IPv6 地址 2001:410:ffff:2::1 分配给对等端组 cisco99：

```
Router(config-router)# neighbor 2001:410:ffff:2::1 peer-group cisco99
```

步骤 6　将路由器置于地址簇 ipv6 配置子模式：

```
Router(config-router)# address-family ipv6 [unicast]
```

unicast 关键字是可选的。默认情况下，路由器置于单播地址簇 IPv6 模式。

步骤 7　启用与 BGP 邻居的信息交换。BGP 邻居可以是一个 IPv4 地址、BGP 对等端组名称或一个 IPv6 地址。默认情况下，与 BGP 邻居的信息交换只对 IPv4 地址簇启用。如果邻居是一个 IPv6 地址，必须使用 **neighbor [..] activate** 命令激活 BGP 对等端：

```
Router(config-router-af)# neighbor { ip-address | peer-group-name |
  ipv6-address} activate
```

例如，下面的命令激活与 BGP 邻居 2001:410:ffff:1::1 的 IPv6 路由选择信息交换：

```
Router(config-router-af)# neighbor 2001:410:ffff:1::1 activate
```

步骤 8　指定这个 AS 的 IPv6 前缀以便通过 BGP4+进行通告。使用 **network** 声明将 IPv6 前缀添加到 BGP4+路由选择表：

```
Router(config-router-af)# network ipv6-prefix/prefix length
```

例如，下面将前缀 2001:420:ffff::/48 添加到 BGP 表中：

```
Router(config-router-af)# network 2001:420:ffff::/48
```

步骤 9 离开地址簇 IPv6 模式并返回到 BGP 路由器配置模式：

```
Router(config-router-af)# exit-address-family
```

router bgp 命令是在全局基础上启用的。

注：参见 Cisco IOS 软件 BGP 命令文档，以获得本节没有讲解的 BGP 配置命令的完整描述。

图 4-1 显示了本地 IPv6 基础设施上使用 BGP4+作为路由选择协议的一个网络结构。AS65001 中的路由器 R1 通过一个 IPv6 网络提供商与 AS65002 中的路由器 R3 建立外部 BGP 对等关系（多跳 eBGP 配置）。AS65001 的网络前缀是 2001:410:ffff::/48，AS65002 的网络前缀是 3ffe:b00:ffff::/48。路由器 R1 使用 Ethernet0 接口连接到 IPv6 网络提供商，分配给该接口的地址是可聚合全球单播 IPv6 地址 2001:410:ffff:1::1。一条默认的 IPv6 路由指向提供商路由器的本地链路地址 fe80::250:3eff:fea4:5f12。路由器 R3 通过 Ethernet1 接口连接到相同的网络提供商，使用 3ffe:b00:ffff:2::2 作为可聚合全球单播 IPv6 地址，默认的 IPv6 路由指向 fe80::250:3eff:feb5:6023。

在本例中，分配给这些接口的可聚合全球单播 IPv6 地址都建立多跳 eBGP 对等关系。

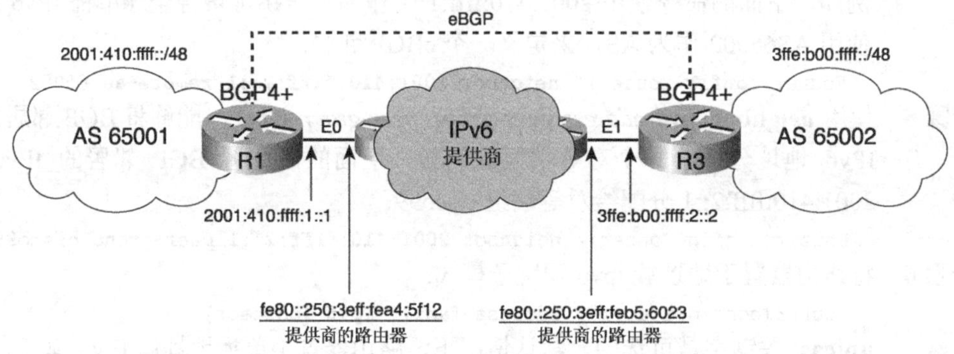

图 4-1 在路由器 R1 和 R3 之间建立的 eBGP 对等关系

例 4-2 反映了图 4-1 中路由器 R1 是如何通过 BGP4+建立 IPv6 多跳 eBGP 对等关系的。**ipv6 address 2001:410:ffff:1::1/64** 命令给接口 Ethernet0 分配静态 IPv6 地址。因为没有必要在 Ethernet0 接口上发布路由器通告，所以 **ipv6 nd suppress-ra** 命令关闭 Ethernet0 接口上的通告功能。就这个多跳 eBGP 配置而言，一条通过 Ethernet0 接口指向提供商路由器本地链路地址 fe80::250:3eff:fea4:5f12 的默认 IPv6 路由是使用 **ipv6 route ::/0** 命令配置的。

例 4-2 在路由器 R1 中建立 eBGP 对等关系

```
RouterR1#configure terminal
RouterR1(config)#interface e0
RouterR1(config-if)#ipv6 address 2001:410:ffff:1::1/64
RouterR1(config-if)#ipv6 nd suppress-ra
RouterR1(config-if)#exit
```

（待续）

```
RouterR1(config)#ipv6 route ::/0 ethernet0 fe80::250:3eff:fea4:5f12
RouterR1(config)#router bgp 65001
RouterR1(config-router)#no bgp default ipv4-unicast
RouterR1(config-router)#bgp router-id 1.1.1.1
RouterR1(config-router)#neighbor 3ffe:b00:ffff:2::2 remote-as 65002
RouterR1(config-router)#address-family ipv6
RouterR1(config-router-af)#neighbor 3ffe:b00:ffff:2::2 activate
RouterR1(config-router-af)#exit-address-family
RouterR1(config-router)#exit
```

注：在 IPv4 或 IPv6 之上建立多跳 BGP 配置之前，BGP 路由器必须相互可达。因此，为了达到这个目的，路由器必须提供内部网关协议（IGP）功能。这是一个简单情形，但在例 4-2 和例 4-3 中两个路由器使用一条默认的 IPv6 路由提供路由选择信息，而没有使用 IGP。关于支持 IPv6 的 IGP 的详细信息在本章后面将会讲到。

如前所述，在路由器 R1 上是使用 **router bgp 65001** 启用 BGP 进程的。然后，因为基础设施只基于 IPv6，所以就这个 BGP 配置而言，**no bgp default ipv4-unicast** 命令关闭了默认的协议 IPv4。接着，**bgp router-id 1.1.1.1** 命令定义了这个路由器的本地路由器 ID 参数。到路由器 R3 的 BGP 对等关系由 **neighbor 3ffe:b00:ffff:2::2 remote-as 65002** 命令定义，这个命令用下一跳 IPv6 地址和 AS 号码 65002 来标识 BGP 邻居。但是，这个对等关系必须在地址簇 IPv6 子命令模式下，利用 **neighbor 3ffe:b00:ffff:2::2 activate** 命令进行激活。

例 4-3 显示了在路由器 R3 上应用的 BGP4+配置。除了下一跳本地链路地址、本地链路地址的相应网络接口和 AS 号码不同外，本例中所用的命令和例 4-2 中相同。这个 BGP4+配置指的是图 4-1 中的路由器 R3。

例 4-3 在路由器 R3 中启用 eBGP 对等关系

```
RouterR3#configure terminal
RouterR3(config)#interface e1
RouterR3(config-if)#ipv6 address 3ffe:b00:ffff:2::2/64
RouterR3(config-if)#ipv6 nd suppress-ra
RouterR3(config-if)#exit
RouterR3(config)#ipv6 route ::/0 ethernet1 fe80::250:3eff:feb5:6023

RouterR3(config)#router bgp 65002
RouterR3(config-router)#no bgp default ipv4-unicast
RouterR3(config-router)#bgp router-id 2.2.2.2
RouterR3(config-router)#neighbor 2001:410:ffff:1::1 remote-as 65001
RouterR3(config-router)#address-family ipv6
RouterR3(config-router-af)#neighbor 2001:410:ffff:1::1 activate
RouterR3(config-router-af)#exit-address-family
RouterR3(config-router)#exit
```

2．应用前缀过滤配置 IPv6 BGP4+

前面讲到在基于 IPv6 的路由器和网络之间如何启用 BGP 对等关系。本节展示如何使用前缀列表过滤包含 IPv6 信息的 BGP 更新消息。从 Cisco IOS 软件版本 12.0 起，前缀列表就作为 BGP-4 过滤的访问列表的替代物出现了。前缀列表相对于标准的和扩展的访问列表而言，更具伸缩性和用户友好性。

应用前缀过滤为 IPv6 配置 BGP4+是一个两步骤的任务：

- 通过给前缀列表命名、确定声明的顺序、配置过滤前缀的动作和参数，定义前缀列表。
- 在 BGP4+配置中应用前缀列表。

下面详细讨论 IPv6 BGP4+前缀列表的定义和应用。

为 IPv6 定义前缀列表

IPv6 协议可以使用前缀列表，并能够和 BGP4+一起使用以过滤 BGP 更新消息。**ipv6 prefix-list** 命令为 IPv6 定义一个前缀列表。**ipv6 prefix-list** 命令对应于 IPv4 中的 **ip prefix-list** 命令。该命令的语法如下：

```
Router(config)# ipv6 prefix-list name [seq seq-value] permit | deny
  ipv6-prefix/prefix-length [ge min-value] [le max-value]
```

name 参数是前缀列表的名称。参数 *seq-value* 是和关键字 **seq** 一起使用的一个序列号，用来确定过滤过程中使用语句的顺序。**permit** 和 **deny** 是动作参数。*ipv6-prefix/prefix-length* 是要匹配的 IPv6 前缀和前缀长度。*min-value* 和 *max-value* 定义了要匹配前缀的前缀长度范围，比 *ipv6-prefix/prefix-length* 值更具体。操作符 **ge** 指大于或等于，操作符 **le** 指小于或等于。

下面的命令允许前缀为 fec0::/10 且前缀长度不大于 48 比特的 IPv6 路由通过：

```
Router(config)# ipv6 prefix-list bgpfilterin seq 5 permit FEC0::/10 le 48
```

下面的命令允许前缀为 3ffe::/16 且前缀长度不大于 32 比特的 IPv6 路由通过：

```
Router(config)# ipv6 prefix-list bgpfilterin seq 10 permit 3ffe::/16 le 32
```

ipv6 prefix-list 命令是在全局基础上配置的。

在 BGP4+中应用前缀列表

定义了 IPv6 前缀列表之后，可以在 BGP4+配置中应用它。IPv6 前缀列表必须在地址簇 ipv6 子命令模式中应用于一个 BGP 邻居。该命令的语法如下：

```
Router(config-router)# address-family ipv6
```

这样就将路由器置于地址簇 ipv6 配置子模式中。

下面的命令对一个 BGP 邻居应用 IPv6 前缀列表，过滤进入或输出的路由通告：

```
Router(config-router-af)# neighbor { peer-group-name | ipv6-address} prefix-list
  prefix-list-name {in | out}
```

ipv6-address 参数是邻居的下一跳 IPv6 地址。可选的是，IPv6 地址能够被 *peer-group-name* 代替。*prefix-list-name* 参数是前面定义的 IPv6 前缀列表的名称。应用在前缀列表之上的 **in** 和 **out** 参数输入或输出更新消息。例如，可以将前一节中定义的 IPv6 前缀列表 bgpfilterin 应用于 BGP 邻居 2001:410:ffff:1::1，以输入 BGP4+路由通告：

```
Router(config-router-af)# neighbor 2001:410:ffff:1::1 prefix-list bgpfilterin in
```

然后离开地址簇 ipv6 配置模式并返回全球 BGP 路由器配置模式：

```
Router(config-router-af)# exit-address-family
```

neighbor *ipv6-address* **prefix-list** 命令在地址簇 ipv6 子命令模式中应用。

图 4-2 显示了 AS65001 中的路由器 R1 应用 IPv6 前缀列表的一个 BGP4+配置。路由器 R1 已经与 AS65002 中的路由器 R3 建立了 eBGP 对等关系。但是，AS65001 的管理者欲将前缀 2001:410::/32 通告到 AS65002。因为 AS65002 连接到 6bone 并且与其他 AS 有潜在的多个 BGP 邻居关系，所以网络管理员打算过滤从 AS65002 接收到的输入 BGP 路由通告。网络管理员打算接收 6bone 的前缀 3ffe::/16，前缀长度要在 16～24 比特之间。因此，创建一条 IPv6 前缀列表，之后应用到路由器 R1 的 BGP4+配置中以增强 BGP 的这个过滤策略。

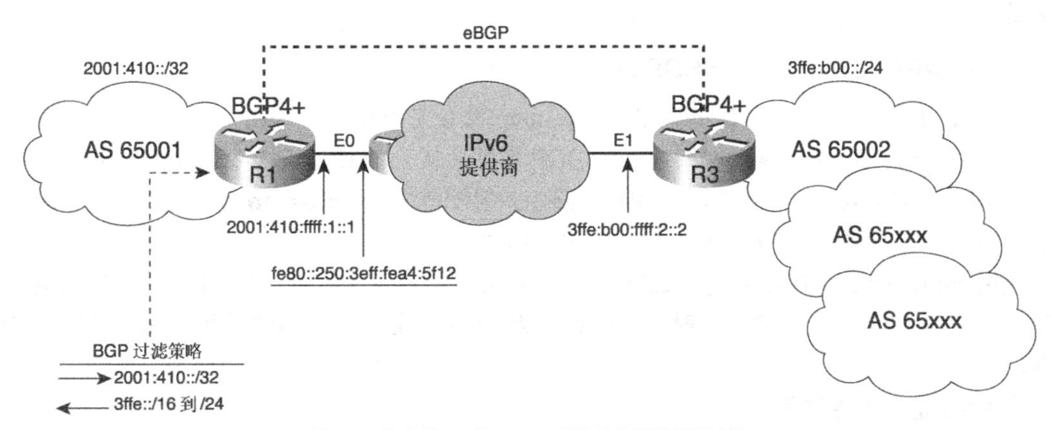

图 4-2　路由器 R1 的 BGP4+配置所应用的前缀过滤

例 4-4 展示了图 4-2 中的路由器 R1 在其 BGP4+配置中所应用的 IPv6 前缀配置。命令 **ipv6 prefix-list outbound seq 5 permit 2001:410::/32** 定义 AS65001 前缀为允许通过。然后，命令 **ipv6 prefix-list inbound seq 5 permit 3ffe::/16 le 24** 定义从 3ffe::/16 到 3ffe::/24 范围的前缀为允许通过。在例 4-4 中，在路由器 R1 的地址簇 ipv6 子命令模式下，使用 **neighbor 3ffe:b00:ffff:2::2 prefix-list** 命令将这两个 IPv6 前缀列表应用到 BGP4+配置中。

例 4-4　在路由器 R1 中应用 IPv6 前缀过滤

```
RouterR1#configure terminal
RouterR1(config)#ipv6 prefix-list outbound seq 5 permit 2001:410::/32
RouterR1(config)#ipv6 prefix-list inbound seq 5 permit 3ffe::/16 le 24
RouterR1(config)#interface e0
RouterR1(config-if)#ipv6 address 2001:410:ffff:1::1/64
RouterR1(config-if)#ipv6 nd suppress-ra
RouterR1(config-if)#exit
RouterR1(config)#ipv6 route ::/0 ethernet0 fe80::250:3eff:fea4:5f12
```

（待续）

```
RouterR1(config)#router bgp 65001
RouterR1(config-router)#no bgp default ipv4-unicast
RouterR1(config-router)#bgp router-id 1.1.1.1
RouterR1(config-router)#neighbor 3ffe:b00:ffff:2::2 remote-as 65002
RouterR1(config-router)#address-family ipv6
RouterR1(config-router-af)#neighbor 3ffe:b00:ffff:2::2 activate
RouterR1(config-router-af)#neighbor 3ffe:b00:ffff:2::2 prefix-list outbound out
RouterR1(config-router-af)#neighbor 3ffe:b00:ffff:2::2 prefix-list inbound in
RouterR1(config-router-af)#exit-address-family
RouterR1(config-router)#exit
```

注：例 4-4 中的 IPv6 前缀列表仅适用于从 BGP 邻居 3ffe:b00:ffff:2::2 接收和发送的 BGP4+更新消息。

3．应用路由映射配置 IPv6 BGP4+

在 Cisco IOS 软件中，支持 IPv6 的 **route-map** 命令是可用的。路由映射是一种高级访问列表，能够用来在 BGP-4 中修改网络前缀的 BGP 属性（从一个 BGP 邻居接收到的路由和通告到另一个 BGP 邻居的路由）。在 IPv6 BGP4+的路由映射配置中，**route-map** 命令使用一个 **prefix list**（前缀列表）匹配要修改 BGP 属性的 IPv6 网络前缀。

使用 **route-map** 为 IPv6 配置 BGP4+包括：定义前缀列表（如前一节所述）、为 IPv6 定义路由映射和在 BGP4+中应用路由映射。下面讨论为 IPv6 定义一条路由映射并将其应用到 BGP4+配置。

为 IPv6 定义路由映射

为 IPv6 创建一条路由映射，使用与 IPv4 中相同的 **route-map** 命令。但是，**match** 和 **set** 命令针对 IPv6 协议进行了加强。而且，这里只给出为 IPv6 而添加到 **route-map** 命令的更新信息。参见 Cisco 网站以了解 **route-map** 所支持的其他命令。**route-map** 命令的语法如下：

```
Router(config)# route-map map-tag [permit | deny] [ sequence-number]
```

该命令定义了策略路由选择的条件。*map-tag* 是路由映射的名称。如果路由映射匹配条件满足，那么 **permit** 和 **deny** 是要执行的可选动作关键字。*sequence-number* 是另一个可选参数，定义了一条新的路由映射语句的位置。这是与 IPv4 相同的命令。

下面的命令将过滤消息定义为一条新的路由映射语句并进入路由映射子命令模式：

```
Router(config)# route-map filter-messages
```

下一条命令定义了 IPv6 要匹配的条件。条件可以是路由的匹配 IPv6 地址、下一跳 IPv6 地址或者通告的 IPv6 源地址。前缀列表名称必须在匹配条件中指定：

```
Router(config-route-map)# match ipv6 {ipv6-address | next-hop | route-source}
  prefix-list [ prefix-list-name]
```

要匹配的条件在前缀列表名称过滤流量中定义：

```
Router(config-route-map)# match ipv6 address prefix-list filter-traffic
```

set ipv6 命令定义了条件匹配时执行的动作：

```
Router(config-route-map)# set ipv6 next-hop [ ipv6-address] [ link-local-address]
```

所允许的动作是确定路由的下一跳（**next-hop**）可聚合全球单播 IPv6 地址。在 IPv6 中，**next-hop** 参数是可选的，可以是邻接 BGP4+邻居的本地链路地址。稍后会讲解 **set ipv6 next-hop** 命令如何应用在 BGP4+配置中。

下面的命令定义下一跳 IPv6 地址为 3ffe:b00:ffff:1::1：

```
Router(config-route-map)# set ipv6 next-hop 3ffe:b00:ffff:1::1
```

route-map 命令是在全局基础上配置的。

和 BGP4+一起应用路由映射

路由映射配置完成之后，就能够在 BGP4+中应用这个路由映射了。路由映射必须在地址簇 ipv6 子命令模式下应用到一个 BGP 邻居。这个命令的语法如下：

```
Router(config-router)# address-family ipv6
```

这样就将路由器置于地址簇 ipv6 配置子模式之下。

使用下面的命令将路由映射应用到一个 BGP 邻居以修改输入或输出路由属性：

```
Router(config-router-af)# neighbor { peer-group-name | ipv6-address} route-map
   map-tag {in | out}
```

例如，可以在来自 BGP 邻居 2001:410:ffff:1::1 的路由通告上应用路由映射 change-policy：

```
Router(config-router-af)# neighbor 2001:410:ffff:1::1 route-map change-policy in
```

离开地址簇 ipv6 配置子模式并返回到 BGP 路由器配置模式：

```
Router(config-router-af)# exit-address-family
```

图 4-3 给出了在路由（从一个 BGP 邻居接收到的）上使用路由映射语句，通过修改局部优先属性，能够调整 BGP 路径选择的 BGP4+配置。AS65001 的路由器 R1 已经建立了到 AS65100 和 AS65200 的多跳 eBGP 对等关系。但是，如果从 AS65100 和 AS65200 收到相同的路由，那么对流出的数据包，AS65001 的网络管理员倾向于使用到 AS65100 的路径。因此，在路由器 R1 的 BGP4+配置中，配置并应用一条路由映射语句，以优先使用到 AS65100 的路径。

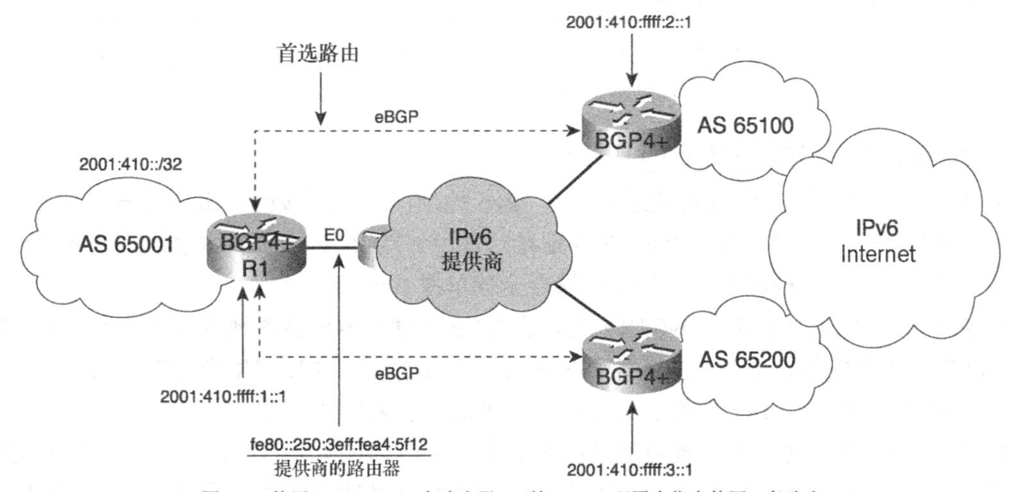

图 4-3　使用 **route-map**，在路由器 R1 的 BGP4+配置中优先使用一条路由

例 4-5 反映了如图 4-3 所示在路由器 R1 的 BGP4+配置中应用的路由映射配置。命令 **route-map PreferAS65100 permit 10** 定义了路由映射语句，然后命令 **set local-preference 120** 定义了本地优先属性值 120。BGP 本地优先属性的默认值是 100。如果两条路由指向相同的目的网络，BGP 算法优先使用高的本地优先值。在地址簇 ipv6 子命令模式下，使用 **neighbor 2001:410:ffff:2::1 route-map PreferAS65100 in** 命令在 BGP4+配置中应用路由映射。路由映射强制从 AS65100 接收到的路由拥有本地优先值 120，而不是 100。

例 4-5 在路由器 R1 的 BGP4+配置中应用路由映射

```
RouterR1#configure terminal
RouterR1(config)#route-map PreferAS65100 permit 10
RouterR1(config-route-map)#set local-preference 120
RouterR1(config-route-map)#exit
RouterR1(config)#interface e0
RouterR1(config-if)#ipv6 address 2001:410:ffff:1::1/64
RouterR1(config-if)#ipv6 nd suppress-ra
RouterR1(config-if)#exit
RouterR1(config)#ipv6 route ::/0 ethernet0 fe80::250:3eff:fea4:5f12
RouterR1(config)#router bgp 65001
RouterR1(config-router)#no bgp default ipv4-unicast
RouterR1(config-router)#bgp router-id 1.1.1.1
RouterR1(config-router)#neighbor 2001:410:ffff:2::1 remote-as 65100
RouterR1(config-router)#neighbor 2001:410:ffff:3::1 remote-as 65200
RouterR1(config-router)#address-family ipv6
RouterR1(config-router-af)#neighbor 2001:410:ffff:2::1 activate
RouterR1(config-router-af)#neighbor 2001:410:ffff:3::1 activate
RouterR1(config-router-af)#neighbor 2001:410:ffff:2::1 route-map PreferAS65100 in
RouterR1(config-router-af)#exit-address-family
RouterR1(config-router)#exit
```

注：例 4-5 所示的路由映射应用到 eBGP 邻居 2001:410:ffff:2::1，仅在退出 AS 的 AS65001 优先路径中有所显示。但是，这个本地配置没有强制所有进入的数据包通过 AS65100。

4．使用本地链路地址配置 IPv6 BGP4+

如前所述，NEXT_HOP 属性表示为一个 IPv6 地址，现在能够包含邻居的一个本地链路地址，而不仅仅是一个可聚合全球单播 IPv6 地址。使用邻接 BGP 邻居的本地链路地址是有好处的，原因是在链路上这样就不需要分配可聚合全球单播 IPv6 地址。

当建立一个 IPv6 交换点（IPv6 IX）时，在 BGP 中使用本地链路地址也可能是有意义的。一些 ISP 参与方可能不打算使用从其他 ISP 获得的 IPv6 前缀在 IPv6 IX 中配置他们的路由器接口。在 BGP 配置中使用 IPv6 本地链路地址，这种情况看来是公正的。

但是，在 BGP 中使用本地链路地址必须要有一个具体配置。在 Cisco IOS 软件中使用本地链路地址配置 BGP4+，包括确定与目的本地链路地址相对应的路由器物理接口，然后定义要修改 NEXT_HOP 属性的路由映射，以将物理接口的可聚合全球单播地址通知给邻居。

确定路由器的物理接口

当指定 BGP 对等关系配置的本地链路地址时，在 BGP 配置中必须使用 **neighbor** *link-local-address* **update-source** *interface* 命令确定与本地链路地址相关联的物理接口。因为一个本地链路地址与单条链路密不可分，所以路由器必须指明接口，以避免歧义。

定义路由映射，向邻居通告可聚合全球单播地址

为了向邻居通告路由器的可聚合全球单播 IPv6 地址，必须定义路由映射语句，设定在发送的输出 BGP4+更新消息上的 NEXT_HOP 属性。NEXT_HOP 属性必须同时包含所确定接口的本地链路地址和可聚合全球单播 IPv6 地址。因为本地链路地址定义了 BGP 邻居，所以本地链路地址已经包含在 NEXT_HOP 属性中了。因此，路由映射语句中的 **set ipv6 next-hop** 命令需要在 NEXT_HOP 属性中添加所确定接口的可聚合全球单播 IPv6 地址。

注：如果使用本地链路地址建立 BGP 对等关系而没有一条路由映射语句通告路由器的可聚合全球单播地址，那么发往 BGP 邻居的 BGP 更新消息就定义为未指定地址（::）。因此，BGP 邻居忽略并扔掉 BGP 更新消息。

表 4-2 给出了使用邻接 BGP 邻居的本地链路地址在路由器上定义 BGP 对等关系的步骤。

表 4-2　　使用本地链路地址定义 BGP 对等端

命　令	描　述
步骤 1 Router(config)# **route-map** *map-tag*	定义 BGP4+配置的路由映射名称
例： Router(config)# **route-map linklocalAS65002**	定义 linklocalAS65002 作为路由映射语句的名称
步骤 2 Router(config-route-map)# **set ipv6 next-hop** *ipv6-address*	指定作为下一跳属性的可聚合全球单播 IPv6 地址
例： Router(config-route-map)# **set ipv6 next-hop 2001:410:ffff:1::1**	定义可聚合全球单播 IPv6 地址 2001:410:ffff:1::1 作为下一跳属性
步骤 3 Router(config)# **router bgp** *autonomous-system*	在路由器上启用 BGP 进程，指定本地 AS
步骤 4 Router(config-router)# **no bgp default ipv4-unicast**	仅通告 IPv6 地址簇
步骤 5 Router(config-router)# **neighbor** *link-local-ipv6-address* **remote-as** *autonomous-system*	定义 BGP 邻居。*ipv6-address* 是邻接 BGP 邻居的 IPv6 地址。该命令定义 iBGP 或 eBGP
例： Router(config-router)# **neighbor fe80::260:3eff:fe47:1533 remote-as 65002**	使用 fe80::260:3eff:fe47:1533 作为本地链路地址，使用 65002 作为 AS，来定义 eBGP

续表

命　令	描　述
步骤 6 Router(config-router)# **neighbor** *link-local-address* **update-source** *interface*	确定与邻居的本地链路地址相关联的接口
例： Router(config-router)# **neighbor fe80::260:3eff:fe47:1533 update-source ethernet0**	定义接口 ethernet0 作为与邻居的本地链路地址相关联的接口
步骤 7 Router(config-router)# **address-family ipv6**	将路由器置于地址簇 ipv6 配置子模式下
步骤 8 Router(config-router-af)# **neighbor** {*ip-address* | *peer-group-name* | *ipv6-address* } **activate**	激活与 BGP 邻居的信息交换
例： Router(config-router-af)# **neighbor fe80::260:3eff:fe47:1533 activate**	激活与本地链路地址为 fe80::260:3eff:fe47:1533 的邻居的 BGP4+ IPv6 路由信息交换
步骤 9 Router(config-router-af)# **neighbor** {*peer-group-name* | *ipv6-address* } **route-map** *map-tag* {**in** | **out**}	如路由映射语句所指明的，将路由映射应用到输入或输出路由通告上。路由映射配置必须使用 **set ipv6 next-hop** 命令，在路由器上设置可聚合全球单播 IPv6 地址作为下一跳参数
例： Router(config-router-af)# **neighbor fe80::260:3eff:fe47:1533 route-map linklocalAS65002 out**	在发往 BGP 邻居 fe80::260:3eff:fe47:1533 的输出路由通告上应用路由映射 linklocalAS65002
步骤 10 Router(config-router-af)# **exit-address-family**	离开地址簇配置模式并返回到 BGP 路由器配置模式

注：如果必须替换路由器接口，由路由器使用 EUI-64 格式在接口上自动启用本地链路地址，就可能影响 BGP4+操作。在这种情况下，为了避免与 BGP 邻居的 BGP4+重新配置，建议手动分配路由器接口的本地链路地址。参见第 2 章，以了解如何给接口分配本地链路地址。

图4-4显示了AS65001的路由器R1使用本地链路地址与AS65002的路由器R3建立外部BGP对等关系。AS65001 的网络前缀是 2001:410:ffff::/48，AS65002 的网络前缀是 3ffe:b00:ffff::/48。路由器 R1 的接口 Ethernet0 与路由器 R3 的接口 Ethernet1 连接到相同的链路。在路由器 R1 上，可聚合全球单播 IPv6 地址 2001:410:ffff:1::1 分配给接口 Ethernet2，本地链路地址 fe80::260:3eff:fe47:1533 配置在 Ethernet0 接口上。在路由器 R3 上，可聚合全球单播 IPv6 地址 3ffe:b00:ffff:2::2 分配给接口 Ethernet3，本地链路地址 fe80::260:3eff:fe78:3351 配置在 Ethernet1 接口上。在这个例子中，分配给路由器 R1 的 Ethernet0 接口和路由器 R3 的 Ethernet1 接口的本地链路地址之间建立 eBGP 对等关系。

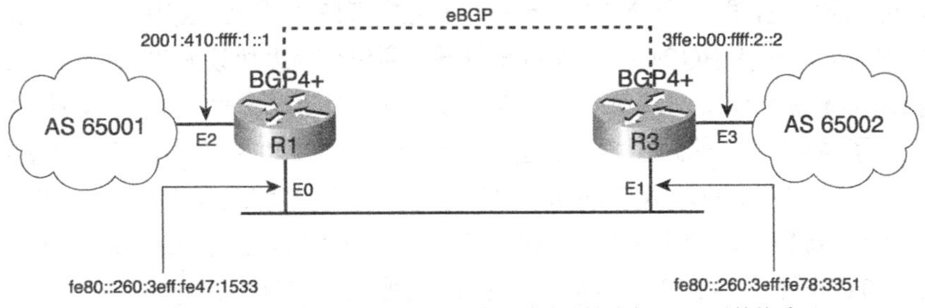

图 4-4　在路由器 R1 和 R3 之间使用本地链路地址建立 eBGP 对等关系

例 4-6 给出了如图 4-4 所示的路由器 R1 和 R3 之间使用本地链路地址建立 eBGP 对等关系的应用于 R1 的 BGP4+配置。**route-map linklocalAS65002** 和 **set ipv6 next-hop 2001:410:ffff:1::1** 命令定义可聚合全球单播 IPv6 地址的下一跳属性。然后，**neighbor fe80::260:3eff:fe78:3351 remote-as 65002** 命令使用 AS65002 中路由器 R3 的 Ethernet1 接口的本地链路地址配置 eBGP 对等关系。**neighbor fe80::260:3eff:fe78:3351 update-source ethernet0** 命令指出，用于这个对等关系的源地址是分配给路由器 R1 的 Ethernet0 接口的本地链路地址。BGP 对等关系是在地址簇 IPv6 子命令模式下使用 **neighbor fe80::260:3eff:fe78:3351 activate** 命令激活的。最后，使用命令 **neighbor fe80::260:3eff:fe78:3351 route-map linklocalAS65002 out**，设定下一跳属性的路由映射语句就被应用了。

例 4-6　在路由器 R1 中使用本地链路地址激活 eBGP 对等关系

```
RouterR1#configure terminal
RouterR1(config)#interface e2
RouterR1(config-if)#ipv6 address 2001:410:ffff:1::1/64
RouterR1(config-if)#ipv6 nd suppress-ra
RouterR1(config-if)#exit
RouterR1(config)#route-map linklocalAS65002
RouterR1(config-route-map)#set ipv6 next-hop 2001:410:ffff:1::1
RouterR1(config-route-map)#exit
RouterR1(config)#router bgp 65001
RouterR1(config-router)#no bgp default ipv4-unicast
RouterR1(config-router)#bgp router-id 1.1.1.1
RouterR1(config-router)#neighbor fe80::260:3eff:fe78:3351 remote-as 65002
RouterR1(config-router)#neighbor fe80::260:3eff:fe78:3351 update-source ethernet0
RouterR1(config-router)#address-family ipv6
RouterR1(config-router-af)#neighbor fe80::260:3eff:fe78:3351 activate
RouterR1(config-router-af)#neighbor fe80::260:3eff:fe78:3351 route-map
  linklocalAS65002 out
RouterR1(config-router-af)#exit-address-family
RouterR1(config-router)#exit
```

5．在 BGP IPv6 对等端之间交换 IPv4 路由

如第 5 章所讨论，IPv4 和 IPv6 协议将在一段不确定的时间内共存于相同的网络基础设施之

上。这样的情况可能发生，即两个分离的 IPv4 网络通过纯 IPv6 提供商连接，不得不通过 BGP IPv6 对等端交换 IPv4 路由。因为 BGP4+支持两种地址簇，所以使用多协议 BGP 对等端组、**neighbor [..] soft-reconfiguration** 命令和路由映射配置，在 BGP IPv6 对等端之间交换 IPv4 路由就是可能的。

图 4-5 演示了 AS65100 的路由器 R1 通过 IPv6 与 AS65200 的路由器 R3 建立多跳 eBGP 对等关系。基于 IPv6 和 IPv4 的域 A 在 AS65100 内的 IPv6 网络前缀是 2001:410:ffff::/48，IPv4 网络前缀是 133.220.0.0/16。在域 B（AS65200）上，IPv6 网络前缀是 3ffe:b00:ffff::/48，IPv4 网络前缀是 132.214.0.0/16 和 133.210.0.0/16。本地链路地址 fe80::1001 和 fe80::2090 是两个双栈域之间 IPv6 单协议网络的默认网关 IPv6 地址。在 AS65100 的路由器 R1 和 AS65200 的路由器 R3 之间配置了一条 IPv6 之上的多跳 eBGP。在这个网络设计中，在 AS65200 内的 IPv4 网络前缀 132.214.0.0/16 和 133.210.0.0/16 是通过多跳 eBGP IPv6 对等端通告到 AS65100 的。

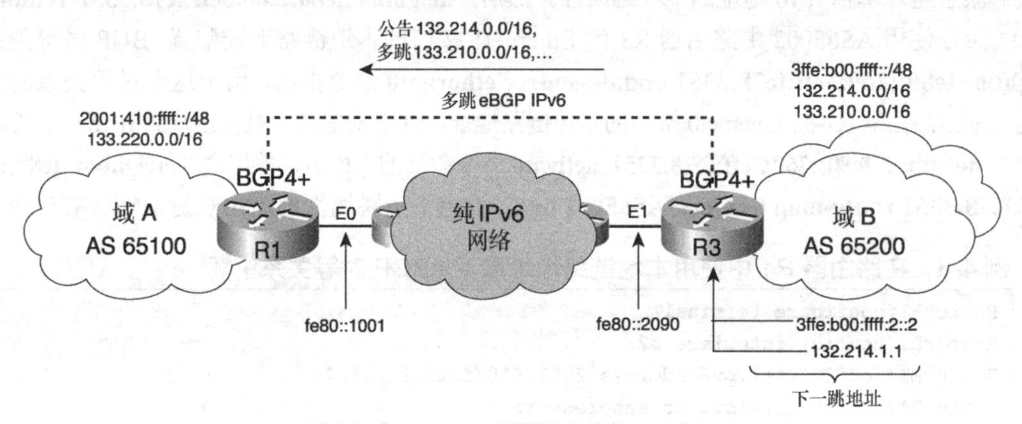

图 4-5 在 eBGP IPv6 对等端之间交换 IPv4 路由

例 4-7 显示了在 AS65100 内的路由器 R1 上应用的多协议 BGP 配置，允许在 BGP IPv6 对等端之间交换 IPv4 路由。路由器 R3 通告 IPv4 路由 132.214.0.0/16 和 133.210.0.0/16。但是，例 4-7 描述了执行这个任务时在路由器 R1 中应用的具体配置。

首先，**ipv6 route ::/0 ethernet0 fe80::1001** 命令是指向 IPv6 单协议网络路由器之外的默认 IPv6 路由。然后，**router bgp 65100** 命令将路由器置于 BGP 配置模式。命令 **neighbor ipv6-only-peer peer-group** 创建一个多协议 BGP 对等端组。**neighbor 3ffe:b00:fff:2::2 remote-as 65200** 命令使用 3ffe:b00:fff:2::2 作为 AS65200 内的下一跳可聚合全球单播 IPv6 地址，来定义外部 BGP 邻居。然后，为了在两个 BGP IPv6 对等端之间交换 IPv4 前缀，剩下的配置是在地址簇 IPv4 子模式而不是在地址簇 ipv6 子命令模式下完成的。**neighbor ipv6-only-peer activate** 命令使邻居与本地路由器 R1 交换 IPv4 地址簇的前缀。**neighbor ipv6-only-peer soft-reconfiguration inbound** 命令请求本地路由器 R1 在不修改从 BGP 对等组成员接收到的 BGP 更新消息的情况下，存储这些更新消息。**neighbor 3ffe:b00:ffff:2::2 peer-group ipv6-only-peer** 命令将 eBGP IPv6 对等端（路由器 R3）的 IPv6 地址指定给对等端组 ipv6-only-peer。最后，路由映射 IPv4-AS65200 应用

于 BGP IPv6 邻居 3ffe:b00:ffff:2::2 的输入 IPv4 路由。因为 IPv4 路由在两个 BGP IPv6 对等端之间通告，所以在路由器 R1 的配置中，必须为路由器 R3 所通告的 IPv4 路由定义下一跳 IPv4 地址。在 **route-map IPv4-AS65200** 配置中的 **set ip next-hop 132.214.1.1** 命令实现这个操作。

例 4-7　为交换 IPv4 路由配置 eBGP IPv6 对等关系

```
RouterR1#configure terminal
RouterR1(config)#ipv6 route ::/0 ethernet0 fe80::1001
RouterR1(config)#router bgp 65100
RouterR1(config-router)#neighbor ipv6-only-peer peer-group
RouterR1(config-router)#neighbor 3ffe:b00:ffff:2::2 remote-as 65200
RouterR1(config-router)#address-family ipv4
RouterR1(config-router-af)#neighbor ipv6-only-peer activate
RouterR1(config-router-af)#neighbor ipv6-only-peer soft-reconfiguration inbound
RouterR1(config-router-af)#neighbor 3ffe:b00:ffff:2::2 peer-group ipv6-only-peer
RouterR1(config-router-af)#neighbor 3ffe:b00:ffff:2::2 route-map IPv4-AS65200 in
RouterR1(config-router-af)#exit-address-family
RouterR1(config-router)#exit
RouterR1(config)#route-map IPv4-AS65200 permit 10
RouterR1(config-route-map)#set ip next-hop 132.214.1.1
RouterR1(config-route-map)#exit
```

注：这个 BGP 配置的主要目标是允许路由器 R1 接收 IPv4 网络前缀 132.214.0.0/16 和 133.210.0.0/16。在 IPv4 路由选择表中，这些网络前缀的下一跳地址是 132.214.1.1。这个 BGP 配置仅用于从 AS65200 的路由器 R3 到 AS65100 的路由器 R1 交换 IPv6 路由选择信息。为了将 IPv4 网络前缀 133.220.0.0/16 通告到路由器 R1，在路由器 R3 中应用类似的配置。

注：理解下面这点是很重要的,即要在域节点之间建立 IPv4 会话，域 A 和 B 之间的 IPv4 连接性必须是可用的。参见第 5 章，了解在 IPv6 单协议网络上承载 IPv4 数据包和在 IPv4 单协议网络上承载 IPv6 数据包的策略和机制的详细信息。

注：也可以使用相同的模式，在两个 BGP IPv4 对等端之间交换 IPv6 路由。

6．和 BGP4+一起使用 MD5 认证

如 RFC 2385“通过 TCP MD5 签字选项保护 BGP 会话”所定义，使用一个携带 MD5 摘要的 TCP 选项，BGP 能够保护自己免受连接流中引入的欺骗 TCP 段（特别值得关注的是 TCP 复位）。在 IPv4 和 IPv6 伪包头之间，RFC 2385 没有进行区分，但看起来所指的是 IPv4 包头。

在 Cisco IOS 软件中，这个功能为 IPv6 进行了改写。这样，在 BGP IPv6 对等端之间的认证现在是可能的。在 BGP IPv6 对等端之间使用 MD5 认证时，必须在地址簇 ipv6 子命令模式下配置。如 IPv4 **neighbor [..] password** 命令，这个命令以相同的方式被使用，但是要在地址簇 ipv6 子命令模式下。**neighbor [..] password** 命令的语法如下：

```
Router(config-router-af)# neighbor {ipv6-address | peer-group-name} password 5
  password- string
```

ipv6-address 参数是 BGP 邻居的 IPv6 地址，*peer-group-name* 是 BGP 对等端组的名称，**password** 关键字在 BGP 邻居之间的 TCP 连接上启用认证，数字 **5** 代表 MD5。最后，*password-string* 是用于 BGP 对等端双方的共享秘密信息。

例 4-8 是一个 BGP4+配置范例。显示了在地址簇 ipv6 子命令模式下，使用 **neighbor [..] password** 命令在 BGP IPv6 对等端之间建立 MD5 认证的一个例子。

例 4-8 将静态 IPv6 路由再发布到 BGP4+中

```
RouterR1#configure terminal
RouterR1(config)#router bgp 65001
RouterR1(config-router)#no bgp default ipv4-unicast
RouterR1(config-router)#bgp router-id 1.1.1.1
RouterR1(config-router)#neighbor 2001:410:ffff:2::1 remote-as 65100
RouterR1(config-router)#address-family ipv6
RouterR1(config-router-af)#neighbor 2001:410:ffff:2::1 password 5
  secured-bgp-session
RouterR1(config-router-af)#neighbor 2001:410:ffff:2::1 activate
```

注：在 BGP 对等端双方必须使用相同的秘密口令，否则，TCP 连接将会失败。

将 IPv6 路由再发布到 BGP4+中

再发布路由到 BGP4+中类似于 IPv4 中的相同任务。和在 IPv4 中一样，有几种方式将 IPv6 前缀通告到 BGP4+协议：

- 如前面所讨论的，在地址簇 ipv6 子命令模式下配置 **network** 命令。
- 将在路由器上手工配置的静态 IPv6 路由再发布到 BGP4+中（这种方式是使用 **network** 命令的替代方法）。
- 将通过如 RIPng、IPv6 的 IS-IS 和 OSPFv3 等 IGP 动态获悉的 IPv6 路由再发布到 BGP4+中。

无论是从静态路由还是从 IGP 再发布 IPv6 路由到 BGP4+中，都是在 BGP4+的地址簇 ipv6 子命令模式下使用 **redistribute** 命令实现的。这个命令以和 IPv4 **redistribute** 命令相同的方式使用。在地址簇 ipv6 子命令模式下，**redistribute** 命令的语法如下：

```
Router(config-router-af)# redistribute {bgp | connected | isis | ospf | rip |static}
```

将静态 IPv6 路由再发布到 BGP4+中

如 **metric** 和 **route-map** 这样的可选参数可以在 **redistribute static** 命令中出现。再发布到 BGP4+中的静态 IPv6 路由可以强制使用新的 **metric** 值。然后，**route-map** 可以用来根据路由选择策略过滤路由。在 BGP4+中 **redistribute static** 命令的语法如下：

```
Router(config-router-af)# redistribute static [metric metric-value] [route-map
  map-tag]
```

注：IPv6 路由再发布完成之后，可以使用 **show ipv6 protocols** 命令在任何路由选择协议之间验证再发布是否完成。这个命令等同于 IPv4 中的 **show ip protocols** 命令。

例 4-9 中的 BGP4+配置显示了在 BGP4+中静态 IPv6 路由再发布的范例。路由 2001:410:ffff::/48 和 2001:420:ffff::/48 添加到路由器 R1 的 IPv6 路由选择表中。然后，在地址簇 ipv6 子命令模式下，使用 **redistribute static** 命令将两条路由再发布到 BGP4+中。

例 4-9 将静态 IPv6 路由再发布到 BGP4+中

```
RouterR1#configure terminal
RouterR1(config)#ipv6 route 2001:410:ffff::/48 null 0
RouterR1(config)#ipv6 route 2001:420:ffff::/48 null 0
RouterR1(config)#router bgp 65001
<OUTPUT OMITTED>
RouterR1(config-router)#address-family ipv6
RouterR1(config-router-af)#redistribute static
```

注：和 IPv4 中一样，再发布到 BGP4+中的 IPv6 路由必须已经存在于 IPv6 路由选择表中。但是，如果路由选择表中没有路由而又打算在 IPv6 路由选择表中添加静态路由，目的只是将静态路由再发布到 BGP4+中，就必须使用 **ipv6 route** 命令定义 **null 0** 作为目的网络接口。这个配置命令类似于 IPv4 中的 **ip route** *ipv4-prefix mask* **null 0** 命令。

再发布 IGP 到 BGP4+中

和 IPv4 中一样，能够从 IGP 再发布路由到 BGP4+中。但是，因为这可能造成 BGP4+路由选择表中的路由不稳定(可能产生发往 BGP 对等端的若干 BGP 更新消息)，所以并不推荐使用。虽然不推荐将 IGP 再发布到 BGP4+中，但是下面仍然给出了将 RIPng 和 IPv6 ISIS 的路由再发布到 BGP4+中的命令。

再发布 RIPng 到 BGP4+中

在 BGP4+地址簇 ipv6 子命令模式中使用 **redistribute rip** 命令，定义再发布 RIPng 路由到 BGP4+中。*process* 参数是路由器上必须再发布信息的 RIPng 进程。可选的 **metric** 参数指明通告到 BGP4+中的与 RIPng 路由相关的度量新值。最后，可以选用 **route-map** 来过滤从源协议 RIPng 到 BGP4+的进入 IPv6 路由。在 BGP4+中，**redistribute rip** 命令的语法如下：

```
Router(config-router-af)# redistribute rip process [metric metric-value] [route-map
  map-tag]
```

注：在本章后面详细讨论 RIPng。

再发布 IPv6 IS-IS 到 BGP4+中

redistribute isis 命令定义将 IPv6 IS-IS 路由再发布到 BGP4+中。*process* 参数是 IS-IS 进程。关键字 **level-1**、**level-2** 和 **level-1-2** 确定从 IS-IS 注入到 BGP4+内的 IS-IS 路由等级。**metric-type**

参数指明与通告到 IS-IS 中的路由相关的 IS-IS 度量：**internal** 指小于 63 的 IS-IS 度量（默认），**external** 指小于 128 但大于 64[1]。与 RIPng 相同，可选的 **metric** 参数指明通告到 BGP4+内的与 IS-IS 路由相关的度量新值。最后，可以选用 **route-map** 来过滤从源协议 IS-IS 到 BGP4+的进入 IPv6 路由。在 BGP4+中，**redistribute isis** 命令语法如下：

```
Router(config-router-af)# redistribute isis process {level-1 | level-2 | level-1-2}
  [metric-type {external | internal}] [metric metric-value] [route-map map-tag]
```

注：在本章后面详细讨论 IPv6 IS-IS。

7. 验证和管理 IPv6 BGP4+

可以使用显示 IPv6 BGP 表的 **show bgp ipv6** 命令显示信息、IPv6 BGP 邻居和统计信息。这个命令等同于 IPv4 中的 **show ip bgp** 命令：

```
Router# show bgp ipv6 [ ipv6-prefix/0-128 | community | community-list | dampened-paths
  |filter-list | flap-statistics | inconsistent-as | neighbors | quote-regexp |
  regexp | summary]
```

表 4-3 描述了在 **show bgp ipv6** 命令中可以使用的命令选项和参数。

表 4-3 show bgp ipv6 命令参数

命令参数	描述
ipv6-prefix/0-128	给定 IPv6 前缀和前缀长度参数，显示所有相关的路径信息
community	显示匹配 IPv6 BGP 区的路由信息
community-list	显示匹配 IPv6 BGP 区列表的路由信息
dampened-paths	显示由于降级使用而不通告的 IPv6 路径信息
filter-list	显示符合过滤列表的路由
flap-statistics	显示 IPv6 BGP 邻居的震荡统计信息
inconsistent-as	显示源自治系统不一致的路由信息
neighbors	显示 IPv6 BGP 邻居的状态信息
quote-regexp	显示匹配 AS 路径正则表达式（以带引号的字符串表示）的 IPv6 BGP 路由
regexp	显示匹配 AS 路径正则表达式的 IPv6 BGP 路由
summary	显示 IPv6 BGP 邻居状态的摘要信息

使用 **clear bgp ipv6** 命令能够复位 IPv6 BGP 邻居、TCP 连接和震荡降级功能。这个命令等同于 IPv4 中的 **clear bgp** 命令。命令语法如下：

```
Router# clear bgp ipv6 {* | autonomous-system | ipv6-address | dampening | external
  |flap-statistics | peer-group}
```

表 4-4 给出了 **clear bgp ipv6** 命令的选项和参数。

[1] 译者注：译者认为两者的区间是：**internal**：[0，63]，**external**：[64，128]

表 4-4　clear bgp ipv6 命令参数

命令参数	描　述
*	复位所有的 IPv6 BGP 邻居
autonomous-system	复位 AS 号为参数确定的所有 IPv6 BGP 邻居
ipv6-address	复位到指定 BGP 邻居的 TCP 连接并从 BGP 表中删除通过这个连接获悉的所有路由
Dampening	复位与 IPv6 BGP 邻居相关的震荡降级信息
External	复位所有的外部 IPv6 对等端
flap-statistics	清除与 IPv6 BGP 邻居相关的所有路由震荡统计信息
peer-group	复位到这个对等端组的 TCP 连接并从 BGP 表中删除通过这个连接获悉的所有路由

命令 **debug bgp ipv6** 显示了与 BGP4+路由选择协议相关的调试信息。表 4-5 列出了用这个命令可以指定的参数。这个命令等同于 IPv4 中的 **debug bgp** 命令。

表 4-5　debug bgp ipv6 命令参数

命令参数	描　述
dampening	启用 IPv6 的 BGP 路由选择协议调试功能。显示有关降级的消息
updates	启用 IPv6 的 BGP 路由选择协议调试功能。显示 BGP4+更新消息

验证 IPv6 的前缀列表

命令 **show ipv6 prefix-list** 可以用来显示与路由器内配置的 IPv6 前缀列表相关的摘要或具体的细节信息。这个命令等同于 IPv4 中的 **show ip prefix-list** 命令。命令语法如下：

```
Router# show ipv6 prefix-list [summary | detail] name
```

4.4　IPv6 的 IGP 协议

在本章中讲解的第二个路由选择协议簇是内部网关协议（IGP）。IGP 在 AS 和域内部使用。在域内最常用的 IPv4 路由选择协议是路由选择信息协议（RIP）、中间系统到中间系统（IS-IS）、开放最短路径优先（OSPF）和增强内部网关路由选择协议（EIGRP）。

下面是 IGP 性质的简短概述：

- **RIP**——这个路由选择协议的版本 1 是 IPv4 域内最先使用的 IGP 之一。RIP 是基于贝尔曼-福特算法的距离矢量路由选择协议。使用用户数据报协议（UDP）在端口 520 上向其他 RIP 路由器通告路由选择信息。RIP 是为小网络上的 IPv4 和 IPX 而设计的。但是，这个路由选择协议的规模扩展性受到最多 15 跳的半径限制。RIP 提供了计算到达目的网络的最佳路由的跳计数信息。与 OSPF 和 IS-IS 等链路状态路由选择协议相比，RIP 的收敛速度是缓慢的。支持 IPv6 的 RIP 版本称为 RIPng。RIPng 从 RIP 版本 2 演变而来。在后面的小节中详细讨论 RIPng。

- **IS-IS**——这个协议在 IPv4 中使用开放系统互连（OSI）术语。最初 IS-IS 设计为 OSI 路由选择协议（ISO 10589），然后扩展设计加入了 IPv4 支持（RFC 1195），通常称为集成。在邻接 IS-IS 路由器之间，这个路由选择协议使用国际标准化组织（ISO）网络业务接入点（NSAP）地址和 OSI 数据包通告信息。IS-IS 是基于 Dijkstra 的 SPF（最短路径优先）算法的链路状态协议。协议有非常大的扩展性，而且是层次化的。IS-IS 路由器必须是 IS-IS 区域的成员。IS-IS 提供了计算到达目的网络的最佳路径的链路代价信息（默认的接口代价是 10）。与 RIP 相比，IS-IS 收敛时间被认为是迅速的。在后面的小节中详细讲解支持 IPv6 的 IS-IS。
- **OSPF**——OSPF 是从 IS-IS 协议早期的一个草案受到启发而产生的。OSPF 是另一个基于 Dijkstra 的 SPF 算法的链路状态协议。OSPF 使用基于协议 89 的 IPv4 数据包，向 OSPF 路由器通告路由选择信息。如 IS-IS，OSPF 有巨大的扩展性并且是层次化的：OSPF 路由器必须是区域的成员。如 IS-IS，OSPF 提供链路代价信息，只是代价是在接口带宽性质的基础上计算的。与 RIP 相比，OSPF 收敛时间被认为是迅速的。OSPF 版本 3 支持 IPv6。在后面的小节中详细讲解 OSPFv3。
- **EIGRP**——这是 Cisco 若干年前开发的专有路由选择协议 IGRP 的高级版本。EIGRP 是加入链路状态协议性质的高级距离矢量协议。EIGRP 基于扩散刷新算法（DUAL）并有巨大的扩展性。EIGRP 设计支持 IPv4、IPX 和 AppleTalk。EIGRP 使用基于协议 88 的 IPv4 数据包，向 EIGRP 路由器通告路由选择信息。EIGRP 提供基于使用带宽和时延值的组合度量的链路代价信息，来计算到达目的网络的最佳路径。EIGRP 的收敛时间被认为是非常迅速的。

注：如本章开头所言，本章只提供路由选择协议的扼要概述。如果需要了解关于 RIP、IS-IS、OSPF 和 EIGRP 的更多信息，就要阅读 IP Routing Fundamentals、*Building Scalable Networks with Cisco* 或《Cisco OSPF 命令与配置手册》（本书已由人民邮电出版社出版）。另外，在 IPv4 网络上应用路由选择协议时，Cisco 网站提供了这些路由选择协议的丰富信息和范例。

在 Cisco IOS 软件中，当前支持 IPv6 的 IGP 限于 RIP、IS-IS 和 OSPF。在下面的小节中，按照这些协议在 IPv6 中可用的时间先后顺序进行讨论。

4.4.1 IPv6 RIPng

RFC 1058“路由选择信息协议”和 RFC 1723“RIP 版本 2”定义了 RIPv1 和 RIPv2。RIPv2 是目前在 Cisco 路由器实现中已实现的、可用的并且正在使用的最高级 RIP 版本。

注：Cisco IOS 软件同时支持 RIPv1 和 RIPv2。但是，在 Cisco 上 IPv4 中配置 RIPv1 或 RIPv2 超出了本书讨论的范围。

下一代路由选择信息协议（RIPng）是RIPv2的对应协议，只不过支持IPv6。如RFC 2080“IPv6 RIPng”所定义的，RIPng有RIPv2的大多数相同的功能：

- **距离矢量**——RIPng是基于贝尔曼-福特算法的距离矢量协议。
- **操作半径**——和RIP相同，RIPng限于15跳的半径。
- **基于UDP协议**——RIPng使用UDP数据报发送和接收路由选择信息。
- **广播信息**——使用多播地址发送周期性广播信息，降低了不需要监听RIP消息的节点上的流量。

因为IPv6代表了要支持的一个新协议，所以为了处理IPv6，RIPng进行了更新。下面是在RIPng中添加的主要更新：

- **目的前缀**——目的前缀基于128比特而不是32比特（如在IPv4中）。
- **下一跳地址**——下一跳地址基于128比特而不是32比特（如在IPv4中）。
- **传输**——在IPv6数据包之上传送RIPng消息。
- **UDP端口号**——和IPv4中的520不同，IPv6中的标准UDP端口号是521。在RIPng路由器之间，这个UDP端口发送和接收路由选择信息。
- **本地链路地址**——使用本地链路地址FE80::/10作为源地址，发送RIPng更新消息到邻接RIPng路由器。
- **多播地址**——和IPv4中的224.0.0.9不同，在RIPng中使用的标准多播地址是FF02::9。FF02::9代表了在本地链路范围内的所有RIP路由器多播地址。

1．在Cisco上启用RIPng

在Cisco IOS软件技术中，支持的第一个IGP是RIPng。Cisco IOS软件技术最多同时支持4个RIPng进程。**ipv6 router rip**命令在路由器上定义一个RIPng进程，这是用来启用RIPng进程的第一步。*tag*参数指标识某个特定RIPng进程的一个短字符串。**ipv6 router rip**命令等同于IPv4中的**router rip**命令。这个命令的语法如下：

```
Router(config)# ipv6 router rip tag
```

配置RIPng

一旦在路由器上定义了RIPng进程，就必须使用如表4-6所示的**ipv6 rip** *tag* **enable**命令在接口上启用RIPng。表4-6列出了用来产生默认IPv6路由的其他子命令并显示了如何聚合路由。

表4-6　ipv6 rip tag子命令

命　令	描　述
enable	在接口上启用RIPng
default-information originate	产生一条默认的IPv6路由（::/0）并在RIP更新消息中发送
default-information only	在RIP中产生一条默认的IPv6路由（::/0）。这条命令只发送默认的IPv6路由，禁止发送任何其他IPv6路由
summary-address *ipv6-prefix/prefix-length*	聚合IPv6路由。当一条路由的高*length*比特匹配判断语句时，代之以通告判断语句中的前缀。在这种情况下，多条路由代之以单条路由，其度量是多条路由中的最低度量。这个命令可以使用多次

这些参数是在接口的基础上使用的。

注：在路由器的一个未编号隧道接口上启用 RIPng 是可能的。但是，必须使用 **ipv6 rip** *tag* **enable** 在隧道和物理接口上都启用 RIPng。在这种情况下，隧道接口使用物理接口的源 IPv6 地址。

图 4-6 演示了一个包括 4 台路由器的网络，该网络使用 RIPng 作为路由选择协议。和任何 IGP 相同，RIPng 协议用来在网络拓扑结构内广播所有子网的前缀。路由器 R3 连接到 IPv6 Internet。在路由器 R3 的 FastEthernet 0/0 和 FastEthernet 0/1 接口上，RIPng 通告源为路由器 R3 的默认 IPv6 路由。

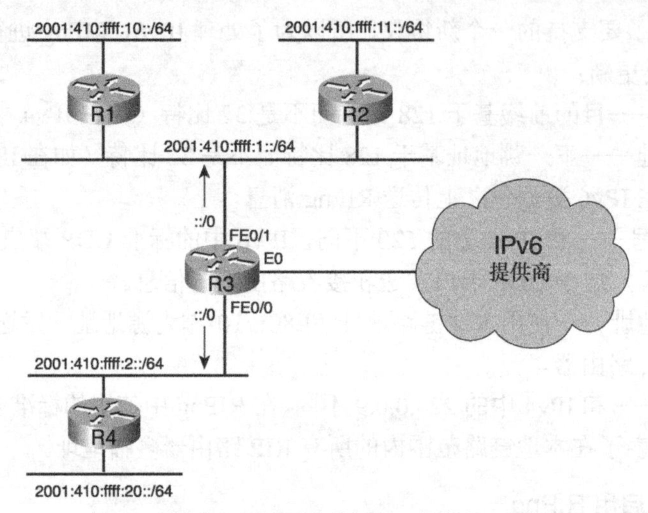

图 4-6　路由器 R3 通告源为路由器 R3 的默认 IPv6 路由

例 4-10 给出了图 4-6 中路由器 R3 的配置。首先，**ipv6 router rip RIPNGR3** 命令定义 RIPng 进程。单播 IPv6 地址 2001:410:ffff:1::1/64 和 2001:410:ffff:2::1/64 分配给接口 fastethernet0/1 和 fastethernet0/0。然后，在两个接口上应用命令 **ipv6 rip RIPNGR3 enable，启用** RIPng。最后，命令 **ipv6 rip default-information originate** 通告源为路由器 R3 的默认 IPv6 路由。

例 4-10　在路由器 R3 中启用 RIPng，通告默认路由

```
RouterR3#configure terminal
RouterR3(config)#ipv6 router rip RIPNGR3
RouterR3(config-rtr)#int fastethernet0/1
RouterR3(config-if)#ipv6 address 2001:410:ffff:1::1/64
RouterR3(config-if)#ipv6 rip RIPNGR3 enable
RouterR3(config-if)#ipv6 rip default-information originate
RouterR3(config-if)#int fastethernet0/0
RouterR3(config-if)#ipv6 address 2001:410:ffff:2::1/64
RouterR3(config-if)#ipv6 rip RIPNGR3 enable
RouterR3(config-if)#ipv6 rip default-information originate
RouterR3(config-if)#exit
RouterR3(config)#ipv6 route ::/0 ethernet0
```

调整 RIPng 进程

本节讲解可以用来调整 RIPng 进程的参数。表 4-7 所列的参数在路由器子命令模式下使用命令 **ipv6 router rip** 时可用。输入 **ipv6 router rip** 命令之后，应该看到路由器提示（router-rtr)。这些参数与在 IPv4 中路由器 rip 子命令模式下可用的参数相同。

表 4-7　RIPng 路由器命令

命　令	描　述
Router(config-rtr)# **distance** *distance*	定义 RIPng 进程的管理距离。如果两个 RIP 进程试图在相同的路由选择表中插入相同的 IPv6 路由时，管理距离小的路由优先。默认值是 120
Router(config-rtr)# **distribute-list prefix-list** *pfx-name* {*in* | *out* } [*interface*]	对某个接口上接收或发送的 RIPng 路由更新消息应用 IPv6 访问列表。如果没有指定接口，那么 IPv6 访问列表应用于路由器上的所有接口
Router(config-rtr)# **metric-offset** *Number*	设定增加量为 1～16 之间的某个新值。默认情况下，进入路由选择表之前 RIPng 度量加 1
Router(config-rtr)# **poison-reverse**	执行更新的反向抑制处理。当 RIPng 在接口上通告从该接口上获悉的网络 IPv6 前缀时，反向抑制产生一个不可到达度量的通告。如果同时启用了水平分割和反向抑制，只有水平分割有效。默认情况下，关闭反向抑制
Router(config-rtr)# **split-horizon**	执行更新的水平分割处理。水平分割抑制在接口上通告从该接口上获悉的网络 IPv6 前缀
Router(config-rtr)# **port** *udp-port* **multicast-group** *multicast-address*	定义与默认值不同的 UDP 端口号和多播地址。默认情况下，RIPng 进程使用标准的 UDP 端口 521 和 RIP 多播地址 FF02::9
Router(config-rtr)# **timers** *update expire holddown garbage-collect*	配置 RIPng 路由选择定时器。*update* 参数定义周期性更新间隔。默认 *update* 值是 30s。*expire* 是超时参数，指 *expire* 秒之后，如果没有收到网络前缀就将其标记为不可达。默认 *expire* 值是 180s。在随后的 *holddown* 秒时间内，忽略不可达网络前缀信息。默认的 0 值指不使用抑制。*garbage-collect* 参数删除 RIPng 路由选择表中的过期条目。在过期或抑制终止 *garbage-collect* 秒之后，执行删除操作。默认 *garbage-collect* 值是 120
Router(config-rtr)# **redistribute** {**bgp** | **connected** | **isis** | **ospf** | **rip** | **static**} [**metric** *metric-value*] [**level-1** | **level-1-2** | **level-2**] [*route-map map-tag*]	通告从其他协议获悉的路由，如 bgp、直接连接、isis、ospf、rip 和静态配置。要了解关于 **redistribute** 命令的详细信息，参见下一节
Router(config-rtr)# **exit**	退出 RIPng 配置模式

2. 再发布 IPv6 路由到 RIPng 中

再发布 IPv6 路由到 RIPng 中类似于 IPv4 中的对应过程。BGP4+、IPv6 IS-IS、OSPFv3 和静态路由可以再发布到 RIPng 中。下一节给出再发布 IPv6 路由到 RIPng 中的命令和范例。RIPng 的 IPv6 路由再发布是使用 **redistribute** 命令在 ipv6 router rip 子命令模式下进行的。这个命令使用的方式与 IPv4 中 RIPv2 使用 **redistribute** 命令的方式相同。**redistribute** 命令的语法如下：

```
Router(config-rtr)# redistribute {bgp | connected | isis | ospf | rip | static}
```

再发布静态 IPv6 路由到 RIPng 中

可以在命令 **redistribute static** 中提供诸如 **metric** 和 **route-map** 这样的选项参数。不用再发布到 RIPng 的路由所使用的默认度量值 1，再发布静态 IPv6 路由可以强制使用 **metric** 新值。然后，**route-map** 可以用来根据路由选择策略过滤路由。在 RIPng 中 **redistribute static** 命令的语法如下：

```
Router(config-rtr)# redistribute static [metric metric-value] [route-map map-tag]
```

例 4-11 中的 RIPng 配置显示了用来将静态 IPv6 路由注入 RIPng 的 **redistribute static** 命令。

例 4-11 再发布静态 IPv6 路由到 RIPng 中

```
RouterR1#configure terminal
RouterR1(config)#ipv6 router rip RIPNGR1
RouterR1(config-rtr)#redistribute static
```

再发布 BGP4+到 RIPng 中

redistribute bgp 命令定义了再发布 BGP4+路由到 RIPng 中。*process* 参数是 AS 号。可选的 **metric** 参数指明了与通告到 RIPng 的 BGP4+路由相关的度量新值。可以选用 **route-map** 来过滤从源协议 BGP4+到 RIPng 方向的进入 IPv6 路由。在 RIPng 中 **redistribute bgp** 命令的语法如下：

```
Router(config-rtr)# redistribute bgp process [metric metric-value] [route-map map-tag]
```

例 4-12 中的 RIPng 配置显示了用来将 BGP4+路由注入 RIPng 的 **redistribute bgp** 命令。BGP4+路由 2001:420:ffff::/48 注入到 RIPng 中。要了解这里所给出的配置的详细信息，参见“IPv6 BGP4+”一节。

例 4-12 再发布 BGP4+路由到 RIPng 中

```
RouterR1#configure terminal
RouterR1(config)#router bgp 65001
RouterR1(config-router)#no bgp default ipv4-unicast
RouterR1(config-router)#bgp router-id 1.1.1.1
RouterR1(config-router)#neighbor 3ffe:b00:ffff:2::2 remote-as 65002
RouterR1(config-router)#address-family ipv6
RouterR1(config-router-af)#neighbor 3ffe:b00:ffff:2::2 activate
RouterR1(config-router-af)#network 2001:420:ffff::/48
RouterR1(config-router-af)#exit-address-family
RouterR1(config-router)#exit
RouterR1(config)#ipv6 router rip RIPNGR1
RouterR1(config-rtr)#redistribute bgp 65001
```

再发布 IPv6 IS-IS 到 RIPng 中

redistribute isis 命令定义了再发布 IPv6 IS-IS 路由到 RIPng 中。*process* 参数是路由器上的 IS-IS 进程。可选的 **metric** 参数指明了与通告到 RIPng 的 IPv6 IS-IS 路由相关的度量新值。**level-1**、**level-2** 和 **level-1-2** 关键词指明从 IS-IS 注入到 RIPng 中的 IS-IS 路由等级。可以选用 **route-map** 来过滤从源协议 IS-IS 到 RIPng 方向的进入 IPv6 路由。在 RIPng 中 **redistribute isis** 命令的语法如下：

```
Router(config-rtr)# redistribute isis process [metric metric-value] {level-1 |
   level-2 | level-1-2} [route-map map-tag]
```

3. 管理 RIPng

如表 4-8 所示，使用 **show ipv6 rip** 命令能够显示 RIPng 进程的状态、RIPng 数据库和下一跳地址。**show ipv6 rip** 命令等同于 IPv4 中的 **show rip** 命令。

表 4-8　show ipv6 rip 命令

命　令	描　述
show ipv6 rip	显示各个 RIPng 进程的状态
show ipv6 rip database	显示 RIPng 数据库
show ipv6 rip next-hops	显示 RIPng 下一跳

使用 **clear ipv6 rip** 命令能够从 RIPng 数据库中删除所有条目，该命令的语法如下：

```
Router# clear ipv6 rip [ name]
```

命令 **debug ipv6 rip** 显示与 RIPng 路由选择协议有关的调试信息。这个命令显示所有启用 RIPng 的接口所接收和发送的 RIPng 数据包。**debug ipv6 rip** 命令等同于 IPv4 中的 **debug ip rip** 命令。该命令的语法如下：

```
Router# debug ipv6 rip
```

要显示在某个特定接口上所发送和接收到的 RIPng 数据包，使用 *interface* 参数：

```
Router# debug ipv6 rip interface
```

注：在繁忙的网络上使用 **debug ipv6 rip** 命令，会严重影响路由器的性能。

4.4.2　IPv6 IS-IS

ISO/EIC 10589“中间系统到中间系统”是为传输无连接网络业务（CLNS）流量而定义的 IS-IS 域内路由选择交换协议的基本规范。RFC 1195“使用 OSI IS-IS，在 TCP/IP 和双环境中进行路由选择”是 IPv4 IS-IS 最具体的标准。IPv4 IS-IS 在 Cisco 环境中也称为集成的 IS-IS。IS-IS 协议运行在数据链路层之上并需要 ISO 8473 规范中所定义的无连接网络协议（CLNP）。CLNP 使用 NSAP 地址。

注：Cisco IOS 软件支持 IPv4 IS-IS。但是，在 Cisco 上配置 IPv4 IS-IS 不是本书讨论的内容。

IS-IS 协议现在支持 IPv6。IETF draft-ietf-isis-ipv6-05.txt“使用 IS-IS 路由 IPv6”定义了在 IS-IS 协议中支持 IPv6。因为 IPv6 协议代表了要支持的一种新的地址簇，本节给出了为了支持 IPv6 在 IS-IS 协议中加入的更新内容。在 IETF draft-ietf-isis-ipv6-05.txt 中规定的所添加的更新内容指在 RFC 1195 中所描述的 IS-IS 机制。

更新内容主要是新添加的承载有关 IPv6 路由信息的两个类型-长度值（TLV）。TLV 是在链路状态数据包（LSP）中编码为可变长度字段的路由器信息。新添加的 TLV 如下：

- **IPv6 可达性**——这个新的 TLV 定义了如 IPv6 路由选择前缀、度量信息和一些选项比特的网络可达性。选项比特指来自高层的 IPv6 前缀通告、来自其他路由选择协议的前缀发布（再发布）和 TLV 子项的存在信息。分配给 IPv6 可达性 TLV 的十进制值是 236（十六进制的 0xEC）。这个 IPv6 可达性 TLV 等同于 RFC 1195 中所描述的 IP 内部可达性和 IP 外部可达性信息。
- **IPv6 接口地址**——这个 TLV 包含一个 IPv6 接口地址（128 比特），而不是一个 IPv4 接口地址（32 比特）。这个 IPv6 接口地址等同于 RFC 1195 中所描述的 IP 接口地址。分配给IPv6接口地址TLV的十进制值是232（十六进制的 0xE8）。对于 IS HELLO PDU，这个 TLV 必须包含本地链路地址（FE80::/10）。但是，对于 LSP，TLV 必须包含非本地链路地址。

还定义了一个新的网络层协议标识符（NLPID），允许支持 IPv6 的 IS-IS 路由器使用标识 IPv6 数据包的十进制值 142（十六进制的 0x8E）通告数据包。NLPID 是标明网络层的一个 8 比特字段。对 IPv4 和 OSI 使用不同的 NLPID 值。

1．IPv6 IS-IS 网络设计

在 IS-IS 环境中的域等同于 BGP 中的 AS。IS-IS 域基于两等级结构：等级 1（level-1）和等级 2（level-2）。和在 IPv4 中相同，任何支持 IPv6 的 IS-IS 路由器的行为如下：

- **Level-1（L1）路由器**——负责区内的 IPv6 路由选择。
- **Level-2（L2）路由器**——负责区之间的 IPv6 路由选择。
- **Level-1-2（L1/L2）路由器**——同时负责 IPv6 区内和区之间的路由选择。

在描述 IPv6 的 IS-IS 命令集之前，下面给出在 IPv6 协议的 IS-IS 网络设计过程中要铭记在心的因素。

单个 SPF 的限制

这里给出在 IPv6 协议与 IPv4 同时启用的情况下 IS-IS 网络设计的限制条件。在 IS-IS 区内，在 OSI、IPv4 和 IPv6 的每个等级上都运行着单个 SPF。这意味着在单个 IS-IS 区内，所有 IS-IS 路由器必须运行相同的协议集合。

下面的内容更具体地描述了这些主题：

- **IPv6 的 IS-IS 邻接路由器因素**——在单个 IS-IS 区内能够设计 3 种可能的 IS-IS 邻接路由器结构——IPv4 单协议网络 IS-IS、IPv6 单协议网络 IS-IS 和 IPv4-IPv6 IS-IS（其中在所有 IS-IS 路由器上两种协议都启用了）。但是，本节描述了在 IPv4 单协议网络 IS-IS 路由器上逐步启用 IPv4 和 IPv6 的情况下，必须要考虑的关于 IS-IS 邻接关系的特定因素。
- **IPv6 的 Level-2 路由器配置**——Level-2 IS-IS 路由器负责内部路由选择。对于相同的协议集，Level-2 IS-IS 路由器必须是连续的。否则，将产生路由选择黑洞。本节给出了启用 IPv6 时 Level-2 路由器的连续结构。

- **IPv6 的多拓扑结构**——在 IPv4 和 IPv6 都启用的情况下，解决 IS-IS 网络设计限制的一个可选方案是为每个地址簇执行单独的 SPF 算法。在这种情况下，每个协议可能有单独的拓扑结构。

IS-IS 邻接路由器因素

因为 IS-IS 协议是链路状态协议，所以邻接路由器在相同的链路上交换网络信息。在 IPv4 单协议网络内，在所有的邻接路由器上启用 IS-IS 协议是没有问题的。在 IPv6 单协议网络上启用 IS-IS，这条规则也是正确的。

但是，在所有的邻接 IS-IS 路由器上启用两种协议时，必须特别谨慎。在这种特定情况下，在所有的邻接 IS-IS 路由器上必须同时启用两种协议。否则，IS-IS 路由器将不再维持与其所有 IS-IS IPv4 邻居的邻接关系。事实上，当在 Level-1 或 Level-1-2 IS-IS 路由器上启用邻接关系检查功能时，IS-IS 协议检查从其 IS-IS 邻居来的 hello 消息，如果邻居使用不同的协议集，就拒绝与其形成邻接关系。

IPv4 单协议网络 IS-IS 路由器向 IPv6-IPv4 路由器的过渡是非常关键的。如果在过渡过程中没有关掉邻接关系检查，IPv4 单协议网络 IS-IS 路由器将拒绝与 IPv6-IPv4 路由器形成邻接关系。这样，邻接关系就被扔掉了。这是要铭记在心的非常重要的因素。

注：在从 IPv4 单协议网络 IS-IS 路由器过渡的过程中，在每台路由器上逐个启用 IPv4-IPv6 IS-IS 时，IS-IS 地址簇 ipv6 子命令模式中的 **no adjacency-check** 命令是专门设计用来维持邻接关系的。启用 **no adjacency-check** 以后，就能防止使用不同协议集的 IS-IS 路由器执行 hello 检查并丢掉邻接关系。成功过渡之后，当所有 IS-IS 路由器同时支持两种协议时，就可以去除 **no adjacency-check** 命令了。**no adjacency-check** 命令在本章后面详细描述。

下面是在单个区中 IS-IS 邻接路由器的可能结构：

- **IPv4** 单协议网络——在 IS-IS 区中仅支持 IPv4 的所有邻接 IS-IS 路由器上启用 IS-IS 协议。
- **IPv6** 单协议网络——在 IS-IS 区中仅支持 IPv6 的所有邻接 IS-IS 路由器上启用 IS-IS 协议。
- **IPv4-IPv6**——在 IS-IS 区中支持 IPv6 和 IPv4 的所有邻接 IS-IS 路由器上启用 IS-IS 协议。但是，在从 IPv4 单协议网络 IS-IS 路由器到 IPv4-IPv6 IS-IS 路由器过渡的过程中，必须启用 **no adjacency-check** 命令。否则，使用不同协议集的 IS-IS 之间的邻接关系将被扔掉。

图 4-7 显示了支持 IPv4 和 IPv6 的 IS-IS 网络拓扑范例。场景 A 代表一个正确的拓扑结构，在一个 IS-IS 区内有 3 台只支持 IPv4 的 IS-IS 路由器。场景 B 显示了 3 台只支持 IPv6 的 IS-IS 路由器的正确结构。场景 C 是不正确的拓扑结构，其中一台 IS-IS 路由器只支持 IPv6，而另外两台只支持 IPv4。在这个例子中，只支持 IPv4 的 IS-IS 路由器扔掉了邻接信息。最后，场景 D 显示了另外一个正确结构，在一个 IS-IS 区内，所有的 IS-IS 路由器都支持 IPv4

和 IPv6。

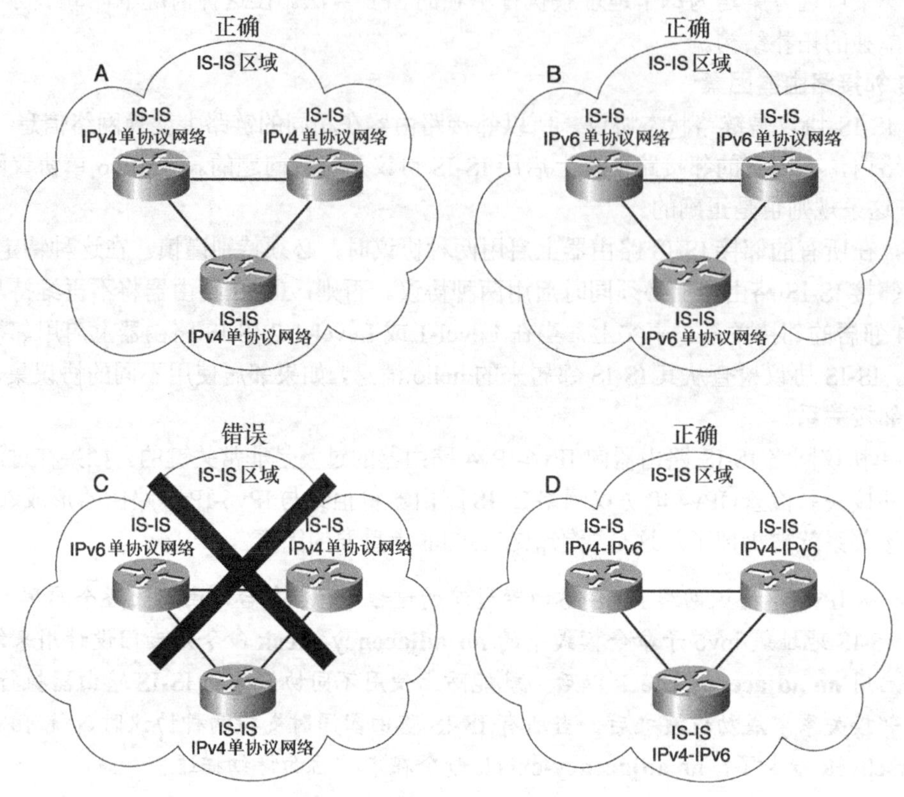

图 4-7 在域中的 IS-IS 网络拓扑范例

Level-2 路由器因素

在任何 IS-IS 网络设计中，负责区间路由选择的所有 level-2 路由器必须是连续的。因此，对 IPv6 单协议网络、IPv4 单协议网络或同时支持 IPv6 和 IPv4 的情况，IS-IS level-2 路由器必须是连续的。否则，就会产生路由选择黑洞。在设计同时支持 IPv4 和 IPv6 的 IS-IS 网络时，这是要铭记在心的另一个因素。

注：如果在 IPv6 路由的最短路径上有一台只支持 IPv4 的 IS-IS 路由器，就会产生路由黑洞。在边界上的路由器向只支持 IPv4 的 IS-IS 路由器发送数据包，但是与只支持 IPv4 的 IS-IS 路由器邻接的路由器并不安装路由，原因是下一跳没有一个 IPv6 地址。

图 4-8 说明了这个概念。场景 A 显示了由 IS-IS level-2 路由器连接的 3 个 IS-IS 区。这种场景是错误的，原因是在 IS-IS 区 B 中的 level-2 IS-IS 路由器不支持 IPv6。因此，这种情况违反了 IPv6 协议的连续性。但是，场景 B 给出了一个正确的 IS-IS 结构，其中所有的 level-2 IS-IS 路由器对 IPv4 和 IPv6 两种协议而言都是连续的。

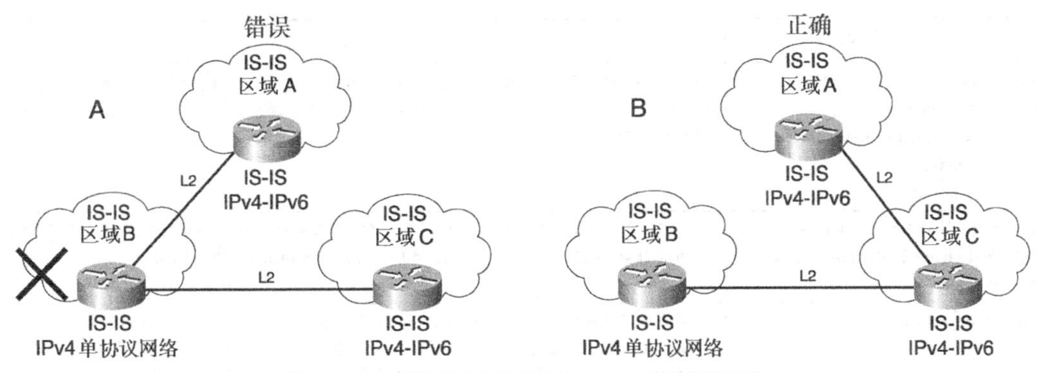

图4-8 IPv6的连续和非连续的level-2 IS-IS路由器范例

多拓扑 IPv6 IS-IS

为了使支持IS-IS的IPv6网络设计有更多的灵活性，Cisco在其IS-IS IPv6实现中加入了多拓扑特性。这个新特性去除了单个区内所有的IS-IS路由器运行相同协议集的限制。

注：在将来的某个Cisco IOS软件版本中，将具备多拓扑IPv6 IS-IS特性。

2．在Cisco上启用IS-IS

在Cisco IOS软件版本12.2(8)T、Cisco 12000系列产品的12.0(21)ST和12.2(9)S中，支持IPv6的IS-IS协议是可用的。IPv4中相同的**router isis**命令在路由器上定义了IS-IS进程。这个命令在路由器上定义了IS-IS进程。**router isis**命令的语法如下：

```
Router(config)# router isis [tag]
```

*tag*参数确定了进程的名称。

router isis命令是在全局基础上使用的。

配置 IPv6 IS-IS

在路由器上定义IS-IS路由选择进程之后，IS-IS就能够配置使用IPv6协议的特殊属性了。和配置IPv6 BGP相同，在IS-IS配置中要配置的IPv6属性是在IS-IS路由器的地址簇ipv6子命令模式下应用的（在路径Router(config-router-af)#中）。表4-9给出了在这个子命令模式下配置IPv6 IS-IS的可用命令。

表4-9 IS-IS地址簇ipv6子命令模式

命　令	描　述
#address-family ipv6 [unicast]	将路由器置于地址簇ipv6配置模式之下。与配置BGP4+相同，**unicast**关键词是可选的
#distance *1-254*	IS-IS的默认管理距离是115。这个命令设定IS-IS新的管理距离
#default-information originate [route-map *name* **]**	在IS-IS内产生一条默认IPv6路由（::/0）。这个命令与IPv4中存在的**default-information**命令相同
#maximum-paths *1-4*	定义通过IS-IS获悉IPv6路由的路径最大数目

续表

命　令	描　述
#redistribute {BGP | OSPF | RIP | static} [metric *metric-value* **]** **[metric-type {internal | external}]** **[level-1 | level-1-2 | level-2]** [*route-map-name*]	将从 EGP、OSPF、RIP 和静态配置等其他 IPv6 路由选择协议获悉的 IPv6 路由再发布到 IS-IS 中。对这个命令可以应用路由映射以过滤进入路由的属性。这个命令与 IPv4 中的 **redistribute** 命令相同
#redistribute isis {level-1 | level-2} into **{level-1 | level-2} distribute-list** *prefix-list-name*	在 IS-IS 区之间再发布 IS-IS 路由选择表的 IPv6 路由。可以应用前缀列表过滤区之间再发布的 IPv6 路由。这个命令与 IPv4 中的 **redistribute isis** 命令相同
#no adjacency-check	在网络中从 IPv4 单协议网络 IS-IS 路由器到 IPv4-IPv6 IS-IS 路由器过渡的过程中，**no adjacency-check** 命令维持使用不同协议集的 IS-IS 路由器之间的邻接关系。**no adjacency-check** 命令防止使用不同协议集的 IS-IS 路由器执行 hello 检查并丢掉邻接关系。过渡完成之后，当所有的 IS-IS 路由器都支持 IPv4 和 IPv6 时，可以去除 **no adjacency-check**
#summary-prefix *ipv6-prefix/ prefix-length* **[level-1 | level-2 | level-1-2]**	配置 IPv6 聚合前缀。聚合 IPv6 前缀、前缀长度和 IS-IS 等级必须作为参数指定
#exit-address-family	离开地址簇 ipv6 配置模式并返回到 IS-IS 路由器配置模式

配置 IS-IS 的网络实体名称

正确配置 IPv6 的特定属性之后，下一步是为路由器确定一个 IS-IS 网络实体名称（NET）地址以在 IS-IS 中识别这台路由器。SPF 计算依靠 IS-IS NET 地址识别路由器。在 IS-IS 路由器配置模式中应用 IS-IS NET 地址。使用 **net** 命令为路由选择进程分配一个 IS-IS NET 地址：

```
Router(config-router)#net network-entity-title
```

这是与 IPv4 中相同的命令。

在接口上启用 IS-IS

在路由器上完成 IPv6 IS-IS 配置的最后一步是在路由器接口上启用 IS-IS。为接口分配 IPv6 地址之后，**ipv6 router isis** 命令在接口上启动 IS-IS IPv6 进程。最后，与配置 IPv4 IS-IS 相同，在接口基础上可以指明接口的邻接类型。表 4-10 显示了用来执行这些任务的命令。

注：也可以全局地在路由器上配置邻接类型。

表 4-10　　启动 IPv6 IS-IS

命　令	描　述
Router(config-if)# **ipv6 address** *ipv6-address/prefix-length*	为网络接口分配一个静态 IPv6 地址
例 1： Router(config-if)# **ipv6 address 3ffe:b00:ffff:1::1/64**	为网络接口分配静态 IPv6 地址 3ffe:b00:ffff:1::1/64
Router(config-if)# **ipv6 router isis**	在接口上启动 IPv6 IS-IS 路由选择进程

续表

命　令	描　述
Router(config-if)# **isis circuit-type** {**level-1** | **level-1-2** | **level-2-only**}	在接口上配置邻接类型。这是与 IPv4 中相同的命令
例 2： Router(config-if)# **isis circuit-type** *level-2-only*	将接口配置为 level-2-only IS-IS 接口。这是与 IPv4 中相同的命令

图 4-9 显示了一个网络结构，其中 IS-IS 区 49.0001 和 49.0002 通过 level-2 IS-IS 路由器 R1 和 R3 连接。在两个路由器上启用只支持 IPv6 的 IS-IS。在路由器 R1 的接口 FastEthernet0/0 和路由器 R3 的接口 Ethernet0 上配置 level-2 IS-IS 邻接关系。为这些接口配置前缀 2001:410:ffff:1::/64 内的静态 IPv6 地址。

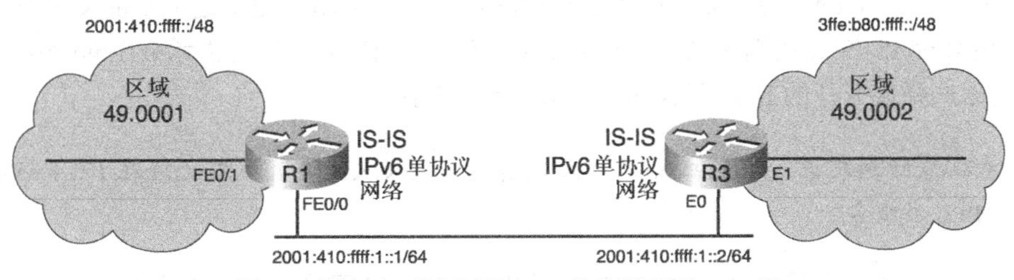

图 4-9　通过 IPv6 单协议网络 IS-IS 路由器互连的 IS-IS 区

例 4-13 显示了图 4-9 中路由器 R1 上所应用的 IPv6 IS-IS 配置。如前面所讨论的，在路由器上使用 **router isis** 命令定义 IS-IS 进程。然后，在地址簇 ipv6 子命令模式下，应用 **redistribute static** 命令，将路由器 R1 上已知的静态 IPv6 路由再发布到 IPv6 IS-IS 路由选择表中。**net 49.0001.1921.6801.0001.00** 命令为 IS-IS 路由选择进程分配 IS-IS NET 地址。在 FastEthernet0/0 接口上，**ipv6 address 2001:410:ffff:1::1/64** 命令表示静态 IPv6 地址的分配。最后，在接口 Fast Ethernet0/1 上使用命令 **ipv6 router isis**，启动 IPv6 IS-IS 进程。命令 **isis circuit-type level-2-only** 设定接口只支持 level-2。

例 4-13　在路由器 R1 上启用 IPv6 IS-IS

```
RouterR1#configure terminal
RouterR1(config)#router isis
RouterR1(config-router)#address-family ipv6
RouterR1(config-router-af)#redistribute static
RouterR1(config-router-af)#exit-address-family
RouterR1(config-router)#net 49.0001.1921.6801.0001.00
RouterR1(config-router)#interface fastethernet0/0
RouterR1(config-if)#ipv6 address 2001:410:ffff:1::1/64
RouterR1(config-if)#ipv6 router isis
RouterR1(config-if)#isis circuit-type level-2-only
RouterR1(config-if)#exit
```

在路由器 R3 上应用类似的配置，只是分配给 Ethernet0 接口的 IPv6 地址是 2001:410:ffff:1::2/64，和 IS-IS 区有所不同。这是一个简单范例。要细微调整 IS-IS 配置可能需要其他的命令。

在 GRE 隧道之上配置 IPv6 IS-IS

因为 IS-IS 协议运行在数据链路层（链路状态协议）之上并且需要 CLNP 的支持，所以在通过配置隧道连接的远端 IPv6 网络上不能使用 IPv6 IS-IS。

注：配置隧道是在运行双协议栈（同时运行 IPv4 和 IPv6 协议栈）的两个节点之间并且在 IPv4 之上静态指定的点到点隧道。配置隧道在 IPv4 数据包之上封装 IPv6 数据包，然后在双栈节点之间使用传输层上的 IPv4 路由选择域转发封装的数据包。在配置隧道的每一边，隧道接口必须指定 IPv4 和 IPv6 地址。Cisco IOS 软件支持配置隧道。第 5 章详细讨论配置隧道。

因为 ISIS 使用 CLNP，所以在配置隧道（IPv4 之上的 IPv6 隧道）之上不能使用 IPv6 IS-IS。但是，如果 IPv6 IS-IS 路由器配置了 GRE 隧道以在 GRE IPv4 隧道之内承载 IPv6 数据包的话，由 IPv4 路由选择域分开的 IPv6 网络能够使用 IPv6 IS-IS。

注：和配置隧道相同，在路由器之间必须静态配置 GRE 隧道，以允许在 IPv4 路由选择域之上传输 IPv6 数据包。

例 4-14 显示了一台路由器上的 GRE 隧道和 IPv6 IS-IS 配置。这个配置显示了路由器 R9 在接口 tunnel0 上配置了 IPv6 地址 201:410:ffff:1::1，并使用 **ipv6 router isis** 命令在这个接口上启用 IPv6 IS-IS。

例 4-14　为 IS-IS IPv6 配置一条 GRE 隧道

```
RouterR9#configure terminal
RouterR9(config)#router isis
RouterR9(config-router)#net 49.0001.1921.6801.0001.00
RouterR9(config-router)#interface tunnel0
RouterR9(config-if)#ipv6 address 2001:410:ffff:1::1/64
RouterR9(config-if)#tunnel source ethernet0
RouterR9(config-if)#tunnel destination 132.214.1.3
RouterR9(config-if)#tunnel mode gre ipv6
RouterR9(config-if)#ipv6 router isis
RouterR1(config-if)#exit
```

注：第 5 章详细描述 IPv6 的 GRE 隧道配置。

3. 再发布 IPv6 路由到 IS-IS 中

再发布 IPv6 路由到 IPv6 IS-IS 中类似于 IPv4 中的相同任务。RIPng、BGP4+、OSPF、静态路由甚至 level 1(L1)和 level 2(L2)之间的 IPv6 路由都能够再发布到 IPv6 IS-IS 中。下一节给出

再发布 IPv6 路由到 IS-IS 中的命令和范例。

和 BGP4+情况相同，再发布 IPv6 路由到 IPv6 IS-IS 中是在地址簇 IPv6 子命令模式下使用 **redistribute** 命令执行的。这个命令和 IPv4 **redistribute** 命令是以相同方式使用的。在地址簇 ipv6 子命令模式下 **redistribute** 命令的语法如下：

```
Router(config-router-af)# redistribute {bgp | isis | ospf | rip | static}
```

再发布静态 IPv6 路由到 IPv6 IS-IS 中

redistribute static 命令用来在地址簇 ipv6 子命令模式下定义再发布静态路由到 IPv6 IS-IS 中。**level-1**、**level-2** 和 **level-1-2** 关键字指明静态路由在哪个等级注入 IS-IS。**metric-type** 参数标识与通告到 IS-IS 的路由相关的 IS-IS 度量：**internal** 指小于 63（默认值）的 IS-IS 度量，**external** 指小于 128 但大于 64 的 IS-IS 度量[2]。可选的 **metric** 参数标识与通告到 IS-IS 的静态路由相关的度量新值。最后，**route-map** 可以选用来过滤静态 IPv6 路由。在地址簇 ipv6 子命令模式下 **redistribute static** 命令的语法如下：

```
Router(config-router-af)# redistribute static {level-1 | level-2 | level-1-2}
  [metric-type {external | internal}] [metric metric-value] [route-map map-tag]
```

例 4-5 的 IS-IS 配置显示了在地址簇 ipv6 子命令模式下，**redistribute static** 命令将静态 IPv6 路由注入 IS-IS：

例 4-15　再发布静态 IPv6 路由到 IPv6 IS-IS 中

```
RouterR1#configure terminal
RouterR1(config)#router isis
RouterR1(config-router)#address-family ipv6
RouterR1(config-router-af)#redistribute static
```

再发布 BGP4+到 IPv6 IS-IS 中

redistribute bgp 命令用来在地址簇 ipv6 子命令模式下定义再发布 BGP4+路由到 IPv6 IS-IS 中。**level-1**、**level-2** 和 **level-1-2** 关键字指明 BGP4+路由在哪个等级注入 IS-IS（默认情况是 level-2）。**metric-type** 参数标识与通告到 IS-IS 的路由相关的 IS-IS 度量：**internal** 指小于 63（默认值）的 IS-IS 度量，**external** 指小于 128 但大于 64 的 IS-IS 度量。可选的 **metric** 参数标识与通告到 IS-IS 的 BGP4+路由相关的度量新值。**route-map** 可以选用来过滤从源协议 BGP4+到 IPv6 IS-IS 的进入 IPv6 路由。在地址簇 ipv6 子命令模式下 **redistribute bgp** 命令的语法如下：

```
Router(config-router-af)# redistribute bgp process {level-1 | level-2 | level-1-2}
  [metric-type {external | internal}] [metric metric-value] [route-map map-tag]
```

例 4-16 中的 IS-IS 配置显示了在地址簇 ipv6 子命令模式下，**redistribute bgp** 命令用来将 BGP4+路由注入到 IS-IS 中。BGP4+路由 2001:420:ffff::/48 作为 level-1 路由注入到 IPv6 IS-IS 中。这些路由的 **metric-type** 是 **external**。要了解 BGP4+配置的详细信息，参见“IPv6 BGP4+”一节。

[2] 译者注：二者的值区间应该是：**internal:**[0,63]，**external:**[64，128]

例 4-16 再发布 BGP4+路由到 IPv6 IS-IS 中

```
RouterR1#configure terminal
RouterR1(config)#router bgp 65001
RouterR1(config-router)#no bgp default ipv4-unicast
RouterR1(config-router)#bgp router-id 1.1.1.1
RouterR1(config-router)#neighbor 3ffe:b00:ffff:2::2 remote-as 65002
RouterR1(config-router)#address-family ipv6
RouterR1(config-router-af)#neighbor 3ffe:b00:ffff:2::2 activate
RouterR1(config-router-af)#network 2001:420:ffff::/48
RouterR1(config-router-af)#exit-address-family
RouterR1(config-router)#exit
RouterR1(config)#router isis
RouterR1(config-router)#address-family ipv6
RouterR1(config-router-af)#redistribute bgp 65001 level-1 metric-type external
```

再发布 RIPng 到 IPv6 IS-IS 中

redistribute rip 命令用来在地址簇 ipv6 子命令模式下定义再发布 RIPng 路由到 IPv6 IS-IS 中。*process* 参数是 RIPng 进程。可选的 **metric** 参数标识与通告到 IS-IS 的 RIPng 路由相关的度量新值。**level-1**、**level-2** 和 **level-1-2** 关键字指明 RIPng 路由在哪个等级注入 IS-IS。**metric-type** 参数标识与通告到 IS-IS 的路由相关的 IS-IS 度量：**internal** 指小于 63（默认值）的 IS-IS 度量，**external** 指小于 128 但大于 64 的 IS-IS 度量。最后，**route-map** 可以选用来过滤从源协议 RIPng 到 IPv6 IS-IS 的进入 IPv6 路由。在地址簇 ipv6 子命令模式下 **redistribute rip** 命令的语法如下：

```
Router(config-router-af)# redistribute rip process {level-1 | level-2 | level-1-2}
    [metric-type {external | internal}] [metric metric-value] [route-map map-tag]
```

例 4-17 中的 IS-IS 配置显示了在地址簇 ipv6 子命令模式下，**redistribute rip** 命令用来将 RIPng 路由注入到 IS-IS level-1 中。路由 2001:410:ffff:1::/64 通告到 IS-IS level-1。要了解这个配置的详细信息，参见“IPv6 RIPng”一节。

例 4-17 再发布 RIPng 路由到 IPv6 IS-IS 中

```
RouterR1#configure terminal
RouterR1(config)#ipv6 router rip RIPNGR3
RouterR1(config-rtr)#interface fastethernet0/1
RouterR1(config-if)#ipv6 address 2001:410:ffff:1::1/64
RouterR1(config-if)#ipv6 rip RIPNGR3 enable
RouterR1(config-if)#exit
RouterR1(config)#router isis
RouterR1(config-router)#address-family ipv6
RouterR1(config-router-af)#redistribute rip RIPNGR3 level-1
```

再发布 IS-IS 到 IS-IS 中

redistribute isis 命令用来在地址簇 ipv6 子命令模式下定义 IS-IS level-1 和 level-2 之间的路

由再发布。**level-1** 和 **level-2** 关键字指明路由从哪个源等级注入到目的等级。默认情况下，IS-IS level-1 路由自动再发布到 IS-IS level-2 中。**into** 是一个操作符。**distribute-list** 可以选用来在 IS-IS 中控制 IS-IS 消息发送到某个特定接口。在地址簇 ipv6 子命令模式下 **redistribute isis** 命令的语法如下：

```
Router(config-router-af)# redistribute isis {level-1 | level-2} into {level-1 |
  level-2} [distribute-list prefix-list-name]
```

例 4-18 中的 IS-IS 配置显示了在地址簇 ipv6 子命令模式下，**redistribute isis** 命令用来将 IS-IS level-2 路由注入到 IS-IS level-1 中。

例 4-18 再发布 IS-IS level-2 路由到 IS-IS level-1 中

```
RouterR1#configure terminal
RouterR1(config)#router isis
RouterR1(config-router)#address-family ipv6
RouterR1(config-router-af)#redistribute isis level-2 into level-1
```

4．验证和管理 IPv6 IS-IS

可以使用 **show isis** 命令显示有关 IPv6 IS-IS 的 IPv6 信息。这个命令对 IPv4 和 IPv6 都是可用的。表 4-11 给出了可以与 **show isis** 命令一起使用的不同命令选项和参数。

表 4-11 show isis 命令参数

命令参数	描述
show isis database [detail | level-1 | level-2]	显示 IS-IS 链路状态数据库的内容。这是与 IPv4 中相同的命令
show isis topology	显示所有 IS-IS 区中的所有连接路由器列表。这是与 IPv4 中相同的命令
show isis route	仅显示 IS-IS level-1 路由选择表。这是与 IPv4 中相同的命令
show ipv6 protocols [*summary*]	显示 IPv6 路由选择协议的参数和当前状态
show ipv6 route is-is	仅显示 IPv6 IS-IS 路由

使用 **clear isis** 命令复位 IS-IS 路由是可能的。这个命令对 IPv4 和 IPv6 都是可用的。**clear isis** 语法如下：

```
Router# clear isis *
```

使用 **clear isis** 命令刷新链路状态数据库并重新计算所有路由。要刷新链路状态数据库并重新计算与指定 IS-IS 标签有关的所有路由，使用下面的命令：

```
Router# clear isis [* | tag]
```

debug isis 命令能够用来显示与 IS-IS 路由选择协议邻接数据包有关的调试信息和事件。这个命令对 IPv4 和 IPv6 都是可用的。语法如下：

```
Router# debug isis adj-packets
```

要显示与 IS-IS 更新数据包有关的事件，使用下面的命令：

```
Router# debug isis update-packets
```

4.4.3 IPv6 OSPFv3

RFC 2328“OSPF 版本 2”是描述 OSPF 版本 2 的最新修订版。版本 2 是 IPv4 OSPF 的最高级版本，并且是现在主要用于 Cisco 路由器实现的版本。

注：Cisco IOS 软件支持 OSPFv2。但是，在 Cisco 路由器上配置 IPv4 OSPFv2 不是本书讨论的内容。

OSPF 版本 3 在 RFC 2740“IPv6 OSPF”中定义。这是 IPv6 协议中与 OSPFv2 对应的协议。命名为 OSPFv3 是因为 RFC 2740 中的版本字段设为 3。OSPFv3 规范主要基于 OSPFv2，但有一些增强。在 OSPFv2 协议中加入 IPv6 支持需要对代码做重要重写以去除对 IPv4 的依赖，如多播 IPv4 地址 224.0.0.5 和 224.0.0.6，这些在 IPv6 中没用。经过更新支持 IPv6 之后，OSPFv3 能够发布 IPv6 前缀并直接运行在 IPv6 之上。因为每个地址簇都有独立的 SPF，所以能够同时使用 OSPFv2 和 OSPFv3。

OSPFv3 与 OSPFv2 有一些相同之处：

- OSPFv3 使用与 OSPFv2 相同的基本数据包类型，如 hello、DBD（也称为 DDP，数据库描述数据包）、LSR（链路状态请求）、LSU（链路状态更新）和 LSA（链路状态通告）。
- 邻居发现和邻接形成机制是完全相同的。
- 支持在遵循 RFC 的非广播多路访问（NBMA）和点到多点拓扑模式之上的 OSPFv3 操作。OSPFv3 也支持 Cisco 的其他模式，如点到点和包括接口的广播。
- 对 OSPFv2 和 OSPFv3 而言，LSA 泛洪和衰老机制是相同的。

OSPFv3 和 OSPFv2 之间的主要不同点如下：

- **OSPFv3 运行在链路之上**——OSPFv2 的路由器子命令模式中的网络声明代之以一条 OSPFv3 命令，应用于接口配置。每条链路有多个 OSPFv3 实例是可能的。
- **Router ID**——这个 32 比特数表明路由器不是 IPv6 专有的。路由器 ID 数仍然基于 32 比特。这个路由器 ID 标识 OSPFv3 路由器。和 BGP4+情况相同，如果没有配置 IPv4 地址，必须设定路由器 ID。
- **Link ID**——这个 32 比特数表明链路不是 IPv6 专有的。链路 ID 数仍然基于 32 比特。
- **本地链路地址**——OSPFv3 使用 IPv6 本地链路地址标识 OSPFv3 邻接的邻居。
- **新的 LSA 类型**——在 OSPFv3 中加入了链路 LSA(Link-LSA)和区内前缀 LSA（Intra-Area-Prefix-LSA）类型。

  ——**链路 LSA（LSA 类型 0x0008）**—每条链路有一个链路 LSA。这个新类型提供了路由器的本地链路地址，并列出了链路的所有 IPv6 前缀。

  ——**区内前缀 LSA（LSA 类型 0x2009）**—有多个 LSA 具有不同的链路状态 ID。区泛洪范围可以是与穿越网络（由一个网络 LSA 确定）相关的前缀，也可以是与路由器或桩网络（由一个路由器 LSA 确定）相关的前缀。

- **传输**——OSPFv3 消息在 IPv6 数据包之上发送，允许通过 IPv4 之上的 IPv6 隧道配置。
- **多播地址**——OSPFv3 使用了两个标准的多播地址：
  ——**FF02::5**—代表本地链路范围的所有 SPF 路由器。这个多播地址等同于 OSPFv2 中的 224.0.0.5。
  ——**FF02::6**—代表本地链路范围的所有指定路由器（DR）。这个多播地址等同于 OSPFv2 中的 224.0.0.6。
- **安全**——不使用 OSPFv2 中定义的各种认证方法和过程，OSPFv3 使用认证包头（IPSec AH）和封装安全有效载荷（IPSec ESP）扩展包头作为认证机制。在 Cisco IOS 软件中的 OSPFv3 实现支持 IPSec。

注：虽然本节概要介绍了 OSPFv3 和 OSPFv2 之间的相同点和不同点，但仍然建议您阅读 RFC 2740“IPv6 OSPF”的完整规范。

1．在 Cisco 上配置 OSPFv3

在 Cisco 上配置 OSPFv3 非常类似于在其上配置 OSPFv2，原因是只需要在已有接口和命令的前面加上前缀“**ipv6**”。但是，要记住与 OSPFv2 配置不同的两点主要改变：

■ **网络区命令**——标识 OSPFv3 网络部分的 IPv6 网络的方法不同于 OSPFv2 配置。OSPFv2 中的 **network area** 命令代之以一个配置，在其中直接配置接口来指明 IPv6 网络是 OSPFv3 网络的组成部分。表 4-12 显示了如何标识网络是 OSPFv3 的组成部分。

■ **基本 IPv6 路由器模式**——OSPFv3 配置不是 **router ospf** 命令（OSPFv2 配置）的子命令模式。对于其他的路由选择协议，如 BGP4+和 IPv6 IS-IS，可以将路由器置于地址簇 ipv6 配置子命令模式以启用 IPv6 的特定参数。

注：OSPFv3 是最近加入 Cisco IOS 软件的 IPv6 IGP。但是，现在的 OSPFv3 不像 RIPng 和 IPv6 IS-IS 那样经过许多考验。同样，本节基于 OSPFv3 的 beta 实现。本章中使用的 OSPFv3 命令和参数可能不同于最近下载的 Cisco IOS 软件发行版本。

表 4-12 中步骤 1 给出的 **ipv6 router ospf** 命令在路由器上启用一个 OSPFv3 进程。*process-id* 是一个本地于路由器的数值，唯一地标识一个 OSPFv3 进程。类似于 IPv4，在同一个路由器上可以运行多个 OSPFv3 进程。表 4-12 描述了启用一个 OSPFv3 进程并在 IPv6 中配置这个路由选择协议。

注：不推荐在同一台路由器上运行多个 OSPFv3 进程，原因是这样会创建多个数据库，造成更多负担。

表 4-12　　ipv6 router ospf 命令

命　　令	描　　述
步骤 1 Router(config)# **ipv6 router ospf** *process-id*	在路由器上启用一个 OSPFv3 进程。*process-id* 参数标识了一个唯一的 OSPFv3 进程。这个命令是在全局基础上使用的
例： Router(config)# **ipv6 router ospf 100**	在路由器上启用号码为 100 的 OSPFv3 进程
步骤 2 Router(config-router)# **router-id** *ipv4-address*	对 IPv6 单协议网络的 OSPF 路由器而言，在 OSPFv3 配置中必须定义 **router-id** 参数，使用 **router-id** *ipv4-address* 命令定义为一个 IPv4 地址。取值可以使用任何 IPv4 地址
例： Router(config-router)# **router-id 10.1.1.3**	定义 **router-id** 值为 10.1.1.3
步骤 3 Router(config-router)# **area** *area-id* **range** *ipv6-prefix/prefix-length*	聚合匹配 *ipv6-prefix/prefix-length* 参数的 IPv6 路由
例： Router(config-router)# **area 1 range 2001:410:ffff::/48**	配置一个区范围，聚合匹配 2001:410:ffff::/48 前缀的 IPv6 路由
步骤 4 Router(config-router)# **interface** *interface-id*	进入接口配置模式
步骤 5 Router(config-if)# **ipv6 address** *ipv6-address/prefix-length*	为网络接口指定静态 IPv6 地址
例： Router(config-if)# **ipv6 address 2001:410:ffff:1::1/64**	为网络接口指定静态 IPv6 地址 2001:410:ffff:1::1/64
步骤 6 Router(config-if)# **ipv6 ospf** *process-id* **area** *area-id*	标识指定给这个接口的 IPv6 前缀作为 OSPFv3 网络的组成部分。这个命令替换了 OSPFv2 所用的 **network area** 命令
例： Router(config-if)# **ipv6 ospf 100 area 1**	在 OSPFv3 进程 100 中，标识 IPv6 前缀 2001:410:ffff:1::/64 作为区 1 的组成部分

图 4-10 展示了一个网络拓扑结构，其中路由器 R1 和 R3 连接了多个 OSPFv3 区。OSPF 区 1 的路由器 R1 使用 FastEthernet 0/0 接口连接到骨干区 0。OSPF 区 1 使用的 IPv6 前缀是 2001:410:ffff:1::/64，骨干区使用的 IPv6 前缀是 3ffe:b00:ffff:1::/64。图 4-10 还展示了指定给路由器接口的可聚合全球单播 IPv6 地址。

例 4-19 给出了图 4-10 中路由器 R1 上应用的 OSPFv3 配置。在路由器上 **ipv6 router ospf 100** 命令配置 OSPFv3 进程 100。命令 **area 1 range 2001:410:ffff::/48** 配置区 1 的范围在前缀 2001:410:ffff::/48 之内。IPv6 地址 2001:410:ffff:1::1/64 和 3ffe:b00:ffff:1::2 分别指定给接口 FE0/1 和 FE0/0。在 FE0/0 接口配置模式下，命令 **ipv6 ospf 100 area 1** 为 OSPFv3 进程 100 标识 IPv6 前缀 2001:410:ffff:1::/64 作为区 1 的组成部分。因为 FE0/0 接口邻接于骨干区 0，所以在这个接口上应用的命令 **ipv6 ospf 100 area 0** 标识前缀 3ffe:b00:ffff:1::/64 作为区 0 的组成部分。

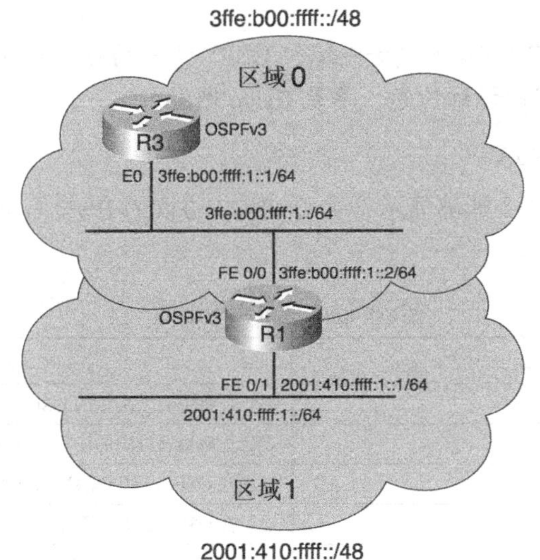

图 4-10　多个 OSPFv3 区配置

例 4-19　在路由器 R1 中配置 OSPFv3

```
RouterR1#configure terminal
RouterR1(config)#ipv6 router ospf 100
RouterR1(config-router)#router-id 10.1.1.3
RouterR1(config-router)#area 1 range 2001:410:ffff::/48
RouterR1(config-router)#int FE0/1
RouterR1(config-if)#ipv6 address 2001:410:ffff:1::1/64
RouterR1(config-if)#ipv6 ospf 100 area 1
RouterR1(config-if)#int FE0/0
RouterR1(config-if)#ipv6 address 3ffe:b00:ffff:1::2/64
RouterR1(config-if)#ipv6 ospf 100 area 0
RouterR1(config-if)#exit
```

在路由器 R3 上应用类似的配置，只是这种情况下的区是 0。

注：例 4-19 是在 Cisco 上如何配置 OSPFv3 的简单范例。但是，因为在 Cisco 上配置 OSPFv3 非常类似于 OSPFv2（大多数情况下，只是在 OSPFv2 命令上添加“ipv6”），如果您有配置 OSPFv2 的经验，应该能够使用 OSPFv3 配置高级 IPv6 路由选择基础设施。

2．再发布 IPv6 路由到 OSPFv3 中

再发布 IPv6 路由到 OSPFv3 中类似于 IPv4 中的相同任务。BGP4+、RIPng、IPv6 IS-IS 和静态路由能够再发布到 OSPFv3 中。下一节概要介绍用来再发布路由到 OSPFv3 中的命令。OSPFv3 中的再发布 IPv6 路由是在 ipv6 路由器 ospf 子命令模式下使用 **redistribute** 命令执行的。OSPFv3 中 **redistribute** 命令的语法如下：

```
Router(config-router)# redistribute {bgp | isis | rip | static}
```

注：OSPFv3 中的 **redistribute** 命令类似于 OSPFv2 中的对应命令。要了解 OSPFv3 和其他协议之间 IPv6 路由再发布的详细信息，参见 Cisco 网站。

3．验证和管理 OSPFv3

使用 **show ipv6 ospf** 命令能够显示有关 OSPFv3 协议的 IPv6 信息。该命令的参数和选项在表 4-13 中描述。

表 4-13 show ipv6 ospf 命令参数

命 令 参 数	描 述
ospf [*process-id*]	显示在路由器上配置的 OSPFv3 进程信息
ospf database	显示由路由器维护的拓扑数据库内容
ospf [*process-id*] **database link**	显示在 OSPFv3 中新添加的链路 LSA 类型
ospf [*process-id*] **database prefix**	显示在 OSPFv3 中新添加的区内前缀 LSA 类型
route ospf	显示由路由器通过 OSPFv3 获悉的所有 IPv6 路由

能够使用 **clear ipv6 ospf** 命令复位 IPv6 OSPFv3 路由选择表，该命令的语法如下：

```
Router# clear ipv6 ospf [ process-id]
```

4.4.4 IPv6 EIGRP

IPv6 当前不支持 EIGRP。但是，Cisco IOS 软件 IPv6 进程开发蓝图考虑了在未来 Cisco IOS 软件发行版本中加入 IPv6 EIGRP。

4.5 IPv6 的 Cisco 快速转发

Cisco 快速转发是为路由器设计的第 3 层交换技术。这种技术使用了优化路由查找的方法，进而获得了非常快的转发速率。CEF 使用两个表存储路由选择所需的信息：转发信息数据库（FIB）和邻接表。

注：路由器 1700、2600、3600、3700、7100、7200、7400、7500、7600 以及 Catalyst 6500 和 12000 系列支持 CEF。

有两种 CEF 模式：

- **中央 CEF**——路由处理器处理 CEF 和邻接表。路由器系列 1700 到 7500 支持这种模式。
- **分布 CEF（dCEF）**——这种模式用于如 Cisco 7500 VIP 和 Cisco 12000 线卡等分布式的硬件结构之上。DCEF 在端口适配器之间执行数据包快速转发并使用进程间通信

（IPC）在路由器处理器和线卡之间同步 CEF FIB 和邻接表。路由器系列 7500 和 12000（GSR）支持 dCEF 模式。

CEFv6 与 IPv4 CEF 的行为相同。CEFv6 有新的配置命令，CEFv6 和 IPv4 CEF 有一些相同的命令。本节给出用来管理 IPv6 网络的 CEF 的新命令。

4.5.1　在 Cisco 上启用 CEFv6

在 Cisco IOS 软件 12.2（13）T 及以上版本和 12.2（9）及以上版本中 CEFv6 是可用的。在 Cisco 12000 系列的 Cisco IOS 软件 12.0（21）ST1、12.0（22）S 及以上版本和 Cisco 7500 系列的 Cisco IOS 软件 12.2（13）T 中 dCEFv6 是可用的。

ipv6 cef 命令启用中央 CEFv6 模式。但是，在启用 CEFv6 之前，必须使用 **ip cef** 命令启用 IPv4 CEF。同样，在使用 **ipv6 cef distributed** 命令启用 dCEFv6 之前，必须使用 **ip cef distributed** 命令启用 IPv4 dCEF。

4.5.2　CEFv6 的显示命令

可以使用 **show ipv6 cef** 和 **show cef** 命令显示和 CEFv6 有关的 IPv6 信息。表 4-14 显示了 **show ipv6 cef** 命令的选项和参数。

表 4-14　show ipv6 cef 命令参数

命令参数	描　述
cef *ipv6-prefix* [*detail*]	显示给定 IPv6 前缀的 IPv6 CEF 信息
cef *interface* [*detail*]	显示使用特定接口的所有 IPv6 前缀
cef adjacency *adjacency*	显示通过特定邻接关系解析的所有 IPv6 前缀
cef non-recursive [*detail*]	显示非递归前缀
cef summary	显示 IPv6 CEF 表聚合信息
cef traffic prefix-length	显示每个前缀长度计账统计信息
cef unresolved	显示没有解析的前缀
cef drop	显示丢弃的 IPv6 和 IPv4 数据包计数
cef interface [*detail*] [*statistics*] *interface*	显示 CEF 接口状态和配置
cef linecard [*detail*] [*statistics*] *slot*	显示与线卡有关的 CEF 信息
cef not-cef-switched	显示传到下一交换层的 IPv6 和 IPv4 数据包计数

4.5.3　CEFv6 的调试命令

可以使用 **debug ipv6 cef** 命令调试 CEFv6，这个命令的选项和参数如表 4-15 所示。

表 4-15 debug ipv6 cef 命令参数

命令参数	描 述
drops	启用由 CEFv6 交换丢弃的数据包调试
events	启用 CEFv6 的控制面板事件调试
hash	启用 CEFv6 负载均衡哈希建立事件调试
receive	启用传递到 IPv6 处理层交换的数据包调试
table	启用 CEFv6 表修改事件调试

4.6 小 结

在本章中，您学到了如何配置静态和默认 IPv6 路由，还学到了为了支持 IPv6 协议，对如边界网关协议（BGP）等域间路由选择协议规范和如路由选择信息协议（RIP）、中间系统到中间系统（IS-IS）和开放最短路径优先（OSPF）等域内协议规范所做的更改。

下面是对每个路由选择协议所做更改的小结：

- **BGP4＋**——BGP4+包括 BGP-4 多协议扩展。BGP4+支持新的地址簇 IPv6。NEXT_HOP 和 NLRI 属性现在表示为 IPv6 地址和前缀。NEXT_HOP 属性能够处理可聚合全球单播和本地链路地址。
- **RIPng**——RIPng 基于 RIPv2 的设计：距离矢量协议、15 跳的半径等。RIPng 使用 IPv6 传输数据信息。多播地址 FF02::9 发送 RIPng 更新消息。
- **IPv6 IS-IS**——为 IPv6 定义了两个新的 TLV：IPv6 可达性和 IPv6 接口地址。为 IPv6 定义了一个新的 NLPID 值。在设计基于 IPv4 和 IPv6 两种协议的 IS-IS 网络的过程中，必须记住处理单个 SPF 限制的措施。
- **OSPFv3**——在 OSPFv3 中添加 IPv6 支持，在这个协议中去除了 IPv4 依赖。OSPFv3 使用 IPv6 传输数据信息。在邻接路由器之间使用本地链路地址。为 OSPFv3 定义了多播地址 FF02::5 和 FF02::6。

虽然这些路由选择协议为支持 IPv6 进行了更新，但它们类似于 IPv4 中的相应协议。而且，支持 IPv6 的路由选择协议仍然使用最长匹配前缀作为路由选择的路由选择算法，这和 IPv4 中的相应协议使用的方法相同。

本章的最后部分概要介绍了支持 IPv6 的 Cisco 快速转发（CEF）。CEFv6 和 IPv4 CEF 相同。Cisco 引入了配置和管理 CEFv6 的新命令。但是，CEFv6 和 IPv4 CEF 同样使用常规命令。

您还学到了在 Cisco IOS 软件技术上如何配置 IPv6 的 BGP4+、RIPng、IS-IS 和 OSPFv3，能够在您的网络上小试一下这些协议。您看到，在使用 Cisco IOS 软件命令进行配置时，这些路由选择协议的大部分类似于 IPv4 中的相应协议。本章给出了在 Cisco IOS 软件上的范例、路由器配置和管理这些路由选择协议的命令。

4.7　案例研究：使用 Cisco 配置静态路由和路由选择协议

完成下面的练习，用 IPv6 配置静态路由和路由选择协议，实际应用在本章中学到的技能。

4.7.1　目标

在这个练习中，需要完成下列任务。

- 在一台路由器上配置一条静态 IPv6 路由。
- 配置一条默认 IPv6 路由。
- 验证 IPv6 路由选择表。
- 启用 IPv6 BGP4+。
- 使用一个可聚合全球单播 IPv6 地址建立 eBGP 对等关系。
- 显示 BGP IPv6 邻居。
- 静态配置一个可聚合全球单播 IPv6 地址。
- 静态配置一个本地链路地址。
- 使用本地链路地址建立 iBGP 对等关系。
- 创建一条 IPv6 路由映射。

4.7.2　命令列表

在这个配置练习中，您将使用表 4-16 中列出的命令。在练习过程中，如有必要，参照这个列表。

表 4-16　命令列表

命　令	描　述
address-family ipv6	进入路由器配置的地址簇 ipv6 子命令模式
copy run start	保存当前配置到 NVRAM
ipv6 unicast-routing	启用 IPv6 流量转发
ipv6 address 3ffe:b00:ffff:1::2/64	配置一个静态 IPv6 地址
ipv6 address 2001:410:ffff:1::2/64	配置一个静态 IPv6 地址
ipv6 address 2001:430:ffff:1::1/64	配置一个静态 IPv6 地址
ipv6 address fe80::1001 link-local	配置一个静态 IPv6 地址，这是一个本地链路地址

续表

命 令	描 述
ipv6 route 3ffe::/16 fastethernet0/0 fe80::260:3eff:fe47:1533	配置一条指向本地链路地址的静态 IPv6 路由作为下一跳
ipv6 route::/0 fastethernet0/1 fe80::260:3eff:fe78:3351	配置一条指向本地链路地址的静态 IPv6 路由作为下一跳
ipv6 nd suppress-ra	抑制路由器通告
neighbor 2001:410:ffff:1::1 remote-as 65099	使用 IPv6 地址配置 BGP 对等关系
neighbor 2001:410:ffff:1::1 activate	激活 BGP 对等关系
network 2001:430:ffff::/48	指定通过路由选择协议通告的前缀 2001:430:ffff::/48
no bgp default ipv4-unicast	关闭 IPv4 地址族的 BGP-4 路由选择信息通告
router bgp 65005	为 AS65005 启用 BGP4+路由器进程
route-map linklocal-iBGP	定义路由映射
set ipv6 next-hop 2001:430:ffff:1::1	设定 NEXT_HOP 属性
show ipv6 interface fastEthernet 0/0	显示应用到某接口的 IPv6 配置
show ipv6 interface fastethernet 0/1	显示应用到某接口的 IPv6 配置
show bgp ipv6 neighbors	显示所有 IPv6 BGP4+邻居的状态信息

4.7.3 任务 1：在一台路由器上配置静态和默认路由

图 4-11 显示了完成任务 1 所使用的网络结构。您的公司网络通过使用 2001:410::/35 作为可聚合全球单播网络前缀的 IPv6 提供商，获得到达 IPv6 Internet 的 IPv6 连接。IPv6 提供商为您的公司网络分配前缀 2001:410:ffff::/48。但是，您的公司网络也连接到 6bone 网络，这个网络基于可聚合全球单播前缀 3ffe::/16。这个任务的主要目的是在路由器 R4 上设定一条指向 6bone 前缀 3ffe::/16 的静态 IPv6 路由，然后添加一条指向 IPv6 提供商的默认 IPv6 路由。

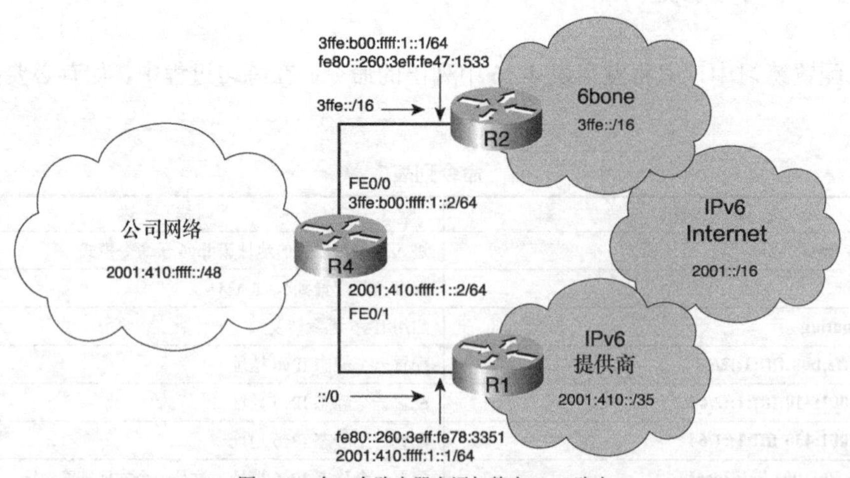

图 4-11 在一台路由器上添加静态 IPv6 路由

完成下列步骤：

步骤 1　为了在路由器 R4 上的接口之间转发单播 IPv6 数据包，输入命令以启用 IPv6 流量转发。应该使用什么命令？

```
RouterR4# conf t
RouterR4(config)# ipv6 unicast-routing
RouterR4(config)# exit
```

步骤 2　根据下表，为路由器 R4 的每个指定接口分配一个静态 IPv6 地址。然后，在每个接口上关闭路由器通告。什么命令给接口分配一个静态 IPv6？

路由器 R4 接口	IPv6 地址
FastEthernet 0/0 (FE0/0)	3ffe:b00:ffff:1::2/64
FastEthernet 0/1 (FE0/1)	2001:410:ffff:1::2/64

```
RouterR4# conf t
RouterR4(config)# int fe0/0
RouterR4(config-if)# ipv6 address 3ffe:b00:ffff:1::2/64
RouterR4(config-if)# ipv6 nd suppress-ra
RouterR4(config-if)# int fe0/1
RouterR4(config-if)# ipv6 address 2001:410:ffff:1::2/64
RouterR4(config-if)# ipv6 nd suppress-ra
RouterR4(config-if)# exit
RouterR4(config)# exit
```

步骤 3　验证每个接口的静态 IPv6 地址。什么命令显示接口上所用的 IPv6 地址？

```
RouterR4# show ipv6 interface fastEthernet 0/0
RouterR4# show ipv6 interface fastEthernet 0/1
```

步骤 4　在路由器 R4 上配置到达目的网络 3ffe::/16(在图 4-11 中代表 6bone)的静态 IPv6 路由。使用通过 FastEthernet0/0 接口的下一跳本地链路地址 fe80::260:3eff:fe47:1533。您将使用什么命令？

```
RouterR4# conf t
RouterR4(config)# ipv6 route 3ffe::/16 fastethernet0/0 fe80::260:3eff:
  fe47:1533
RouterR4(config)# exit
```

步骤 5　配置通过 FastEthernet0/1 接口到达 IPv6 Internet 的一条默认 IPv6 路由。使用下一跳本地链路地址 fe80::260:3eff:fe78:3351。

```
RouterR4# conf t
RouterR4(config)# ipv6 route ::/0 fastethernet0/1 fe80::260:3eff:fe78:3351
RouterR4(config)# exit
```

步骤 6　检查路由器 R4 中的当前 IPv6 路由选择表并验证添加的静态和默认 IPv6 路由。使用什么命令显示 IPv6 路由？

```
RouterR4# show ipv6 route
```

步骤 7　保存当前配置到 NVRAM。

```
RouterR4# copy run start
Destination filename [startup-config]?
Building configuration...
[OK]
```

4.7.4 任务 2：在路由器 R2 上配置 eBGP 和 iBGP 对等关系

图 4-12 显示了完成任务 2 所用的网络结构。您所在的域是 AS65005，您必须在边界路由器 R2 上使用邻居的可聚合全球单播 IPv6 地址，配置与 AS65099 和 AS65123 的多跳 eBGP 对等关系。然后，因为路由器 R1 和 R2 在相同的链路上是邻接的，您必须配置与路由器 R1 的 iBGP 对等关系，但要使用这个 iBGP 邻居的本地链路地址。

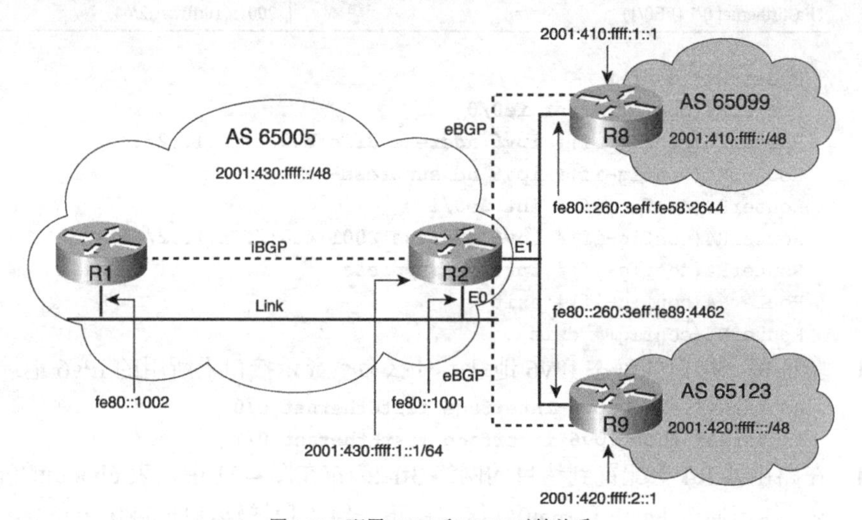

图 4-12 配置 eBGP 和 iBGP 对等关系

执行下列步骤。

步骤 1 在建立与 AS65099 和 AS65123 的 eBGP 对等关系之前，在路由器 R2 上添加两条到达这些域的 IPv6 静态路由。使用下一跳本地链路地址 fe80::260:3eff:fe58:2644 能够到达目的前缀 2001:410:ffff::/48。使用下一跳本地链路地址 fe80::260:3eff:fe89:4462 能够到达目的前缀 2001:420:ffff::/48。您将使用什么命令执行这些任务？

```
RouterR2# conf t
RouterR2(config)# ipv6 route 2001:410:ffff::/48 ethernet1 fe80::260:3eff:
  fe58:2644
RouterR2(config)# ipv6 route 2001:420:ffff::/48 ethernet1 fe80::260:3eff:
  fe89:4462
RouterR2(config)# exit
```

步骤 2 在路由器 R2 上输入命令，启用 AS65005 的 BGP4+路由器进程。您将使用什么命令？

```
RouterR2# conf t
RouterR2(config)# router bgp 65005
RouterR2(config-router)#
```

步骤 3 在 BGP 路由器进程中，关闭 IPv4 地址簇的路由选择信息通告。还要定义 172.16.1.1 作为路由器 ID。

```
RouterR2(config-router)# no bgp default ipv4-unicast
RouterR2(config-router)# bgp router-id 172.16.1.1
RouterR2(config-router)#
```

步骤 4 指明这个 AS 的 IPv6 前缀，以便通过 BGP4+进行通告。这个 AS 的 IPv6 前缀是 2001:430:ffff::/48。您将使用什么命令？

```
RouterR2(config-router)# address-family ipv6
RouterR2(config-router-af)# network 2001:430:ffff::/48
RouterR2(config-router-af)# exit
RouterR2(config-router)# exit
```

步骤 5 配置与 AS65099 的 BGP 对等关系。使用可聚合全球单播 IPv6 地址 2001:410:ffff:1::1 建立这个 BGP 对等关系。确信 BGP 对等关系被启用了。什么命令配置与一个邻居的 BGP 对等关系？

```
RouterR2(config-router)# neighbor 2001:410:ffff:1::1 remote-as 65099
RouterR2(config-router)# address-family ipv6
RouterR2(config-router-af)# neighbor 2001:410:ffff:1::1 activate
RouterR2(config-router-af)# exit
RouterR2(config-router)#
```

步骤 6 和步骤 5 相同，配置与 AS65123 的 BGP4+对等关系，但使用可聚合全球单播 IPv6 地址 2001:420:ffff:2::1。

```
RouterR2(config-router)# neighbor 2001:420:ffff:2::1 remote-as 65123
RouterR2(config-router)# address-family ipv6
RouterR2(config-router-af)# neighbor 2001:420:ffff:2::1 activate
RouterR2(config-router-af)# exit
RouterR2(config-router)# exit
```

步骤 7 通过显示 IPv6 BGP4+邻居的状态信息，验证 BGP4+配置。什么命令显示状态信息？

```
RouterR2# show bgp ipv6 neighbors
```

步骤 8 使用下表，为路由器 R2 的 Ethernet0 接口静态指定一个可聚合全球单播和一个本地链路 IPv6 地址。使用邻接 BGP4+邻居的本地链路地址，接口 Ethernet0 将被用来配置 iBGP 对等关系。

地址类型	IPv6 地址
本地链路地址	fe80::1001
全球 IPv6 地址	2001:430:ffff:1::1/64

```
RouterR2# conf t
RouterR2(config)# int ethernet0
RouterR2(config-if)# ipv6 address 2001:430:ffff:1::1/64
RouterR2(config-if)# ipv6 address fe80::1001 link-local
RouterR2(config-if)# exit
RouterR2(config)# exit
RouterR2#
```

步骤 9 定义一条 **route-map** 声明，设定发往 iBGP 邻居（路由器 R1）的流出 BGP4+更新消息的 NEXT_HOP 属性。NEXT_HOP 属性必须设定为 IPv6 地址 2001:430:ffff:1::1。

```
RouterR2# conf t
RouterR2(config)# route-map linklocal-iBGP
RouterR2(config-route-map)# set ipv6 next-hop 2001:430:ffff:1::1
RouterR2(config-route-map)# exit
RouterR2(config)#
```

步骤 10 在路由器 R2 上配置与路由器 R1 的 iBGP 对等关系。在 BGP4+配置中使用路由器 R1 的本地链路地址 fe80::1002。

```
RouterR2(config)# router bgp 65005
RouterR2(config-router)# neighbor fe80::1002 remote-as 65005
RouterR2(config-router)# neighbor fe80::1002 update-source ethernet0
RouterR2(config-router)# address-family ipv6
RouterR2(config-router-af)# neighbor fe80::1002 activate
RouterR2(config-router-af)# neighbor fe80::1002 route-map linklocal-iBGP out
RouterR2(config-router-af)# exit-address-family
RouterR2(config-router)#
```

步骤 11 通过显示所有 BGP4+邻居的状态信息，再次检查 BGP4+配置。您应该看到使用本地链路地址的新 iBGP 对等关系。

```
RouterR2# show bgp ipv6 neighbors
```

步骤 12 保存当前配置到 NVRAM。

```
RouterR2# copy run start
Destination filename [startup-config]?
Building configuration...
[OK]
```

4.8 复 习 题

回答下列问题，然后参见附录 B 中的答案。

1. 什么命令显示整个 IPv6 路由选择表？
2. 使用下表，指出在路由器中为每个给定的目的 IPv6 网络添加静态 IPv6 路由的命令。

目的 IPv6 网络	下一跳	相应的接口
3ffe::/16	fe80::260:3eff:fe58:2644	ethernet0
2002::/16	—	Tunnel0
2001:410:ffff::/48	fe80::260:3eff:fec5:8888	ethernet1
默认的 IPv6 路由	fe80::260:3eff:fe69:3322	fastethernet0/0

目的 IPv6 网络	在 Cisco IOS 软件中使用的命令
3ffe::/16	
2002::/16	
2001:410:ffff::/48	
默认的 IPv6 路由	

3．为了支持 IPv6，BGP4+做了哪些修改？

4．为了关闭 IPv4 地址簇路由选择信息通告，在 BGP 路由器子命令模式下使用什么命令？

5．在 BGP4+配置中，IPv6 前缀列表是如何应用的？

6．列出与下表中所列的常用 IPv4 命令对应的 IPv6 命令。

IPv4 命令	IPv6 中的对应命令
show ip route	
router bgp	
ip prefix-list	
route-map	
show ip bgp	
clear bgp	
debug bgp	
show ip prefix-list	

7．在 IPv6 中 RIPng 使用什么目的地址发送更新消息？

8．在接口上启用 RIPng 的是哪条命令？

9．为支持 IPv6，在 IS-IS 规范中添加了哪些新的 TLV 和数值？

10．为支持 IPv6，IS-IS 中定义了什么样的 NLPID 值？

11．在接口上，哪条命令启动 IPv6 IS-IS?

12．哪个 RFC 描述了 OSPFv3 规范？

13．在路由器上，哪条命令启用一个 OSPFv3 进程？

14．在 OSPFv3 中，替换命令 **network area** 的是什么命令？

4.9 参考文献

1. RFC 904, *Exterior Gateway Protocol Formal Specification,* D.L. Mills, IETF, www.ietf. org/rfc/rfc904.txt, April 1984
2. RFC 1058, *Routing Information Protocol,* C. Hedrick, IETF, www.ietf.org/rfc/rfc1058.txt, June 1988
3. RFC 1195, *Use of OSI IS-IS for Routing in TCP/IP and Dual Environments,* R. Callon, IETF, www.ietf.org/rfc/rfc1195.txt, December 1990
4. RFC 1723, *RIP Version 2 Carrying Additional Information,* G. Malkin, IETF, www.ietf.org/rfc/rfc1723.txt, November 1994
5. RFC 1771, *A Border Gateway Protocol 4 (BGP-4),* Y. Rekhter, T. Li, IETF, www.ietf.org/rfc/rfc1771.txt, March 1995
6. RFC 2080, *RIPng for IPv6,* G. Malkin, R. Minnear, IETF, www.ietf.org/rfc/rfc2080.txt, January 1997
7. RFC 2328, *OSPF Version 2,* J. Moy, IETF, www.ietf.org/rfc/rfc2328.txt, April 1998
8. RFC 2545, *Use of BGP-4 Multiprotocol Extensions for IPv6 Inter-Domain Routing,* P. Marques, F. Dupont, IETF, www.ietf.org/rfc/rfc2545.txt, March 1999
9. RFC 2740, *OSPF for IPv6,* R. Coltun, D. Ferguson, J. Moy, IETF, www.ietf.org/rfc/rfc2740.txt, December 1999
10. RFC 2858, *Multiprotocol Extensions for BGP-4,* T. Bates et al., IETF, www.ietf.org/rfc/rfc2858.txt, June 2000
11. Draft-ietf-isis-ipv6-05.txt, *Routing IPv6 with IS-IS,* Christian E. Hopps, IETF, www.ietf. org/internet-drafts/draft-ietf-isis-ipv6-03.txt, October 2002
12. ISO 8479, *Connectionless Network Protocol (CLNP)*
13. ISO/EIC 10589, *Intermediate System to Intermediate System*

IPv6 协议从设计开始就考虑到了过渡问题，以维持对 IPv4 的完全向后兼容。第三部分描述了 IPv6 设计中 IPv4 网络向 IPv6 平稳过渡的共存和整合机制、策略及方法，包括双协议栈、在 IPv4 上隧道传输 IPv6 数据包和协议转换机制。

在实现方面，第三部分讲述了 Cisco IOS 软件中与整合和共存机制相关的新增命令细节。这一部分的最后说明了如何在基于 Microsoft、Solaris、FreeBSD、Linux 和 Tru64 等操作系统的主机上启用 IPv6 和配置过渡机制，从而与 Cisco 路由器进行互操作。

第三部分

IPv4 和 IPv6 的共存和整合

第 5 章　IPv6 的整合和共存策略

第 6 章　IPv6 主机和 Cisco 的互联

“任何人没有理由要在家里配备一台计算机”。

数字设备公司的创建者兼总裁、主席 Ken Olsen ,1977

第 5 章

IPv6 的整合和共存策略

IPv6 协议在设计开始就考虑到了过渡问题，以维持对 IPv4 的完全向后兼容。与 2000 年（Y2K）问题不同，Internet 从 IPv4 向 IPv6 网络转换没有一个确定的行动日。网络向 IPv6 的全面转换将持续很长一段时间，在此期间 IPv6 网络将不得不与 IPv4 网络通信和共存，这个过程预计要持续几年。

通过阅读本章，你应该理解 IPv4 网络向 IPv6 平稳过渡的主要整合和共存策略，本章中还提供了 Cisco IOS 软件所支持的整合和共存策略的实例和配置。

IETF 的 NGtrans 工作组设计了用于 IPv4 网络向 IPv6 转换的工具、协议和机制。从 1996 年起，IETF 提出了很多用于网络过渡的机制和策略。本章包括最常用的整合和共存策略，特别是 Cisco IOS 软件中支持的策略。

本章中提及的整合和共存策略分为 3 类。

- **双协议栈（Dual Stack）**——网络中的主机、服务器和路由器可以同时使用 IPv4 和 IPv6 协议栈。当双栈节点连接到一个启用双栈的网络时，双栈模式为节点在 IPv6 或者 IPv4 上建立端到端的会话提供了灵活性。
- **隧道封装（Tunneling）**——隧道使孤立的 IPv6 主机、服务器、路由器和域利用现有的 IPv4 基础设施与其他 IPv6 网络通信。即使是孤立的 IPv6 主机也能够利用 IPv4 作为传输层建立端到端的 IPv6 会话。隧道机制就是用 IPv4 封装 IPv6 数据包并且把这些封装了的数据包通过 IPv4 网络送往一个 IPv4 目的节点，目的节点拆封数据包并剥离出 IPv6 数据包。隧道策略定义了很多技术来实现 IPv4 隧道的配置和创建。

注：用 IPv4 隧道传输 IPv6 数据包需要节点支持双协议栈。

- **协议转换**——在 IPv6 网络上 IPv6 单协议网络的节点与 IPv4 网络上 IPv4 单协议网络的节点进行通信是可能的，不过，这些机制需要在 IPv4 和 IPv6 两种网络的边界上进行协议转换。

5.1 双协议栈

本节叙述用于 IPv4 网络过渡到 IPv6 的双协议栈方法。双协议栈被网络中的主机、服务器和路由器用来同时处理和使用 IPv4 及 IPv6 协议。这个众所周知的技术过去成功地用于其他协议的转换，特别是在网间包交换（IPX）网络、数字设备公司网络协议（DECnet）和基于 AppleTalk 的网络中采用 IPv4 的情况下。双栈支持意味着 IPv6 协议栈要安装在同时需要两个协议的主机、服务器和路由器上。利用第 2 章讨论过的 IPv6 无状态自动配置功能，双栈节点的 IPv6 管理得到很大程度的简化。

注：因为路由器公告 IPv6 本地链路上的网络前缀，所以具有 IPv6 协议栈的节点的地址分配得到简化。因此，节点可以自动配置它们的 IPv6 地址。

5.1.1 支持 IPv4 和 IPv6 的应用

在使用节点的双协议栈之前，必须修改基于 IPv4 的应用程序以支持 IPv6 协议。基本上，所编写的 IPv4 单协议网络应用的 API 都只是对 IPv4 地址进行处理。实际上，应用本身也调用一个只能够处理 32 比特地址的 IPv4 单协议网络 API 函数。如图 5-1 所示，IPv4 应用可以使用 TCP 或者 UDP 作为传输层传输数据。数据进入协议栈之后，就被封装进 IPv4 数据包，然后被送到节点的网络接口。对于 IPv4 数据包，以太网帧的协议 ID 字段的值是 0x0800。这个简单的示例说明了数据如何从 IPv4 单协议网络应用经过 IPv4 协议栈到达网络接口。

当一个 IPv4 应用被修改成同时支持 IPv4 和 IPv6 协议栈时，这个应用能够像以前一样运行在 IPv4 上，也能够调用合适的具有 128 比特地址处理能力的 API（应用接口）函数，经过修改以支持 IPv6 的应用可以任意选择 IPv4 或者 IPv6 协议栈来封装数据包。

图 5-2 显示了一个同时支持 IPv4 和 IPv6 协议栈的应用。这个应用采用 TCP 或者 UDP 作为传输协议，但是这个应用优先选择 IPv6 协议栈，而不是 IPv4。因此生成 IPv6 数据包并发送到网络接口。对于 IPv6 数据包，以太网帧中的协议 ID 是 0x86DD。

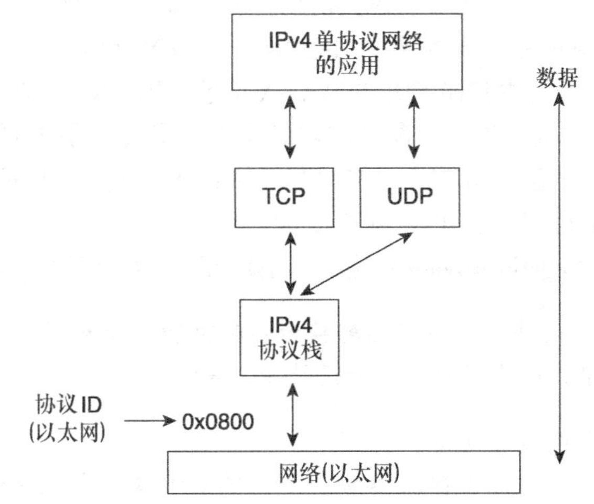

图 5-1　仅支持 IPv4 的应用通过 IPv4 协议栈发送数据包

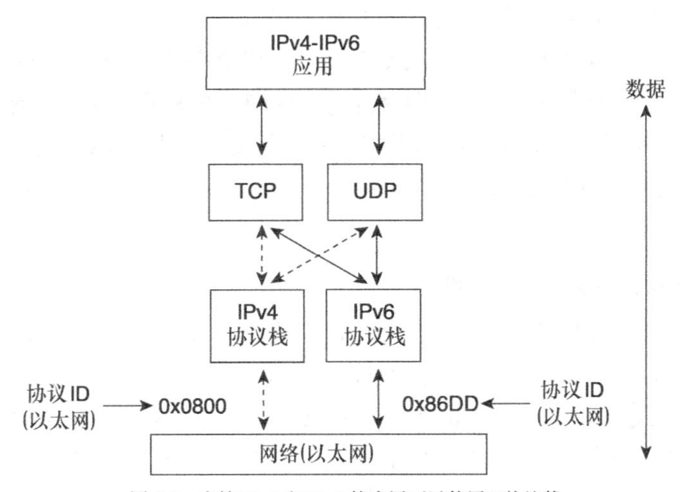

图 5-2　支持 IPv4 和 IPv6 的应用可以使用双协议栈

5.1.2　协议栈选择

尽管一个应用可以被编写为同时支持 IPv4 和 IPv6 协议栈，但是双栈节点本身不能随机地决定用哪一个协议栈来通信。有两种方法可以强制一个双栈的节点在 IPv6 连接可用时使用 IPv6 协议栈：

- 用户手动控制——如果用户已知目的 IPv6 主机名的 IPv6 地址，就可以直接使用 IPv6 地址来建立会话。但是，如第 2 章所提到的，必须使用 IPv6 地址的合法格式。对于万维网应用，必须在 URL 中使用 RFC 2732 中定义的特定地址格式。手动输入一个 IPv6 地址对于调试目的是很好的，但是在日常应用中不是最好的做法。

- 使用名称服务——如第 3 章所述，可以在域名服务（DNS）中配置一个既有 IPv4 地址也有 IPv6 地址的完全合格域名（FQDN）。FQDN 可以是一个描述 IPv4 地址的 A 记录，也可以是一个描述 IPv6 地址的 AAAA 记录，也可以使用两种记录描述 IPv4 地址和 IPv6 地址。这意味着可以通过查询 DNS 服务器获得服务器的可用性以及 IPv4 或者 IPv6 之上的主机服务信息。如 RFC 2553“基本的 IPv6 套接字接口扩展”中所定义，一个新的应用程序接口用来处理 IPv4 和 IPv6 的 DNS 查询。传统的基于 IPv4 的应用程序中的 **gethostbyname** 和 **gethostbyaddr** 函数都需要修改，以使应用程序获得 IPv6 协议的好处。

注：**gethostbyname** 函数把一个主机名转换为相应的 IPv4 地址。**gethostbyaddr** 把一个 IPv4 地址转换为相应的主机名。两个函数最初的设计都只支持 IPv4。

以下是一个可能的查询情况列表。

- 查询 IPv4 地址 —— 一个 IPv4 单协议网络的应用请求域名服务，用 A 记录（IPv4 地址）解析 FQDN。如果应用收到 A 记录，就用这个 IPv4 地址和该主机通信。
- 查询 IPv6 地址 —— 一个 IPv6 单协议网络的应用请求域名服务，用一个 AAAA 记录解析 FQDN。如果应用收到 AAAA 记录，就用这个 IPv6 地址和该主机通信。
- 查询所有类型的地址 —— 一个同时支持 IPv4 和 IPv6 的应用请求域名服务，用所有可能类型的地址解析 FQDN。应用首先查找 AAAA 记录，如果没有找到 AAAA 记录，就继续查找 A 记录用于通信。

以下描述这些情形。

1. 查询域名服务，请求 IPv4 地址

当一个应用只支持 IPv4（不支持 IPv6）时，这个应用应该向 DNS 服务器请求主机名的 IPv4 地址用于通信。如图 5-3 所示，首先，在双栈节点 X 上一个 IPv4 单协议网络的应用向 DNS 服务器 Y 请求解析 FQDN www.example.org 到 A 记录。DNS 服务器 Y 向双栈节点 X 返回 www.example.org 的 IPv4 地址 206.123.31.2，最后，双栈节点 X 上的 IPv4 单协议网络应用强制 X 节点建立到目的 IPv4 地址 206.123.31.2 的会话。

注：这个例子中的名称服务指的是域名服务器，但是，一个简单的主机文件可以用作名称服务。

2. 查询域名服务，请求 IPv6 地址

另外一种情况是，一个应用可能只支持 IPv6 协议。在这种情况下，一个 IPv6 单协议网络的应用向 DNS 服务器请求解析 FQDN，以得到主机的 IPv6 地址用于通信。如图 5-4 所示，首先在双栈节点 X 上一个 IPv6 单协议网络的应用向 DNS 服务器 Y 请求解析 FQDN www.example.org 为 AAAA 记录。DNS 服务器 Y 向双栈节点 X 返回 www.example.org 的 IPv6 地址 3ffe:b00:ffff:a::1，最后，双栈节点 X 上的 IPv6 单协议网络应用强制 X 节点建立到目的 IPv6

地址 3ffe:b00:ffff:a::1 的会话。

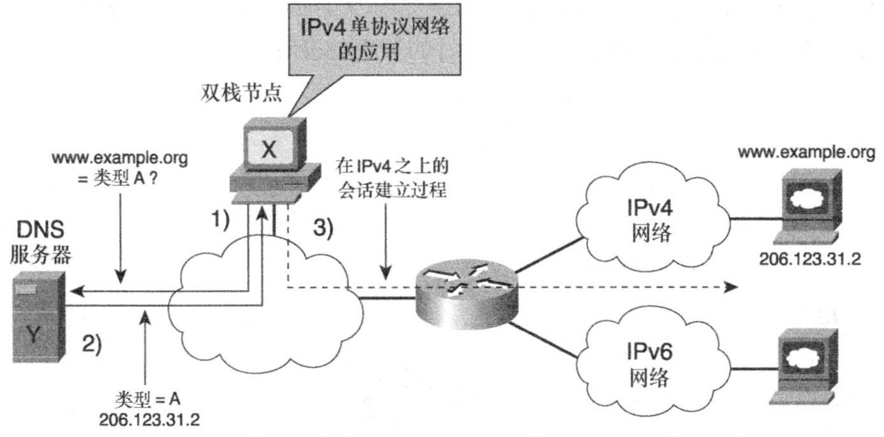

图 5-3　IPv4 单协议网络的应用向 DNS 服务器请求一个 FQDN 的 A 记录

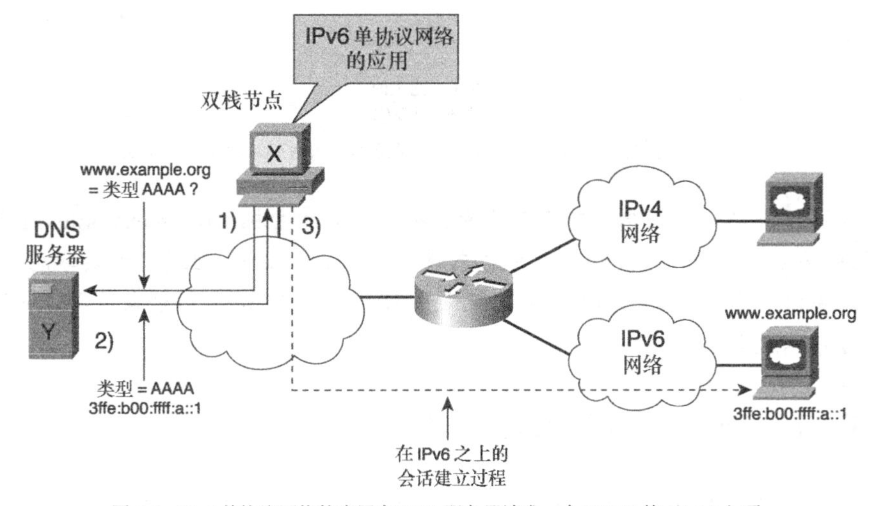

图 5-4　IPv6 单协议网络的应用向 DNS 服务器请求一个 FQDN 的 AAAA 记录

注：在图 5-4 中，发送给 DNS 服务器的 DNS 请求可以通过 IPv4 或者 IPv6 发送，DNS 中请求的地址类型和用于传输请求的协议是无关的。然而，通过 IPv6 发送 DNS 请求，双栈节点的解析器必须处理 IPv6，并且 DNS 服务器必须通过一个 IPv6 地址可达。

3．查询域名服务，请求所有类型的地址

第 3 种可能性是用在双栈节点上的既支持 IPv4 又支持 IPv6 的应用程序。在这种情况下，应用向 DNS 请求所有类型的地址。应用首先查找 AAAA 记录，如果没有找到就查找该主机的 A 记录。一个既支持 IPv4 也支持 IPv6 的应用一般编写为给予从域名服务中得到的 IPv6 地址优先权。如图 5-5 所示，双栈节点 X 上的一个支持 IPv4 和 IPv6 的应用请求 DNS 服务器 Y 把 FQDN www.example.org 解析为 AAAA 记录和 A 记录，然后 DNS 服务器 Y 应答双栈节点 X，指定 3ffe:b00:ffff:a::1 作为目的 IPv6 地址，206.123.31.2 作为目的 IPv4 地址。最后，双栈节点 X 上的应用首选 IPv6 地址 3ffe:b00:ffff:a::1 建立到目的节点的会话。

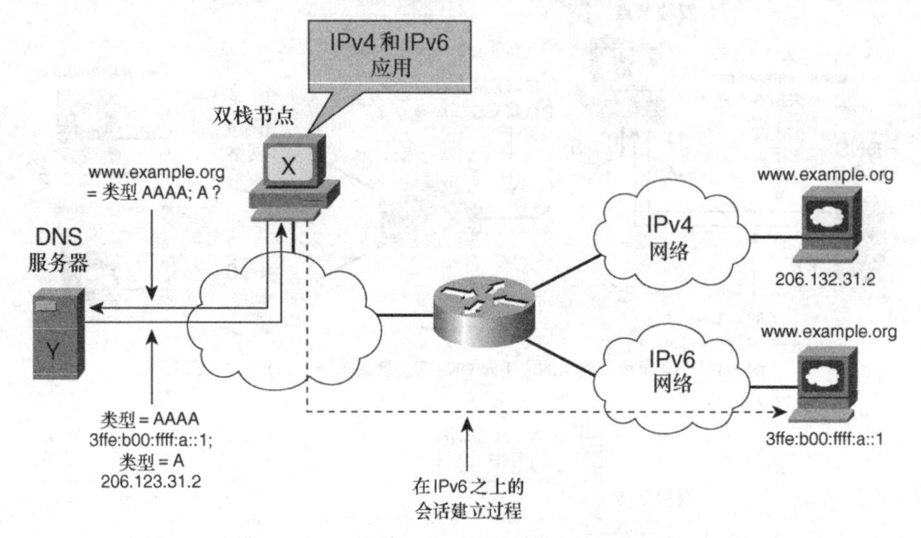

图 5-5 支持 IPv4 和 IPv6 的应用向 DNS 服务器请求 A 记录和 AAAA 记录

注：为了易于理解这个概念，图 5-5 显示了两个不同的主机（www.example.org）连接到两个不同的网络：IPv4 和 IPv6，此外，每个服务器使用不同的地址族，但是它们共享同一个 FQDN。在平常的应用中，一个使用双栈的主机可能既采用 IPv4 也采用 IPv6 地址来获得同一种服务（在图 5-5 中为万维网服务）。

5.1.3 在 Cisco 路由器上启用双栈

在一个 Cisco 路由器上，同时分配了 IPv4 和 IPv6 地址的网络接口被认为是双栈的接口，因此，路由器能够转发 IPv4 和 IPv6 数据包。

如例 5-1 所示，命令 **ipv6 address 3ffe:b00:ffff:a::1/64** 给接口分配一个 IPv6 地址。而 **ip address 206.123.31.2 255.255.255.0** 命令在同一个网络接口 fastethernet0/0 上启用 IPv4 地址。

例 5-1 通过配置 IPv4 和 IPv6 地址在 Internet 上启用双栈

```
Router#configure terminal
Router(config)#int fastethernet 0/0
Router(config-if)#ipv6 address 3ffe:b00:ffff:a::1/64
Router(config-if)#ip address 206.123.31.2 255.255.255.0
Router(config-if)#exit
Router(config)#exit
```

以下是 Cisco IOS 软件中具有双栈支持的应用列表。

- DNS 解析 —— Cisco IOS 软件中的 DNS 解析可以把主机名解析为 IPv4 或者 IPv6 地址。如第 3 章所讨论，Cisco 的 DNS 解析可以进行配置，通过使用 **ip name-server** *ipv6-address* 命令提供 IPv4 和 IPv6 的域名服务。这个命令可以接受多达 6 个不同的域名服务器。
- Telnet —— Cisco IOS 软件中的 Telnet 服务器可以接受 IPv4 和 IPv6 上输入的 Telnet 会话。IOS EXEC 命令中的 Telnet 客户端接受 IPv4 地址和 IPv6 地址作为参数。
- TFTP —— TFTP IOS EXEC 命令接受 IPv4 地址或者 IPv6 地址作为参数。
- HTTP 服务器 —— 当启用时，Cisco IOS 软件中的 HTTP 服务器可接受输入的 IPv4 和 IPv6 HTTP 会话。

参考第 3 章，获得关于 Cisco 所支持的 IPv6 DNS 解析、Telnet、TFTP 和 HTTP 服务器的更多信息。

5.2　在现有的 IPv4 网络中隧道传输 IPv6 数据包

本节介绍了利用隧道在网络中传输数据的基本原理，然后讲述了 IPv6 数据包如何经过隧道在 IPv4 网络中传输。最后，本节还介绍了有关在双栈节点间建立和采用 IPv6-over-IPv4 隧道的由 IETF 提出的标准化协议和机制。

5.2.1　为什么采用隧道

隧道一般用于在现有网络中传输不兼容的协议或特殊的数据。例如，距离矢量多播路由协议（DVMRP）隧道在单播网络上传输多播数据报。隧道模式的 IPSec、第 2 层隧道协议（L2TP）以及其他虚拟专有网络（VPN）机制使用安全隧道协议在公共 IP 网络中传输敏感的数据。

对于在 Internet 上无处不在的现有 IPv4 基础设施中配置 IPv6，隧道机制提供了一种基本方法，使 IPv6 主机或者由 IPv6 主机、服务器和路由器组成的岛屿使用 IPv4 路由域作为传输层，以到达其他的 IPv6 孤岛和 IPv6 网络。如图 5-6 所示，在两个由 IPv6 节点组成的岛屿间配置了一条隧道，这条隧道建立在 IPv4 单协议网络上，例如 Internet。IPv6 岛屿和 Internet 边缘的边界路由器处理 IPv4 中的 IPv6 数据包隧道传输过程。

但是，相对于任何过渡和并存的策略，比如隧道机制，我们还是应该首选由纯 IPv6 连接组成的网络、链路和基础设施。实际上，只有当在网络、连接和基础设施中不可能获得纯 IPv6 连接性时，IPv4 基础设施上的 IPv6 隧道传输才应该被认为是一种可供选择的方法。

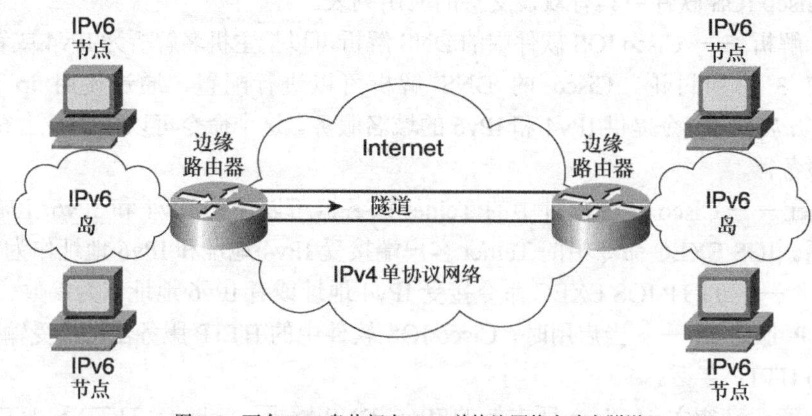

图 5-6 两个 IPv6 岛屿间在 IPv4 单协议网络上建立隧道

5.2.2 IPv6 数据包在 IPv4 中隧道传输如何工作

当 IPv6 数据包在 IPv4 中隧道传输时，原始包头和有效载荷是不被修改的。在 IPv6 数据包前面插入一个 IPv4 包头。这样，里面的包头包含着端到端 IPv6 会话的源和目的 IPv6 地址，外面的包头包含着隧道端点的源和目的 IPv4 地址。在隧道的每一个端点，执行 IPv6 数据包的封装和解封装。为了在 IPv4 中封装和解封装 IPv6 数据包，隧道两端的设备必须同时支持 IPv4 协议和 IPv6 协议（双栈）。

如图 5-7 所示，IPv6 主机 A 知道 IPv6 主机 B 的目的 IPv6 地址，想要和主机 B 建立端到端的 IPv6 会话。两个 IPv6 网络是孤立的，但是它们通过一个 IPv4 网络互联。在路由器 R1 和 R2 之间采用了一个传输 IPv6 数据包的 IPv4 隧道。主机 A 发送第一个 IPv6 数据包来发起端到端的会话，数据包由 IPv6 包头和有效载荷组成，目的地址是主机 B 的 IPv6 地址。因为目的 IPv6 主机在不同的 IPv6 路由域中，数据包通过 IPv6 网络被传送到作为隧道入口的边界路由器 R1，随后，R1 通过给这个 IPv6 数据包插入一个 IPv4 包头，把它封装到一个 IPv4 数据包中，然后，R1 把这个数据包通过 IPv4 网络发送到路由器 R2。作为隧道的终点，R2 接收到报文后，执行解封装，然后把数据包通过 IPv6 网络转发到目的主机 B。可以看到，在这些过程中，IPv6 数据包的包头和有效载荷都没有被修改。

如 RFC 2893“IPv6 过渡机制”中所描述的，分配给 IPv6 数据包在 IPv4 中的封装协议号是 41。这个值用在 IPv4 包头的协议数值字段中表示一个 IPv6 数据包封装在 IPv4 数据包中。

像其他隧道技术如 IPv4-in-IPv4、最小化封装和一般路由封装（GRE）一样，IPv6 数据包的 IPv4 封装也存在一些问题：

- **隧道的最大传输单元和分段** —— 因为在 IPv6 数据包前插入了一个 20 个八位字节的 IPv4 包头，IPv6 的有效最大传输单元也就减少了 20 个八位字节。对于包括隧道接口在内的任何链路层，IPv6 要求最大传输单元的最小值是 1280 个八位字节。根据 IPv6 和 IPv4

配置的链路层最大传输单元，可能会在 IPv4 层发生分段，这种分段影响了性能并且需要隧道终端节点的额外处理。

- **处理 IPv4 Internet 控制消息协议（ICMPv4）错误**——很多老的 IPv4 路由器在出现错误的情况下，仅返回数据包的 IPv4 包头之外的 8 个八位字节数据。然而，如果碰到问题，IPv6 源节点需要知道出错 IPv6 数据包中的地址字段。
- **过滤协议 41**——如果在 IPv4 网络中正确地配置了防火墙和具有访问控制列表的路由器，这些设备通常会阻塞使用协议 41 的 IPv4 数据包。这个问题跟网络管理有关系，但是它影响了 IPv6-over-IPv4 隧道的使用。
- **网络地址转换（NAT）**——像其他的隧道协议一样，IPv6 in IPv4 隧道不能够穿过一个启用了动态端口转换和端口重定向模式的 NAT。但是，隧道可以通过一个启用了静态模式的 NAT。动态 NAT 和 IPv6 in IPv4 隧道问题目前正在 IETF 讨论，请参看稍后的一节“Teredo 隧道机制”。

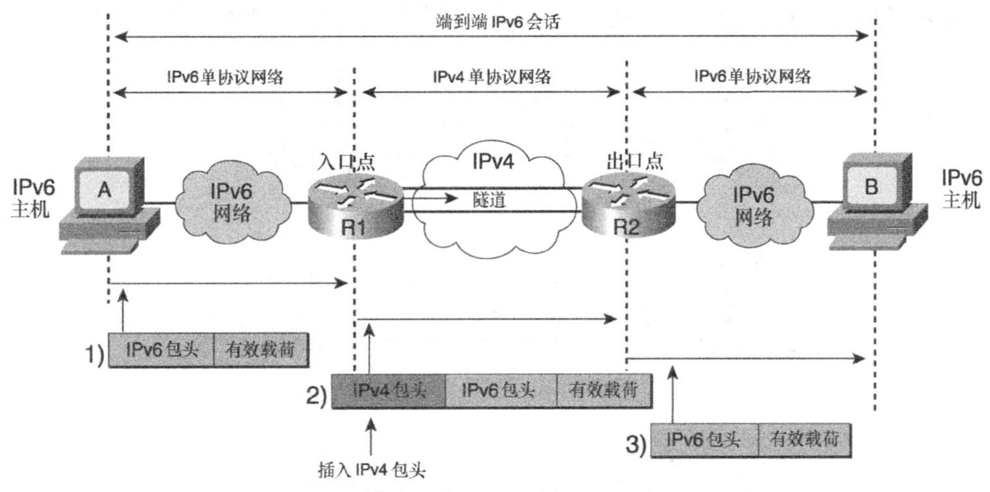

图 5-7　通过 IPv4 隧道传输 IPv6 数据包

注：IP-in-IP 和最小化封装是众所周知的在 IPv4 数据包中封装 IPv4 数据包的隧道机制，GRE 是另外一种隧道机制，可以在 IPv4 数据包中封装 IPv4 数据包和其他协议，比如 IPX 和 AppleTalk。Cisco IOS 软件技术更新了 GRE，支持对 IPv6 数据包的封装。这个内容随后在本章中进行讨论。

尽管在 IPv4 中封装 IPv6 数据包存在很多大的问题，但是 6bone 的配置证明 IPv4 基础设施上的 IPv6 数据包隧道传输是可以接受的并具有扩展性，提供基本的功效并且对网络管理的影响很小。

注：6bone 是一个世界范围的非正式合作的 IPv6 实验床，也是 IETF IPng 项目的成果。IPng 设计并创建了 IPv6 协议。6bone 始于 1996 年，是运行在 Internet 上的由 IPv6 的 IPv4 隧道组成的虚拟网络，网络在缓慢地向纯 IPv6 链路迁移。要得到更多关于 6bone 的信息，请参考第 7 章或者访问 www.6bone.net。

从 IPv4 向 IPv6 网络的过渡中，存在很多不同的可以在 IPv4 中隧道传输 IPv6 数据包的情况：

- **主机到主机**——IPv4 网络上具有双栈的孤立主机可以创建一条到另一个双栈主机的隧道。这种结构只允许主机之间建立端到端的 IPv6 会话。
- **主机到路由器**——IPv4 网络上具有双栈的孤立主机可以创建一条到双栈路由器的隧道。路由器可以在其他的接口上具有纯连接。这种结构允许任意端点的 IPv6 主机通过路由器建立端到端的会话。
- **路由器到路由器**——IPv4 网络上具有双栈的路由器可以和另外一个双栈路由器建立隧道。路由器可以用于互联由 IPv6 主机组成的岛屿。也就是说，这些任意主机之间可以建立端到端的 IPv6 会话。

图 5-8 中，例子 A 表示了两个双栈主机之间建立的隧道。例子 B 表示了一个双栈主机和一个双栈路由器之间建立的隧道，在这个例子中，双栈路由器连接到一个纯 IPv6 网络。最后，例子 C 表示了两个双栈路由器之间建立的隧道，每个双栈路由器都连接到一个纯 IPv6 网络。

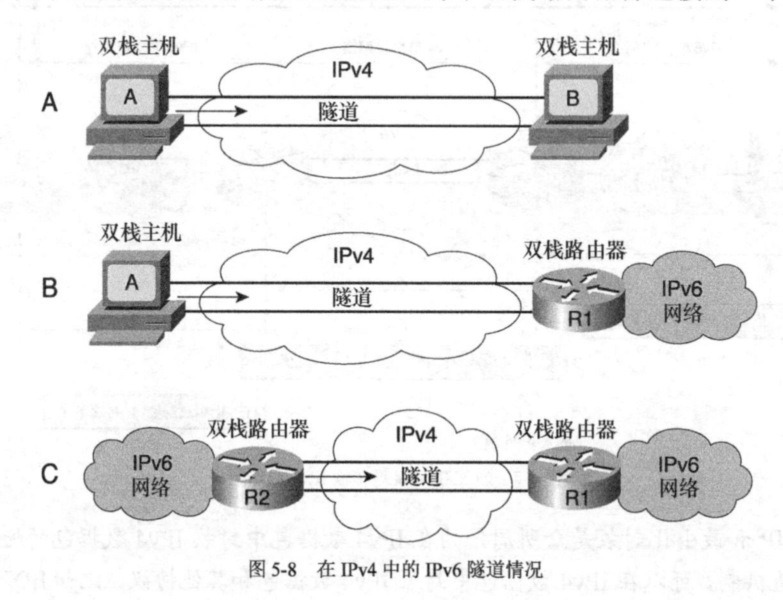

图 5-8 在 IPv4 中的 IPv6 隧道情况

5.2.3 采用隧道

前一小节展示了没有可达的纯 IPv6 网络或链路时隧道如何在一个现有的 IPv4 网络上传输 IPv6 数据包，然而，在两个双栈节点之间配置隧道的机制是允许从 IPv4 网络向 IPv6 网络平稳过渡的基础性功能，IETF 针对 IPv6 协议定义了在双栈节点间建立隧道的协议和技术。以下列出了为建立隧道而设计的协议和技术：

- 配置隧道

- 隧道代理
- 隧道服务器
- 6to4
- GRE 隧道
- ISATAP（站点间自动隧道编址协议）
- 自动 IPv4 兼容隧道

本节是按照从重要到次要的顺序来讲解这些协议和技术。

注：本节中介绍的隧道机制都要满足同样的必要要求：作为隧道终点的节点和路由器必须具有双协议栈支持。

1．采用配置隧道

配置隧道在双栈节点上被启用并静态地配置。因为配置隧道是 IPv6 支持的第一个过渡机制，所以在目前所有可用的 IPv6 实现中被广泛地支持，包括 Cisco IOS 软件。在配置隧道的每一端，必须手动地给隧道接口分配 IPv4 和 IPv6 地址。隧道接口需要被分配以下地址：

- 本地 IPv4 地址——通过这个 IPv4 地址，本地的双栈节点在 IPv4 网络上可达。本地的 IPv4 地址用作输出流量的源 IPv4 地址。
- 远端 IPv4 地址——通过这个 IPv4 地址，远端的双栈节点在 IPv4 网络上可达。远端的 IPv4 地址用作输出流量的目的 IPv4 地址。
- 本地 IPv6 地址——本地分配给隧道接口的 IPv6 地址。

注：配置隧道可以看作是一条点到点链路。在 IPv6 世界中，在一个点到点链路上分配具有同样/64 IPv6 前缀的本地和远端 IPv6 地址是一个很好的做法。因此，正如在 RFC 3177“LAB/IESG 关于 IPv6 站点地址分配的建议”中所定义的，推荐的用于点到点连接的前缀长度应该为/64，当你能够确定连接到一个并且仅有一个设备时甚至为/128。

注：给一个像隧道接口这样的点到点链路分配/127 的 IPv6 前缀被广泛地实际应用在 IPv6 网络中，因为这样可以很容易地知道对另一端使用的地址，但是，不建议使用/127 作为前缀长度，因为配置了子网路由器任意播地址的路由器之间建立点到点链路会发生问题，引起分配给隧道接口的两个具有/127 网络前缀的可用的单播 IPv6 地址之一和子网路由器的任意播地址之间的冲突。当这种情况发生时，重复地址检测（DAD）机制失败，并且不能给隧道接口配置单播地址。

注：参考 Internet 草案 www.ietf.org/internet-drafts/draft-savola-ipv6-127-prefixlen-04.txt，以了解使用/127 网络前缀碰到的问题。第 2 章讲述了关于子网路由器任意播地址的更多信息。

如图 5-9 所示，具有可聚合全球单播前缀 3ffe:b00:ffff::/48 的 IPv6 网络 A 和使用地址空间 2001:420:ffff::/48 的 IPv6 网络 B 通过配置隧道相连。路由器 R1 上分配给配置隧道接口的 IPv4

地址是 206.123.31.200，同样的接口上分配了 IPv6 地址 3ffe:b00:ffff:2::1/64。路由器 R2 上分配给配置隧道接口的 IPv4 地址是 132.214.1.10，使用的 IPv6 地址是 3ffe:b00:ffff:2::2/64。分配给配置隧道两端的 IPv6 地址在同一个子网里（相同的/64 前缀）。

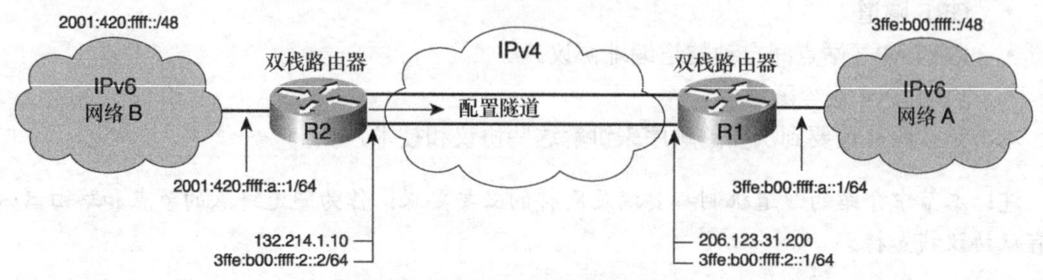

图 5-9 分配给配置隧道接口的地址

当所有配置隧道接口的地址分配完后，IPv6 路由选择必须正确配置以使得两个 IPv6 网络之间能够转发 IPv6 数据包。然而，配置隧道只有在两端都完全应用了配置之后才可用。注意，需要严格控制隧道建立的组织对配置隧道非常关心，由于以下原因：

- 因为配置隧道的源和目的 IPv4 地址都是众所周知的，因此可以启用防火墙的安全规则和路由器上的访问控制列表。然而对于某些隧道机制，比如 6to4 隧道（随后在本章中讨论），隧道的控制受到很大限制。
- 当采用多个配置隧道时，网络工作人员可以在任何时间通过关闭一个隧道接口来禁止一个配置隧道。这个动作仅仅影响对应隧道接口的数据流。

启用 Cisco 的配置隧道

表 5-1 表示了在 Cisco 路由器上启用配置隧道所需的步骤和参数。

表 5-1 在路由器上启用配置隧道的步骤和命令

命　令	描　述
步骤 1 Router(config)# **interface** *tunnel-interface-number*	指定了启用配置隧道的接口编号
步骤 2 Router(config-if)# **ipv6 address** *ipv6-address/ prefix-length*	给隧道接口静态分配一个 IPv6 地址和前缀长度
步骤 3 Router(config-if)# **tunnel source** *ipv4-address*	确定用作隧道接口源地址的本地 IPv4 地址
步骤 4 Router(config-if)# **tunnel destination** *ipv4-address*	**tunnel destination** 命令确定隧道终点的目的 IPv4 地址。目的 IPv4 地址是隧道的远端
步骤 5 Router(config-if)# **tunnel mode ipv6ip**	定义隧道接口的类型是配置隧道
步骤 6 Router(config-if)# **exit** Router(config)# **ipv6 route** *ipv6-prefix/prefix-length interface-type interface-number*	退出接口子命令模式后，**ipv6 route** 命令可用来将匹配的 IPv6 数据包转发到配置隧道接口

例 5-2 和例 5-3 与图 5-9 相关，显示了在路由器 R1 和 R2 上建立配置隧道的命令和参数。

例 5-2　在路由器 R1 上启用配置隧道

```
RouterR1#configure terminal
RouterR1(config)#int tunnel0
RouterR1(config-if)#ipv6 address 3ffe:b00:ffff:2::1/64
RouterR1(config-if)#tunnel source 206.123.31.200
RouterR1(config-if)#tunnel destination 132.214.1.10
RouterR1(config-if)#tunnel mode ipv6ip
RouterR2(config-if)#exit
RouterR2(config)#ipv6 route 2001:420:ffff::/48 tunnel0
```

例 5-3　在路由器 R2 上启用配置隧道

```
RouterR2#configure terminal
RouterR2(config)#int tunnel5
RouterR2(config-if)#ipv6 address 3ffe:b00:ffff:2::2/64
RouterR2(config-if)#tunnel source 132.214.1.10
RouterR2(config-if)#tunnel destination 206.123.31.200
RouterR2(config-if)#tunnel mode ipv6ip
RouterR2(config-if)#exit
RouterR2(config)#ipv6 route 3ffe:b00:ffff::/48 tunnel5
```

注：注意路由器 R1 上 tunnel0 的源 IPv4 地址是路由器 R2 上 tunnel5 的目的 IPv4 地址，反之亦然。

显示配置隧道接口

可以使用 **show ipv6 interface** 命令来显示路由器上的隧道接口信息。例 5-4 显示了在路由器 R1 上使用命令 **show ipv6 interface tunnel0**。本地链路地址的低 64 比特是隧道接口的 IPv4 地址转换成十六进制的值。在下面的例子中，CE7B:1FC8 和分配给隧道接口的 IPv4 源地址 206.123.31.200 是等价的，可聚合全球单播 IPv6 地址是 3ffe:b00:ffff:2::1，接口自动加入几个多播分配地址，如 FF02::1、FF02::2、FF02::1:FF00:1 和 FF02::1:FFA8:147。参考第 2 章可以了解到接口上多播分配地址的详细信息。

例 5-4　使用命令 show ipv6 interface tunnel0 显示配置隧道接口

```
RouterR1#show ipv6 interface tunnel0
Tunnel0 is up, line protocol is up
  IPv6 is enabled, link-local address is FE80::CE7B:1FC8
  Global unicast address(es):
    3FFE:B00:FFFF:2::1, subnet is 3FFE:B00:FFFF:2::/64
  Joined group address(es):
```

（待续）

```
  FF02::1
  FF02::2
  FF02::1:FF00:1
  FF02::1:FFA8:147
MTU is 1480 bytes
ICMP error messages limited to one every 100 milliseconds
ICMP redirects are enabled
ND DAD is enabled, number of DAD attempts: 1
ND reachable time is 30000 milliseconds
Hosts use stateless autoconfig for addresses.
```

2．隧道代理

如同在前面的小节中所见到的，在两个双栈节点之间建立一个配置隧道需要在两个端点手动进行配置。因此，当静态配置时，配置隧道机制是不可扩展的。

为了方便 IPv4 网络上配置隧道的部署，IETF 定义了一种被称为隧道代理的机制。如 RFC 3053 “IPv6 隧道代理”所定义，隧道代理是一个外部系统，而不是路由器，它在 IPv4 网络中作为服务器，并接受双栈节点的隧道建立请求。基本上，双栈节点在 IPv4 网络上使用 HTTP 向隧道代理发送请求，终端用户可以填写一个网页来给他们的双栈节点请求一个配置隧道。

然后隧道代理会返回在双栈路由器上建立配置隧道所需要的 IPv4 地址、IPv6 地址和默认的 IPv6 路由。一个隧道代理可以选择向双栈节点提供一个脚本来简化操作系统上配置隧道的配置。

最后，隧道代理在双栈路由器上远程地使用命令启用配置隧道。双栈路由器必须连接到一个 IPv6 域。在隧道代理规范中，隧道代理和双栈路由器使用不同的 IPv4 地址。

如图 5-10 所示，一个 IPv4 网络上的双栈节点首先通过 IPv4 使用 HTTP 访问隧道代理，终端用户填写网页，从隧道代理通过 HTTP 获得 IPv4 和 IPv6 地址，终端用户在双栈主机上使用所获得的配置启用配置隧道。同时，隧道代理自动地在一个连接到 IPv6 域的双栈路由器上应用配置隧道的远端配置。一旦配置在双栈主机和双栈路由器上得到了应用，配置隧道就被正确地建立，并可以用来实现 IPv4 网络上端到端的 IPv6 会话。

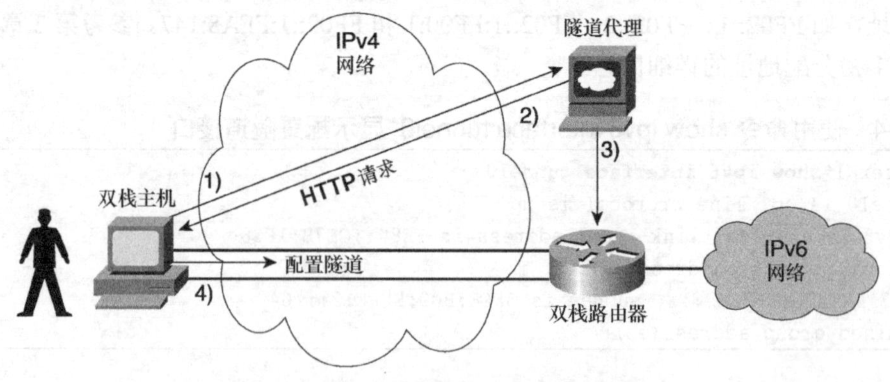

图 5-10 双栈主机使用隧道代理建立一个配置隧道

隧道代理模型假设隧道路由器和隧道代理被同样的属主控制。为了能够控制路由器的配置，隧道代理需要有到路由器控制台端口的物理连接，或者能够通过 Telnet、SSH 等协议访问管理控制台，这同样意味着隧道代理必须获得安全地管理双栈路由器的权利和许可。

注：Cisco IOS 软件技术不支持隧道代理，但是，Internet 中很多隧道代理实现的运行都依赖于 Cisco 路由器。参考 6bone 的网站 www.6bone.net，可获得更多关于可用隧道代理的信息。

3．隧道服务器

隧道服务器是隧道代理的简化模型。隧道服务器把代理和双栈路由器结合在一个系统中，而不是两个单独的系统。请求一个配置隧道的方法大体上跟隧道代理相同：IPv4 上的 HTTP。

如图 5-11 所示，IPv4 网络上的双栈主机首先通过 IPv4 使用 HTTP 访问隧道服务器。终端用户填写网页并从隧道服务器获得 IPv4 和 IPv6 地址，终端用户通过在双栈主机上应用获得的配置启用配置隧道，而隧道服务器在本地应用配置隧道的远端配置。最终，如同隧道代理那样，一旦配置在双栈主机和双栈路由器上得到了应用，配置隧道就被正确地建立，可以用来实现 IPv4 网络上的端到端 IPv6 会话。

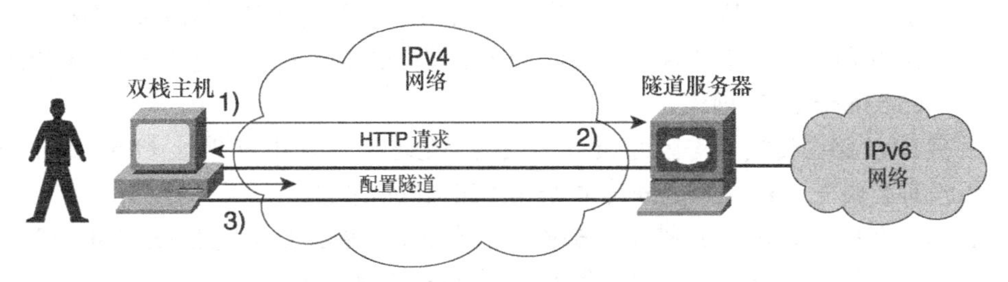

图 5-11　双栈主机使用隧道服务器建立配置隧道

因为代理和双栈路由器在相同的设备上（单一的系统），隧道服务器被认为是开放的模型，允许建立配置隧道的新控制和信令协议的开发。跟隧道代理相比，信令协议和内置的隧道服务器能够为在现有的 IPv4 网络上大范围采用 IPv6 的连接提供更大的灵活性。例如一个信令协议可以允许在 IPv4 隧道中通过 IPv4 网络地址转换（NAT）来配置 IPv6。使用隧道代理模型在 IPv4 隧道中通过网络地址转换配置 IPv6 是非常困难的。

注：Cisco IOS 软件技术中不支持隧道服务器。Internet 中可用的隧道服务器实现比如 Freenet6（www.freenet6.net）通过配置隧道提供到 IPv6 Internet 和 6bone 的连接。此外，Freenet6 支持针对 Cisco IOS 软件技术的配置隧道的建立。

隧道代理和隧道服务器被认为是不需要手动操作的在 IPv4 路由域的双栈节点中部署配置隧道的自动操作机制。

4．采用 6to4

在两个 IPv6 域间建立、操作、管理和支持配置隧道至少需要两个实体的同步。对于某些组织来说，静态管理少数几个隧道是可行的，但是对于其他一些组织来说就有麻烦，这种方法不建议使用。IETF 定义了另一种称为 6to4 的机制来简化通过隧道在 IPv4 网络上配置 IPv6。

在 RFC 3056“通过 IPv4 网络连接 IPv6 域”中定义的 6to4 机制具有如下特点：

- **自动隧道**——在由 IPv6 节点组成的站点之间动态采用隧道的方法。不需要手动地事先调整隧道的源和目的 IPv4 地址。IPv6 数据包的隧道封装根据 6to4 站点上产生的数据包的目的地址自动完成。像配置隧道一样，6to4 在 IPv4 中封装 IPv6 数据包并且使用 IPv4 路由域作为传输层。
- **在站点边缘启用**——6to4 应该在站点边缘的边界路由器上启用，6to4 路由器必须通过 IPv4 路由基础设施到达其他的 6to4 站点和 6to4 路由器。
- **自动前缀分配**——向每一个 6to4 站点提供一个可聚合的全球单播 IPv6 前缀。
  - ➢ 6to4 前缀都基于 IANA 分配的 2002::/16 地址空间。
  - ➢ 每个 6to4 站点至少使用一个分配给 6to4 路由器的全球单播 IPv4 地址。IPv4 的 32 比特地址被转换为十六进制格式后附加在 2002::/16 前缀后面，最终的表现形式是 2002:*IPv4-address*::/48。
  - ➢ 每个 6to4 站点基于它的全球单播 IPv4 地址获得一个/48 的前缀，/48 前缀后面的 16 比特可以用于 6to4 路由器的 IPv6 域内的子网分配。记住一个/48 的前缀包含 65 536 个/64 的前缀。
- **没有 IPv6 路由传播**——因为 6to4 前缀基于全球唯一的 IPv4 地址（IPv4 路由域），所以没有必要在 6to4 站点之间传播/48 前缀的 IPv6 路由。

图 5-12 显示了路由器 A 和 B 被作为 6to4 路由器启用。路由器 A 使用 132.214.1.10 作为 6to4 映射的全球唯一的单播 IPv4 地址，路由器 B 使用 206.123.31.200。因此，IPv4/IPv6（双栈）站点 A 的 IPv6 前缀是 2002:84d6:010a::/48，其中 84d6:010a 是 132.214.1.10 的十六进制表示。IPv4/IPv6（双栈）站点 B 使用前缀 2002:ce7b:1fc8::/48，基于 IPv4 地址 206.123.31.200。路由器 A 和路由器 B 之间的隧道只有当站点 A 中主机有 IPv6 数据包发往目的网络 2002:ce7b:1fc8::/48 或者站点 B 中主机有 IPv6 数据包发往目的网络 2002:84d6:010a::/48 时才建立。

注：6to4 路由器后面的主机可以支持纯 IPv6 协议栈或者双栈。

图 5-13 演示了在站点 A 中使用 IPv6 地址 2002:84d6:010a:1::1 的主机 A 与站点 B 中使用 IPv6 地址 2002:ce7b:1fc8:2::2 的主机 B 之间建立一个端到端 IPv6 会话的过程。主机 A 通过向主机 B 发送源地址是 2002:84d6:010a:1::1、目的地址是 2002:ce7b:1fc8:2::2 的 IPv6 数据包来发起会话。IPv6 数据包在本地通过 IPv6 传送，被转发到站点 A 作为 6to4 路由器的默认路由器 R1，6to4 路由器查看数据包的目的 IPv6 地址并从中提取出嵌入在目的地址中的 IPv4 地址。提取地址之后，6to4 路由器把 IPv6 数据包封装在一个 IPv4 数据包中，使用提取到的 IPv4 地址作为隧道终点的目的 IPv4 地址。这个 IPv4 地址代表着站点 B 的 6to4 边界路由器 R2。这样，IPv6 数据包被封装在 IPv4 数据包中：数据包的源 IPv4 地址是 132.214.1.10，目的 IPv4 地址是 206.123.31.200。

封装过程中 IPv6 数据包保持不变。6to4 路由器 R2 接收 IPv4 数据包并解封装出 IPv6 数据包，然后路由器 R2 在本地通过 IPv6 向主机 B 转发 IPv6 数据包。

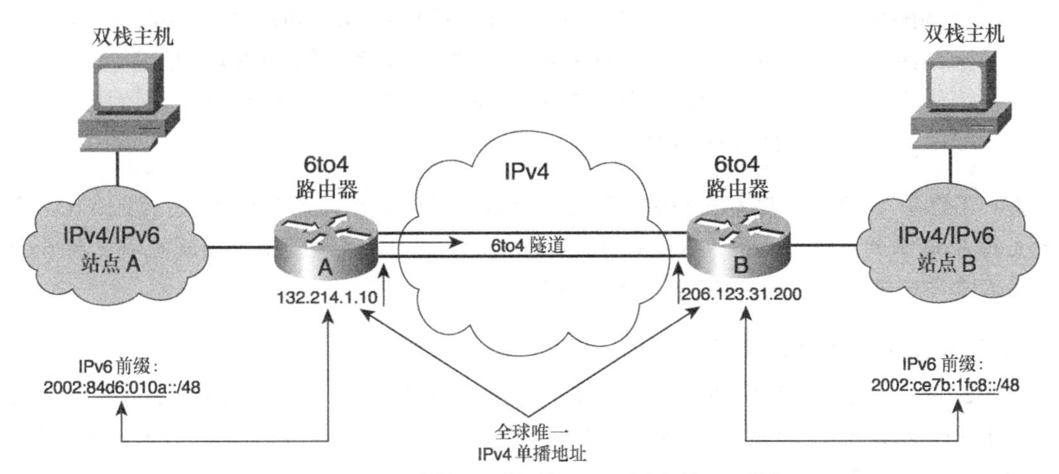

图 5-12　6to4 站点的 IPv6 前缀基于 6to4 路由器的 IPv4 地址

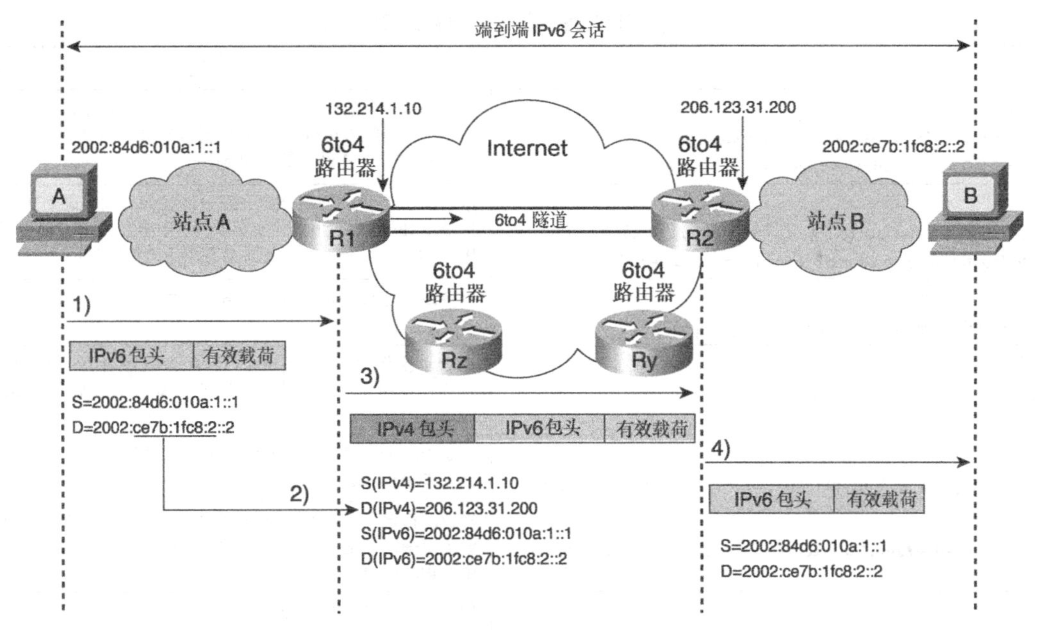

图 5-13　IPv6 主机间使用 6to4 路由器的端到端 IPv6 会话

如同在本节中所讨论的，6to4 的操作基于 IPv4 的 Internet 地址和路由基础设施。因此，在采用 6to4 机制之前需要考虑如下因素：

- 边界路由器的 IPv4 地址可能随着时间而改变 —— 因为 6to4 站点的 IPv6 前缀基于边界路由器的全球唯一 IPv4 单播地址，这个 IPv4 地址的改变将引起整个 6to4 站点的重新编址。

- 私有地址——对于 Internet 上 6to4 路由器的部署，禁止使用私有地址空间 10.0.0.0/8，172.16.0.0/12 和 192.168.0.0/16。
- 控制隧道建立——一旦一个边界路由器被启用为 6to4 路由器，那么它必须接受从 Internet 其他 6to4 路由器发来的封装数据包。阻塞或者基于源 IPv4 地址过滤输入的 6to4 流量违背 6to4 模型。然而，缺少控制的 6to4 隧道带来了安全问题，因为恶意用户可能短时间地启用 6to4 路由器。

注： 不像每个 IPv6 实现都支持配置隧道，6to4 支持需要专门的代码实现。Cisco IOS 软件技术支持 6to4 机制。Microsoft、FreeBSD、OpenBSD、NetBSD 和 Linux 实现也都支持 6to4 机制。第 6 章举例说明了 Cisco IOS 软件和这些操作系统的互联。

启用 Cisco 6to4 路由器配置

表 5-2 描述了启用一个 6to4 路由器需要的步骤。步骤 1 和 2 定义了 6to4 站点的 IPv4 地址和 6to4 前缀，步骤 3～7 设定了 6to4 隧道配置的命令和参数，步骤 8 启用了使用 6to4 前缀作为目的地址的 IPv6 数据包的转发路由。

表 5-2 启用 6to4 路由器的步骤和命令

命令	描述
步骤 1 Router(config)# **interface** *loopback-interface-number* Router(config-if)# **ip address** *IPv4-address netmask*	给环回接口分配一个 IPv4 地址。这个地址用来作为在 IPv4 网络上需要隧道传输的 IPv6 数据包的源 IPv4 地址。这个地址也确定了 6to4 站点的 6to4 前缀
步骤 2 Router(config)# **interface** *interface-type interface-number* Router(config-if)#**ipv6 address** *IPv6-prefix/prefix-length*	给 6to4 站点内的网络接口分配一个 IPv6 地址。这个 IPv6 地址基于 IPv6 前缀 2002::/16 和步骤 1 中定义的 6to4 路由器的 IPv4 地址的组合。IPv4 地址必须用十六进制表示
步骤 3 Router(config)# **interface** *tunnel-interface-number*	确定启用为 6to4 路由器的隧道接口号
步骤 4 Router(config-if)# **no ip address**	在 6to4 操作中，不给隧道接口分配 IPv4 或者 IPv6 地址。隧道接口使用另外一个接口的地址。因此，必须使用 **no ip address** 命令
步骤 5 Router(config-if)# **ipv6 unnumbered** *interface-type interface-number*	确定 6to4 操作需要的隧道接口的接口类型和编号。这个命令必须指出步骤 2 中标识的接口
步骤 6 Router(config-if)# **tunnel source** *interface-type interface-number*	隧道源指定一个分配了 IPv4 地址的接口。这个接口的 IPv4 地址用来决定 6to4 前缀（/48）。这个命令必须指向步骤 1 中标识的接口
步骤 7 Router(config-if)# **tunnel mode ipv6ip 6to4**	定义 6to4 操作中的隧道接口类型
步骤 8 Router(config)# **ipv6 route 2002::/16** *interface-type interface-number*	通过 6to4 隧道接口转发所有的匹配 2002::/16 前缀的 IPv6 数据包

图 5-14 显示了一个典型的网络拓扑结构，其中路由器 R1 作为 Internet 中的 6to4 路由器。路由器 R1 通过 IPv4 使用地址 132.214.1.10 可达，使用 Tunnel1 作为 6to4 隧道的接口。

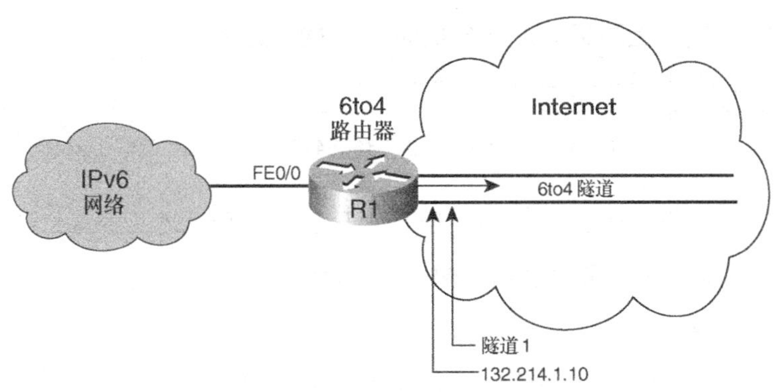

图 5-14　R1 作为 6to4 路由器

例 5-5 基于图 5-14，显示了路由器 R1 上应用的 6to4 路由器配置。

例 5-5　在路由器 R1 上启用 6to4 路由器

```
RouterR1#configure terminal
RouterR1(config)#int Loopback0
RouterR1(config-if)#ip address 132.214.1.10 255.255.255.0
RouterR1(config-if)#int fastethernet0/0
RouterR1(config-if)#ipv6 address 2002:84d6:010a:0001::1/64
RouterR1(config-if)#int tunnel1
RouterR1(config-if)#no ip address
RouterR1(config-if)#ipv6 unnumbered fastethernet0/0
RouterR1(config-if)#tunnel source Loopack0
RouterR1(config-if)#tunnel mode ipv6ip 6to4
RouterR1(config-if)#exit
RouterR1(config)#ipv6 route 2002::/16 Tunnel1
```

注：分配给接口 fastethernet0/0 的 IPv6 地址基于前缀 2002:84d6:010a::/48。数值 84d6:010a 是 IPv4 地址 132.214.1.10 的十六进制表示，子网标识是 0001。fastethernet0/0 接口的 IPv6 地址是静态分配的。参考第 2 章，获得更多关于给网络接口分配静态 IPv6 地址的细节。

注：当在路由器上启用 6to4 站点时，要确认访问控制列表（ACL）中没有拒绝协议号 41。否则，建立 6to4 隧道就会失败。使用 6to4 机制，必须允许从 IPv4 Internet 上的任何源地址输入的 IPv4 数据包使用协议 41。建议使用像 **permit 41 any host 132.214.1.10**（输入的 6to4 流量）和 **permit 41 host 132.214.1.10 any**（输出的 6to4 流量）这样的过滤规则配置，如例 5-5 所示。

一旦 6to4 投入使用，就可以检验 IPv4 Internet 上其他 6to4 目的地址的可达性。例如，可以尝试 ping 微软研究（Microsoft Reserarch）维护的 6to4 站点，IPv6 地址是 2002:836b:4179::836b:4179，如例 5-6 所示。

例 5-6 在 IPv4 网络上验证另外一个 6to4 站点的可达性

```
RouterR1#ping ipv6 2002:836b:4179::836b:4179
Type escape sequence to abort.
Sending 5, 100-byte ICMP Echos to 2002:836B:4179::836B:4179, timeout is 2 seconds:
!!!!!
Success rate is 100 percent (5/5), round-trip min/avg/max = 124/160/192 ms
```

注：参考第 3 章获得更多有关 **ping ipv6** 命令的细节。

5. 使用 6to4 中继

在一个边界路由器上启用的 6to4 机制允许在现有的 IPv4 基础设施上转发任何目的地址是 2002::/16 前缀的 IPv6 数据包。然而，如同在第 2 章中所看到的，在 IPv6 Internet 中也使用其他的像 2001::/16（商用的 IPv6 Internet）和 3ffe::/16（6bone）这样的可聚合全球单播地址。因此，所有那些前缀不同于 2002::/16 的地址都是不可达的，除非 IPv4 网络上的一个 6to4 路由器作为网关把 6to4 流量转发到 IPv6 网络。提供 IPv6 Internet 流量转发的 6to4 路由器被称为 6to4 中继。6to4 中继一般位于 IPv4 Internet 和 IPv6 Internet 的边界。6to4 路由器在它的连接到 IPv6 Internet 的接口上广播 2002::/16 的网络前缀加入 IPv6 单播路由网络。

图 5-15 显示了路由器 B 作为 6to4 中继，除了路由配置，路由器 B 的配置类似于一个 6to4 路由器的配置。路由器 B 从 IPv6 网络获得路由，可以转发从 6to4 站点（2002::/16 前缀）发到 IPv6 网络的 IPv6 数据包。要使用 6to4 中继，一个 6to4 路由器必须在配置中增加一个默认路由指向 6to4 中继。因此，所有不是 6to4 的流量也通过 6to4 中继被发送到 IPv6 Internet 中。

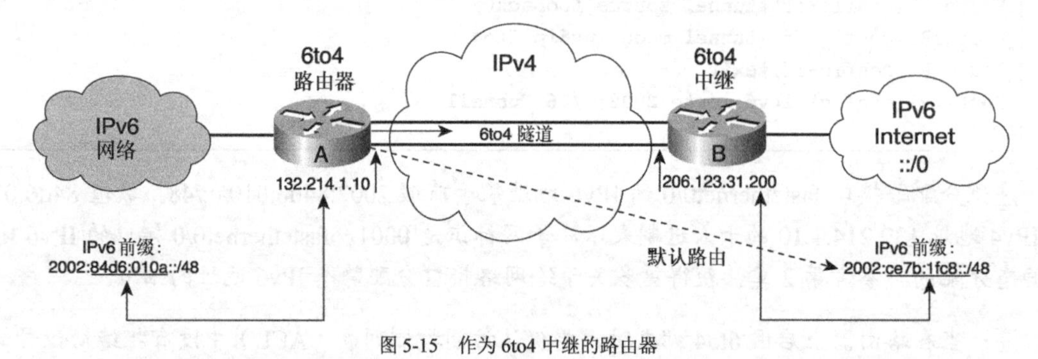

图 5-15 作为 6to4 中继的路由器

注：一个启用为 6to4 中继的路由器仍然可以作为 6to4 路由器。

在 Cisco 的配置中使用 6to4 中继

强迫到 IPv6 Internet 的所有非 6to4 流量通过一个 6to4 中继必需一个附加的步骤。**ipv6 route ::/0** 命令通过 6to4 中继转发所有的非 6to4 数据包到 IPv6 Internet。6to4 中继的 IPv6 地址必须在这里指定。**ipv6 route ::/0** 命令的用法如下：

```
Router(config)#ipv6 route ::/0 ipv6address-6to4-relay
```

图 5-16 显示了路由器 R2 在 IPv4 网络上作为一个 6to4 中继，路由器 R2 可以在 IPv4 网络上使用目的 IPv4 地址 206.123.31.200 访问，其 IPv6 地址 2002:ce7b:1fc8:1::1 用于 6to4 中继操作。6to4 路由器 R1 可以增加一条默认的 IPv6 路由指向 6to4 中继（路由器 R2），用于转发所有的非 6to4 流量到 IPv6 Internet。

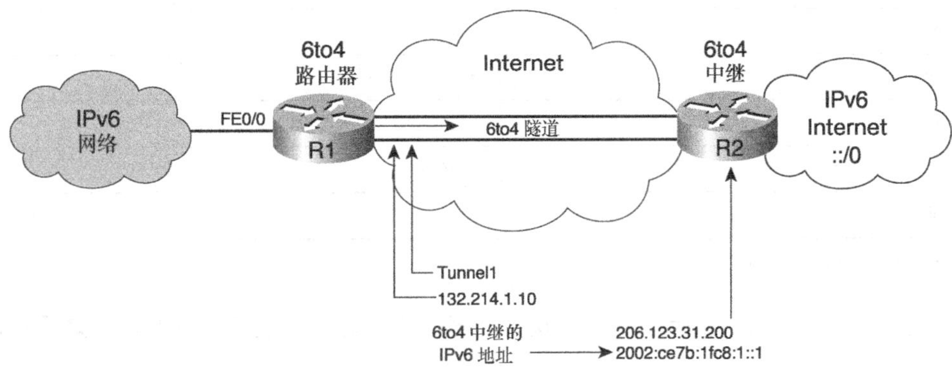

图 5-16　作为 6to4 中继的路由器

例 5-7 基于图 5-16，表示了应用在路由器 R1 上把这个路由器转变为有默认 IPv6 路由指向 6to4 中继的 6to4 路由器配置。有阴影的行就是指向 6to4 中继的默认 IPv6 路由。

例 5-7　在路由器 R1 上启用具有默认 6to4 中继路由的 6to4 路由器

```
RouterR1#configure terminal
RouterR1(config)#int Loopback0
RouterR1(config-if)#ip address 132.214.1.10 255.255.255.0
RouterR1(config-if)#int fastethernet0/0
RouterR1(config-if)#ipv6 address 2002:84d6:010a:0001::/64 eui-64
RouterR1(config-if)#int tunnel1
RouterR1(config-if)#no ip address
RouterR1(config-if)#ipv6 unnumbered fastethernet0/0
RouterR1(config-if)#tunnel source Loopack0
RouterR1(config-if)#tunnel mode ipv6ip 6to4
RouterR1(config-if)#exit
RouterR1(config)#ipv6 route 2002::/16 Tunnel1
RouterR1(config)#ipv6 route ::/0 2002:ce7b:1fc8:1::1
```

注：Internet 上基于私有 IPv4 地址的 6to4 路由器不能使用 6to4 中继，因为对于 6to4 中继私有的地址在 Internet 上不可达。

在 Internet 上寻找一个 6to4 中继

要启用一个通过 6to4 中继访问 IPv6 Internet 的默认路由，第一个步骤是找到一个公共 6to4 中继的 IPv4 地址。在 Internet 上有人维护着公共 6to4 中继的静态列表。表 5-3 就是一些可用公共

6to4 中继的例子。

表 5-3 公共 6to4 中继

6to4 中继	国 家
6to4.IPv6.microsoft.com	美国
6to4.kfu.com	美国
kddilab.6to4.jp	日本
6to4.IPv6.bt.com	英国
Skbys-00-00.6to4.xs26.net	斯洛伐克
6to4.ipng.nl	荷兰

来源：6bone 网站（www.6bone.net）

注：当你使用 Internet 上的一个公共 6to4 中继用于实验甚至商用目的时，一定要确认它是官方许可的。

如表 5-3 所示，如果可用的公共 6to4 中继离你的站点很远，会造成你的站点和 IPv6 Internet 之间的 IPv6 流量的网络性能很差。为了帮助一个 6to4 站点在 Internet 上找到可用的 6to4 中继并且给 6to4 机制增加更多可扩展性，RFC 3068“6to4 中继路由器的一个任意播前缀”引入了一个任意播前缀，这样 6to4 数据包可以被自动路由到 IPv4 Internet 上最近的 6to4 中继。

IANA 分配了 6to4 中继任意播前缀 192.88.99.0/24 专门用于自动路由 6to4 数据包到最近的 6to4 中继。在这个任意播前缀中，所定义的到达最近 6to4 中继的 IPv4 地址是 192.88.99.1。因此，这个地址的 IPv6 表示是 2002:c058:6301::。在你的 6to4 配置中，可以使用 **ipv6 route ::/0 2002:C058:6301::**命令配置默认的 IPv6 路由。当这个命令在 6to4 配置中应用之后，可以尝试 ping 任意一个在可聚合全球单播 IPv6 空间（2000::/3）内的 IPv6 目的地址。

注：如何在 Internet 上广播一个任意播前缀的细节超出了本章的范围。有关任意播操作的概述请参考第 2 章。

配置 Cisco 路由器作为一个具有任意播 IPv4 前缀的 6to4 中继

目前，Cisco IOS 软件技术支持任意播的 IPv4 前缀。也就是说，Cisco 路由器可以作为一个具有任意播 IPv4 前缀的 6to4 中继。

例 5-8 表示了应用在路由器 R3 上的配置，启用这个路由器为 6to4 中继。**ipv6 address 2002:c058:6301::/128 anycast** 命令是为任意播 IPv4 前缀增加的新特征。**ip address 132.214.1.10 255.255.255.0** 命令在路由器上定义用于管理目的的全球单播 IPv4 地址。**ipv6 address 192.88.99.1 255.255.255.0 secondary** 命令给网络接口分配了任意播 IPv4 地址。

例 5-8　路由器 R3 的具有任意播 IPv4 前缀的 6to4 中继配置

```
RouterR3#configure terminal
RouterR3(config-if)#int tunnel1
RouterR3(config-if)#no ip address
RouterR3(config-if)#ipv6 unnumbered fastethernet0/0
RouterR3(config-if)#tunnel source fastethernet0/0
RouterR3(config-if)#ipv6 address 2002:c058:6301::/128 anycast
RouterR3(config-if)#tunnel mode ipv6ip 6to4
RouterR3(config-if)#int fastethernet0/0
RouterR3(config-if)#ip address 132.214.1.10 255.255.255.0
RouterR3(config-if)#ip address 192.88.99.1 255.255.255.0 secondary
RouterR3(config-if)#ipv6 address 2002:84d6:010a:0001::/64 eui-64
RouterR3(config-if)#exit
RouterR3(config)#IPv6 route 2002::/16 Tunnel1
```

注： IPv4 前缀 192.88.99.0/24 应该被发布到 IPv4 Internet 上的路由选择协议中。否则，这个使用任意播前缀的 6to4 中继在 IPv4 Internet 中是不可达的。

6．通过 GRE 隧道部署 IPv6

Cisco IOS 软件技术支持 IPv6 数据包的 GRE 隧道封装。GRE 隧道是一种众所周知的能够保证稳定和安全的端到端链路的标准隧道技术。和配置隧道一样，GRE 隧道必须在允许通过现有的 IPv4 基础设施传输 IPv6 数据包的路由器之间静态配置。

然而，GRE 隧道给在域内使用 IS-IS 作为 IPv6 路由选择协议的组织提供了方便，因为 IS-IS 协议需要在网络上相邻的路由器之间发送链路层信息，GRE 隧道是仅有的能够在 IP 基础设施上携带这种类型流量的隧道协议。因此，同一条 GRE 隧道可以用来在广域网中同时传输 IPv6 数据包及 IS-IS 路由器间的 IS-IS 链路层信息。

注： 配置一个使用 GRE 的针对 IPv6 的 IS-IS 超出了本章的范围，参考第 4 章，获得更多针对 IPv6 的 IS-IS 和 GRE 的信息。

在 Cisco 路由器上启用针对 IPv6 的 GRE 隧道

表 5-4 提供了 Cisco 路由器上启用在 IPv4 上携带 IPv6 数据包的 GRE 隧道所需要的步骤。步骤 1～5 描述了配置 GRE 隧道的命令和参数。

表 5-4　启用 GRE 隧道的命令

命　令	描　述
步骤 1 Router(config)# **interface** *tunnel-interface-number*	确定启用 GRE 隧道的隧道接口号
步骤 2 Router(config-if)# **ipv6 address** *ipv6-address/prefix-length*	给隧道接口静态分配一个 IPv6 地址和前缀长度

续表

命　令	描　述
步骤 3 Router(config-if)# **tunnel source** *ipv4-address*	指定用作隧道接口源地址的 IPv4 地址
步骤 4 Router(config-if)# **tunnel destination** *ipv4-address*	标识隧道终点的目的 IPv4 地址，目的 IPv4 地址是隧道的远端
步骤 5 Router(config-if)# **tunnel mode gre ipv6**	定义隧道接口作为 IPv6 的 GRE 隧道

例 5-9 显示了应用在路由器上配置支持 IPv6 数据包封装的 GRE 隧道的命令和参数。

例 5-9　在路由器 R1 上配置 GRE 隧道

```
RouterR1#configure terminal
RouterR1(config)#int tunnel0
RouterR1(config-if)#ipv6 address 3ffe:b00:ffff:2::1/64
RouterR1(config-if)#tunnel source 206.123.31.200
RouterR1(config-if)#tunnel destination 132.214.1.10
RouterR1(config-if)#tunnel mode gre ipv6
RouterR2(config-if)#exit
```

7．部署 ISATAP 隧道

draft-ietf-ngtrans-isatap-12.txt 中定义的站点间自动隧道寻址协议（Intrasite Automatic Tunnel Addressing Protocol， ISATAP）是在一个管理域（比如一个站点）内用 IPv4 传输 IPv6 的隧道传输机制，它可以在 IPv4 网络上创建一个虚拟 IPv6 网络。

ISATAP 的主要功能和组件如下：

- 自动隧道——IPv6 数据包在 IPv4 中的隧道封装在 ISATAP 主机之间或者 ISATAP 主机和 ISATAP 路由器之间执行。隧道封装是自动的，意味着当启用了 ISATAP 时没有必要在主机上应用手动配置。然而，对于 ISATAP 主机到 ISATAP 路由器的隧道，ISATAP 主机必须首先从可用的路由器列表中找出一个 ISATAP 路由器的 IPv4 地址。

注：*在一个 ISATAP 链路上，一个可用的路由器列表中包含站点内所有 ISATAP 路由器的 IPv4 地址。ISATAP 草案建议 ISATAP 主机到 ISATAP 路由器隧道把从域名服务获得的可用的路由器列表作为启动程序。*

- ISATAP 地址格式——分配给 ISATAP 主机和 ISATAP 路由器的 ISATAP 地址由专用的可聚合全球单播 IPv6 地址和特殊格式的接口标识组合而成。
- 前缀——表示 IPv6 地址的高阶 64 比特。一个 ISATAP 主机上启用的 ISATAP 地址使用本地链路前缀(FE80::/10)。必须给站点内的 ISATAP 操作分配一个可聚合或者本地站点的/64 前缀。ISATAP 主机通过在 IPv4 上建立起来的 ISATAP 隧道从 ISATAP 路由器发送的广播消息中接收/64 前缀。

- 接口标识——标识分配给ISATAP主机的IPv6地址的低阶64比特。如同6to4机制，ISATAP在ISATAP IPv6地址中嵌入IPv4地址。接口标识在IANA保留给ISATAP的高阶32比特0000:5EFE后追加32比特IPv4地址。因为ISATAP的操作范围在站点内，所以ISATAP主机和ISATAP路由器使用的IPv4地址可以是公共的或者私有的地址。

如图5-17所示，在IPv4网络中具有IPv4地址的ISATAP主机A使用本地链路地址fe80::5efe:ce7b:1464。这个本地链路地址基于ISATAP格式。ISATAP主机A也分配了可聚合全球单播IPv6地址3ffe:b00:ffff:2::5efe:ce7b:1464。可聚合全球单播地址的低阶64比特和本地链路地址相同。ISATAP主机A从ISATAP路由器R1接收ISATAP前缀3ffe:b00:ffff:2::/64。当ISATAP主机A必须向ISATAP路由器R1 3ffe:b00:ffff:2::5efe:ce7b:1fc8发送IPv6数据包时，主机A的ISATAP接口自动在IPv4中封装IPv6数据包。封装IPv6的IPv4数据包使用206.123.20.100作为源IPv4地址，206.123.31.200作为目的IPv4地址。

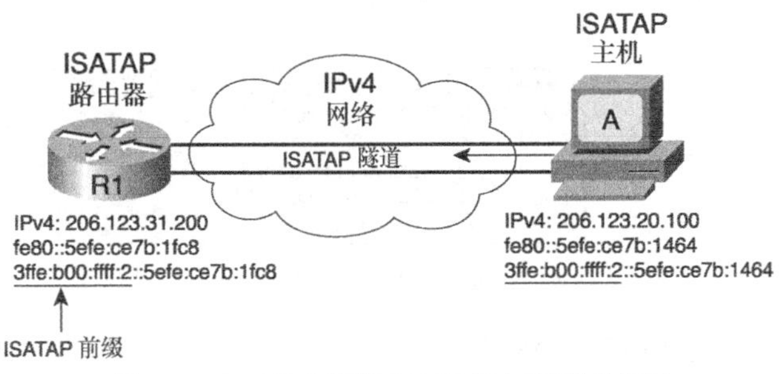

图5-17 ISATAP主机和ISATAP路由器的地址分配

- ISATAP前缀广播——当启用了ISATAP主机并且在本地链路地址中使用ISATAP格式的低阶64比特之后，这个主机通过一个ISATAP隧道向ISATAP路由器发送路由器请求。然后ISATAP路由器给ISATAP主机返回一个路由器广播消息，指定了站点内规定的ISATAP前缀。收到ISATAP前缀后，ISATAP主机使用ISATAP路由器的本地链路地址作为默认IPv6路由器地址。

图5-18显示了使用ISATAP机制通过IPv4网络向ISATAP主机广播ISATAP前缀的所有步骤。首先，ISATAP主机A使用本地链路地址fe80::5efe:ce7b:1464向目的地址为fe80::5efe:ce7b:1fc8的ISATAP路由器R1发送一个路由器请求，这个IPv6数据包封装在IPv4数据包中：源IPv4地址是206.123.20.100，目的IPv4地址是206.123.31.200。然后ISATAP路由器R1收到这个路由器请求，通过发送路由器广播消息响应ISATAP主机A。这个IPv6数据包也封装在IPv4数据包中：源IPv4地址是206.123.31.200，目的IPv4地址是206.123.20.100。路由器广播消息中包含ISATAP前缀，用来配置ISATAP主机A的IPv6地址。

注： ISATAP机制在draft-ietf-ngtrans-isatap-12.txt中定义，如同其他过渡和共存机制，ISATAP操作需要在主机和路由器中支持双栈。

注： Cisco IOS 软件支持 ISATAP，Cisco 路由器可以用作 ISATAP 路由器。

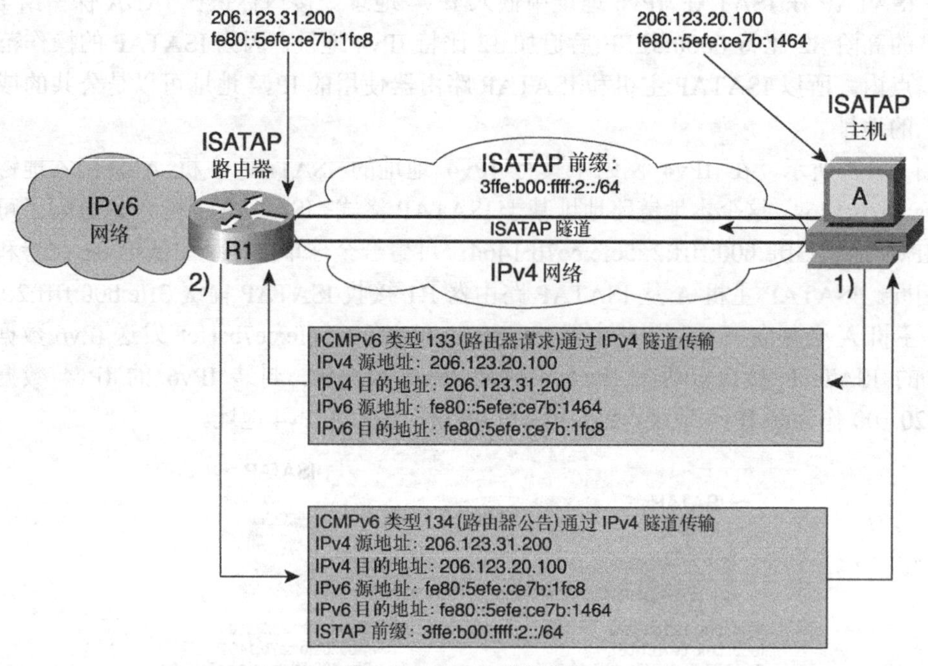

图 5-18 ISATAP 前缀广播

在 Cisco 路由器上启用 ISATAP 隧道

表 5-5 提供了在 Cisco 路由器上启用 ISATAP 隧道所需要的步骤。步骤 1～6 描述了把一个路由器配置为 ISATAP 路由器的命令和参数。

表 5-5 启用 ISATAP 隧道的命令

命　令	描　述
步骤 1 Router(config)# **interface** *interface-type interface-number* Router(config-if)# **ip address** *ipv4-address netmask*	给一个网络接口分配一个 IPv4 地址。这个地址被用来作为通过隧道传输的 IPv6 数据包的源 IPv4 地址。这个 IPv4 地址也决定了 ISATAP 路由器的 IPv6 ISATAP 地址
步骤 2 Router(config)# **interface** *tunnel-interface-number*	定义了路由器上启用 ISATAP 机制的隧道接口编号
步骤 3 Router(config-if)# **tunnel source** *interface-type interface-number*	隧道源指定了一个分配了 IPv4 地址的接口。接口上的 IPv4 地址定义了分配给路由器的 ISATAP 地址的低 32 比特
步骤 4 Router(config-if)# **tunnel mode ipv6ip isatap**	确定了隧道接口的类型是 ISATAP
步骤 5 Router(config-if)# **no ipv6 nd suppress-ra**	Cisco IOS 软件默认禁止了隧道接口的路由器广播。**no ipv6 nd suppress-ra** 命令启用了隧道接口的路由器广播。ISATAP 隧道接口上必须启用路由器广播
步骤 6 Router(config-if)# **ipv6 address** *ipv6-address/prefix-length* **eui-64**	ISATAP 的 IPv6 地址必须使用 EUI-64 格式，因为地址的低 32 比特基于 IPv4 地址。这个命令同时启用了隧道接口上的前缀广播。这里定义的前缀必须是分配给站点的 ISATAP 前缀

例 5-10 显示了应用在路由器 R1 上配置它为 ISATAP 路由器的命令和参数。

例 5-10　在路由器 R1 上配置 ISATAP

```
RouterR1#configure terminal
RouterR1(config)#int fastethernet0/0
RouterR1(config-if)#ip address 206.123.31.200 255.255.255.0
RouterR1(config-if)#int tunnel0
RouterR1(config-if)#tunnel source fastethernet0/0
RouterR1(config-if)#tunnel mode ipv6ip isatap
RouterR1(config-if)#no ipv6 nd suppress-ra
RouterR1(config-if)#ipv6 address 3ffe:b00:ffff:2::/64 eui-64
RouterR2(config-if)#exit
```

8. 采用自动 IPv4 兼容隧道

这里描述了另外一种在 IPv4 网络上传送 IPv6 数据包的技术，即自动 IPv4 兼容隧道。然而，与配置隧道和 6to4 机制不同，因为使用得很少而且要在整个 Internet 中部署，这种技术在 IPv6 实现中支持不多。自动 IPv4 兼容隧道机制是 IETF 定义的第一批转换机制之一。自动 IPv4 兼容隧道机制只允许两个双栈主机之间的 IPv6 数据包在 IPv4 网络上进行自动隧道（无需手动配置）传输。这个机制允许 IPv4 网络上的孤立主机和另外一个 IPv4 网络上的孤立主机之间自动启用隧道。源和目的 IPv6 地址的低 32 比特地址表示隧道终点的源和目的 IPv4 地址。IPv4 兼容的 IPv6 前缀是::/96（由 96 个 0 组成）。

注： IPv4 兼容隧道机制使用的前缀基于 IPv6 前缀::/96，这和 IPv4 兼容 IPv6 地址的前缀有关。第 2 章介绍了 IPv4 兼容 IPv6 前缀的表达细节。

图 5-19 显示了路由器 R1 在 Internet 上采用自动 IPv4 兼容隧道连接到路由器 R2。路由器 R1 的 IPv4 地址是 206.123.31.200，IPv6 地址是::206.123.31.200。路由器 R2 的 IPv4 地址是 132.214.1.10，IPv6 地址是::132.214.1.10。设想路由器 R1 使用源 IPv6 地址::206.123.31.200 和目的地址::132.214.1.10 发送第一个 IPv6 数据包到路由器 R2，路由器 R1 动态地在 Internet 上部署到路由器 R2 的自动 IPv4 兼容隧道传送 IPv6 数据包。

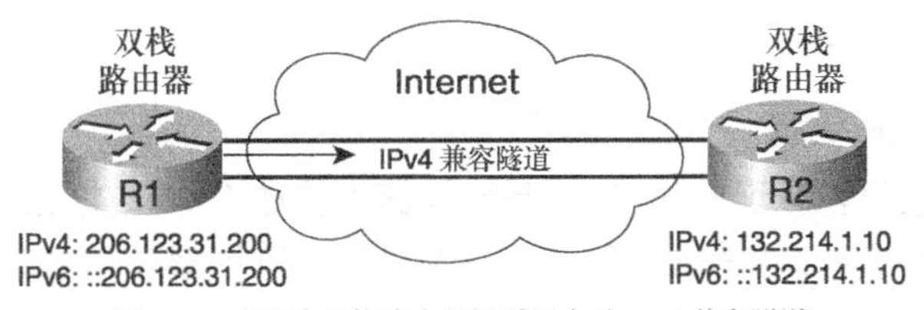

图 5-19　在两个双栈路由器间采用自动 IPv4 兼容隧道

尽管自动 IPv4 兼容隧道机制看起来能够提供简便的途径来配置隧道以在 IPv4 上传送 IPv6 数据包，但它有很多限制：

- **同质性**——只有在 IPv4 兼容地址之间才能实现通信。此外，这个机制限于主机和主机间的隧道。对于某些应用来说，一个路由器也可被看作主机，比如两个路由器间的基于 IPv6 会话的 Telnet。
- **地址空间限制**——因为这个机制和隧道建立都基于主机的 IPv4 地址，自动 IPv4 兼容隧道机制不能解决 IPv4 地址空间短缺的问题。
- **扩展性**——这个机制需要每个主机有一个全球唯一的 IPv4 地址才能在 Internet 上普遍地采用 IPv6。

注：Cisco 支持自动 IPv4 兼容隧道机制，但是路由器被看作一个主机。然而，相对于其他过渡和共存机制比如 6to4 隧道和 ISATAP，自动 IPv4 兼容隧道机制被废弃了。

9．Teredo 隧道机制

Teredo 通常称作“船虫”，是 IETF 设计的用于 IPv4 到 IPv6 过渡的一种新隧道机制。Teredo 的主要目标是传送 IPv6 数据包到隐藏在 IPv4 单协议网络域上 NAT 设备后的双栈节点，这是因为协议 41（配置隧道和 6to4 机制使用）不能穿过 NAT。Teredo 使用 IPv4 的 UDP 数据报传送 IPv6 数据包，这样使得 IPv6 连接的传送通过 NAT 设备是可能的。通过使用单个 IPv4 地址与一个 NAT 设备的 UDP 映射，Teredo 可以在 IPv4 的 UDP 数据报上传送 IPv6 连接到同一个 NAT 设备后的多个节点。下面的列表描述了 Teredo 机制的主要组成：

- Teredo 服务器——Teredo 服务器连接到 IPv4 Internet 上，并且可以从一个单独的全局单播 IPv4 地址到达。这个无状态的设备管理着 Teredo 客户端之间的信令流量。
- Teredo 中继——Teredo 中继是充当 IPv6 路由器的设备。Teredo 中继连接到 IPv6 Internet 上并且能够在 IPv4 的 UDP 数据包上提供 IPv6 连接到 NAT 之后的 Teredo 客户端。
- Teredo 客户端——Teredo 客户端在 IPv4 网络上的 NAT 设备之后。在 Teredo 模型中，Teredo 客户端（NAT 之后）必须发起到 Teredo 服务器的请求，以从 Teredo 中继通过 IPv4 UDP 数据包获得 IPv6 连接。不过，Teredo 客户端上必须配置 Teredo 服务器的 IPv4 地址。

参考 Internet 草案 www.ietf.org/internet-drafts/draft-ietf-ngtrans-shipworm-08.txt 可以获取关于这个新 IPv6 隧道机制的更多信息。

10．选择合适的隧道机制

尽管多种隧道机制可以在现有的 IPv4 基础设施上传送 IPv6 数据包，但你应该记住，配置隧道、6to4 和 GRE 隧道可以用来互联站点，ISATAP 可以用来互联主机以退出 IPv4 域中的路由器，隧道服务器和隧道代理可以用来建立大规模的 IPv4 单协议网络域内的孤立节点间的 IPv6 连接。Teredo 可以与 NAT 设备之后的节点建立 IPv6 连通性。因为自动 IPv4 兼容隧道受到大家的反对，因此不被采用。

5.3　IPv6单协议网络到IPv4单协议网络的过渡机制

前面几节提出了在现有IPv4网络上通过隧道传输IPv6数据包来互联IPv6域的机制。本节提出了其他一些过渡情况：由IPv6单协议和IPv4单协议组成的网络间的互联和共存。

早期IPv6的采用者目前在他们的商用网络中都采用了IPv6单协议网络基础设施。在亚洲和欧洲这些获得全球唯一IPv4空间是一个耗时并且高价过程（在某些国家甚至不能实现）的地方，IPv6单协议网络的配置已经开始。这些岛屿和网络由IPv6单协议网络的节点组成并互连到IPv6 Internet上。另一方面，在把网络迁移到IPv6之前，具有IPv4单协议网络的组织和提供商们可能一直观望直到有足够的对IPv6的需求。过渡时期预期要持续几年。同时，IPv6单协议网络必须和IPv4单协议网络在Internet上相互作用。为了维持两种协议之间的兼容性，两种网络类型之间完全的交互作用是必需的。这里有两种协议之间交互作用的基本例子。

- IPv6单协议网络域内的一个节点可能需要使用简单邮件传输协议（SMTP）发送电子邮件到一个IPv4单协议网络域内的目的节点。
- IPv4单协议网络域内的节点可能不得不回复IPv6域内的源IPv6节点。
- 一个IPv4单协议网络域内的节点可能必须通过HTTP与一个只在IPv6单协议网络域内运行的目的万维网服务器建立连接。

因为IPv6设计之初就有过渡的思想并要保证完全的IPv4后向兼容性，所以典型的允许IPv6单协议网络节点和IPv4单协议网络域通信的情况和技术都已经得到了定义。这些方法可以分为应用层网关技术（ALG）和网络地址转换-协议转换（NAT-PT）技术。下面几个小节讲述了这些技术的细节。

5.3.1　使用应用层网关（ALG）

ALG技术是一种网络体系结构，其中具有双栈支持的网关允许IPv6单协议网络域内的节点和IPv4单协议网络域内的节点互相作用。

图5-20显示了一个网络的体系结构，其中在IPv6单协议网络域和IPv4单协议网络域间采用了一个ALG。IPv6单协议网络主机A和IPv4单协议网络服务器B通过ALG C建立IP会话。ALG C使用IPv6作为传输协议和主机A维护着一条独立的会话的同时使用IPv4之上的IPv4单协议网络服务器B维护着另一条独立的会话。ALG C把IPv6会话转换到IPv4，反之亦然。ALG C位于一个IPv6和IPv4连通性都被启用的子网内，这个ALG具有

双栈的支持。

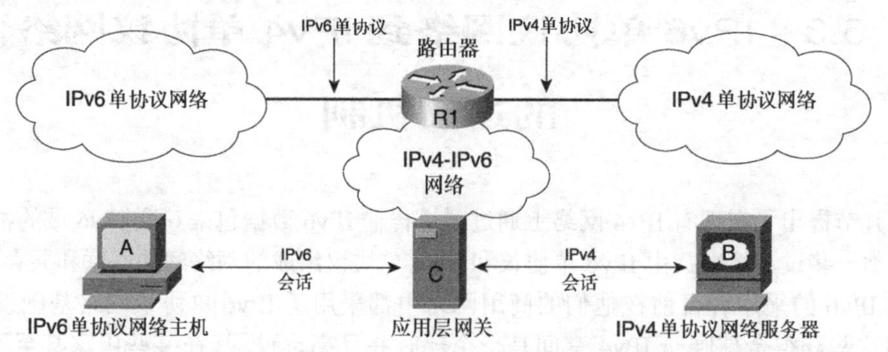

图 5-20 IPv6 单协议网络主机和 IPv4 单协议网络服务器间通过 ALG 建立 IP 会话

ALG 的方法可以用于 Internet 应用的过渡，比如邮件、万维网和许多其他协议等。

- 邮件——IPv6 单协议网络上的 IPv6 单协议网络主机可以使用基于 IPv6 的 SMTP 发送电子邮件消息到它们本地的 SMTP 服务器上。当接收到消息后，具有双栈支持并且可以充当 SMTP ALG 的本地 SMTP 服务器可以向 Internet 上的目的 SMTP 服务器发送消息。Internet 本地的 SMTP 服务器首先试着通过 IPv6（使用域名服务）访问目的 SMTP 服务器。否则，它将返回到 IPv4 来传输消息。
- 万维网——IPv6 单协议网络主机上的浏览器可配置为经过一个 IPv6 上的代理万维网服务器到达 Internet 上的任何目的 IPv4 环球网站点。本地具有双栈支持的代理万维网服务器可以在本地网络内被启用为一个 HTTP 的 ALG。一方面，本地的代理万维网服务器通过 IPv6 从 IPv6 单协议网络主机获得 HTTP 请求，另一方面，代理万维网服务器首先尝试用 IPv6 访问目的万维网服务器，否则使用 IPv4 访问。

注：ALG 技术要求应用已经转换到 IPv6。

在 IPv6 单协议网络和 IPv4 单协议网络边界采用的 ALG 是一项有吸引力的技术。例如，对于 SMTP，这项技术的主要优势就是对发送和接收消息的终端用户的透明性。然而，在 ALG 中节点上使用的应用程序必须同时支持 IPv4 和 IPv6。

5.3.2 使用 NAT-PT

另外一个允许 IPv6 单协议网络节点和 IPv4 单协议网络节点通信的技术就是网络地址转换-协议转换（NAT-PT）。正如在 RFC 2766“网络地址转换协议转换”中所定义的，NAT-PT 是一种网络地址转换协议，它可以把 IPv6 地址转换成 IPv4 地址，反之亦然。NAT-PT 基于 RFC 2765 中定义的无状态 IP/ICMP 转换器（SIIT）算法。SIIT 算法互译 IPv4 和 IPv6 数据包头部，也包括 ICMP 头部。

注： 尽管不希望在 IPv6 中使用 NAT，NAT-PT 的目标是仅仅当没有其他办法可用于 IPv6 单协议网络节点和 IPv4 单协议网络域通信时才使用转换。另外一些可选择的方法就是采用纯 IPv6 网络、纯链路、节点上的双栈操作和本章描述的那些隧道技术。

如同使用 ALG，无需增加 IPv6 单协议网络节点或 IPv4 单协议网络节点对双栈的支持来允许它们通过 NAT-PT 通信。因为是无状态机制，NAT-PT 和众所周知的 IPv4 NAT 机制很相似。NAT-PT 包含了地址转换和协议转换。

为了运行，NAT-PT 需要网络中配置特定的路由使所有到预先指定的/96 前缀的 IPv6 数据包都被路由到 NAT-PT 设备。IPv6 域内的/96 前缀必须保留给 NAT-PT 操作，然后 NAT-PT 设备根据映射规则把/96 前缀的 IPv6 地址转换为 IPv4 地址。

图 5-21 显示了在 IPv6 单协议网络 A 和 IPv4 Internet 的边界采用 NAT-PT 设备。在 IPv6 单协议网络 A 中，3ffe:b00:ffff:0:0:1::/96 是为 NAT-PT 操作预定义的前缀。在 IPv6 单协议网络 A 中产生的并使用 3ffe:b00:ffff:0:0:1::/96 前缀目的地址的数据包被路由到充当 NAT-PT 设备的路由器 R1。然后，数据包中的 IPv6 地址被转换为 IPv4 地址并传送给 IPv4 Internet 上的 IPv4 单协议网络节点。IPv6 单协议网络有到 IPv6 Internet 的纯 IPv6 链路。IPv6 单协议网络中的默认 IPv6 路由被配置指向路由器 R2 以到达 IPv6 Internet。

以下列表描述了为 NAT-PT 机制定义的不同类型的操作：

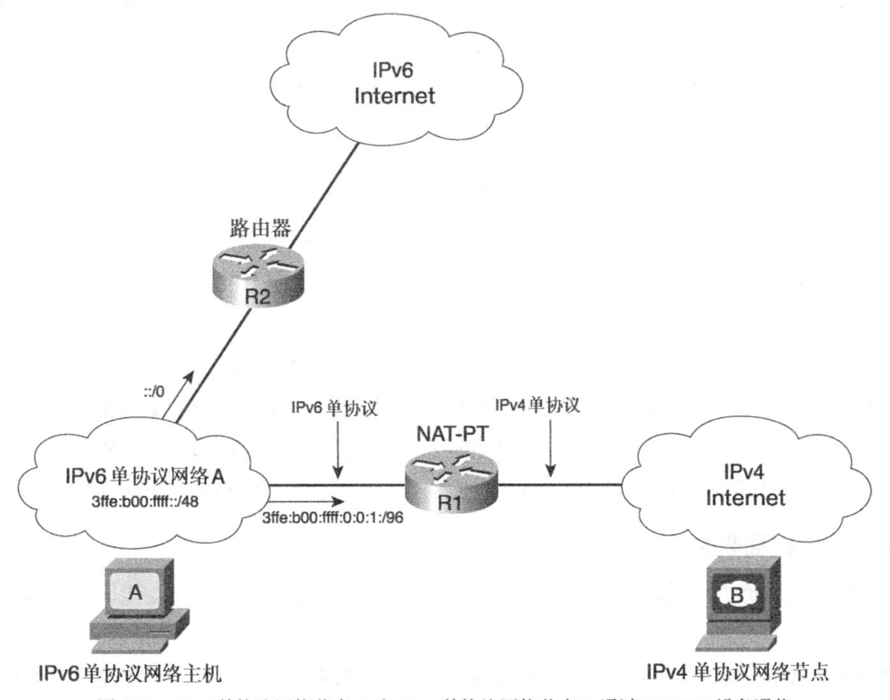

图 5-21　IPv6 单协议网络节点 A 和 IPv4 单协议网络节点 B 通过 NAT-PT 设备通信

- **静态 NAT-PT**——静态模式提供一对一的 IPv6 地址和 IPv4 地址的映射。IPv6 单协议网络域内的节点要访问的 IPv4 单协议网络域内的每一个 IPv4 地址都必须在 NAT-PT 设备中配置。每一个目的 IPv4 地址在 NAT-PT 设备中被映射为一个具有预定义 NAT-PT 前缀的 IPv6 地址。这种模式中，每一个 IPv6 到 IPv4 映射需要一个源 IPv4 地址。静态 NAT-PT 模式跟 IPv4 中的静态 NAT 类似。
- **动态 NAT-PT**——动态模式也提供一对一的映射，但是使用一个 IPv4 地址池。池中的源 IPv4 地址数量决定了并发的 IPv6 到 IPv4 转换的最大数目。在 IPv6 网络中 IPv6 单协议网络节点动态地把预定义的 NAT-PT 前缀增加到目的 IPv4 地址。这种模式需要一个 IPv4 地址池来执行动态的地址转换，动态 NAT-PT 模式和 IPv4 中的动态 NAT 类似。
- **NAPT-PT**——网络地址端口转换协议转换，NAPT-PT 提供多个有 NAT-PT 前缀的 IPv6 地址和一个源 IPv4 地址间的多对一动态映射。这种转换同时在第 3 层（IPv4/IPv6）和上层（TCP/UDP）进行。NAPT-PT 和 IPv4 中的 NAT 端口转换类似。NAPT-PT 和 IPv4 具有同样的限制：只有 TCP、UDP 和 ICMP 可以被转换。
- **NAT-PT DNS ALG**——动态 NAT-PT 映射可以和 DNS ALG 联合使用来转换 DNS 传输，以自动建立目的节点的转换地址。NAT-PT 可以截取由 IPv6 网络发往 IPv4 网络的 DNS 请求（A 记录查询）。IPv6 网络内的 DNS 服务器甚至一个节点必须通过 NAT-PT 设备首先向 IPv4 的 DNS 服务器发送 DNS 查询，随后 NAT-PT 自动地把 DNS 响应（A 记录）的内容转换为一个 IPv6 地址（AAAA 记录），外部 IPv4 地址和有 NAT-PT 前缀的 IPv6 地址间的 NAT-PT 映射被动态地配置。然后，IPv6 单协议网络节点可以从 NAT-PT 设备获得一个可以到达 IPv4 目的的 IPv6 地址。

1. NAT-PT 操作

图 5-22 显示了在 IPv6 单协议网络 A 和 IPv4 单协议网络 B 边界上的 NAT-PT 一般操作。使用 IPv6 地址 3ffe:b00:ffff:1::2 的 IPv6 单协议网络节点 A 和使用 206.123.31.200 的 IPv4 单协议网络节点 B 通过 NAT-PT 建立会话。在这个例子中，在 NAT-PT 中配置了静态的从 206.123.31.200 到 3ffe:b00:ffff:0:0:1::a 的 NAT-PT 映射，因此，节点 A 使用源地址 3ffe:b00:ffff:1::2 发送 IPv6 数据包到目的地址 3ffe:b00:ffff:0:0:1::a，NAT-PT 把数据包的 IPv6 包头转换成 IPv4 包头，然后 NAT-PT 使用源地址 206.123.31.1 发送 IPv4 数据包到目的 IPv4 地址 206.123.31.200。接收到数据包后，节点 B 使用 206.123.31.1 作为目的 IPv4 地址向 NAT-PT 发回响应，NAT-PT 把那个数据包的 IPv4 包头转换为一个 IPv6 包头，然后使用源 IPv6 地址 3ffe:b00:ffff:0:0:1::a 向节点 A 3ffe:b00:ffff:1::2 发送 IPv6 数据包。

2. NAT-PT 的局限性

NAT-PT 有很多众所周知的局限性，有些是从 IPv4 NAT 继承来的。以下是 NAT-PT 的主要局限性：

- **单点失败**——NAT-PT 是有状态的设备，如果 NAT-PT 出错，所有的 IPv6 单协议网络域和 IPv4 单协议网络域的会话都会丢失。

- **阻止端到端的安全**——因为 NAT-PT 在转换过程中修改了数据包头，所以 IP 包头的完整性检查失败。这个困难可以被部分地解决，但是最根本的问题不容易解决。
- **非 NAT 友好**——NAT-PT 没有完全了解动态端口分配应用和内嵌在 IP 地址中的集合端口应用。因此，当出现新的非 NAT 友好的应用程序时必须升级 NAT-PT。
- **PMTUD（路径最大传输单元发现）**——使用 NAT-PT，PMTUD 不能工作。
- **IPV4 选项**——NAT-PT 不处理 IPv4 选项。
- **多播**——不支持多播。
- **DNS**——不支持 RFC 2535 中定义的 DNS 安全（DNSSEC），IPv6 和 IPv4 之间的区域传输仍然是公开的难题。

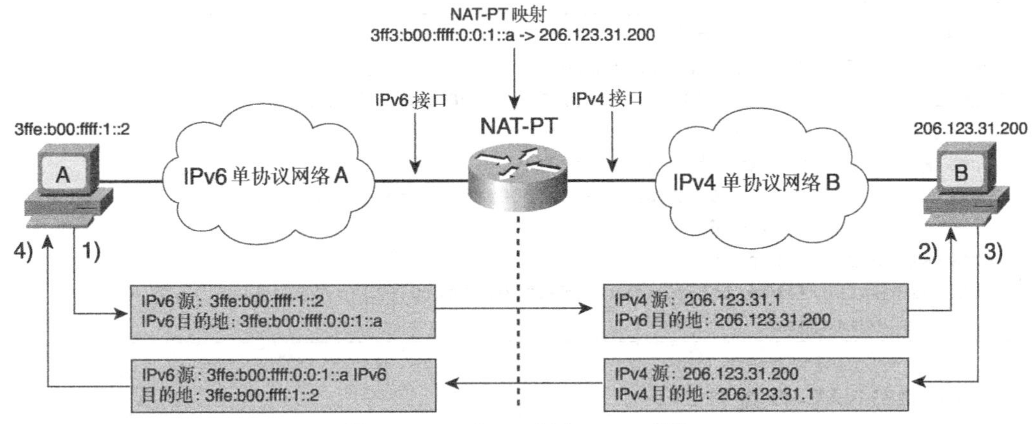

图 5-22　IPv6 和 IPv4 间的 NAT-PT 操作

3．在 Cisco 上启用 NAT-PT

无论采用哪种模式，在路由器上启用 NAT-PT 的基本步骤都是相同的。因为转换是在 IPv6 和 IPv4 的边界上进行的，所以启用 NAT-PT 前的第一步是决定使用 NAT-PT 的网络接口。

表 5-6 中描述的 **ipv6 nat** 命令在 NAT-PT 设备上启用 NAT-PT 接口。**ipv6 nat prefix** 命令定义在 IPv6 域中用于 NAT-PT 操作的 NAT-PT 前缀。NAT-PT 前缀可以基于全局或者基于接口启用。表 5-6 显示了基于全局启用的 NAT-PT 前缀。

表 5-6　在 Cisco 上启用 NAT-PT

命　令	描　述
步骤 1 Router(config)# **interface** *interface-type interface-number*	指定启用 NAT-PT 机制的网络接口
步骤 2 Router(config-if)# **ipv6 nat**	在接口上启用 NAT-PT 机制，这个命令基于接口启用
步骤 3 Router(config)# **interface** *interface-type interface-number*	指定另外一个启用 NAT-PT 的接口

续表

命　令	描　述
步骤 4 Router(config-if)# **ipv6 nat**	在接口上启用 NAT-PT
步骤 5 Router(config)# **ipv6 nat prefix** *ipv6-prefix* **/96**	详细说明在 IPv6 域内 NAT-PT 使用的 IPv6 前缀，NAT-PT 只支持/96 的网络前缀

例 5-11 显示了一个路由器上启用 NAT-PT 机制所应用的命令和参数。NAT-PT 前缀基于全局启用。

例 5-11　启用 NAT-PT

```
RouterR1#configure terminal
RouterR1(config)#int fastethernet0/0
RouterR1(config-if)#ip address 206.123.31.200 255.255.255.0
RouterR1(config-if)#ipv6 nat
RouterR1(config-if)#int fastethernet0/1
RouterR1(config-if)#ipv6 address 3ffe:b00:ffff:1::/64 eui-64
RouterR1(config-if)#ipv6 nat
RouterR1(config-if)#exit
RouterR1(config)#ipv6 nat prefix 3ffe:b00:ffff:0:0:1::/96
RouterR2(config)#exit
```

4．应用静态 NAT-PT 配置

如表 5-7 所示，命令 **ipv6 nat v6v4 source** 和 **ipv6 nat v4v6 source** 配置 IPv6 和 IPv4 地址间的静态 NAT-PT 映射。对于一对一的静态映射，每一个需要彼此通信的 IPv4 和 IPv6 节点都需要表项。

图 5-23 显示了一个静态 NAT-PT 映射配置，其中使用 3ffe:b00:ffff:1::2 的 IPv6 单协议网络主机 A 可以和使用 IPv4 地址 206.123.31.200 的 IPv4 单协议网络 SSH 服务器 B 通信。IPv6 单协议网络 A 使用的 NAT-PT 网络前缀是 3ffe:b00:ffff:0:0:1::/96，IPv4 单协议网络 SSH 服务器 B 静态映射到具有 NAT-PT 前缀的 IPv6 地址 3ffe:b00:ffff:0:0:1::a，IPv6 单协议网络主机 A 映射到 IPv4 地址 206.123.31.2。通过在路由器 R1 上应用静态配置，IPv6 单协议网络节点和 IPv4 单协议网络节点都可以彼此通信。

表 5-7　启用静态 NAT-PT 映射

命　令	描　述
Router(config)# **ipv6 nat v6v4 source** *ipv6-address ipv4-address*	强制将使用命令确定的源 IPv6 地址（发起的 IPv6 单协议网络主机）的输出 IPv6 数据包转换成 IPv4 数据包。IPv4 数据包使用命令中指定的 IPv4 源地址访问目的 IPv4 主机
Router(config)# **ipv6 nat v4v6 source** *ipv4-address ipv6-address*	强制将使用命令确定的源 IPv4 地址的输出 IPv4 数据包转换成 IPv6 数据包。这个 IPv4 地址是 IPv4 单协议网络中的目的主机，IPv6 地址是访问 IPv4 单协议网络上的目的主机相应的目的 IPv6 地址

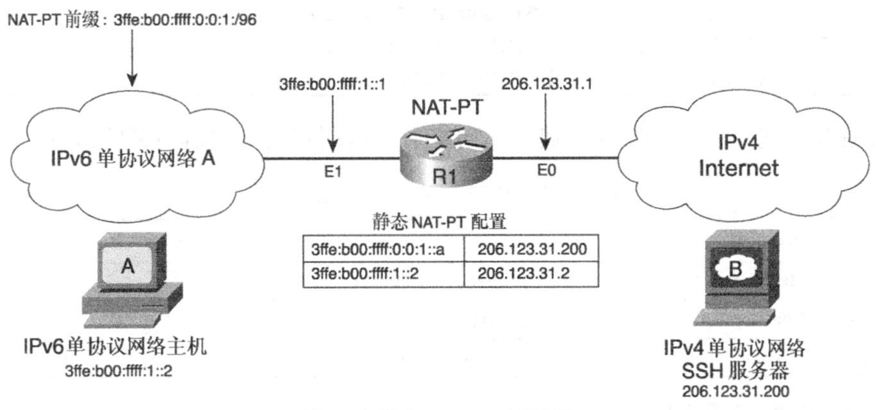

图 5-23　静态 NAT-PT 映射配置

例 5-12 显示了应用在图 5-23 中路由器 R1 上的配置，启用一个静态的 NAT-PT 映射配置。

例 5-12　在路由器 R1 上启用静态 NAT-PT 映射

```
RouterR1#configure terminal
RouterR1(config)#int ethernet0
RouterR1(config-if)#ip address 206.123.31.1 255.255.255.0
RouterR1(config-if)#ipv6 nat
RouterR1(config-if)#int ethernet1
RouterR1(config-if)#ipv6 address 3ffe:b00:ffff:1::1/64
RouterR1(config-if)#ipv6 nat
RouterR1(config-if)#exit
RouterR1(config-if)#ipv6 nat prefix 3ffe:b00:ffff:0:0:1::/96
RouterR1(config-if)#ipv6 nat v6v4 source 3ffe:b00:ffff:1::2 206.123.31.2
RouterR1(config-if)#ipv6 nat v4v6 source 206.123.31.200 3ffe:b00:ffff:0:0:1::a

RouterR1(config)#exit
```

5. 管理 NAT-PT 转换表

可以使用 **show ipv6 nat translations** 命令显示 NAT-PT 转换表的内容，这个命令的语法如下：

```
Router# show ipv6 nat translations
```

例 5-13 展示了地址为 3ffe:b00:ffff:1::1 的 IPv6 单协议网络节点和地址为 206.123.31.200 的 IPv4 单协议网络 SSH 服务器建立一个 SSH 会话后的 NAT-PT 转换表。

例 5-13　显示 NAT-PT 转换表

```
RouterA#show ipv6 nat translations
Prot   IPv4 source          IPv6 source
       IPv4 destination     IPv6 destination
---    ---                  ---
```

（待续）

```
        206.123.31.200       3FFE:B00:FFFF::1:0:a
tcp     206.123.31.2,1021    3FFE:B00:FFFF:1::2,1021
        206.123.31.200,22    3FFE:B00:FFFF::1:0:a,22
```

表 5-8 提供了清除、显示统计和启用与 NAT-PT 机制相关的调试消息的命令。

表 5-8　NAT-PT 的清除、显示和调试命令

命　令	描　述
Router# **clear ipv6 nat translation ***	清除 NAT-PT 转换表
Router# **show ipv6 nat statistics**	显示转换统计
Router# **debug ipv6 nat [detailed]**	启用 NAT-PT 的调试模式，调试输出显示所有的转换事件

6．使用动态 NAT-PT 配置

静态 NAT-PT 映射在 IPv6 单协议网络节点访问固定的 IPv4 单协议网络节点的网络中是有用的，静态 NAT-PT 映射需要每一个要和 IPv4 单协议网络节点通信的 IPv6 单协议网络节点对应一个确定的 IPv4 地址。

动态 NAT-PT 模式使用一个 IPv4 地址池来转换由 IPv6 单协议网络发起的会话。每次当发起一个到 IPv4 网络的新会话时，NAT-PT 设备自动从 IPv4 地址池中分配一个源 IPv4 地址，同时存在的 IPv6 到 IPv4 会话的数量受限于池中的 IPv4 地址数量。

表 5-9 显示了在一个路由器上启用 IPv6 到 IPv4 的动态 NAT-PT 映射所需要的步骤。步骤 1 规定了 IPv6 单协议网络中允许被 NAT-PT 机制转换成 IPv4 的 IPv6 地址。有 3 种方法来限定这些地址：标准的 IPv6 ACL、IPv6 前缀列表和路由映射（**route-map**）声明。步骤 1 显示了使用标准 IPv6 ACL 的配置。步骤 2 定义了用于 NAT-PT 转换的 IPv4 地址池。最后，步骤 3 描述了路由器上应用的动态 NAT-PT 映射配置。

表 5-9　启用 IPv6 到 IPv4 的动态 NAT-PT 映射

命　令	描　述
步骤 1 Router(config)# **ipv6 access-list** *name* **permit** *source-ipv6-prefix/prefix-length destination-ipv6-prefix/prefix-length*	规定了 IPv6 单协议网络中允许被转换的 IPv6 地址范围，**ipv6 access-list** 命令配置了一个标准的 IPv6 ACL。参考第 3 章获得配置标准 IPv6 ACL 的详细命令
步骤 2 Router(config)# **ipv6 nat v6v4 pool** *natpt-pool-name start-ipv4 end-ipv4* **prefix-length** *prefix-length*	规定转换过程中使用的源 IPv4 地址池，参数 *natpt -pool-name* 指定这个池的名称。像 IPv4 池的前缀一样，必须指定地址池的第一个和最后一个 IPv4 地址，分别用参数 *start-ipv4* 和 *end-ipv4* 表示
步骤 3 Router(config)# **ipv6 nat v6v4 source {list | route-map}** {*list-name* | *map-name* } **pool** *natpt-pool-name*	配置动态 NAT-PT 映射，关键词 **list** 和参数 *list-name* 指定一个标准的 IPv6 ACL 来规定 IPv6 地址的范围，关键词 **route-map** 和参数 *map-name* 可以作为替换。关键词 **pool** 和参数 *natpt-pool-name* 规定了源 IPv4 地址池

图 5-24 显示了一个动态 NAT-PT 映射配置，其中 IPv6 单协议网络 A 中的任意节点动态映射到 206.123.31.200～206.123.31.220 的地址池中的 IPv4 地址（最多 20 个主机）。IPv6 单

协议网络上的 NAT-PT 操作使用的前缀是 3ffe:b00:ffff:0:0:1::/96。通过在路由器 R1 上使用动态 NAT-PT 配置，IPv6 单协议网络节点可以建立到 IPv4 Internet 上的 IPv4 节点的会话。

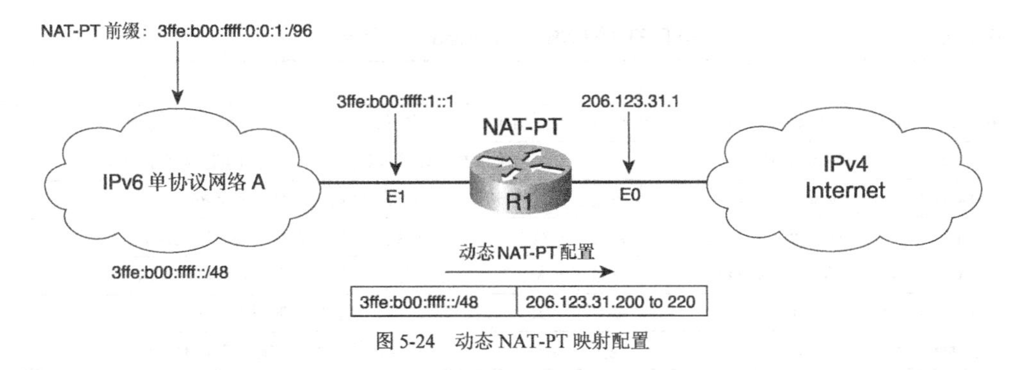

图 5-24　动态 NAT-PT 映射配置

例 5-14 显示了应用于图 5-24 中路由器 R1 上的配置，启用动态 NAT-PT 配置。

例 5-14　在路由器 R1 上启用动态 NAT-PT 映射

```
RouterR1#configure terminal
RouterR1(config)#int ethernet0
RouterR1(config-if)#ip address 206.123.31.1 255.255.255.0
RouterR1(config-if)#ipv6 nat
RouterR1(config-if)#int ethernet1
RouterR1(config-if)#ipv6 address 3ffe:b00:ffff:1::1/64
RouterR1(config-if)#ipv6 nat
RouterR1(config-if)#exit
RouterR1(config)#ipv6 access-list ipv6only-network permit 3ffe:b00:ffff::/48 any
RouterR1(config)#ipv6 nat prefix 3ffe:b00:ffff:0:0:1::/96
RouterR1(config)#ipv6 nat v6v4 pool ipv4-pool 206.123.31.200 206.123.31.220
  prefix-length 24
RouterR1(config)#ipv6 nat v6v4 source list ipv6only-network pool ipv4-pool
RouterR1(config)#exit
```

注： 例 5-14 中的配置仅展示了一个 IPv6 到 IPv4 的动态 NAT-PT 映射配置。这种配置是可能的，正如对静态 NAT-PT 模式来说，配置 IPv4 到 IPv6 的动态 NAT-PT 映射是可能的。不过，本书中没有讲述从 IPv4 到 IPv6 的动态 NAT-PT 映射配置的例子，访问 Cisco 的站点，可以获得动态 IPv4 到 IPv6 NAT-PT 配置的例子。

7．调整 NAT-PT

默认情况下，没有对 NAT-PT 允许的转换数量进行限制，但是，可以使用命令 **ipv6 nat translation max-entries** 对并发的转换数量进行限制，如表 5-10 所示。

动态转换条目的默认超时时间是 86 400s（1 天），可以使用 **ipv6 nat translation timeout** 命令修改这个全局参数，如表 5-10 所示。除非流中出现 RST（重置标记）或者 FIN（结束标记），

命令 **ipv6 nat translation** 可以更精确地改变 TCP 的超时时间。ICMP、UDP、DNS 的转换都可以进行调整，如表 5-10 所示。

表 5-10 NAT-PT 的 ipv6 nat translation 命令

命令	描述
ipv6 nat translation max-entries *number*	限制了 NAT-PT 同时处理的转换数目，默认情况下没有限制
ipv6 nat translation timeout *seconds*	规定了动态转换的全局转换超时时间，默认的超时时间是 86 400s
ipv6 nat translation tcp-timeout *seconds*	规定了 TCP 的转换超时时间，默认的超时时间是 86 400s
ipv6 nat translation finrst-timeout *seconds*	规定了 FIN 和 RST 的转换超时时间，默认的超时时间是 60s
ipv6 nat translation icmp-timeout *seconds*	规定了 ICMP 的转换超时时间，默认的超时时间是 86 400s
ipv6 nat translation udp-timeout *seconds*	规定了 UDP 的转换超时时间，默认的超时时间是 300s
ipv6 nat translation dns-timeout *seconds*	规定了 DNS 会话的转换超时时间，默认的超时时间是 60s

5.3.3 其他转换机制

IETF 还定义了一些允许 IPv6 单协议网络主机和 IPv4 单协议网络节点交换数据包的其他转换机制，下面简单描述每个转换机制：

- **TCP-UDP 中继**——这个机制跟 NAT-PT 类似，必须位于 IPv6 单协议网络域和 IPv4 单协议网络域之间，然而，TCP-UDP 机制是在传输层执行转换而不是在第 3 层（IP/ICMP），如同 NAT-PT。TCP-UDP 中继在 RFC 3142“一种 IPv6 到 IPv4 的传输中继转换器”中定义。
- **Bump in the Stack（BIS）**——BIS 机制是另外一种从 IPv4 主机到 IPv6 过渡的简化方法，但是设计为仅在双栈主机上工作。BIS 使用 SIIT 算法把 IPv4 数据包转换为 IPv6，反之亦然。过渡期间的一个主要问题是网络的所有主机上启用了 IPv6 的应用是否可用。在采用 IPv6 的早期，一个组织获得他们所有的应用程序的 IPv6 版本是有困难的，使用 BIS 机制，通过在双栈主机上增加软件来解释和转换应用和网络层之间的数据包。当协议栈从 IPv4 单协议网络应用中收到 IPv4 数据包时，BIS 把 IPv4 数据包转换为 IPv6 数据包并使用 IPv6 协议栈将数据包发送到 IPv6 网络中。BIS 在 RFC 2767“双栈主机使用 Bump-In-the-Stack 技术”中定义。
- **双栈过渡机制（DSTM）**——在 IPv6 单协议网络域内，双栈主机可能需要通过现有的 IPv4 网络访问 IPv4 单协议网络服务。DSTM 定义了一种建立 IPv4-over-IPv6 隧道的方法，并临时为 IPv6 单协议网络域内的双栈主机分配 IPv4 地址。具有 DSTM 的双栈主机可以访问 IPv4 网络上的 IPv4 单协议网络服务，DSTM 服务器和 DSTM 节点之间建立 IPv4-over-IPv6 隧道。DSTM 在 www.ietf.org/internet-drafts/draft-ietf-ngtrans-dstm-08.txt（双栈过渡机制，DSTM）中定义。

- **基于 SOCKS 的 IPv6/IPv4 网关**——这个转换机制基于 SOCKS 协议（SOCKSv5），SOCKS 是 IETF（RFC 1928）定义的众所周知的用于 TCP/IP 应用的代理协议。SOCKS 机制的两个组成部分就是 SOCKS 服务器和 SOCKS 客户端。在一个 IPv6 的环境中，SOCKS 机制允许 IPv4 单协议网络节点作为 SOCKS 客户端通过一个具有双栈支持的 SOCKS 服务器与 IPv6 单协议网络服务通信（反之亦然）。基于 SOCKS 的 IPv6/IPv4 网关在 RFC 3089 中定义。

5.3.4 总结

在过渡期间，整合和共存机制对 IPv4 协议和 IPv4 单协议网络保持完全的后向兼容性。本章分析了 3 类整合和共存策略——双协议栈、隧道和协议转换。

双协议栈允许网络上的节点同时处理 IPv4 协议栈和 IPv6 协议栈，在这个环境下，域名服务（DNS）向双栈节点提供信息以控制协议栈的选择。

通过本章可以学习到如何通过隧道在现有的 IPv4 网络上传输 IPv6 数据包，也可以了解在 IPv4 上部署和建立隧道的几种主要的隧道机制。以下是 IETF 定义的用于双栈节点间建立隧道的关键协议和技术：

- **配置隧道**——在双栈节点间手动配置隧道，以在 IPv4 上传输 IPv6 数据包。
- **隧道代理和隧道服务器**——隧道代理和隧道服务器是能够自动部署配置隧道的机制。
- **6to4**——6to4 节点间动态地建立隧道，6to4 路由器的 IPv4 地址嵌入到 6to4 站点的 6to4 前缀中。
- **GRE 隧道**——通过 GRE 隧道进行的 IPv6 隧道传输是另外一种在 IPv4 网络上传输 IPv6 数据包的方法。不过，对配置隧道来说，GRE 隧道的部署是静态的。
- **ISATAP**——在域中动态地建立隧道，以在 IPv4 上创建一个虚拟的 IPv6 网络。分配给 ISATAP 主机和 ISATAP 路由器的前缀和地址都基于一种特定的格式。
- **自动 IPv4 兼容隧道**——允许 IPv4 网络中的孤立主机通过 IPv4 自动地建立隧道以到达其他的孤立主机。这个机制有很多限制，不赞成使用。
- **Teredo 隧道**——通过 IPv4 UDP 数据包，IPv4 上传输 IPv6 的隧道可以通过网络地址转换（NAT）设备，Teredo 隧道必须由 IPv4 域内 NAT 后的 Teredo 客户端发起。

通过本章还可以学习到 IPv6 单协议网络节点如何使用应用层网关（ALG）和 NAT-PT 与 IPv4 单协议网络节点互操作。当没有其他方法可用时，NAT-PT 可以用来做 IPv6 单协议网络域和 IPv4 单协议网络域之间的协议转换。IETF 还定义了其他一些在特定环境中使用的转换机制，比如 TCP-UDP 中继、BIS、双栈过渡机制（DSTM）和基于 SOCKS 的 IPv6/IPv4 网关。

尽管很多机制允许 IPv6 和 IPv4 整合和并存，但你还是应该在使用这些机制前首选纯 IPv6 网络和链路组成的基础设施。最后，你学习了如何在 Cisco IOS 软件上配置双栈、配置隧道、6to4、GRE 隧道、ISATAP 和 NAT-PT，以部署可以和现有的 IPv4 基础设施进行交互操作的 IPv6

网络。你还看见实例，路由器配置和管理 Cisco 技术中这些机制的 Cisco IOS 软件命令。

5.4 案例研究：使用 Cisco 的 IPv6 整合和共存策略

完成以下练习，实际应用你在本章中学习的技巧，配置网络中的整合和共存机制。

5.4.1 目标

在这些练习中，完成以下任务：

- 在路由器上启用配置隧道
- 给隧道接口分配 IPv6 地址
- 添加一条默认 IPv6 路由
- 在链路上广播一个 IPv6 前缀
- 启用 6to4 路由器
- 添加一条到 6to4 中继的默认路由
- 启用 NAT-PT 机制
- 配置一个静态 NAT-PT 映射
- 验证 NAT-PT 映射

5.4.2 命令列表

在这个配置练习中，使用到的命令见表 5-11，练习时可以参考该列表。

表 5-11 命令列表

命 令	描 述
copy run start	保存现有的配置到 NVRAM
ip address 206.123.31.2 255.255.255.0	给接口分配一个 IPv4 地址
ipv6 unicast-routing	启用 IPv6 流量转发
ipv6 address 2001:420:ffff:0::1/64	配置一个 IPv6 静态地址
ipv6 address 2001:420:ffff:1::/64 eui-64	使用 EUI-64 格式配置一个 IPv6 静态地址
ipv6 nat	启用 NAT-PT 机制
ipv6 nat prefix 2001:420:ffff:0:0:1::/96	定义一个 NAT-PT 操作的前缀
ipv6 nat v4v6 source 10.1.1.100 2001:420:ffff:0:0:1:0:100	在 IPv6 地址和 10.1.1.100 间定义一个静态的映射

续表

命　令	描　述
ipv6 nat v4v6 source 10.1.1.150 2001:420:ffff:0:0:1:0:150	在 IPv6 地址和 10.1.1.150 间定义一个静态的映射
ipv6 nat v6v4 source 2001:420:ffff:2::1 10.1.1.2	在 IPv4 地址和 2001:420:ffff:2::1 间定义一个静态的映射
ipv6 route ::/0 tunnel0	指定一个默认的 IPv6 路由
show ipv6 nat translation	显示 NAT-PT 的转换机制
tunnel destination 132.214.1.199	指定一个隧道接口的 IPv4 目的地址
tunnel mode ipv6ip	指定隧道接口作为配置隧道
tunnel mode ipv6ip 6to4	指定隧道接口作为 6to4 隧道
tunnel source 206.123.31.100	给隧道接口分配一个源 IPv4 地址

5.4.3　任务 1 的网络结构

图 5-25 显示了任务 1 的网络结构。你所在的城市中有一个 ISP 计划向你的站点提供 IPv6 连接性，并向这个站点分配一个全球可聚合单播前缀/48。这个 ISP 从 ARIN（美国 Internet 地址注册机构）获得了一个/32 的网络前缀，可以在 12 个月内给你的站点提供纯 IPv6 链接和连通性，然而，你的网络和 ISP 现在都连接到 IPv4 Internet 上。与此同时，你可以和提供商建立一个配置隧道，以在 IPv4 Internet 上获得 IPv6 连通性。

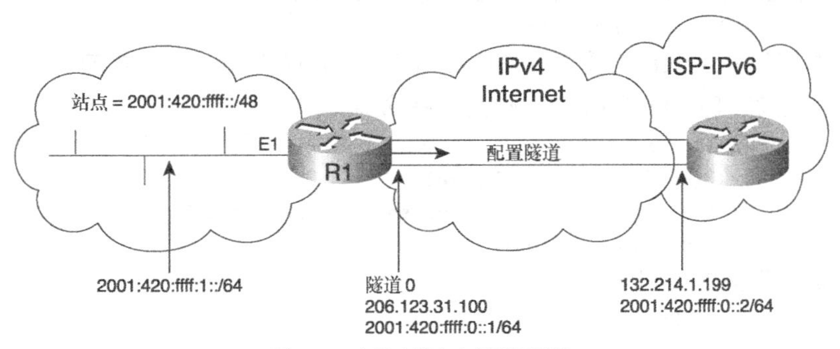

图 5-25　在路由器上启用配置隧道

任务 1：启用配置隧道和默认 IPv6 路由

完成以下步骤。

步骤 1　输入命令以启用路由器上的 IPv6 转发，在接口间转发单播的 IPv6 数据包。使用什么命令呢？

```
RouterR1# conf t
RouterR1(config)# ipv6 unicast-routing
RouterR1(config)# exit
```

步骤 2 基于下表，在路由器 R1 的 tunnel0 接口上启用一个配置隧道，以从 ISP 那里获得 IPv6 连通性。哪些命令启用 Cisco 配置隧道？

	地 址
源 IPv4 地址	206.123.31.100
目的 IPv4 地址	132.214.1.199
源 IPv6	2001:420:ffff:0::1
目的 IPv6	2002:420:ffff:0::2
点到点链路前缀长度	/64

```
RouterR1# conf t
RouterR1(config)# int tunnel0
RouterR1(config-if)# ipv6 address 2001:420:ffff:0::1/64
RouterR1(config-if)# tunnel source 206.123.31.100
RouterR1(config-if)# tunnel destination 132.214.1.199
RouterR1(config-if)# tunnel mode ipv6ip
RouterR1(config-if)# exit
RouterR1(config)# exit
```

步骤 3 可以通过 ISP 的 IPv6 访问到 IPv6 Internet，在路由器中增加一条默认 IPv6 路由指向配置隧道接口 tunnel0。使用哪些命令？

```
RouterR1# conf t
RouterR1(config)# ipv6 route ::/0 tunnel0
RouterR1(config)# exit
```

步骤 4 给接口 ethernet1 分配一个 EUI-64 格式的 IPv6 地址，并且在接口 ethernet1 上广播前缀 2001:420:ffff:1::/64。使用哪些命令？

```
RouterR1# conf t
RouterR1(config)# int ethernet1
RouterR1(config-if)# ipv6 address 2001:420:ffff:1::/64 eui-64
RouterR1(config-if)# exit
```

步骤 5 保存当前配置到 NVRAM。

```
RouterR1# copy run start
Destination filename [startup-config]?
Building configuration...
```

5.4.4 任务 2 的网络结构

图 5-26 显示了任务 2 的网络拓扑结构。你的站点不能从 ISP-IPv6 获得 IPv6 连通性，然而，对你的站点来说，通过采用 6to4 机制获得 IPv6 连通性是一个有趣的可选方案。你的网络已经连接到 IPv4 Internet，因此你的一个边界路由器可以被配置为 6to4 路由器，并且 6to4 前缀必须在内部网络的 6to4 路由器后的链路上进行广播。

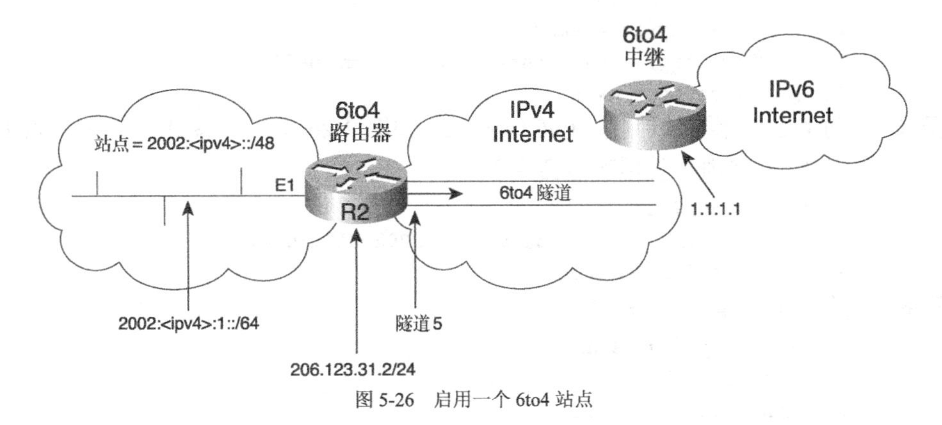

图 5-26　启用一个 6to4 站点

任务 2：启用一个 6to4 路由器

完成以下步骤：

步骤 1　如下表所示，给路由器 R2 的 loopback0 接口分配一个 IPv4 地址，这个地址将用于 6to4 操作。使用哪些命令？

路由器接口	IPv4 地址	网络掩码
Loopback0	206.123.31.2	255.255.255.0

```
RouterR2# conf t
RouterR2(config)# int loopback0
RouterR2(config-if)# ip address 206.123.31.2 255.255.255.0
RouterR2(config-if)# exit
```

步骤 2　6to4 路由器的源 IPv4 地址是 206.123.31.2，计算你的 6to4 站点的长度为/48 的网络前缀，把结果加到 2002::/16 前缀后获得站点的长度为/48 的网络前缀。

206.123.31.2 转换为十六进制= CE7B:1F02

6to4 站点的/48 前缀= 2002:CE7B:1F02::/48

步骤 3　给路由器 R1 的接口 ethernet1 分配一个在站点/48 前缀范围内的使用 EUI-64 格式的 IPv6 地址，在接口上广播 2002:CE7B:1F02:1::/64 前缀。

```
RouterR2# conf t
RouterR2(config)# int ethernet1
RouterR2(config-if)# ipv6 address 2002:ce7b:1f02:1::/64 eui-64
RouterR2(config-if)# exit
```

步骤 4　使用接口 tunnel5 启用 6to4 路由器，哪些命令启用一个路由器为 6to4 站点？

```
RouterR2# conf t
RouterR2(config)# int tunnel5
RouterR2(config-if)# no ip address
RouterR2(config-if)# ipv6 unnumbered ethernet1
RouterR2(config-if)# tunnel source loopback0
RouterR2(config-if)# tunnel mode ipv6ip 6to4
```

```
RouterR2(config-if)# exit
RouterR2(config)# ipv6 route 2002::/16 tunnel5
RouterR2(config)# exit
```

步骤 5 通过 6to4 中继可以到达 IPv6 Internet，如图 2-26 所示，添加一条指向 6to4 中继的默认 IPv6 路由。使用哪些命令？

```
RouterR2# conf t
RouterR2(config)# ipv6 route ::/0 2002:0101:0101::
RouterR2(config)# exit
```

步骤 6 保存当前配置到 NVRAM。

```
RouterR2#copy run start
Destination filename [startup-config]?
Building configuration...
```

5.4.5 任务 3 的网络结构

图 5-27 显示了任务 3 的网络拓扑结构，域被分为两个子网。在 IPv6 单协议子网 A 中，只启用 IPv6 协议，采用 IPv6 单协议网络主机，在 IPv4/IPv6 子网 B 中，启用 IPv4 和 IPv6，子网 B 中的所有节点都具有双栈支持，然而，某些遗留的系统，比如网络 B 中的大型机和打印机只支持 IPv4 协议。因此，配置路由器 R3 作为 NAT-PT，以允许子网 A 中的 IPv6 单协议网络主机 A 与大型机和打印机通信。

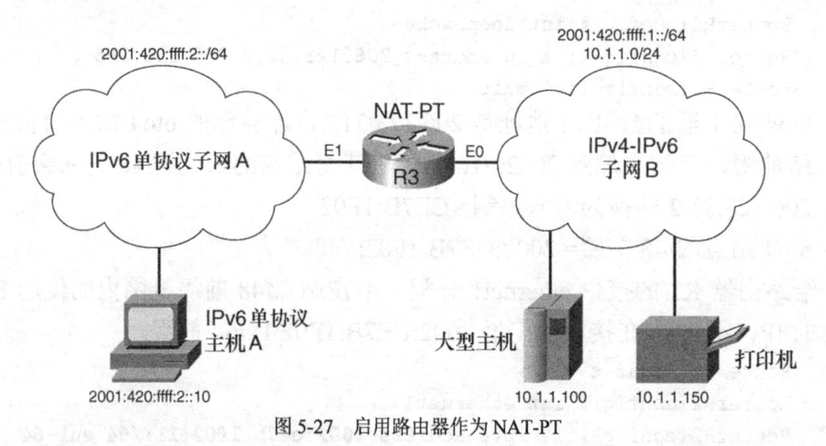

图 5-27 启用路由器作为 NAT-PT

任务 3：启用静态映射的 NAT-PT 机制

完成以下步骤：

步骤 1 根据下表给路由器 R3 的接口分配 IPv4 和 IPv6 地址。使用哪些命令？

路由器接口	IP 地址/前缀长度
Ethernet0	10.1.1.1/24
Ethernet1	2001:420:ffff:2::1/64

```
RouterR3# configure terminal
RouterR3(config)# int ethernet0
RouterR3(config-if)# ip address 10.1.1.1 255.255.255.0
RouterR3(config-if)# int ethernet1
RouterR3(config-if)# ipv6 address 2001:420:ffff:2::1/64
```

步骤 2　在路由器 R3 的两个接口上启用 NAT-PT 机制，使用哪些命令在接口上启用 NAT-PT 机制？

```
RouterR3# configure terminal
RouterR3(config)# int ethernet0
RouterR3(config-if)# ipv6 nat
RouterR3(config-if)# int ethernet1
RouterR3(config-if)# ipv6 nat
RouterR3(config-if)# exit
```

步骤 3　指定给 NAT-PT 的前缀是 2001:420:ffff:0:0:1::/96，在路由器 R3 上规定这个前缀作为全局的用于 NAT-PT 操作。

```
RouterR3# configure terminal
RouterR3(config)# ipv6 nat prefix 2001:420:ffff:0:0:1::/96
RouterR3(config)# exit
```

步骤 4　启用到大型机和打印机的静态 NAT-PT 映射。静态 NAT-PT 映射必须允许 IPv6 单协议网络主机 A（2001:420:ffff:2::10）访问遗留的 IPv4 系统，使用 10.1.1.2 作为静态 NAT-PT 映射的源 IPv4 地址，静态的映射配置参考下表。

系统	IPv4 地址	IPv6 地址
Mainframe	10.1.1.100	2001:420:ffff:0:0:1:0:100
Printer	10.1.1.150	2001:420:ffff:0:0:1:0:150

```
RouterR3# configure terminal
RouterR3(config)# ipv6 nat v4v6 source 10.1.1.100 2001:420:ffff:0:0:1:0:100
RouterR3(config)# ipv6 nat v4v6 source 10.1.1.150 2001:420:ffff:0:0:1:0:150
RouterR3(config)# ipv6 nat v6v4 source 2001:420:ffff:2::10 10.1.1.2
RouterR3(config)# exit
```

步骤 5　显示静态的 NAT-PT 配置以检查设置，使用哪个命令显示 NAT-PT 映射？

```
RouterR3#show ipv6 nat translation
Prot    IPv4 source          IPv6 source
        IPv4 destination     IPv6 destination
--- --- ---
        10.1.1.100           2001:420:FFFF:0:0:1:0:100
--- --- ---
        10.1.1.150           2001:420:FFFF:0:0:1:0:150
---     10.1.1.2             2001:420:FFFF:2::10
        ---                  ---
```

步骤 6　保存当前配置到 NVRAM。

```
RouterR3# copy run start
Destination filename [startup-config]?
Building configuration...
```

5.5 复 习 题

回答以下问题，然后参考附录 B 获得答案。

1．列出本章介绍的 3 类整合和共存策略。

2．描述双栈方法。

3．什么类型的以太网帧由节点上的 IPv6 单协议网络应用产生？

4．当 IPv6 和 IPv4 协议栈都可用时，IPv4 和 IPv6 都启用的应用如何选择 IP 协议栈？

5．当域名服务提供 IPv4（A 记录）和 IPv6（AAAA 记录）地址类型时，哪种地址类型会被 IPv4 和 IPv6 都启用的应用选择？

6．什么情况下应该考虑使用整合和共存机制？

7．规定用于 IPv4 中 IPv6 数据包封装的协议号是多少？

8．列出本章介绍的 3 个可能的在 IPv4 中隧道传输 IPv6 数据包的情景。

9．隧道传输的主要要求是什么？

10．列出本章中介绍的所有隧道技术。

11．配置隧道的主要特点是什么？

12．隧道代理和隧道服务器的主要用途是什么？

13．描述如何分配一个 6to4 站点的前缀。

14．6to4 中继的用途是什么？

15．定义 ISATAP 的地址格式。

16．描述 ISATAP 的单播前缀如何通过 ISATAP 路由器向 ISATAP 主机广播。

17．IPv4 兼容隧道机制提供对 IPv4 地址空间耗尽的解决办法吗？

18．列出 IPv6 单协议网络上的 IPv6 单协议网络节点和 IPv4 单协议网络上的 IPv4 单协议网络节点通信的两种方法。

19．列出 NAT-PT 机制中规定的不同类型的操作。

20．NAT-PT 机制的 96 比特前缀的用途是什么？

5.6 参 考 文 献

1．RFC 2473, *Generic Packet Tunneling in IPv6 Specification,* A. Conta, S. Deering, IETF, www.ietf.org/rfc/rfc2473.txt, December 1998

2. RFC 2553, *Basic Socket Interface Extensions for IPv6,* R. Gilligan et al. IETF, www.ietf.org/rfc/rfc2553.txt. March 1999
3. RFC 2732, *Format for Literal IPv6 Addresses in URL's,* R. Hinden, B. Carpenter, L.Masinter, IETF, www.ietf.org/rfc/rfc2732.txt, December 1999
4. RFC 2765, *Stateless IP/ICMP Translation Algorithm (SIIT),* E. Nordmark, IETF,www. ietf.org/rfc/rfc2765.txt, February 2000
5. RFC 2766, *Network Address Translation Protocol Translation,* G. Tsirtsis, P. Srisuresh,IETF, www.ietf.org/rfc/rfc2766.txt, February 2000
6. RFC 2767, *Dual Stack Hosts using the "Bump-In-the-Stack" Technique (BIS),* K.Tsuchiya, H. Higuchi, Y. Atarashi, www.ietf.org/rfc/rfc2767.txt, February 2000
7. RFC 2893, *Transition Mechanisms for IPv6 Hosts and Routers,* R. Gilligan, E. Nordmark,IETF, www.ietf.org/rfc/rfc2893.txt, August 2000
8. RFC 3053, *IPv6 Tunnel Broker,* A. Durand et al., IETF, www.ietf.org/rfc/rfc3053.txt, January 2001
9. RFC 3056, *Connection of IPv6 Domains via IPv4 Clouds,* B. Carpenter, K. Moore, IETF,www.ietf.org/rfc/rfc3056.txt, February 2001
10. RFC 3068, *An Anycast Prefix for 6to4 Relay Routers,* C. Huitema, IETF,www.ietf.org/rfc/rfc3068.txt, June 2001
11. RFC 3089, *A SOCKS-based IPv6/IPv4 Gateway Mechanism,* H. Kitamura, IETF,www.ietf.org/rfc/rfc3089.txt, April 2001
12. RFC 3142, *An IPv6-to-IPv4 Transport Relay Translator,An IPv6-to-IPv4 Transport Relay Translator,* J. Hagino, K. Yamamoto, IETF,www.ietf.org/rfc/rfc3142.txt, June 2001
13. RFC 3177, *IAB/IESG Recommendations on IPv6 Address Allocations to Sites,* IAB, IETF, www.ietf.org/rfc/rfc3177.txt, September 2001
14. *Dual Stack Transition Mechanism (DSTM),* Jim Bound et al., IETF, www.ietf.org/internet-drafts/ draft-ietf-ngtrans-dstm-08.txt
15. *Intra-Site Automatic Tunnel Addressing Protocol (ISATAP),* F. Templin et al., IETF, www.ietf.org/internet-drafts/draft-ietf-ngtrans-isatap-12.txt
16. *Teredo: Tunneling IPv6 over UDP through NATs,* C. Huitema, IETF, www.ietf.org/ internet-drafts/draft-ietf-ngtrans-shipworm-08.txt
17. *Use of /127 Prefix Length Between Routers Considered Harmful,* P. Savola, IETF, www.ietf.org/internet-drafts/draft-savola-ipv6-127-pre.xlen-12.txt

“640KB 对任何人都足够了。”

比尔•盖茨，1981

第 6 章

IPv6 主机和 Cisco 的互联

正如第 2 章中所描述的，IPv6 内建的无状态自动配置机制允许本地链路上的节点自己配置它们的 IPv6 地址。第 5 章描述了用来把当前的 IPv4 网络基础设施向 IPv6 迁移的过渡和共存机制，这两章都讨论了路由器和网络上部署的 IPv6 节点之间的互操作。

本章的主要目标是说明当在使用 Cisco 路由器的网络上配置 IPv6 时，如何在 Microsoft Windows、Solaris、FreeBSD、Linux 和 Tru64 等最普通的主机操作系统上启用和配置 IPv6 支持。本章还解释了如何在这些主机实现上启用无状态的自动配置，以及如何与使用配置隧道和 6to4 等过渡和并存机制的 Cisco 路由器交换信息。

读完本章，你应该能够配置和管理 Microsoft Windows NT、Microsoft Windows 2000、Microsoft Windows XP、Solaris 8、FreeBSD 4.x、Linux 以及 Tru64 上的 IPv6 支持。本章也给出了主机和路由器的 IPv6 配置范例。

6.1 Microsoft Windows 上的 IPv6

微软已经在主机操作系统上领先多年，特别是在 20 世纪 90 年代伴随着 Internet 的成长。2001 年，微软做出了一个明确的支持 IPv6 的承诺，在 Windows XP 的主流代码中包括 IPv6 支持。从 1998 年开始，众所周知的 Windows NT 和 Windows 2000 平台就支持可用于研究、试验以及纯学习目的的 IPv6。

1998 年，微软研究院（MSR）结合来自 USC/ISI East 的贡献，开始开发用于 Windows NT 和 Windows 2000 平台的 IPv6 协议栈。多年以来，MSR 向纯研究目的的全球 Internet 团体公开提供 beta IPv6 实现的源代码和二进制代码。

2000 年，微软发行了 Windows 2000 的 IPv6 技术预览（IPv6 Technology Preview）并向 Internet 团体分发。从 MSR 的代码派生了另外一个版本的 IPv6 协议栈，但是经过特殊编码仅在 Windows 2000 上运行。Windows 2000 版本的技术预览面向那些想要学习、体验并在 Windows 平台上进行 IPv6 开发的人员。2001 年，微软在 Windows XP 中打包了 IPv6 支持，IPv6 在 Windows XP Professional、Windows XP Home Edition、Windows XPPro 和 Windows XP Home Edition Service Pack 1 中是可用的。在此之前，微软并没有正式声明支持 IPv6。微软也在.NET Server Windows Server 2003 上包含了 IPv6 支持。

注：如果你要了解微软 Windows IPv6 支持的更多信息，参见 www.microsoft.com/windows.netserver /technologies/ipv6/default.asp 或者 www.microsoft.com/ipv6。

不同版本的 Windows IPv6 支持是相似的，并支持 IPv6 协议的主要特性，如无状态自动配置和某些过渡机制。Windows NT 和 Windows 2000 用户可以下载并在他们的计算机上安装 IPv6 代码以增加 IPv6 支持。但是，对于 Windows XP，IPv6 支持是内置的，用户只要使用命令启用它就可以了。本节给出了在 Windows NT、Windows 2000 和 Windows XP 上安装和启用 IPv6 支持的步骤。不过首先要了解如何使用 Windows 进行 IPv6 互联。

6.1.1 支持 IPv6 的 Microsoft Windows 的互联

一旦 IPv6 在 Windows 上安装成功并启用，IPv6 协议栈被解释为不同于 IPv4 的独立协议，这个协议栈支持 IPv6 并且能够和市场上的 IPv6 节点和路由器互操作，包括 Cisco IOS 软件。在 Windows IPv6 节点和 Cisco 路由器的互联环境中，微软提供的 IPv6 支持能够处理基本的无状态自动配置和一些如配置隧道和 6to4 之类的过渡机制。

微软的实现包括移植到 IPv6 的应用程序、实用程序和用于网络的工具，如 Telnet 客户端、FTP 客户端、ping、nslookup、tracert、DNS 解析器以及文件和打印共享。而且，IPv6 支持还包括在 Internet Explorer、.NET Server、IIS、Microsoft Media Server 和 Microsoft RPC 中，理论上允许任何基于 RPC 的应用程序在 IPv6 上运行。

开放软件应用如 NTEmacs、支持 SSH 的 Teraterm Pro、Cygwin Net（IPv6 扩展支持）、Win32 的 Apache（IPv6 扩展支持）、NcFTP、Windump、Ethereal、NT 的 ISC Bind 8、Emacs、Ruby、PuTTY、psyBNC 和 AsyProxy 在具有 IPv6 支持的 Windows 下是可用的。当然，这个列表是不完全的。越来越多的在 Windows 上运行的仅支持 IPv4 的开放软件和商业应用都将移植到 IPv6 排上了日程。

在接下来的几节中你将了解到如何在 Windows 上安装和启用 IPv6 支持，之后，你将学习在 Windows 上启用无状态自动配置和配置过渡机制的步骤和命令。

6.1.2　在 Microsoft Windows 上启用 IPv6

本节给出了在 Windows XP、Windows 2000 和 Windows NT 上安装和启用 IPv6 支持的步骤。

1．在 Windows XP 上启用 IPv6

前面曾提到，IPv6 支持已经被集成到 Windows XP 的专业版和家庭版中。不过，IPv6 支持必须被手动地启用。如例 6-1 所示，在 Windows XP 的 DOS shell 中输入命令 **ipv6 install** 启用 IPv6 支持。

例 6-1　在 Windows XP 的 DOS shell 中运行 ipv6.exe 启用 IPv6

```
C:\Documents and Settings\REGIS>ipv6 install
Installing...
Succeeded.
```

微软已经在 Windows XP 和.NET Server 操作系统的 DOS shell 中引入了命令接口 **netsh**，可以使用它启用、配置、管理和重置 IPv4/IPv6 协议栈。**netsh interface ipv6 [...]**命令等同于 **ipv6** 命令，只在 Windows XP 和.NET Server 操作系统上可用。本节描述等同于 Windows XP 环境的 **ipv6** 命令的 **netsh** 命令。在 DOS shell 中键入 **netsh interface ipv6 ?**，可以看到 Windows XP 上 IPv6 协议栈的 **netsh** 命令的不同用法。在 Microsoft Windows 的 www.microsoft.com/windows.netserver/technologies/ipv6/ipv62netshtable.mspx 网站，也可以看到相应的 **ipv6** 和 **netsh** 命令。

注：Windows XP 的 **netsh interface ipv6 install** 命令等同于 **ipv6 install** 命令。

注：在任何 Windows 版本上安装 IPv6 支持都需要管理员的特权。

注：在 Windows XP 上启用 IPv6 支持不需要重新启动计算机。但是，撤销 IPv6 支持确实需要重新启动。

提示：在 Windows XP 的 DOS shell 中键入 **ipv6 uninstall** 能够卸载 IPv6 支持。Windows XP 中 **netsh interface ipv6 uninstall** 命令等同于这个命令。

可以在微软的 www.microsoft.com/windowsxp/pro/techinfo/administration/default.asp 找到更多关于 Windows XP 的 IPv6 支持的信息。Windows XP 的 IPv6 支持的常见问题部分在 www.microsoft.com/windowsxp/pro/techinfo/administration/ipv6/default.asp 可以访问到。

2．在 Windows 2000 上启用 IPv6

在 Windows 2000 上启用 IPv6 支持的第一个步骤就是从微软的网站上下载适用于 Windows 2000 的 Microsoft IPv6 Technology Preview。

注：适用于 Windows 2000 的 Microsoft IPv6 Technology Preview 在 msdn.microsoft.com/downloads/sdks/platform/tpipv6.asp 上可以找到。

下载了适用于 Windows 2000 的 Microsoft IPv6 Technology Preview 代码后，强烈建议你在 Windows 2000 平台上安装 IPv6 支持之前阅读微软提供的所有文档（在 Windows 2000 上安装 IPv6 支持超出了本章的范围）。

注：在 Windows 2000 上安装适用于 Windows 2000 的 Microsoft IPv6 Technology Preview 将迫使计算机重新启动。

适用于 Windows 2000 的 Microsoft IPv6 Technology Preview 的常见问题部分在 msdn.microsoft.com/downloads/sdks/platform/tpipv6/faq.asp 可以访问到。

3．在 Windows NT 上启用 IPv6 支持

在 Windows NT 上启用 IPv6 支持的第一个步骤就是从 MSR 的网站上下载 Microsoft Research IPv6 支持。微软把 MSR 的 IPv6 代码标记为过时的，不过，考虑到还有大量的用户仍在使用 Windows NT，本节应该是有用的。

注：MSR IPv6 代码在 research.microsoft.com/msrIPv6/msripv6.htm 可以获得。

在下载了 MSR 的 IPv6 代码后，强烈建议你在 Windows NT 平台上安装 IPv6 支持之前阅读微软提供的所有文档（在 Windows NT 上安装 IPv6 支持超出了本章的范围）。

注：在 Windows NT 上安装 MSR IPv6 支持将迫使计算机重新启动。

6.1.3 在 Microsoft Windows 上验证 IPv6

在计算机上安装 IPv6 支持之后，可以在 DOS shell 中使用 **ipv6 if** 命令验证安装。当键入这个命令时，系统显示 Windows 上定义的所有 IPv6 伪接口的一个列表。

例 6-2 显示了在 Windows XP 上应用 **ipv6 if** 命令的输出。谨记，产生这个输出的计算机只有一个以太网接口。如果使用的是 Windows 2000 或者 Windows NT，或者如果使用的计算机有多个接口，那么这个输出会有稍许不同。例 6-2 显示了伪接口 1～4，伪接口 4 代表这台计算机的物理以太网接口，伪接口 1～3 是给 IPv6 支持分配的虚拟接口。

例 6-2 在 Windows XP 上显示 IPv6 伪接口

```
C:\Documents and Settings\REGIS>ipv6 if
Interface 4: Ethernet: Local Area Connection
  uses Neighbor Discovery
```

（待续）

```
  uses Router Discovery
  link-layer address: 00-08-02-2d-6f-4f
  preferred link-local fe80::208:2ff:fe2d:6f4f, life infinite
  multicast interface-local ff01::1, 1 refs, not reportable
  multicast link-local ff02::1, 1 refs, not reportable
link MTU 1500 (true link MTU 1500)
  current hop limit 64
  reachable time 18000ms (base 30000ms)
  retransmission interval 1000ms
  DAD transmits 1
Interface 3: 6to4 Tunneling Pseudo-Interface
  does not use Neighbor Discovery
  does not use Router Discovery
  link MTU 1280 (true link MTU 65515)
  current hop limit 128
  reachable time 22500ms (base 30000ms)
  retransmission interval 1000ms
  DAD transmits 0
Interface 2: Automatic Tunneling Pseudo-Interface
  does not use Neighbor Discovery
  does not use Router Discovery
  router link-layer address: 0.0.0.0
  EUI-64 embedded IPv4 address: 0.0.0.0
    preferred link-local fe80::5efe:192.168.1.51, life infinite
  link MTU 1280 (true link MTU 65515)
  current hop limit 128
  reachable time 43000ms (base 30000ms)
  retransmission interval 1000ms
  DAD transmits 0
Interface 1: Loopback Pseudo-Interface
  does not use Neighbor Discovery
  does not use Router Discovery
  link-layer address:
    preferred link-local ::1, life infinite
    preferred link-local fe80::1, life infinite
  link MTU 1500 (true link MTU 4294967295)
  current hop limit 128
  reachable time 21500ms (base 30000ms)
  retransmission interval 1000ms
  DAD transmits 0
```

注：Windows XP的 **netsh interface ipv6 show address** 和 **netsh interface ipv6 show interface** 命令可以提供类似于 **ipv6 if** 命令的输出。

下面是这些IPv6伪接口的描述。

- **Interface 4**——这个伪接口代表这台计算机的物理以太网接口。当存在多于一个物理接口时，按照顺序给它们编号。例 6-2 显示了如接口的以太网 MAC 地址、本地链路地址（FE80::/10）和多播地址（FF00::/8）等信息。

- **Interface 3**——Windows XP 上用来启用 6to4 机制的伪接口，参见第 5 章获得有关 6to4 机制的更多信息。
- **Interface 2**——Windows XP 上用来部署自动 IPv4 兼容隧道的伪接口，参见第 5 章获得更多关于自动 IPv4 兼容隧道的信息。不推荐使用这个机制。
- **Interface 1**——这个伪接口代表这台计算机的 IPv6 回环地址，回环地址表示为::1，参考第 2 章获得更多关于 IPv6 回环地址的信息。

注：在 Windows 中键入伪接口的编号作为 **ipv6 if** *number* 命令参数可以显示特定伪接口的信息。在 Windows XP 中 **netsh interface ipv6 show interface** *number* 命令等同于这个命令。

6.1.4　Microsoft Windows 上的无状态自动配置

一旦在 Windows 上启用了 IPv6 支持，就默认启用了无状态自动配置。因此，在 Windows 中无需特别的命令和配置来启用网络接口的无状态自动配置。

在包括 Windows 实现在内的任何一个 IPv6 主机启动时，节点首先完成重复地址检测（DAD）(在第 3 章中讨论)，以保证接口的本地链路地址在本地链路上是唯一的，通过这个步骤，在 Windows 上启用接口的本地链路地址。

分配接口的本地链路地址之后，Windows 节点向多播地址 FF02::2（本地链路范围内的所有路由器）发送路由器请求要求（ICMPv6 类型 133）执行无状态自动配置（在第 3 章中讨论）。如果本地链路上存在路由器并正确地配置了 IPv6，路由器会响应一个带有必需信息的路由器广播消息（ICMPv6 类型 134）给多播地址 FF01::2（本地链路范围内的所有节点）来启用节点的 IPv6 配置。因此，Windows 节点可以使用无状态自动配置来配置它的 IPv6 地址。

图 6-1 显示了同一本地链路上的一个 Windows XP 节点和一个 IPv6 路由器，Windows XP 节点首先通过伪接口 4（以太网接口）在本地链路上发送一个路由器请求要求。IPv6 路由器在 ethernet0 接口上响应一个包含可聚合全球单播前缀 3ffe:b00:ffff:1::/64 的路由器公告。这样，Windows XP 节点能够使用无状态自动配置获得的前缀配置 IPv6 地址。

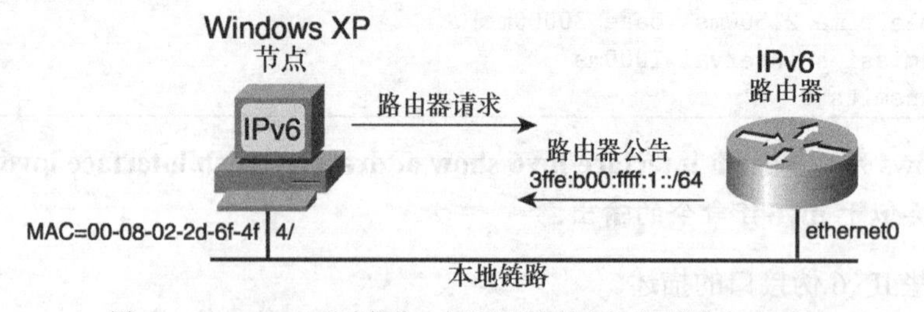

图 6-1　Windows XP 节点接收一个路由器广播来完成无状态自动配置

例 6-3 显示了应用在图 6-1 中 IPv6 路由器上启用无状态自动配置的配置范例。通过在接口 ethernet0 上使用命令 **ipv6 address 3ffe:b00:ffff:1::1/64**，启用了接口上的 IPv6，分配了一个静态的 IPv6 地址，并启用了无状态自动配置。

例 6-3　在 Cisco 上启用 IPv6 和无状态自动配置

```
Router(config)#int ethernet0
Router(config-if)#ipv6 address 3ffe:b00:ffff:1::1/64
Router(config-if)#exit
```

在路由器配置后，例 6-4 显示了 Windows XP 节点成功地完成无状态自动配置后伪接口 4 的配置。

例 6-4　在 Windows XP 上完成无状态自动配置后的伪接口 4

```
C:\Documents and Settings\REGIS>ipv6 if 4
Interface 4: Ethernet: Local Area Connection
  uses Neighbor Discovery
  uses Router Discovery
  link-layer address: 00-08-02-2d-6f-4f
    preferred global 3ffe:b00:ffff:1:853c:f894:6648:3cdc, life
  6d23h56m36s/23h54m15s (anonyme)
    preferred global 3ffe:b00:ffff:1:208:2ff:fe2d:6f4f, life
  29d23h59m53s/6d23h59m53s (public)
    preferred link-local fe80::208:2ff:fe2d:6f4f, life infinite
    multicast interface-local ff01::1, 1 refs, not reportable
    multicast link-local ff02::1, 1 refs, not reportable
    multicast link-local ff02::1:ff2d:6f4f, 1 refs, last reporter
    multicast link-local ff02::1:ff48:3cdc, 1 refs, last reporter
link MTU 1500 (true link MTU 1500)
  current hop limit 64
  reachable time 18000ms (base 30000ms)
  retransmission interval 1000ms
  DAD transmits 1
```

注：Windows XP 上的 **netsh interface ipv6 show interface 4** 命令提供和 **ipv6 if 4** 命令类似的细节内容。

对比例 6-2，例 6-4 有 4 行新的内容，第二处加灰底的行显示了通过无状态自动配置分配给接口 4 的可聚合全球单播地址 3ffe:b00:ffff:1:208:2ff:fe2d:6f4f。第一处加灰底的行是分配给伪接口 4 的另一个单播 IPv6 地址。这个地址使用无状态自动配置的保密扩展产生，保密扩展在 RFC 3041“IPv6 无状态自动配置的保密扩展”定义。

注：支持并启用保密扩展允许节点随机产生地址的低 64 比特，而不使用 EUI-64 格式的链路层地址。这些地址被看作临时的 IPv6 地址。Windows XP 支持保密扩展，而 Windows NT 和 Windows 2000 不支持。

使用保密扩展产生的地址的生存期值由 Windows XP 节点管理，代替了路由器公告消息中提供的生存期值。在 Windows XP 上使用 **netsh interface ipv6 show privacy** 命令可以显示保密扩展的各种参数和默认生存期。**netsh interface ipv6 set privacy maxpreferredlifetime = lifetime_in_seconds** 命令可以用来设置保密扩展的生存期值。

注：在 Windows XP 上，使用 **netsh interface ipv6 set privacy state=disabled** 命令可以禁止保密扩展。

第二处加灰底行的低 64 比特和本地链路地址都是使用伪接口 4 的以太网 MAC 地址 00-08-02-2d-6f-4f 转成 EUI-64 格式产生的。最后，ff02::1:ff2d:6f4f 和 ff02::1:ff48:3cdc 两个地址是对应于分配给接口的两个可聚合全球单播 IPv6 地址的被请求节点多播地址。

注：Windows XP、Windows 2000 和 Windows NT 作为 IPv6 路由器并在本地链路上发送路由器公告是可能的。然而配置 Windows 作为一个 IPv6 路由器超出了本书的范围，参见微软的站点获取启用 Microsoft 节点作为 IPv6 路由器的详细信息。

6.1.5 在 Microsoft Windows 上分配静态的 IPv6 地址和默认路由

如果本地链路上没有 IPv6 路由器提供无状态自动配置，在 Windows 中可以为接口手动分配静态 IPv6 地址。在 DOS shell 中使用 **ipv6 adu** 命令执行这个任务，**ipv6 adu** 命令的语法如下：

```
C:\ipv6 adu ifindex/ipv6-address [life validlifetime[/ preflifetime]] [anycast]
  [unicast]
```

命令 **ipv6 adu** 为给定的伪接口 *ifindex* 分配一个静态的 IPv6 地址。*ipv6-address* 是分配给伪接口的静态地址。在 Microsoft 上，前缀长度固定为 64 比特。*validlifetime* 和 *preflifetime* 可以跟在关键字 **life** 后指定。默认情况下，生存期是无限的，指定生存期为 0 将删除静态 IPv6 地址。默认情况下，分配的静态 IPv6 地址是 **unicast**(单播地址)。

下面是一个 **ipv6 adu** 命令的例子：

```
C:\ipv6 adu 4/3ffe:b00:ffff:2000::1
```

这个命令给伪接口 4（以太网接口）分配静态 IPv6 地址 3ffe:b00:ffff:2000::1/64。

注：Windows XP 中的 **netsh interface ipv6 add address 4 3ffe:b00:ffff:2000::1** 命令等同于 **ipv6 adu 4/3ffe:b00:ffff:2000::1** 命令。

在有 IPv6 支持的 Windows 节点上，可以使用 **ipv6 rtu** 命令添加默认路由，如下所示：

```
C:\ipv6 rtu ::/0 ifindex/gateway
```

这个命令添加一个默认的路由器，指向作为参数给出的 *gateway* 地址，例如，下面添加一条默认的 IPv6 路由，通过伪接口 4 指向本地链路地址 fe80::290:27ff:fe3a:9e9a。

```
C:\ipv6 rtu ::/0 4/fe80::290:27ff:fe3a:9e9a
```

注：Windows XP 中的 **netsh interface ipv6 add route ::/0 4 nexthop= fe80::290:27ff:fe3a:9e9a** 命令等同于 **ipv6 rtu ::/0 4/fe80::290:27ff:fe3a:9e9a** 命令。

6.1.6　在 Microsoft Windows 中管理 IPv6

ipv6 是 Windows XP、Windows 2000 和 Windows NT 中管理 IPv6 支持的主要命令。表 6-1 描述了 Windows 中用来管理 IPv6 地址和路由的 **ipv6** 和 **tracert6** 命令。

表 6-1　Windows 上的 ipv6 和 tracert6 命令

命　令	描　述
C:\ipv6 if	显示伪接口列表。Windows XP 中 **netsh interface ipv6 show interface** 命令执行同样的任务
C:\ipv6 adu	给伪接口添加一个静态 IPv6 地址。Windows XP 中 **netsh interface ipv6 add address** 命令执行同样的任务
C:\ipv6 rt	显示本地 IPv6 路由选择表。Windows XP 中 **netsh interface ipv6 show route** 命令执行同样的任务
C:\ipv6 rtu	在本地 IPv6 路由选择表中添加一条静态 IPv6 路由。Windows XP 中 **netsh interface ipv6 add route** 命令执行同样的任务
C:\tracert6 *ipv6-address*	使用 IPv6 跟踪到目的 *ipv6-address* 的路由

不加参数运行这些命令时可以显示命令的所有参数。

Microsoft Windows 上的 ping6

Microsoft 上的新命令 **ping6** 发送 ICMPv6 回应请求消息到指定的目的地址，以显示目的 IPv6 节点的可达性，命令的语法如下：

```
C:\ping6 ipv6-address[% zoneid]
```

命令 **ping6** 发送回应请求消息到指定的目的 *ipv6-address* 节点。可选参数%*zoneid* 确定目的 *ipv6-address* 的范围。当目的 *ipv6-address* 是一个本地链路地址(fe80::/10)或者本地站点地址(fec0::/10)时使用参数%*zoneid*。

- **本地链路地址**——在这种情况中，在%字符后跟一个对应于节点伪接口的数字表示了%*zoneid* 参数的语法，ICMPv6 数据包必须从该接口发送到目的本地链路地址。例如，因为对应于例 6-2 中以太网接口的伪接口数字是 4，所以必须使用如下命令，从这个节点 ping 本地链路地址 fe80::290:27ff:fe3a:9e9a：

```
ping6 fe80::290:27ff:fe3a:9e9a%4
```

- **本地站点地址**——当目的 *ipv6-address* 是一个本地站点地址时，在%字符后跟站点编号表示了%*zoneid* 参数的语法。使用下面的命令可以在 Windows 节点上找出站点编号：

```
netsh interface IPv6 show interface level=verbose
```

如果没有使用多个站点，就不需要本地站点地址的%*zoneid* 参数。

当目的地址是可聚合全球单播地址时不需要%*zoneid* 参数。

6.1.7 在 Microsoft Windows 上定义配置隧道

Microsoft 支持作为过渡和共存机制的配置隧道，以在现有的 IPv4 网络上传递 IPv6 数据包。本节包括在 Windows 节点和 Cisco 路由器之间建立一条配置隧道。如在第 5 章中所讨论的，配置隧道是一种使用 IPv4 作为传输层提供 IPv6 节点访问 IPv6 网络的基本方法的过渡机制。配置隧道允许 IPv6 数据包在 IPv4 数据包中的隧道传输。

然而，在两个节点之间（如 Windows 和 Cisco 路由器）建立一条配置隧道，要求两个设备具有双栈支持和静态配置。在 Windows 节点和 Cisco 路由器上必须指定对方的源和目的 IPv4 地址以启用配置隧道。在隧道两端，静态配置 IPv6 地址也是必要的。

图 6-2 演示了一个基本的拓扑，其中 Windows 双栈节点 A 和 Cisco 双栈路由器 R1 建立了一条配置隧道。分配给路由器 R1 的配置隧道接口 tunnel0 的 IPv4 地址是 206.123.31.200，IPv6 地址是 3ffe:b00:ffff:8::1/64。Windows 节点 A 的 IPv4 地址是 132.214.1.10，配置隧道的伪接口上也已经分配了 IPv6 地址 3ffe:b00:ffff:8::2/64。

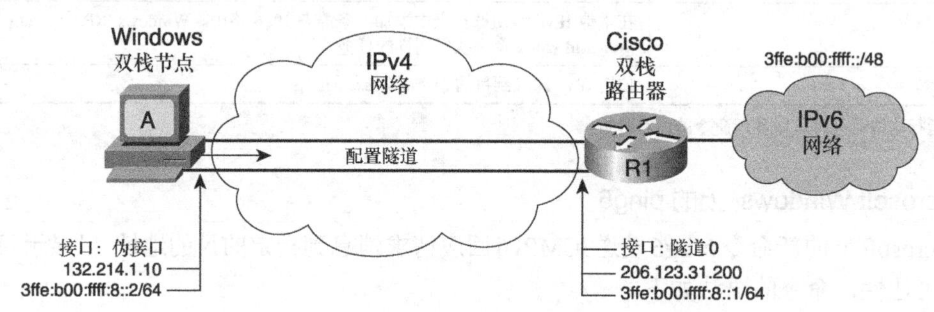

图 6-2 在 Windows 节点和 Cisco 路由器间建立一个配置隧道

例 6-5 显示了应用在图 6-2 中 Cisco 路由器 R1 上设置到 Windows 节点 A 的配置隧道的配置信息。使用 **ipv6 address 3ffe:b00:ffff:8::1/64** 命令分配接口 tunnel0 的 IPv6 源地址。然后，**tunnel source 206.123.31.200** 命令和 **tunnel destination 132.214.1.10** 命令定义了配置隧道的源和目的 IPv4 地址。最后，**tunnel mode ipv6ip** 命令定义隧道类型为配置隧道。关于这个配置的更多信息，参见第 5 章，有在 Cisco 路由器上用于设置配置隧道的完整命令描述。

例 6-5 在 Cisco 路由器 R1 上设置一条配置隧道

```
RouterR1(config)#int tunnel0
RouterR1(config-if)#ipv6 address 3ffe:b00:ffff:8::1/64
RouterR1(config-if)#tunnel source 206.123.31.200
RouterR1(config-if)#tunnel destination 132.214.1.10
RouterR1(config-if)#tunnel mode ipv6ip
RouterR1(config-if)#exit
RouterR1(config)#
```

在 Windows XP 上，配置隧道的伪接口编号和 Windows NT、Windows 2000 的编号有所不同。以下小节描述如何在 Windows 2000 和 Windows NT 上设置配置隧道，以对应于 Windows XP 中的情况。

1．在 Microsoft Windows 2000/NT 上定义配置隧道

在 MSR IPv6 支持和 Windows2000 的 Microsoft IPv6 Technology Preview 中，操作系统中分配给配置隧道接口的默认伪接口是伪接口 2。Windows 2000 和 Windows NT 都使用同样的伪接口编号 2 来定义一个配置隧道。

例 6-6 基于图 6-2，显示了应用在 Windows 2000 或 Windows NT 节点 A 上的配置，设置到 Cisco 路由器 R1 的配置隧道。首先，在 Windows 上 **ipv6 adu 2/3ffe:b00:ffff:8::2** 命令分配配置隧道的源 IPv6 地址为 3ffe:b00:ffff:8::2，2/代表伪接口 2，Windows 上任何接口的默认前缀长度都固定为 64 比特。然后，命令 **ipv6 rtu ::/0 2/::206.123.31.200 pub** 添加一条默认路由条目到 Windows 节点 A 的 IPv6 路由选择表中，配置默认 IPv6 路由::/0 为从伪接口 2 通过隧道到达下一跳地址::206.123.31.200。在 Windows 2000 和 Windows NT 中，这个命令的下一跳 IPv6 地址使用第 2 章中描述的 IPv4 兼容 IPv6 地址格式。IPv4 地址 206.123.31.200 代表创建配置隧道的 Cisco 路由器 R1 的目的 IPv6 地址。

例 6-6　在 Windows 2000 和 Windows NT 上设置图 6-2 中的配置隧道

```
C:\Windows\system32>ipv6 adu 2/3ffe:b00:ffff:8::2
C:\Windows\system32>ipv6 rtu ::/0 2/::206.123.31.200 pub
```

一旦这个配置成功应用，在 Windows 2000 和 Windows NT 上就可以使用 **ipv6 if 2** 命令显示出来。使用 **ipv6 if 2**，应该在显示 Cisco 路由器 R1 的 IPv4 兼容 IPv6 地址::206.123.31.200 的同时显示隧道的 IPv6 源地址 3ffe:b00:ffff:8::2。使用 Cisco 路由器来验证这个配置，可以从这个节点 **ping6** 路由器的 IPv6 地址 3ffe:b00:ffff:8::1。

2．在 Microsoft Windows XP 上定义配置隧道

与 Windows 2000 及 Windows NT 相比，Windows XP 上配置隧道伪接口的设计有所不同。在 Windows XP 中，配置隧道的伪接口必须通过 **ipv6 ifcr v6v4** *ipv4-source-address ipv4-destination-address* 命令启用。*ipv4-source-address* 和 *ipv4-destination-address* 参数是配置隧道的源和目的 IPv4 地址。命令成功应用之后，在 Windows XP 中，一个新的伪接口号分配给配置隧道。然后，可以使用与 Windows 2000 和 Windows NT 中相同的方法设置这个配置隧道。

例 6-7 基于图 6-2，显示了 Windows XP 节点 A 上应用的配置，其中定义了到 Cisco 路由器 R1 的配置隧道。首先，**ipv6 ifcr v6v4 132.214.1.10 206.123.31.200** 命令给配置隧道添加一个新的伪接口号。一旦完成，操作系统就显示新的伪接口号 5。然后在 Windows XP 上使用 **ipv6 adu 5/3ffe:b00:ffff:8::2** 命令分配配置隧道的 IPv6 源地址 3ffe:b00:ffff:8::2，这个步骤和 Windows2000 及 Windows NT 上的命令相同。最后，通过使用 **ipv6 rtu ::/0 5/3ffe:b00:ffff:8::1** 命令，在节点的 IPv6 路由选择表中添加一条默认的 IPv6 路由条目。在 Windows XP 中，这个命令的下一跳

IPv6 地址不支持 IPv4 兼容的 IPv6 地址格式，所以必须提供 IPv6 地址。

例 6-7　在 Windows XP 上设置配置隧道

```
C:\Documents and Settings\REGIS>ipv6 ifcr v6v4 132.214.1.10 206.123.31.200
Interface 5 added.
C:\Documents and Settings\REGIS>ipv6 adu 5/3ffe:b00:ffff:8::2
C:\Documents and Settings\REGIS>ipv6 rtu ::/0 5/3ffe:b00:ffff:8::1
```

注：Windows XP 上的 **netsh interface ipv6 add v6v4tunnel interface=TUNNEL-CISCO localaddress=132.214.1.10 remoteaddress=206.123.31.200** 命令等同于 **ipv6 ifcr v6v4 132.214.1.10 206.123.31.200** 命令。

注：Windows XP 上的 **netsh interface ipv6 add address 5 3ffe:b00:ffff:8::2** 命令等同于 **ipv6 adu 5/3ffe:b00:ffff:8::2** 命令。

注：Windows XP 上的 **netsh interface ipv6 add route ::/0 5 3ffe:b00:ffff:8::1** 命令等同于 **ipv6 rtu ::/0 5/3ffe:b00:ffff:8::1** 命令。

ipv6 if 5 命令可以用来验证配置隧道的配置并显示伪接口 5 的状态。可以看到隧道的 IPv6 源地址 3ffe:b00:ffff:8::2 及 Cisco 路由器 R1 的 IPv4 目的地址 206.123.31.200。为了验证 Cisco 路由器的这个配置，可以从这个节点 **ping6** 路由器的 IPv6 地址 3ffe:b00:ffff:8::1。

6.1.8　在 Microsoft Windows 上使用 6to4 隧道

6to4 机制是 Windows 节点上支持的另外一个过渡机制。本节描述了一个能够与 Windows 节点和 Cisco 路由器进行互操作的 6to4 隧道的配置。如同在第 5 章中所讨论的，6to4 是一种在现有的 IPv4 基础设施上支持 IPv6 连通性的过渡机制。和配置隧道一样，6to4 的 IPv6 数据包在 IPv4 上通过隧道传输。

与配置隧道的手动定义隧道方式不同，6to4 机制提供自动隧道。6to4 站点间的 IPv6 数据包的隧道封装是根据 6to4 站点上 IPv6 节点发出的数据包的目的 IPv6 地址动态完成的。因此，隧道只有在需要时才被采用。

图 6-3 演示了一个基本的 6to4 拓扑，其中 Windows 双栈节点 B 启用了 6to4 机制，可以与 Cisco 路由器 R2 互操作，Cisco 路由器 R2 也启用了 6to4 支持。因为分配给路由器 R2 的 IPv4 地址是 206.123.31.200，所以 6to4 站点的 IPv6 前缀是 2002:ce7b:1fc8::/48（206.123.31.200 转换成十六进制等于 ce7b:1fc8）。IPv6 地址 2002:ce7b:1fc8:1::1 分配给 R2 的接口 ethernet0。在 Windows 节点 B 上，IPv4 地址 132.214.1.10 分配给伪接口用于 6to4 操作。因此，这个 6to4 站点的 IPv6 前缀是 2002:84d6:010a::/48。

在图 6-3 中，IPv6 地址 2002:84d6:010a:1::1 分配给 6to4 Windows 接口。

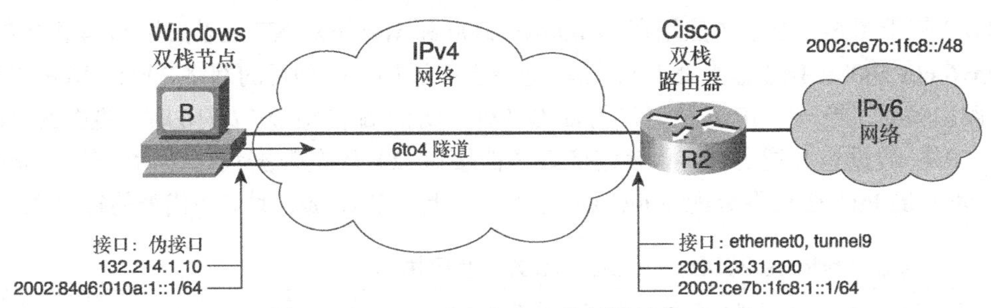

图 6-3　在 Window 主机和 Cisco 路由器间启用 6to4

例 6-8 基于图 6-3，显示了应用在 Cisco 路由器 R2 上以启用 6to4 机制的配置。使用 **ip address 206.123.31.200 255.255.255.0** 和 **ipv6 address 2002:ce7b:1fc8:1::1/64** 命令将 IPv4 地址和 IPv6 地址分配给接口 ethernet0。然后使用 **ipv6 unnumbered ethernet0**、**tunnel source ethernet0** 和 **tunnel mode ipv6ip 6to4** 命令在 tunnel9 接口上启用 6to4。最后，添加一条到目的网络 2002::/16 的指向接口 tunnel9 的 IPv6 路由。

例 6-8　在 Cisco 路由器 R2 上启用 6to4

```
RouterR2#configure terminal
RouterR2(config)#int ethernet0
RouterR2(config-if)#ip address 206.123.31.200 255.255.255.0
RouterR2(config-if)#ipv6 address 2002:ce7b:1fc8:1::1/64
RouterR2(config-if)#int tunnel9
RouterR2(config-if)#no ip address
RouterR2(config-if)#ipv6 unnumbered ethernet0
RouterR2(config-if)#tunnel source ethernet0
RouterR2(config-if)#tunnel mode ipv6ip 6to4
RouterR2(config-if)#exit
RouterR2(config)#ipv6 route 2002::/16 Tunnel9
```

要了解关于这个 6to4 配置的更多信息，参见第 5 章以获得在 Cisco 上用于启用 6to4 支持的完整命令描述。

与 Windows XP 相比，Windows 2000 和 Windows NT 用于启用 6to4 机制的伪接口有所不同，以下小节单独讨论这些配置。

1. 在 Windows 2000/Windows NT 上启用 6to4

对于 MSR IPv6 支持和面向 Windows 2000 的 Microsoft IPv6 Technology Preview，分配给 6to4 机制的默认接口是伪接口 2。这个伪接口号在 Windows 2000 和 Windows NT 中是相同的。

注：回想一下，在 Windows 2000 和 Windows NT 中，伪接口 2 曾用于设置配置隧道。在 Windows 2000 和 Windows NT 中不能同时启用配置隧道和 6to4 机制。然而，Window XP 中的伪接口结构有所不同，使得同时使用这两种过渡机制成为可能。

例 6-9 基于图 6-3，显示了应用在 Windows 2000 和 Windows NT 上以启用 6to4 机制的配置。首先，**ipv6 rtu 2002::/16 2** 命令在 IPv6 路由选择表中添加一条到目的网络 2002::/16 的指向伪接口 2 的路由条目。当一个 IPv6 数据包的目的 IPv6 地址匹配前缀 2002::/16 时，路由器就在 IPv4 中封装 IPv6 数据包并通过 6to4 隧道接口（伪接口 2）转发数据包。然后，使用 **ipv6 adu 2/2002:84d6:010a:1::1** 命令分配 Windows 伪接口 2 上的 IPv6 源地址，2/代表伪接口 2。

例 6-9　在 Windows 2000 和 Windows XP 上启用 6to4

```
C:\Windows\system32>ipv6 rtu 2002::/16 2
C:\Windows\system32>ipv6 adu 2/2002:84d6:010a:1::1
```

一旦应用了这个配置，在 Windows 2000 和 Windows NT 上就可以使用命令 **ipv6 if 2** 显示信息。应该可以看到这个伪接口的 IPv6 源地址 2002:84d6:010a:1::1。在启用为 6to4 路由器的 Cisco 路由器上，可以从这个节点 **ping6** 路由器的 IPv6 地址 2002:ce7b:1fc8:1::1 来验证这个配置。

2．在 Windows XP 上启用 6to4

在 Windows XP 中，分配给 6to4 机制的伪接口是 3，而不是 Windows 2000 和 Windows NT 中的伪接口 2。在伪接口 3 上启用 6to4 机制的命令和用于 Windows 2000 和 Windows NT 的命令相同。例 6-10 给出了应用在 Windows XP 上的 6to4 配置。

例 6-10　在 Windows XP 上启用 6to4

```
C:\Documents and Settings\REGIS>ipv6 rtu 2002::/16 3
C:\Documents and Settings\REGIS>ipv6 adu 3/2002:84d6:010a:1::1
```

注：Windows XP 中的 **netsh interface ipv6 add route 2002::/16 3** 命令等同于 **ipv6 rtu 2002::/16 3** 命令。

注：Windows XP 中的 **netsh interface ipv6 add address 3 2002:84d6:010a:1::1** 命令等同于 **ipv6 adu 3/2002:84d6:010a:1::1** 命令。

一旦应用了这个配置，在 Windows XP 上就可以使用 **ipv6 if 3** 命令将其显示出来。可以看到这个伪接口的 IPv6 源地址是 2002:84d6:010a:1::1。在启用为 6to4 路由器的 Cisco 路由器上，可以从这个节点 **ping6** 路由器的 IPv6 地址 2002:ce7b:1fc8:1::1 来验证这个配置。

注：如果 6to4 前缀基于私有地址范围，比如 10.0.0.0/8、172.16.0.0/12 和 192.168.0.0/16，Windows XP 就会拒绝给伪接口 3 分配 IPv6 地址。

提示：如果需要，在 Windows XP 中可以使用 **netsh interface ipv6 6to4 set state disabled** 命令禁止 6to4 接口。

3. 在 Microsoft Windows 上使用 6to4 中继

如在第 5 章中所见，一个 6to4 中继就是 IPv6 Internet 和 Internet 中的 6to4 站点之间作为网关的 6to4 路由器。6to4 中继位于 IPv4 Internet 和 IPv6 Internet 的边界。6to4 中继转发所有如 2001::/16 和 3ffe::/16 等非 6to4 前缀的流量到 IPv6 Internet。

为了使用 6to4 中继，如 Windows 的 6to4 节点必须在配置中添加一条指向 6to4 中继的默认 IPv6 路由。因此，所有的非 6to4 流量通过 6to4 中继发往 IPv6 Internet。

图 6-3 中的 Cisco 路由器 R2 作为一个 6to4 中继。例 6-11 和例 6-12 显示了应用在 Window 2000、Windows NT 和 Windows XP 上的使用 6to4 中继的配置。

例 6-11　在 Windows 2000 和 Windows NT 上使用 6to4 中继

```
C:\Windows\system32>ipv6 rtu 2002::/16 2
C:\Windows\system32>ipv6 adu 2/2002:84d6:010a:1::1
C:\Windows\system32>ipv6 rtu ::/0 2/::206.123.31.200
```

例 6-12　在 Windows XP 上使用 6to4 中继

```
C:\Documents and Settings\REGIS>ipv6 rtu 2002::/16 3
C:\Documents and Settings\REGIS>ipv6 adu 3/2002:84d6:010a:1::1
C:\Documents and Settings\REGIS>ipv6 rtu ::/0 3/2002:ce7b:1fc8:1::1
```

注：Trumpet 为 Windows 95 和 Windows 98 提供了一个 IPv6 Winsock 实现，不过，在 Window 95 和 Windows 98 上配置 IPv6 超出了本书的范围。关于 IPv6 Winsock 实现的信息可以在 Trumpet 的站点 www.trumpet.com.au/ipv6.htm 上找到。

6.2　Solaris 上的 IPv6

Solaris 8 是在所有硬件平台上包括 IPv6 协议支持特性的第一个 Solaris 发行版。在 Solaris 之前的发行版本中也有 IPv6 支持，但是仅用于测试目的。Sun Microsystems 是早期 IPv6 设计阶段最主要的提供 IPv6 实现的生产厂商之一。

6.2.1　Solaris 的 IPv6 互联

Solaris 的实现包括 IPv6 应用程序、实用程序和工具，比如 Telnet、TFTP、ping、traceroute、netstat、route、nslookup、NIS、NIS+、ifconfig、snoop、getent、ndd、inetd、printing、rcp、rsh、rlogin、rdist 和 rdate。这些支持 IPv6 的应用集成到了 Solaris 8 的标准目录中，允许基于这个操作系统的节点和 IPv6 Internet 上的其他节点互操作。

支持 IPv6 的开放软件应用程序可用于 Solaris 8，比如 apache、mozilla、lynx、mosaic、sendmail、 bind、wuftpd、tin、qpopper、ircii、tcpdump 和 ipfilter。当然这个列表并不完整，如果想获得更多关于适用于 Solaris 支持 IPv6 的应用程序的信息，访问 wwws.sun.com/software/solaris/ds/ds-ipv6networking/ds-ipv6n.pdf 和 www.dhis.org/ipv6/solaris/。

6.2.2 在 Solaris 上启用 IPv6

在 Solaris 8 及更高版本上，安装 IPv6 支持是很容易的，特别是在 Sun 硬件平台或者甚至是在任何 Intel 兼容的体系结构上新安装这个操作系统的情况下。在 Solaris 8 安装期间，可以对提示激活 IPv6 的询问响应“YES”，从而简单地启用 IPv6。

注：在初始安装时没有启用 IPv6 的 Soloris 8 上安装 IPv6 支持的完整过程超出了本书的范围。

6.2.3 Solaris 上的无状态自动配置

成功安装操作系统之后，要在 Solaris 8 的网络接口上启用 IPv6 和无状态自动配置，必须使用 **touch** 命令创建一个空文件如/etc/hostname6.*interface*，如例 6-13 所示。*interface* 参数必须用网络接口的名字代替，在这个例子中网络接口是 hme0。

例 6-13 在 Solaris 上创建空的 hostname6 文件

```
solaris#touch /etc/hostname6.hme0
```

一旦建立了 hostname6 文件，必须重新启动计算机。重新启动后，使用 **ifconfig hme0 inet6** 命令应该能够验证 Solaris 上的 IPv6 支持已经被启用，如例 6-14 所示。在这个例子中，可以看到 hme0 接口的本地链路地址是 fe80::290:27ff:fe3a:9e9a/10，证实了 Solaris 上启用了 IPv6。

例 6-14 在 Solaris 上验证 IPv6 支持

```
solaris#ifconfig hme0 inet6
hme0: flags=2000841<UP,RUNNING,MULTICAST,IPv6> mtu 1500 index 2
inet6 fe80::290:27ff:fe3a:9e9a/10
```

在 Solaris 中，当存在给定接口的文件/etc/hostname6.*interface* 时，计算机启动时通过在本地链路上发送一个路由器请求要求以启动无状态自动配置机制。如果链路上存在并正确配置了 IPv6 路由器，路由器用路由器公告消息响应，其中包括在 Solaris 节点的启用了 IPv6 的接口上处理无状态自动配置机制的必要信息。

图 6-4 演示了在同一个本地链路上的 Solaris 节点和 IPv6 路由器。Solaris 节点通过在接口 hme0 上发送路由器请求要求启动，然后 IPv6 路由器在接口 ethernet0 上响应一个包含前缀 3ffe:b00:ffff:2::/64 的路由器公告消息。Solaris 节点可以使用无状态自动配置获得的前缀在接口 hme0 上配置 IPv6 地址。

例 6-15 显示了应用在图 6-4 中 IPv6 路由器上启用无状态自动配置的样例配置。通过在接口 ethernet0 上使用命令 **ipv6 address 3ffe:b00:ffff:2::1/64**，就在接口上启用了 IPv6，分配了一个静态的 IPv6 地址，并启用了无状态自动配置。

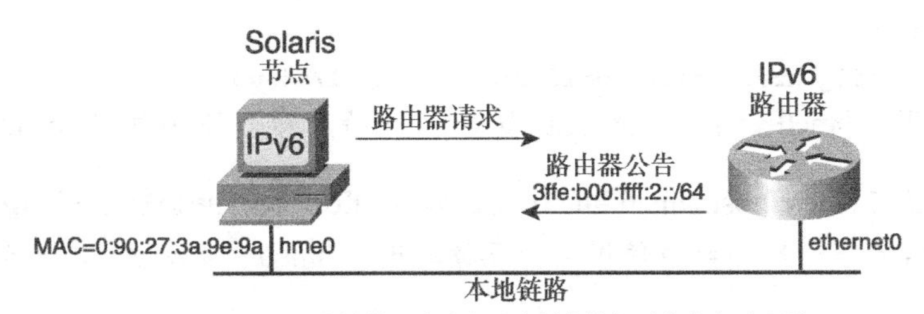

图 6-4　Solaris 节点接收一个路由器广播来执行无状态自动配置

例 6-15　在 Cisco 上启用 IPv6 和无状态自动配置

```
Router(config)#int ethernet0
Router(config-if)#ipv6 address 3ffe:b00:ffff:2::1/64
Router(config-if)#exit
```

在路由器配置后面，例 6-16 显示了 Solaris 上的 hme0 接口在节点成功执行无状态自动配置后的配置。着重强调的行显示了分配给逻辑接口 hme0:1 的 IPv6 地址 3ffe:b00:ffff:2:290:27ff:fe3a:9e9a/64。本地链路和 3ffe:b00:ffff:2:290:27ff:fe3a:9e9a/64 地址的低 64 比特是使用 hme0 接口的以太网 MAC 地址的 EUI-64 格式产生的。

例 6-16　Solaris 上执行无状态自动配置之后的接口配置

```
solaris#ifconfig hme0 inet6
hme0: flags=2000841<UP,RUNNING,MULTICAST,IPv6> mtu 1500 index 2
        inet6 fe80::290:27ff:fe3a:9e9a/10
hme0:1: flags=2000841<UP,RUNNING,MULTICAST,ADDRCONF,IPv6> mtu 1500 index 2
        inet6 3ffe:b00:ffff:2:290:27ff:fe3a:9e9a/64
```

注：对于分配给 Solaris 上接口的每一个 IPv6 地址，创建了一个使用如下语法的逻辑子接口：*physical_interface:logical_number* 在例 6-16 中，hme0:1 是物理接口 hme0 的逻辑子接口 1。

注：如同本章后面给出的 Windows 和 FreeBSD 的范例，Solaris 可以用作 IPv6 路由器并在本地链路上发送路由器公告。配置 Solaris 作为一个 IPv6 路由器超出了本书的范围。

6.2.4　在 Solaris 上分配一个静态 IPv6 地址和默认路由

如果本地链路上没有可用的 IPv6 路由器提供无状态自动配置，可以在 Solaris 上为接口手工分配静态 IPv6 地址。下面是 **ifconfig** 命令的语法：

```
solaris# ifconfig interface inet6 addif ipv6-address/length up
```

ifconfig 命令为给定的接口分配一个静态 IPv6 地址，**inet6** 参数表示地址族 IPv6，**addif** 参数创建下一个可用的逻辑子接口，*ipv6-address* 是分配给接口的静态 IPv6 地址，*length* 定义前缀长度，**up** 参数启用接口。

下面是一个例子：

```
solaris# ifconfig hme0 inet6 addif fec0:0:0:1::1/64 up
```

这个命令给接口 hme0 分配一个前缀长度为 64 比特的静态 IPv6 地址 fec0:0:0:1::1。

提示：通过在文件/etc/hostname6.hme0 中添加行 **addif fec0:0:0:1::1/64 up**，可以保存这个网络配置。Solaris 在下一次启动时使用这个参数给接口 hme0 分配静态 IPv6 地址。

在支持 IPv6 的 Solaris 节点上，可以使用 **route add -inet6 default** 命令添加一条默认的 IPv6 路由：

```
solaris# route add -inet6 default gateway [-ifp interface]
```

route 命令添加一条默认的 IPv6 路由，指向作为参数给出的 *gateway* 地址。当 IPv6 地址 *gateway* 是一个本地链路地址时，必须使用可选参数的关键字**-ifp** 来确定接口。

下面的例子添加一条默认的 IPv6 路由，指向下一跳本地链路地址 fe80::290:27ff:fe3a:9e9a:

```
solaris# route add -inet6 default fe80::290:27ff:fe3a:9e9a -ifp hme0
```

下面的这个例子添加一条默认的 IPv6 路由，指向可聚合全球单播地址 3ffe:b00:ffff:10::1:

```
solaris# route add -inet6 default 3ffe:b00:ffff:10::1
```

提示：在 Solaris 8 上，不能在/etc/defaultrouter 文件中添加 IPv6 地址以指向默认的 IPv6 路由器。/etc/defaultrouter 配置文件保留给 IPv4 配置。作为替代，必须创建一个 shell 脚本，比如/etc/rc2.d/S99ipv6_routes，并且加入命令**/usr/bin/route add -inet6 default fe80::290:27ff:fe3a:9e9a -ifp hme0**。Solaris 在下一次启动时使用这个脚本添加默认的 IPv6 路由到路由选择表中。

6.2.5 在 Solaris 上管理 IPv6

ifconfig、**netstat**、**route**、**ping** 和 **traceroute** 命令用来在 UNIX 平台上管理 IPv4 地址和路由。表 6-2 显示了在 Solaris 上如何使用这些命令来管理 IPv6 地址和路由。

表 6-2 Solaris 上的 ifconfig、netstat、route、ping 和 traceroute 命令

命 令	描 述
删除 IPv6 地址	
solaris# **ifconfig** *interface* **inet6 removeif** *ipv6-address*	删除一个具有给定 *ipv6-address* 地址的逻辑接口
例： solaris# **ifconfig hme0 inet6 removeif fec0:0:0:1::1**	删除接口 hme0 上的静态 IPv6 地址 fec0:0:0:1::1
显示 IPv6 路由	
solaris# **netstat -rn**	显示 IPv4 和 IPv6 路由选择表

续表

命　令	描　述
添加 IPv6 路由	
solaris# **route add -inet6** *ipv6-prefix/length gateway* [**-ifp** *interface*]	添加由 *ipv6-prefix* 和 *length* 参数确定的目的网络的静态 IPv6 路由。*gateway* 地址必须指定。如果下一跳 IPv6 地址是一个本地链路地址，必须使用可选关键字**-ifp**
例： solaris# **route add -inet6 3ffe:b00:ffff::/48 fe80::290:27ff:fe3a:9e9a -ipf hme0**	静态 IPv6 路由 3ffe:b00:ffff::/48 添加到 IPv6 路由选择表中，这个目的地址通过本地链路地址 fe80::290:27ff:fe3a:9e9a 可达
删除 IPv6 路由	
solaris# **route delete-inet6** *ipv6-prefix/length*	通过指定参数 *ipv6-prefix* 和 *length*，删除目的网络的静态 IPv6 路由
例： solaris# **route delete -inet6 3ffe:b00:ffff::/48**	静态 IPv6 路由 3ffe:b00:ffff ::/48 从 IPv6 路由选择表中删除
ping 和 traceroute	
solaris# **ping -A inet6 -s www.6bone.net**	使用 IPv6 地址族 ping 目的地址 www.6bone.net
solaris# **traceroute -A inet6 www.6bone.net**	使用 IPv6 地址族跟踪到目的 www.6bone.net 的路由

6.2.6　在 Solaris 上定义配置隧道

为了在现有的 IPv4 网络上传送 IPv6 数据包，Solaris 支持作为过渡和共存机制的配置隧道。

本节讨论在 Solaris 节点和 Cisco 路由器之间建立配置隧道。图 6-5 演示了一个基本的拓扑，其中 Solaris 双栈节点 C 已经建立了一条到 Cisco 双栈路由器 R3 的配置隧道。分配给路由器 R3 的配置隧道接口 tunnel0 的 IPv4 地址是 206.123.31.150，IPv6 地址是 3ffe:b00:ffff:1::1/64。在 Solaris 节点 C 上，给配置隧道接口 ip.tun0 分配了 IPv4 地址 132.214.20.1 和 IPv6 地址 3ffe:b00:ffff:1::2/128。

注： 建议点到点链路的前缀长度是/64，或者当你确认有且只有一个设备连接时，甚至可以是/128。因为图 6-5 中只有一个设备，所以 Solaris 节点使用了一个/128 前缀长度。参考第 5 章以理解/128 前缀长度的基本原理。

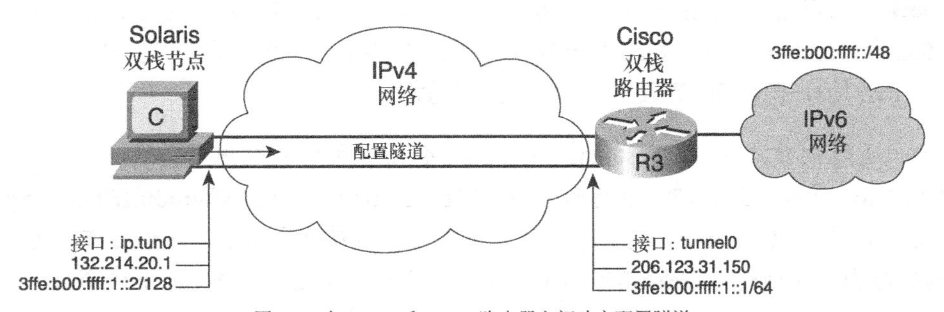

图 6-5　在 Solaris 和 Cisco 路由器之间建立配置隧道

例 6-17 基于图 6-5，显示了应用在 Cisco 路由器 R3 上设置到 Solaris 节点 C 的配置隧道的配置。使用 **ipv6 address 3ffe:b00:ffff:1::1/64** 命令给隧道接口 tunnel0 分配 IPv6 源地址。然后 **tunnel source 206.123.31.150** 和 **tunnel destination 132.214.20.1** 命令定义配置隧道的源和目的 IPv4 地址。最后，**tunnel mode ipv6ip** 定义隧道类型为配置隧道。

例 6-17 在 Cisco 路由器 R3 上创建配置隧道

```
RouterR3(config)#int tunnel0
RouterR3(config-if)#ipv6 address 3ffe:b00:ffff:1::1/64
RouterR3(config-if)#tunnel source 206.123.31.150
RouterR3(config-if)#tunnel destination 132.214.20.1
RouterR3(config-if)#tunnel mode ipv6ip
RouterR3(config-if)#exit
```

在 Solaris 上分配作为配置隧道接口的伪接口是逻辑接口 ip.tun0，因此逻辑接口 ip.tun0 建立了一条在 IPv4 上承载 IPv6 数据包的配置隧道。在 Solaris 上建立配置隧道使用命令 **ifconfig**。

例 6-18 基于图 6-5，显示了应用在 Solaris 节点 C 上设置到 Cisco 路由器 R3 的配置隧道的配置。首先，**ifconfig ip.tun0 inet6 plumb** 命令在 Solaris 上启用逻辑接口 ip.tun0。然后，**ifconfig ip.tun0 inet6 tsrc 132.214.20.1 tdst 206.123.31.150 up** 命令定义这个隧道的源和目的 IPv4 地址，**ifconfig ip.tun0 inet6 addif 3ffe:b00:ffff:1::2/128 3ffe:b00:ffff:1::1 up** 命令给配置隧道接口分配静态 IPv6 地址。最后，**route add -inet6 default 3ffe:b00:ffff:1::1** 命令添加一条默认的 IPv6 路由指向隧道端点的 IPv6 地址。

例 6-18 在 Solaris 的 ip.tun0 接口上建立一条配置隧道

```
solaris# ifconfig ip.tun0 inet6 plumb
solaris# ifconfig ip.tun0 inet6 tsrc 132.214.20.1 tdst 206.123.31.150 up
solaris# ifconfig ip.tun0 inet6 addif 3ffe:b00:ffff:1::2/128 3ffe:b00:ffff:1::1 up
solaris# route add -inet6 default 3ffe:b00:ffff:1::1
```

一旦这个配置成功应用，在 Solaris 上就可以使用 **ifconfig ip.tun0 inet6** 命令将其显示出来。使用 **ifconfig**，可以看到分配给逻辑接口 ip.tun0 的源、目的 IPv4 地址和本地链路地址。这个命令也应该显示分配给子接口 ip.tun0:1 的 IPv6 地址。使用 Cisco 路由器，可以从这个节点 **ping6** 路由器的 IPv6 地址 3ffe:b00:ffff:1::1 来验证这个配置。

提示：通过创建文件/etc/hostname6.ip.tun0 可以保存配置隧道的配置。如果添加 **tsrc 132.214.20.1 tdst 206.123.31.150 up** 行和 **addif 3ffe:b00:ffff:1::2/128 3ffe:b00:ffff:1::1 up** 行到文件/etc/hostname6.ip.tun0，Solaris 就可以在计算机下一次启动时自动启用这个隧道。为了保存默认的 IPv6 路由，要创建/etc/rc2.d/S99ipv6_routes 文件并且在这个文件中添加命令 **/usr/bin/route add -inet6 default 3ffe:b00:ffff:1::1**。

6.3 FreeBSD 上的 IPv6

很长时间以来 FreeBSD 被认为是主要的 IPv6 主机实现。支持 IPv6 的 beta 代码早在 1996 年就可用了，新的代码发行版从来自日本、法国和美国的不同贡献组稳定地开发出来。而且，FreeBSD 被认为是支持 IPv6 的操作系统，这个操作系统有最大的可用于商业目的的、支持 IPv6 的应用程序集合。在 2000 年，FreeBSD 版本 4.0 是第一个包括 IPv6 支持特性的发行版本：IPv6 支持和 FreeBSD 的主流代码打包在一起。以前，KAME 项目、INRIA 和 NRL 是 FreeBSD 平台上 IPv6 栈的独立实现。其中每一个都在下面的列表中进行了描述：

- **KAME**——KAME 项目是日本 6 个公司的联合力量，用来提供一个面向全球的包括 FreeBSD 在内的 BSD 变体的免费 IPv6 和 IPSec 栈。正式地说，KAME 是 Karigome 的缩写，那里是 KAME 项目的办公所在地。KAME 在日本中也有海龟（turtle）的意思。更多关于 KAME 项目的信息可以在 www.kame.net 上找到。
- **INRIA**——法国国家计算机科学和控制研究所开发的面向如 NetBSD 和 FreeBSD 等平台的一个免费 IPv6 实现。更多关于 INRIA 和 IPv6 的信息可以在 www.inria.fr 上找到。
- **NRL**——美国海军研究实验室开发的一个面向 FreeBSD 的免费 IPv6 实现。

所有这些实现在 2000 年以 KAME 项目代码为基础 IPv6 协议栈合并在了一起。从 FreeBSD 版本 4.0 开始，KAME 代码合并到了 FreeBSD 的主流代码中。

6.3.1 FreeBSD 的 IPv6 互联

FreeBSD 实现包括数年之前移植到 IPv6 的网络应用程序、实用程序和工具，比如 Telnet、FTP、TFTP、traceroute6、ping6、ifconfig、netstat、route 、nslookup、name resolver、lpr、syslog、whois、tcpwrappers、ipfilter、ip6fw 和 IPSec。这些支持 IPv6 的应用被集成到 FreeBSD 4.0 及其更高版本的标准目录中，允许基于这个操作系统的节点和 IPv6 Internet 中的其他节点互操作。

从已经支持 IPv6 的软件数量上看，FreeBSD 平台是最丰富的操作系统之一。FreeBSD 移植软件集（ports collection）和 KAME 网站一起包括了给人深刻印象的支持 IPv6 的应用程序集合，比如 apache、mozilla、lynx、bind、sendmail、sylpheed、fetchmail、cvs、ssh、openssh、irc、emacs、ethereal、rat、ruby 和许多其他程序。这个列表是不完整的。其他一些 IPv4 单协议网络的应用程序移植到支持 FreeBSD 的 IPv6 已经排上了日程。

要获得更多在移植软件集中和 KAME 项目站点上的 FreeBSD 环境中支持 IPv6 的应用程序，参见 www.freebsd.org/ports/IPv6.html 和 www.kame.net。

FreeBSD 环境中支持 IPv6 的应用程序的存在允许世界上不断增加的网络专业人员在 IPv6 单协议网络上运行他们日常的所有 Internet 应用。这在 IPv4 地址很难获得的亚洲和欧洲成为了一种趋势。

6.3.2 在 FreeBSD 上验证 IPv6 支持

在 FreeBSD 4.0 及以上版本中打包了 IPv6 支持。在 FreeBSD 上使用 **ifconfig -a** 命令，如例 6-19 所示，可以看出 FreeBSD 版本是否支持 IPv6。在例 6-19 中，这台计算机启动时在 ep0 接口上自动启用了本地链路地址 fe80::260:8ff:fe37:f2f。使用 ep0 接口的给定以太网 MAC 地址 00:60:08:37:0f:2f 转换为 EUI-64 格式，创建了本地链路地址的低 64 比特。

例 6-19　在 FreeBSD 上验证 IPv6 支持

```
freebsd# ifconfig -a
ep0: flags=8843<UP,BROADCAST,RUNNING,SIMPLEX,MULTICAST> mtu 1500
        inet6 fe80::260:8ff:fe37:f2f%ep0 prefixlen 64 scopeid 0x1
        ether 00:60:08:37:0f:2f
        media: Ethernet 10baseT/UTP
```

6.3.3 FreeBSD 上的无状态自动配置

尽管在 FreeBSD 中打包了 IPv6 支持，但是必须通过在文件/etc/rc.conf 中加入行 **ipv6_enable="YES"**启用所有 FreeBSD 接口上的无状态自动配置。在 FreeBSD 节点启动时，/etc/rc.network6 脚本使用这个参数在所有接口上启用 IPv6 和无状态自动配置。

当有这个参数时，计算机启动时通过在本地链路上发送一个路由器请求要求启动无状态自动配置机制。如果链路上存在并正确配置了 IPv6 路由器，路由器用一个路由器公告消息响应，消息内容包括所有 FreeBSD 节点的接口处理无状态自动配置所必需的信息。

图 6-6 演示了一个 FreeBSD 节点和在同一本地链路上的 IPv6 路由器。FreeBSD 首先通过接口 ep0 在本地链路上发送一个路由器请求要求。然后 IPv6 路由器在接口 ethernet0 上响应一个包含前缀 2001:410:ffff:3::/64 的路由器公告消息。因此，FreeBSD 节点可以使用无状态自动配置获得的前缀在接口 ep0 上配置 IPv6 地址。

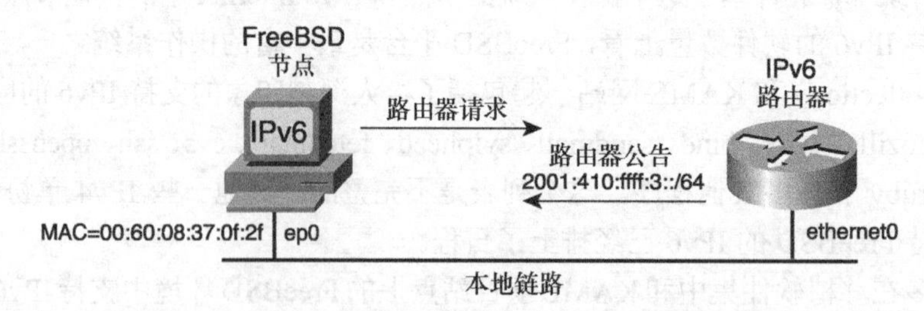

图 6-6　FreeBSD 节点接收一个路由器广播来执行无状态自动配置

例 6-20 显示了一个应用在图 6-6 中 IPv6 路由器上启用无状态自动配置的配置样例。通过在接口 ethernet0 上使用 **ipv6 address 2001:410:ffff:3::1/64** 命令，在接口上启用了 IPv6，分配了一个静态IPv6地址，同时启用了无状态自动配置。

例6-20　在Cisco上启用IPv6和无状态自动配置

```
Router(config)#int ethernet0
Router(config-if)#ipv6 address 2001:410:ffff:3::1/64
Router(config-if)#exit
```

路由器配置之后，例6-21显示了FreeBSD节点成功完成无状态自动配置后接口ep0的配置。着重强调的行显示了分配给接口ep0的可聚合全球单播IPv6地址2001:410:ffff:3:260:8ff:fe37:f2f。本地链路地址fe80::260:8ff:fe37:f2f和2001:410:ffff:3:260:8ff:fe37:f2f地址的低64比特是使用ep0接口的以太网MAC地址00:60:08:37:0f:2f转换为EUI-64格式产生的。

例6-21　执行完无状态自动配置后的FreeBSD接口配置

```
Freebsd# ifconfig -a
ep0: flags=8843<UP,BROADCAST,RUNNING,SIMPLEX,MULTICAST> mtu 1500
        inet6 fe80::260:8ff:fe37:f2f%ep0 prefixlen 64 scopeid 0x1
        inet6 2001:410:ffff:3:260:8ff:fe37:f2f prefixlen 64 autoconf
        ether 00:60:08:37:0f:2f
        media: Ethernet 10baseT/UTP
```

注：**ifconfig** *interface* 或 **ifconfig** *interface* **inet6** 命令也可以在FreeBSD上使用，显示给定接口的IPv6配置。

注：FreeBSD用作一个IPv6路由器并在本地链路上发送路由器公告是可能的。配置FreeBSD作为一个IPv6路由器超出了本书的范围。

6.3.4　在FreeBSD上分配静态IPv6地址和默认路由

当本地链路上没有可用的IPv6路由器提供无状态自动配置时，在FreeBSD上可以为接口手动分配静态IPv6地址。**ifconfig**命令执行这个任务：

```
freebsd# ifconfig interface inet6 ipv6-address prefixlen length
```

这个命令为给定接口分配一个静态IPv6地址。**inet6**参数标识地址族IPv6，*ipv6-address*是分配给接口的静态地址，**prefixlen**参数定义前缀长度*length*。

下面的例子给接口ep0分配一个具有64比特前缀长度的静态IPv6地址fec0:0:0:1::1。

```
freebsd# ifconfig ep0 inet6 fec0:0:0:1::1 prefixlen 64
```

提示：通过在/etc/rc.conf文件中加入**ipv6_ifconfig_ep0="fec0:0:0:1::1 prefixlen 64"**行，可以保存这个网络配置。在计算机下一次启动时/etc/rc.network6脚本使用这个参数为接口ep0分配静态IPv6地址。

在FreeBSD上，可以使用**route add -inet6 default**命令添加一条默认路由：

```
freebsd# route add -inet6 default gateway[% interface]
```

route 命令添加一条默认的 IPv6 路由，指向作为参数给出的 *gateway* 地址。当 IPv6 地址 *gateway* 是一个本地链路地址时，必须使用%*interface* 参数来确定接口。

以下例子添加一条默认的 IPv6 路由，通过接口 ep0 指向下一跳本地链路地址 fe80::260:3eff:fe47:1533：

```
freebsd# route add -inet6 default fe80::260:3eff:fe47:1533%ep0
```

下面的这个例子添加一条默认的 IPv6 路由，指向可聚合全球单播地址 3ffe:b00:ffff:10::1。在这种情况下，不需要%*interface* 参数。

```
freebsd# route add -inet6 default 3ffe:b00:ffff:10::1
```

提示：在文件/etc/rc.conf 中加入 **ipv6_defaultrouter="fe80::260:3eff:fe47:1533%ep0"**行，可以保存这个网络配置。在计算机下一次启动时/etc/rc.network6 脚本使用这个参数在路由选择表中添加默认的 IPv6 路由。

6.3.5 在 FreeBSD 上管理 IPv6

ifconfig、**netstat**、**route**、**ping6** 和 **traceroute6** 命令在 UNIX 平台上用于管理 IPv4 地址和路由。表 6-3 显示了这些命令在 FreeBSD 上是如何用于管理 IPv6 地址和路由的。

表 6-3 FreeBSD 上的 ifconfig、netstat、route、ping6 和 traceroute6 命令

命　令	描　述
删除 IPv6 地址	
freebsd# **ifconfig** *interface* **inet6** *ipv6-address* **delete**	删除给定接口上的 IPv6 地址
例： freebsd# **ifconfig ep0 inet6 fec0:0:0:1::1 delete**	删除接口 ep0 上的 IPv6 地址 fec0:0:0:1::1
显示 IPv6 路由	
freebsd# **netstat -f inet6 –rn**	显示本地 IPv6 路由选择表，**inet6** 参数代表地址族 IPv6
添加 IPv6 路由	
freebsd# **route add -inet6** *ipv6-prefix* **-prefixlen** *length gateway* [%*interface*]	添加参数 *ipv6-prefix* 和 *length* 指定的目的网络的静态 IPv6 路由，*gateway* 地址必须指定，如果 *gateway* 是一个本地链路地址，必须使用可选参数%*interface*
例： freebsd# **route add -inet6 3ffe:b00:ffff:: -prefixlen 48 fe80::260:3eff:fe47:1533%ep0**	在 IPv6 路由选择表中添加静态 IPv6 路由 3ffe:b00:ffff::/48，这个目的网络通过接口 ep0 的本地链路地址 fe80::260:3eff:fe47:1533 可达
删除 IPv6 路由	
freebsd# **route delete -inet6** *ipv6-prefix* **-prefixlen** *length*	删除 *ipv6-prefix* 和 *length* 参数指定的目的网络的静态 IPv6 路由
例： freebsd# **route delete -inet6 3ffe:b00:ffff:: -prefixlen 48**	从 IPv6 路由选择表中删除静态 IPv6 路由 3ffe:b00:ffff::/48
ping6 和 traceroute6	
freebsd# **ping6 www.6bone.net**	使用 IPv6 ping 目的 www.6bone.net
freebsd# **traceroute6 www.6bone.net**	使用 IPv6 跟踪到目的 www.6bone.net 的路由

注： FreeBSD 的手册页有更多可用的关于 **ifconfig**、**netstat**、**route**、**ping6** 和 **traceroute6** 命令的信息，包括 IPv6 支持。

6.3.6 在 FreeBSD 上定义配置隧道

FreeBSD 支持作为过渡和并存机制的配置隧道，可以在现有的 IPv4 网络上传送 IPv6 数据包。本节适用于建立 FreeBSD 节点和 Cisco 路由器间的配置隧道。图 6-7 演示了一个基本的拓扑，其中 FreeBSD 双栈节点 E 和 Cisco 双栈路由器 R5 已经建立了一条配置隧道。分配给路由器 R5 的配置隧道接口 tunnel0 的 IPv4 地址是 206.123.31.100，IPv6 地址是 3ffe:b00:ffff:2::1/64；在 FreeBSD 节点 E 上，已经给配置隧道接口 gif0 分配了 IPv4 地址 132.214.10.1 和 IPv6 地址 3ffe:b00:ffff:2::2/128。

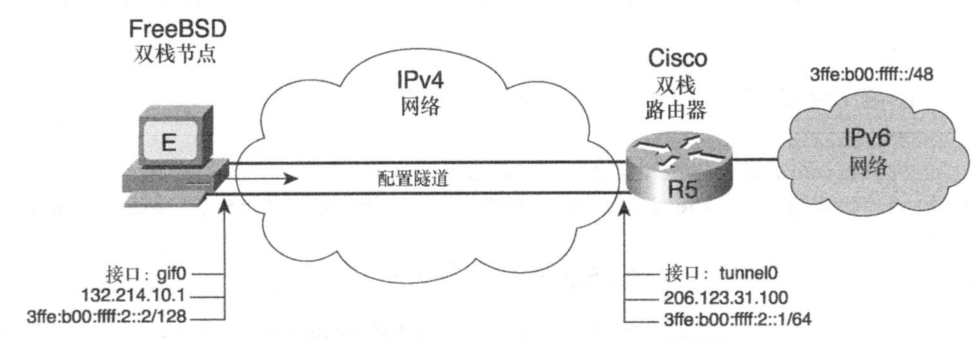

图 6-7 在 FreeBSD 和 Cisco 路由器之间建立配置隧道

注： 建议点到点链路的前缀长度为/64，或者当你确认有且只有一个设备连接时，甚至可以是/128。因为在图 6-7 中只有一个设备连接，所以 FreeBSD 节点使用了一个/128 前缀长度。参考第 5 章以了解/128 前缀长度的依据。

例 6-22 基于图 6-7，显示了应用在 Cisco 路由器 R5 上的配置，其中设置了到 FreeBSD 节点 E 的配置隧道。使用 **ipv6 address 3ffe:b00:ffff:2::1/64** 命令分配 tunnel0 接口的 IPv6 源地址。然后 **tunnel source 206.123.31.100** 和 **tunnel destination 132.214.10.1** 命令定义了配置隧道的源和目的 IPv4 地址。最后，**tunnel mode ipv6ip** 定义隧道类型为配置隧道。

例 6-22 在 Cisco 路由器 R5 上创建配置隧道

```
RouterR5(config)#int tunnel0
RouterR5(config-if)#ipv6 address 3ffe:b00:ffff:2::1/64
RouterR5(config-if)#tunnel source 206.123.31.100
RouterR5(config-if)#tunnel destination 132.214.10.1
RouterR5(config-if)#tunnel mode ipv6ip
RouterR5(config-if)#exit
```

注：FreeBSD 4.4 之前的版本中用于定义配置隧道的命令和应用在 FreeBSD 版本 4.4 及更高版本上的命令有所不同。本书仅介绍了 FreeBSD 4.4 和更高版本的命令。

下面包括应用在 FreeBSD 4.4 及更高版本上的配置隧道设置。

FreeBSD 中分配作为配置隧道接口的伪接口叫做 *gif interface*。支持 IPv6 的 FreeBSD 设计为同时支持多个 gif 接口。用来创建在 IPv4 上传输 IPv6 数据包的配置隧道的 gif 接口必须一起使用 **gifconfig** 和 **ifconfig** 命令进行启用和创建。

例 6-23 基于图 6-7，显示了应用在 FreeBSD 节点 E 上的配置，设置到 Cisco 路由器 R5 的配置隧道。首先，FreeBSD 中的 **ifconfig gif0 create** 命令启用配置接口 gif0，然后 **gifconfig** 命令定义了配置隧道的源和目的 IPv4 地址，**ifconfig gif0 inet6 3ffe:b00:ffff:2::2 3ffe:b00:ffff:2::1 prefixlen 128 alias** 给配置隧道接口分配一个静态 IPv6 地址。最后，**route add -inet6 default 3ffe:b00:ffff:2::1** 命令添加一条默认的 IPv6 路由指向隧道端点的 IPv6 地址。

例 6-23　在 FreeBSD 的接口 gif0 上创建配置隧道

```
freebsd#ifconfig gif0 create
freebsd#gifconfig gif0 132.214.10.1 206.123.31.100
freebsd#ifconfig gif0 inet6 3ffe:b00:ffff:2::2 3ffe:b00:ffff:2::1 prefixlen 128
  alias
freebsd#route add -inet6 default 3ffe:b00:ffff:2::1
```

一旦这个配置成功应用，在 FreeBSD 上就可以使用 **ifconfig gif0** 和 **gifconfig gif0** 命令将其显示出来。用 **ifconfig** 应该可以看到分配给配置隧道接口 gif0 的 IPv4 和 IPv6 地址。使用 Cisco 路由器，可以从这个节点上 **ping6** 路由器的 IPv6 地址来验证这个设置。

提示：通过在文件/etc/rc.conf 中添加 **gif_interfaces="gif0", gifconfig_gif0="132.214.10.1 206.123.31.100"**和 **ipv6_ifconfig_gif0="3ffe:b00:ffff:2::2 3ffe:b00:ffff:2::1 prefixlen 128 alias"** 行，可以保存这个网络配置。在计算机下一次启动时，/etc/rc.network6 脚本使用这些参数启用和设置配置隧道接口 gif0。

6.3.7　在 FreeBSD 上使用 6to4

6to4 隧道是 FreeBSD 支持的另外一个过渡机制。本节介绍 FreeBSD 节点和 Cisco 路由器之间的 6to4 隧道配置。

图 6-8 演示了一个基本的拓扑，其中 FreeBSD 双栈节点 F 启用了 6to4 机制，以建立到 Cisco 路由器 R6 的自动隧道。Cisco 路由器 R6 也使用 6to4 支持。因为分配给 Cisco 路由器 R6 的 IPv4 地址是 206.123.31.100，所以这个 6to4 站点的 IPv6 前缀是 2002:ce7b:1f64::/48。分配给 Cisco 路

由器 R6 的 ethernet0 接口的 IPv6 地址是 2002:ce7b:1f64:1::1。在 FreeBSD 节点 F 上，分配给接口 ep0 的 IPv4 地址是 132.214.10.1。因此，6to4 站点的 IPv6 前缀是 2002:84d6:0a01::/48。分配给 FreeBSD 6to4 接口 stf0 的 IPv6 地址是 2002:84d6:0a01:1::1。

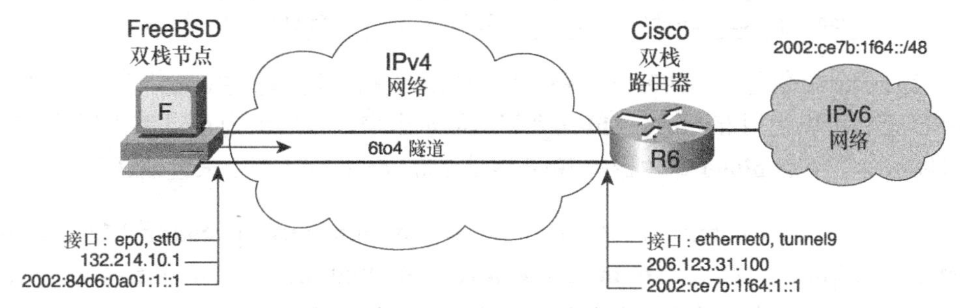

图 6-8 在 FreeBSD 和 Cisco 之间启用 6to4

例 6-24 基于图 6-8，显示了应用在 Cisco 路由器 R6 上启用 6to4 机制的配置。使用 **ip address 206.123.31.100 255.255.255.0** 和 **ipv6 address 2002:ce7b:1f64:1::1/64** 给接口 ethernet0 分配 IPv4 和 IPv6 地址。然后 **ipv6 unnumbered ethernet0**、**tunnel source ethernet0** 和 **tunnel mode ipv6ip 6to4** 命令在接口 tunnel9 上启用 6to4。最后，添加一条到目的网络 2002::/16 的 IPv6 路由，指向接口 tunnel9。

例 6-24 在 Cisco 路由器 R6 上启用 6to4

```
RouterR6#configure terminal
RouterR6(config)#int ethernet0
RouterR6(config-if)#ip address 206.123.31.100 255.255.255.0
RouterR6(config-if)#ipv6 address 2002:ce7b:1f64:1::1/64
RouterR6(config-if)#int tunnel9
RouterR6(config-if)#no ip address
RouterR6(config-if)#ipv6 unnumbered ethernet0
RouterR6(config-if)#tunnel source ethernet0
RouterR6(config-if)#tunnel mode ipv6ip 6to4
RouterR6(config-if)#exit
RouterR6(config)#ipv6 route 2002::/16 Tunnel9
```

在 FreeBSD 上分配给 6to4 机制的伪接口是接口 stf0，在 FreeBSD 上同时只允许一个 stf 接口。然而，默认的 FreeBSD 安装中，运行的内核不支持 stf 接口。FreeBSD 上的 6to4 支持需要一个启用了伪设备 stf 选项的经过正确编译的内核。具有 6to4 支持的新版内核编译完成后，重新启动计算机。使用 **ifconfig -a** 命令可以显示 stf0 接口。

例 6-25 基于图 6-8，显示了应用在 FreeBSD 上启用 6to4 机制的配置。首先，**ifconfig ep0 inet 132.214.10.1 netmask 255.255.255.0** 命令给 FreeBSD 上的接口 ep0 分配 IPv4 地址。然后 **ifconfig stf0 inet6 2002:84d6:0a01:1::1 prefixlen 16 alias** 命令定义这个 6to4 站点的 6to4 前缀

和 IPv6 地址。使用分配给接口 ep0 的 IPv4 地址建立 6to4 前缀。

例 6-25　在 FreeBSD 上启用 6to4

```
freebsd#ifconfig ep0 inet 132.214.10.1 netmask 255.255.255.0
freebsd#ifconfig stf0 inet6 2002:84d6:0a01:1::1 prefixlen 16 alias
```

完成最后一个命令之后，2002::/16 路由自动加入到路由选择表中。一旦应用了这个配置，在 FreeBSD 上就可以使用 **ifconfig stf0** 命令将其显示出来。在启用为 6to4 路由器的 Cisco 路由器上，可以从这个节点 **ping6** 路由器的 IPv6 地址 2002:ce7b:1f64:1::1 来验证这个设置。

提示： 通过在 /etc/rc.conf 文件中添加 **stf_interface_ipv4addr="132.214.10.1"**、**stf_interface_ipv4plen="16"**、**stf_interface_ipv6_ifid="0:0:0:1"** 和 **stf_interface_ipv6_slaid="0001"**行，可以保存这个网络配置。stf_interface_ipv4addr 是用于 6to4 操作的本地 IPv4 地址，stf_interface_ipv4plen 是 6to4 前缀的长度，stf_interface_ipv6_ifid 是接口标识（低 64 比特），stf_interface_ipv6_slaid 代表 IPv6 地址的 48～64 比特（站点级聚合）。在计算机下一次启动时，/etc/rc.network6 脚本使用这些参数在 FreeBSD 上启用和配置 6to4 机制。

在 FreeBSD 上使用 6to4 中继

和 Microsoft 一样，在 FreeBSD 上也有可能指向 Internet 上的一个 6to4 中继，以传送所有的非 6to4 流量。例 6-26 给出了应用在 FreeBSD 节点上指向 6to4 中继的配置。例 6-26 认为图 6-8 中所示的 Cisco 路由器 R6 是一个 6to4 中继路由器。使用 **route add -inet6 default 2002:ce7b:1f64:1::1** 命令添加指向一个 6to4 中继的默认 IPv6 路由。

例 6-26　在 FreeBSD 上使用 6to4 中继

```
freebsd#ifconfig ep0 inet 132.214.10.1 netmask 255.255.255.0
freebsd#ifconfig stf0 inet6 2002:84d6:0a01:1::1 prefixlen 16 alias
freebsd#route add -inet6 default 2002:ce7b:1f64:1::1
```

FreeBSD4 及以上版本都和 RFC 3068“6to4 中继路由器的任意播前缀”兼容。因此，基于所定义的 IPv4 任意播前缀的 6to4 前缀 2002:c058:6301::可以用来到达 Internet 上的一个公用 6to4 中继。在这种情况下，**route add -inet6 default 2002:c058:6301::**命令可以用于路由配置。参见第 5 章获得更多关于 6to4 中继的信息。

6.3.8　OpenBSD 和 NetBSD

由于 KAME 项目的代码也被合并到了 OpenBSD 2.7 版本和 NetBSD 1.5 及以上版本中，所以这些 BSD 平台上所支持的特性和命令与 FreeBSD 非常相似。更多关于 OpenBSD 和 NetBSD 的信息可以在 KAME 项目的网站 www.kame.net 上找到。

6.4　Linux 上的 IPv6

根据 Peter Bieringer 所管理的 Linux IPv6 站点，第一个具有 IPv6 支持的 Linux 代码出现在 1996 年，内核版本 2.1.8。现在，有两种不同的方法可用于 Linux 2.4.x 和更高版本支持 IPv6：

- **纯 IPv6 支持**——若干的 Linux 发行版本比如 Red Hat、Debian、SuSe、Slackware 和 Turbo 都支持 IPv6。然而，在 Linux 系统上启用 IPv6，需要编译一个具有 IPv6 支持的内核。更多关于 Linux 纯 IPv6 支持的信息可以在网站 www.tldp.org/HOWTO/Linux+IPv6-HOWTO/上找到，这是由 Peter Bieringer 管理的 Linux IPv6 HOWTO 官方站点。
- **USAGI（universal playground for IPv6，IPv6 园地）**——USAGI 开发项目是为了交付一个面向 Linux 系统的、商用质量的 IPv6 协议栈，这个项目和 WIDE 项目、KAME 项目、TAHI 项目紧密合作。USAGI 项目由多家日本公司支持，如 Hitachi、NTT、Toshiba、Yogogawa 电气公司、东京大学和 Keio 大学。就像由 KAME 开发的面向 BSD 实现的 IPv6 协议栈，USAGI 打算统一 Linux 的 IPv6 开发，提供给所有的 Linux 发行一个唯一的 IPv6 实现。在 Linux 系统上使用 USAGI 实现启用 IPv6，需要下载 USAGI 代码并编译内核。快照工具包每两周发行一次，稳定的工具包一年发行三四次。可以在 www.linux-ipv6.org 上找到关于 USAGI 项目和具有 IPv6 支持的 Linux 代码的更多信息。

6.4.1　使用 IPv6 互联 Linux

当 Linux 安装了 net-tools（版本 1.60）和 iputils（20000121 或者更新的版本）软件包时，具有 IPv6 支持的应用程序、实用程序和工具就可用于网络配置和操作。这些软件包中的应用程序包括 Telnet、FTP、TFTP、traceroute6、ping6、tracepath6、ifconfig、ip、netstat、route、name resolver、whois、tcpwrappers、netfilter6 和 tcpdump。

根据支持 IPv6 的软件应用程序的数量，Linux 平台是另一个丰富的操作系统。Linux 可用的具有 IPv6 支持的应用程序包括 apache、mozilla、lynx、Mosaic、Netscape 6、opera、squid、bind、sendmail、qmail、zmailer、fetchmail、elm、pine、qpopper、nfs、samba、NNTP 客户端和服务器、several IRC 客户端、ssh、openssh、vic、rat、cvs 和 XFree86。这个列表是不完全的。其他一些 IPv4 单协议网络的应用程序已将移植到面向 Linux 的 IPv6 排上了日程。如果想获得关于 Linux 中支持 IPv6 的应用程序的更多信息，可以访问 www.bieringer.de/linux/IPv6/status/ IPv6+Linux-status-apps.html。

6.4.2　验证 Linux 的 IPv6 支持

如前面所提到的，Linux 上的 IPv6 支持可以来自原始的发行版或者来自 USAGI 代码。在运行的内核上有不同的方法可以验证是否启用了 IPv6 支持：

- **检查/proc/net 目录**——编译完一个具有 IPv6 支持的 vanilla 内核后，可以验证/proc/net 目录下是否有 if_inet6 文件。如果这个文件不存在，运行内核中就没有加载 IPv6 模块。在这种情况下，应该试着使用 **modprobe ipv6** 命令手动加载 IPv6 模块。
- **显示网络接口上现有的 IPv6 配置**——通过使用 **ifconfig** *interface* 或 **ifconfig -a** 或 **ip -f inet6 addr show** [**dev** *interface*]命令，可以验证运行内核中是否启用了 IPv6 支持。如果启用了 IPv6，应该能够显示网络接口的本地链路地址。如例 6-27 所示，在这个计算机启动时接口 eth0 上自动启用了本地链路地址 fe80::200:c0ff:fe9a:5fd0。

例 6-27　Linux 中使用 ifconfig 和 ip 命令验证 IPv6 支持

```
linux# ifconfig eth0
eth0        Link encap:Ethernet HWaddr 00:00:C0:9A:5F:D0
            inet6 addr: fe80::200:c0ff:fe9a:5fd0/10 Scope:Link
            UP BROADCAST RUNNING MULTICAST MTU:1500 Metric:1
<output omitted>
linux# ip -f inet6 addr show dev eth0
2: eth0: <BROADCAST,MULTICAST,UP> mtu 1500 qdisc pfifo_fast qlen 100
    inet6 fe80::200:c0ff:fe9a:5fd0/10 scope link
```

注：命令 **ip -f inet6 [..]**等同于其他 Linux 发行版本的 **ip -6 [..]**命令。本章中使用 **ip -f inet6** 语法。

- **显示现有的 IPv6 路由**——使用 **route -A inet6** 或 **ip -f inet6 route show** [**dev** *interface*] 命令，可以验证 IPv6 支持。如果启用了 IPv6，应该可以显示本地链路前缀 fe80::/10 的一条 IPv6 路由和另外一条多播前缀 ff00::/8 的路由，如例 6-28 所示。

例 6-28　在 Linux 上使用 route 和 ip 命令验证 IPv6 支持

```
linux#route -A inet6
Kernel IPv6 routing table
Destination                     Next Hop     Flags Metric Ref      Use Iface
::1/128                          ::            U     0     0          0 lo
fe80::200:c0ff:fe9a:5fd0/128     ::            U     0     0          0 lo
fe80::/10                        ::            UA    256   0          0 eth0
ff00::/8                         ::            UA    256   0          0 eth0
::/0                             ::            UDA   256   0          0 eth0
<output omitted>
linux# ip -f inet6 route show
fe80::/10  proto kernel metric 256 mtu 1500
ff00::/8  proto kernel metric 256 mtu 1500
default proto kernel metric 256 mtu 1500
```

注：编译支持 IPv6 的 Linux 的步骤描述超出了本书的范围。参考 Linux IPv6 HOWTO 网站 www.tldp.org/HOWTO/Linux+IPv6-HOWTO/，获取在 Linux 上启用 IPv6 的指令。

Linux 的 IPv6 支持随着时间不断发展，所以 Linux 中有不同的命令和脚本可用于管理 IPv6。以下小节显示了在 Linux 中如何使用这些命令中的一些来管理 IPv6 地址和路由。下一节中介绍的例子基于 Linux 2.4.x，在 RedHat 实现中提供纯 IPv6 支持。本书中介绍的命令也可用于其他 Linux 发行版本。然而，在系统上配置 IPv6 之前，强烈建议阅读 Linux 发行版本提供的文档。

6.4.3　Linux 的无状态自动配置

一旦 Linux 内核启用了 IPv6 支持，通过在/etc/sysconfig/network 文件中添加行 **NETWORKING_IPV6=YES**，并且在每一个网络配置脚本比如针对接口 eth0 的/etc/sysconfig/network-scripts/ifcfg-eth0 中插入 **IPV6INT=yes**，就可以在启动时启用网络接口上的无状态自动配置。Linux 节点在启动时使用这些参数启用网络接口上的 IPv6 和无状态自动配置。

提示：通过在网络配置脚本中添加行 **IPV6_AUTOCONF=no**，可以全局地（在文件/etc/sysconfig/network 中）或者基于每个接口（在文件/etc/sysconfig/network-scripts/ifcfg-eth0 中）禁止无状态自动配置。

提示：添加行之后，可以重新启动 Linux 或者运行命令 **/etc/rc.d/init.d/network restart** 来执行这些变动。

如同 Microsoft、Solaris 和 FreeBSD 实现，Linux 内核启动时通过在本地链路上发送一个路由器请求要求启动无状态自动配置机制。如果本地链路上存在一个 IPv6 路由器，路由器就会响应一个路由器公告消息，其中包括在 Linux 节点的接口上处理无状态自动配置必需的所有信息。

图 6-9 演示了在同一本地链路上的一个 Linux 节点和一个 IPv6 路由器。首先，Linux 节点通过它的 eth0 接口在本地链路上发送一个路由器请求要求。然后 IPv6 路由器在它的 ethernet0 接口上响应一个路由器公告消息，其中包括前缀 2001:410:ffff:4::/64。因此，Linux 节点可以在 eth0 接口上使用无状态自动配置获得的前缀配置它的 IPv6 地址。

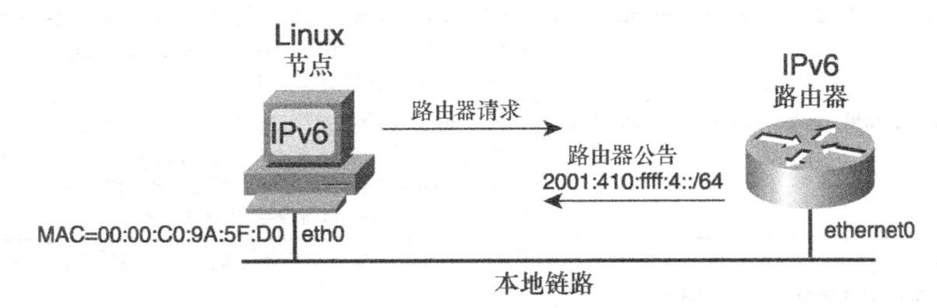

图 6-9　Linux 节点接收路由器广播以执行无状态自动配置

例 6-29 显示了应用在图 6-9 中 IPv6 路由器上启用无状态自动配置的配置实例。通过在接口 ethernet0 上使用命令 **ipv6 address 2001:410:ffff:4::1/64**，在接口上启用了 IPv6，分配了静态 IPv6 地址，并启用了无状态自动配置。

例 6-29 在 Cisco 上启用 IPv6 和无状态自动配置

```
Router(config)#int ethernet0
Router(config-if)#ipv6 address 2001:410:ffff:4::1/64
Router(config-if)#exit
```

路由器配置之后，例 6-30 显示了 Linux 节点成功完成无状态自动配置后的接口 eth0 配置。着重强调的行显示了可聚合全球单播地址 2001:410:ffff:4:200:c0ff:fe9a:5fd0 分配给 eth0 接口。本地链路地址 fe80::200:c0ff:fe9a:5fd0 和 2001:410:ffff:4:200:c0ff:fe9a:5fd0 地址的低 64 比特是使用转换为 EUI-64 格式的 eth0 接口的以太网 MAC 地址 00:00:C0:9A:5F:D0 产生的。

例 6-30 执行无状态自动配置后的 Linux 接口配置

```
linux#ifconfig eth0
eth0        Link encap:Ethernet HWaddr 00:00:C0:9A:5F:D0
            inet6 addr: 2001:410:ffff:4:200:c0ff:fe9a:5fd0/64 Scope:Global
            inet6 addr: fe80::200:c0ff:fe9a:5fd0/10 Scope:Link
            UP BROADCAST RUNNING MULTICAST MTU:1500 Metric:1
```

注：**ip -f inet6 addr show dev eth0** 命令可以用作 Linux 上的等价命令显示给定接口的 IPv6 配置。

注：Linux 可以用作一个 IPv6 路由器并能够在本地链路上发送路由器公告。然而，配置 Linux 作为一个 IPv6 路由器超出了本书的范围。

6.4.4 在 Linux 上分配静态 IPv6 地址和默认路由

当本地链路上没有 IPv6 路由器可以为 Linux 主机提供无状态自动配置时，可以手动为接口分配静态 IPv6 地址。**ifconfig** 和 **ip** 命令用于执行这个任务，如表 6-4 所示。

表 6-4 Linux 上给接口分配 IPv6 地址的 ifconfig 和 ip 命令

命 令	描 述
linux# **ifconfig** *interface* **inet6 add** *ipv6-address/prefixlength*	使用 **ifconfig** 命令给指定接口分配一个静态 IPv6 地址。**inet6 add** 参数指定添加一个 IPv6 地址，*ipv6-address* 是分配给接口的静态地址，*prefixlength* 参数定义前缀的长度
linux# **ip -f inet6 addr add** *ipv6-address/prefixlength* **dev** *interface*	使用 **ip** 命令给指定接口分配一个静态 IPv6 地址。**-f inet6 addr add** 参数指定添加 IPv6 地址，*ipv6-address* 是分配给接口的 IPv6 地址，*prefixlength* 参数定义前缀的长度，**dev** 参数标识给定的接口 *interface*。这个命令和前面的命令提供同样的结果
使用 ifconfig 的实例： linux# **ifconfig eth0 inet6 add fec0:0:0:1::1/64** **使用 ip 的实例：** linux# **ip -f inet6 addr add fec0:0:0:1::1/64 dev eth0**	给接口 eth0 分配一个前缀长度为 64 比特的静态 IPv6 地址 fec0:0:0:1::1

提示：通过在文件/etc/sysconfig/network-scripts/ifcfgeth0 中加入行 **IPV6ADDR=fec0:0:0:1::1/64**，可以保存这个网络配置。计算机下一次启动时使用这些参数给接口分配静态 IPv6 地址。

在 Linux 中，可以使用 **route** 或者 **ip** 命令添加一条默认的 IPv6 路由，如表 6-5 所示。

表 6-5　Linux 上添加默认 IPv6 路由的 route 和 ip 命令

命　令	描　述
linux# **route -A inet6 add ::/0 gw** *gateway* [**dev** *interface*]	添加一个默认的 IPv6 路由。指向下一跳 *gateway* 的本地链路地址，**::/0** 值意味着任何 IPv6 地址（默认）。当本地链路地址被定义为下一跳，必须指定跟着 **dev** 参数的 *interface*
linux# **ip -f inet6 route add ::/0 via** *gateway* [**dev** *interface*]	添加一个默认的 IPv6 路由。指向下一跳 *gateway* 的本地链路地址，**::/0** 值意味着任何 IPv6 地址（默认）。当本地链路地址被定义为下一跳，必须指定跟着 **dev** 参数的 *interface*。这个命令和前一个命令提供的结果相同
使用 **ifconfig** 的实例： linux# **route -A inet6 add ::/0 gw fe80::260:3eff:fe47:1533 dev eth0** 使用 **ip** 的实例： linux# **ip -f inet6 route add ::/0 via fe80::260:3eff:fe47:1533 dev eth0**	添加一个默认的 IPv6 路由，指向本地链路地址 fe80::260:3eff:fe47:1533，这个默认路由通过节点的 eth0 接口可达

提示：通过在文件/etc/sysconfig/static-routes-ipv6 中添加 **eth0 ::/0 fe80::260:3eff:fe47:1533** 行，可以保存这个网络配置。计算机下一次启动时使用这些参数在路由选择表中添加默认的 IPv6 路由。

6.4.5　Linux 的 IPv6 管理

ifconfig、**ip**、**netstat**、**route**、**ping6**、**traceroute6** 和 **tracepath6** 命令在 UNIX 平台上用于管理地址和路由。表 6-6 显示了这些命令在 Linux 上如何用于管理 IPv6 地址和路由。

表 6-6　Linux 上的 ifconfig、ip、netstat、route、ping6、traceroute6 和 tracepath6 命令

命　令	描　述
删除 IPv6 地址	
linux# **ifconfig** *interface* **inet6 del** *ipv6-address/prefixlength*	删除给定接口的 *ipv6-address* 地址
linux# **ip -f inet6 addr del** *ipv6-address/prefixlength* **dev** *interface*	删除给定接口的 *ipv6-address* 地址
使用 **ifconfig** 的实例： linux# **ifconfig eth0 inet6 del fec0:0:0:1::1/64** 使用 **ip** 的实例： linux# **ip -f inet6 addr del fec0:0:0:1::1/64 dev eth0**	删除 eth0 接口上的 IPv6 地址 fec0:0:0:1::1/64
显示 IPv6 路由	
linux# **route -A inet6**	显示路由选择表中的 IPv6 路由
linux# **ip -f inet6 route show**	显示路由选择表中的 IPv6 路由

续表

命　令	描　述
linux# **netstat -A inet6 –rn**	显示路由选择表中的 IPv6 路由
添加 IPv6 路由	
linux# **route -A inet6 add** *ipv6-prefix/prefixlength* **gw** *gateway* [**dev** *interface*]	为由 *ipv6-prefix/prefixlength* 值指定的目的网络添加一个静态 IPv6 路由。使用 **gw** 参数指定下一跳 IPv6 地址的网关。当网关的 IPv6 地址是一个本地链路地址时，必须指定参数 **dev** 之后的接口
linux# **ip -f inet6 route add** *ipv6-prefix/prefixlength* **via** *gateway* [**dev** *interface*]	为由 *ipv6-prefix/prefixlength* 值指定的目的网络添加一个静态 IPv6 路由。使用 **via** 参数指定下一跳 IPv6 地址的网关。当网关的 IPv6 地址是一个本地链路地址时，必须指定参数 **dev** 之后的接口
使用 ifconfig 的实例： linux# **route -A inet6 add 3ffe:b00:ffff::/48 gw fe80::260:3eff:fe47:1533 dev eth0** **使用 ip 的实例：** linux# **ip -f inet6 route add 3ffe:b00:ffff::/48 via fe80::260:3eff:fe47:1533 dev eth0**	把静态 IPv6 路由 3ffe:b00:ffff::/48 添加到 IPv6 路由选择表中，这个目的地通过接口 eth0 使用本地链路地址 fe80::260:3eff:fe47:1533 可以到达
删除 IPv6 路由	
linux# **route -A inet6 del** *ipv6-prefix/prefixlength* **gw** *gateway* [**dev** *interface*]	删除由参数 *ipv6-prefix/prefixlength* 指定的目的网络的一条静态 IPv6 路由
linux# **ip -f inet6 route del** *ipv6-prefix/prefixlength* **via** *gateway* [**dev** *interface*]	删除由参数 *ipv6-prefix/prefixlength* 指定的目的网络的一条静态 IPv6 路由
使用 ifconfig 的实例： linux# **route -A inet6 del 3ffe:b00:ffff::/48 gw fe80::260:3eff:fe47:1533** **使用 ip 的实例：** linux# **ip -f inet6 route del 3ffe:b00:ffff::/48 via fe80::260:3eff:fe47:1533**	把静态 IPv6 路由 3ffe:b00:ffff::/48 从 IPv6 路由选择表中删除
ping6、traceroute6 和 tracepath6	
linux# **ping6 www.6bone.net**	使用 IPv6 ping 目的网络 www.6bone.net
linux# **ping6 -I eth0 fe80::260:3eff:fe47:1533**	使用网络接口 eth0 ping 本地链路地址 fe80::260:3eff:fe47:1533。当目的地址是一个本地链路地址时，必须使用关键字 **I** 指定接口
linux# **traceroute6 www.6bone.net**	使用 IPv6 跟踪到目的网络 www.6bone.net 的路由
linux# **tracepath6 www.6bone.net**	跟踪路径并发现到目的网络 www.6bone.net 的 MTU 值

注：关于具有 IPv6 支持的 **ifconfig**、**ip**、**netstat**、**route**、**ping6**、**traceroute6** 和 **tracepath6** 命令的更多信息可以在 Linux 的手册页中找到。

6.4.6 在 Linux 上定义配置隧道

Linux 支持配置隧道作为过渡和共存机制，以在现有的 IPv4 网络上传送 IPv6 数据包。本节讨论了如何在 Linux 节点和 Cisco 路由器之间建立配置隧道。图 6-10 演示了一个基本拓扑，其中 Linux 双栈节点 G 建立了到 Cisco 双栈路由器 R7 的一条配置隧道。分配给路由器 R7 的配置隧道接口 tunnel0 的 IPv4 地址是 206.123.31.50，IPv6 地址是 3ffe:b00:ffff:a::1/64。在 Linux 节点 G 上，IPv4 地址 132.214.30.1 和 IPv6 地址 3ffe:b00:ffff:a::2 定义了接口 sit1 上的配置隧道。

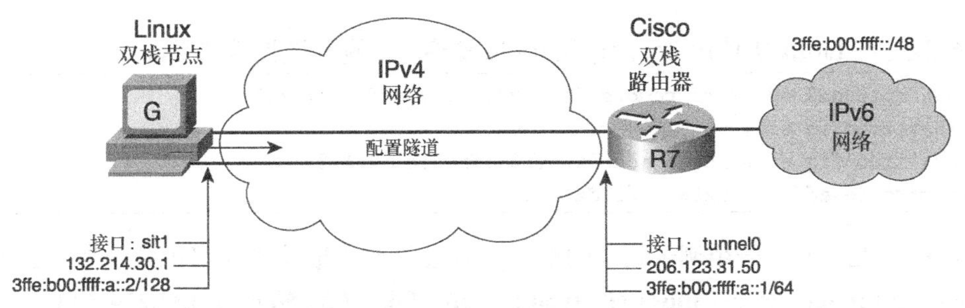

图 6-10　在 Linux 和 Cisco 路由器间建立配置隧道

例 6-31 基于图 6-10，显示了应用在 Cisco 路由器 R7 上的配置，其中设置到 Linux 节点 G 的配置隧道。使用 **ipv6 address 3ffe:b00:ffff:a::1/64** 命令分配 Cisco 路由器隧道接口 tunnel0 的 IPv6 源地址。然后 **tunnel source 206.123.31.50** 和 **tunnel destination 132.214.30.1** 命令定义了配置隧道的源和目的 IPv4 地址。最后，**tunnel mode ipv6ip** 定义隧道类型为配置隧道。

例 6-31　在 Cisco 路由器 R7 上设置配置隧道

```
RouterR7(config)#int tunnel0
RouterR7(config-if)#ipv6 address 3ffe:b00:ffff:a::1/64
RouterR7(config-if)#tunnel source 206.123.31.50
RouterR7(config-if)#tunnel destination 132.214.30.1
RouterR7(config-if)#tunnel mode ipv6ip
RouterR7(config-if)#exit
```

下面介绍应用于 Linux 节点上隧道配置的相关内容。

Linux 上用作配置隧道接口的伪接口被称为 *sit* 接口，具有 IPv6 支持的 Linux 设计为可以同时处理多个 sit 接口。在 Linux 上，可以使用不同的命令（如 **ifconfig**、**route**、**iptunnel** 和 **ip**）定义 sit 接口，该接口用于建立在 IPv4 上携带 IPv6 数据包的配置隧道。

注：对必须定义的第一个配置隧道使用 sit1，第二个配置隧道使用 sit2，第三个使用 sit3，以此类推。在 Linux 中，sit0 接口应该用于 6to4 操作。在老版本的具有 IPv6 支持的 Linux 中，sit0 接口保留给 6to4。然而，由于为 6to4 操作指定了新的隧道接口，就取消了在 Linux 上为 6to4 保留的 sit0 用途。参见下一节获得更多关于 Linux 6to4 配置的信息。

例 6-32 基于图 6-10，显示了应用在 Linux 节点 G 上的配置，启用到 Cisco 路由器 R7 的配置隧道。首先，**iptunnel add sit1 remote 206.123.31.50 mode sit ttl 64** 命令在 Linux 上创建配置隧道接口 sit1。该命令也定义了这个隧道的目的 IPv4 地址：路由器 R7 的 IPv4 地址。因为一个 sit 接口的 TTL 值默认设为 0，所以这里设置 TTL 值为 64。然后使用 **ifconfig sit1 up** 命令在 Linux 中启用接口 sit1。**ifconfig eth0 inet6 add 3ffe:b00:ffff:a::2/128** 命令给 Linux 节点 G 上的 eth0 接口分配一个 IPv6 地址。最后，**route add -A inet6 ::/0 dev sit1** 命令添加一条指向隧道接口 sit1 的默认 IPv6 路由。

例 6-32　在 Linux 上使用 ifconfig 和 route 命令定义配置隧道接口 sit1

```
linux#iptunnel add sit1 remote 206.123.31.50 mode sit ttl 64
linux#ifconfig sit1 up
linux#ifconfig eth0 inet6 add 3ffe:b00:ffff:a::2/128
linux#route add -A inet6 ::/0 dev sit1
```

例 6-33 给出了和前一个例子相同的配置，但这里使用 **ip** 命令定义配置隧道。在第一个命令中，使用 **ip tunnel add sit1 mode sit ttl 64 remote 206.123.31.50 local 132.214.30.1** 命令创建接口时，定义了隧道的源和目的 IPv4 地址。然后 **ip link set dev sit1 up** 命令启用配置隧道接口 sit1。最后，**ip -f inet6 addr add 3ffe:b00:ffff:a::2/128 dev eth0** 命令给 eth0 接口分配一个 IPv6 地址，**ip -f inet6 route add ::/0 dev sit1 metric 1** 命令在路由选择表中添加默认 IPv6 路由。

例 6-33　在 Linux 上使用 ip 命令定义配置隧道接口 sit1

```
linux#ip tunnel add sit1 mode sit ttl 64 remote 206.123.31.50 local 132.214.30.1
linux#ip link set dev sit1 up
linux#ip -f inet6 addr add 3ffe:b00:ffff:a::2/128 dev eth0
linux#ip -f inet6 route add ::/0 dev sit1 metric 1
```

一旦这个配置成功应用，在 Linux 上就可以使用不同的命令将其显示出来，比如 **ifconfig sit1**、**ifconfig eth0**、**ifconfig –a**、**route -A inet6** 和 **ip -f inet6 route show**。使用 Cisco 路由器，可以从这个节点 **ping6** 路由器的 IPv6 地址 3ffe:b00:ffff:a::1 来验证这个配置。

提示：在/etc/sysconfig/network-scripts/ifcfg-sit1 文件中加入 **DEVICE=sit1**、**ONBOOT=yes**、**IPV6INIT=yes**、**IPV6TUNNELIPV4=206.123.31.50** 和 **IPV6TUNNELIPV4LOCAL=132.214.30.1** 行，在/etc/sysconfig/network-scripts/ifcfg-eth0 文件中加入 **IPV6INIT=yes** 和 **IPV6ADDR=3ffe:b00:ffff:a::2/128** 行，并且在/etc/sysconfig/static-routes-ipv6 文件中加入 sit1::/0 行，可以保存这个网络配置。当下一次计算机启动时使用这些参数启用配置隧道 sit1。

6.4.7　在 Linux 上使用 6to4

6to4 机制是 Linux 支持的另外一种过渡机制。下一节给出 Linux 节点上的 6to4 配置，该节点能够和 Cisco 路由器的 6to4 接口互操作。

图 6-11 显示了一个基本拓扑，其中 Linux 双栈节点启用了 6to4 机制，以和 Cisco 路由器 R8 自动地建立隧道。Cisco 路由器 R8 也启用了 6to4 支持。因为分配给 Cisco 路由器 R8 的 IPv4 地址是 206.123.31.50，所以 6to4 站点的 IPv6 前缀是 2002:ce7b:1f32::/48。为 Cisco 路由器 R8 的接口 ethernet0 分配了 IPv6 地址 2002:ce7b:1f32:1::1。在 Linux 节点 H 上，为接口 eth0 分配了 IPv4 地址 132.214.30.1。因此基于 Linux 的 6to4 站点的 IPv6 前缀是 2002:84d6:1e01::/48。而且，为 Linux 的 6to4 接口 sit0 分配的 IPv6 地址是 2002:84d6:1e01::1。

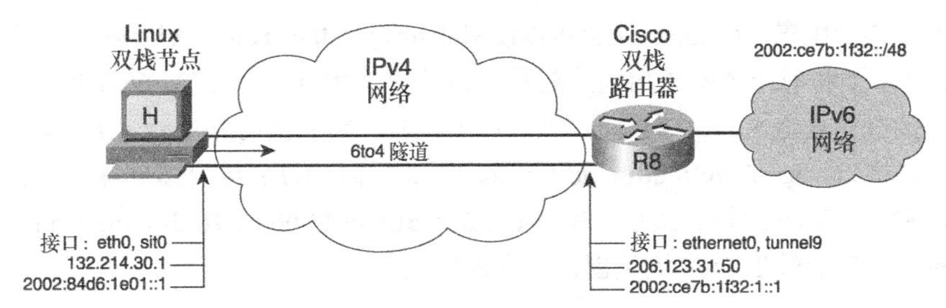

图 6-11　在 Linux 和 Cisco 之间启用 6to4

例 6-34 基于图 6-11，显示了应用在 Cisco 路由器 R8 上以启用 6to4 机制的配置。使用 **ip address 206.123.31.50 255.255.255.0** 和 **ipv6 address 2002:ce7b:1f32:1::1/64** 命令分配接口的 IPv4 地址和 IPv6 地址。然后使用 **ipv6 unnumbered ethernet0**、**tunnel source ethernet0** 和 **tunnel mode ipv6ip 6to4** 命令在 tunnel9 接口上启用 6to4。最后，添加到目的网络 2002::/16 的一条 IPv6 路由，指向 tunnel9 接口。

例 6-34　在 Cisco 路由器 R8 上启用 6to4

```
RouterR8#configure terminal
RouterR8(config)#int ethernet0
RouterR8(config-if)#ip address 206.123.31.50 255.255.255.0
RouterR8(config-if)#ipv6 address 2002:ce7b:1f32:1::1/64
RouterR8(config-if)#int tunnel9
RouterR8(config-if)#no ip address
RouterR8(config-if)#ipv6 unnumbered ethernet0
RouterR8(config-if)#tunnel source ethernet0
RouterR8(config-if)#tunnel mode ipv6ip 6to4
RouterR8(config-if)#exit
RouterR8(config)#ipv6 route 2002::/16 Tunnel9
```

在老版本的 Linux 中，伪接口 sit0 用于 6to4 操作。现在 sit0 接口仍然可用于 6to4，但是由于使用新的隧道接口 tun6to4，sit0 就逐渐地不用了。本节给出在 Linux 上启用 6to4 的两种方法。

例 6-35 基于图 6-11，显示了应用在 Linux 上启用 6to4 机制的配置。首先，**ifconfig eth0 132.214.30.1 netmask 255.255.255.0** 命令在 Linux 上给接口 eth0 分配 IPv4 地址。然后 **ifconfig sit0 up** 命令启用 6to4 接口，**ifconfig sit0 add 2002:84d6:1e01::1/16** 命令定义这个 6to4 站点的 6to4 前缀和 IPv6 地址。6to4 前缀使用分配给 eth0 接口的 IPv4 地址产生。最后，**route-A inet6 add 2002::/16 dev sit0** 命令为通过接口 sit0 的输出 6to4 流量创建一个路由条目。

例 6-35　在 Linux 的接口 sit0 上启用 6to4

```
linux#ifconfig eth0 132.214.30.1 netmask 255.255.255.0
linux#ifconfig sit0 up
linux#ifconfig sit0 add 2002:84d6:1e01::1/16
linux#route -A inet6 add 2002::/16 dev sit0
```

一旦应用了这个配置，在 Linux 上就可以使用 **ifconfig sit0** 和 **route -A inet6** 命令将其显示出来。

例 6-36 展示了和前一个例子相同的配置，但这里使用 **ip** 命令定义 6to4 接口。第一条命令创建 tun6to4 接口并且定义 6to4 操作的本地 IPv4 地址。然后使用 **ip link set dev tun6to4 up** 命令启用 tun6to4 接口，**ip -f inet6 addr add 2002:84d6:1e01::1/16 dev tun6to4** 命令定义这个 6to4 站点的 6to4 前缀和 IPv6 地址。最后，**ip -f inet6 route add 2002::/16 dev tun6to4 metric 1** 命令为通过 tun6to4 接口的输出 6to4 流量创建一个路由条目。

例 6-36　在 Linux 的 tun6to4 接口上启用 6to4

```
linux#ip tunnel add tun6to4 mode sit ttl 64 remote any local 132.214.30.1
linux#ip link set dev tun6to4 up
linux#ip -f inet6 addr add 2002:84d6:1e01::1/16 dev tun6to4
linux#ip -f inet6 route add 2002::/16 dev tun6to4 metric 1
```

一旦应用了这个配置，在 Linux 上就可以使用 **ifconfig tun6to4** 和 **route -A inet6** 命令将其显示出来。在启用为 6to4 路由器的 Cisco 路由器上，可以从这个节点 **ping6** 路由器的 IPv6 地址 2002:ce7b:1f32:1::1 来验证这个设置。

6.4.8　在 Linux 上使用 6to4 中继

如同 Microsoft 和 FreeBSD，在 Linux 上可以指向 Internet 中的一个 6to4 中继来传送所有的非 6to4 流量。以下命令给出了应用在 Linux 上的配置，指向 6to4 中继。这些命令认为图 6-11 中的 Cisco 路由器 R8 充当 6to4 中继。在 Linux 上，可以使用 **route -A inet6 add ::/0 gw ::206.123.31.50 dev sit0** 或者 **ip -f inet6 route add ::/0 via ::206.123.31.50 dev tun6to4 metric 1** 命令添加默认 IPv6 路由。Linux 节点的默认 IPv6 路由指向 Cisco 路由器 R8 的 6to4 地址。

Linux 也遵循 RFC 3068“6to4 中继路由器的任意播前缀”，在第 5 章讨论。这样，可以用 6to4 任意播前缀自动地到达 Internet 中的一个公用 6to4 中继。**route -A inet6 add ::/0 gw ::192.88.99.1 dev sit0** 命令或者 **ip -f inet6 route add ::/0 via :: 192.88.99.1 dev tun6to4 metric 1** 命令可以用于执行这个任务。

6.5　Tru64 UNIX 上的 IPv6

2000 年的 Tru64 UNIX 版本 5.1 是第一个支持 IPv6 的发行版本。Compaq 为以前的 Tru64 UNIX 版本提供了早期采用者工具包（Early Adopters Kit，EAK），但只是在实验基础上的。Compaq 也是在 IPv6 设计早期阶段提供 IPv6 实现的主要制造商之一。

目前，并不是 Tru64 UNIX 上的所有应用和软件包都支持 IPv6，但是大多数网络服务是支持 IPv6 的。

6.5.1 Tru64 的无状态自动配置

一旦在 Tru64 上启用了 IPv6 支持，就能够依照如下步骤在给定接口上启用无状态自动配置。

步骤 1 运行脚本/usr/sbin/ip6_setup。

步骤 2 键入 **yes** 来启用 inet 服务。

步骤 3 键入 **no**，将系统配置为一个 IPv6 路由器。

步骤 4 指定一个接口，键入 **yes** 启动 IPv6。

脚本把所有的正确标记和值放在文件/etc/rc.config 中。在启动 Tru64 时，使用这个文件在网络接口上启用 IPv6 和无状态自动配置。

如同之前讨论过的 Microsoft、FreeBSD、Solaris 和 Linux 实现，Tru64 内核启动时，通过在本地链路上发送一个路由器请求要求，启动无状态自动配置机制。如果链路上存在一个 IPv6 路由器，路由器响应一个路由器公告消息，其中包含在 Tru64 节点的接口上处理无状态自动配置机制必需的所有信息。

图 6-12 演示了在同一本地链路上的 Tru64 节点和 IPv6 路由器。开始时，Tru64 节点通过它的 ln0 接口发送一个路由器请求要求。然后 IPv6 路由器在接口 ethernet0 上响应一个路由器公告消息，其中包含前缀 2001:410:ffff:5::/64。因此，Tru64 节点能够使用从无状态自动配置获得的前缀在接口 ln0 上配置它的 IPv6 地址。

例 6-37 显示了一个用于图 6-12 中 IPv6 路由器启用无状态自动配置的样例。通过在接口 ethernet0 上使用 **ipv6 address 2001:410:ffff:5::1/64** 命令，就在接口上启用了 IPv6 地址，分配了静态 IPv6 地址，并启用了无状态自动配置。

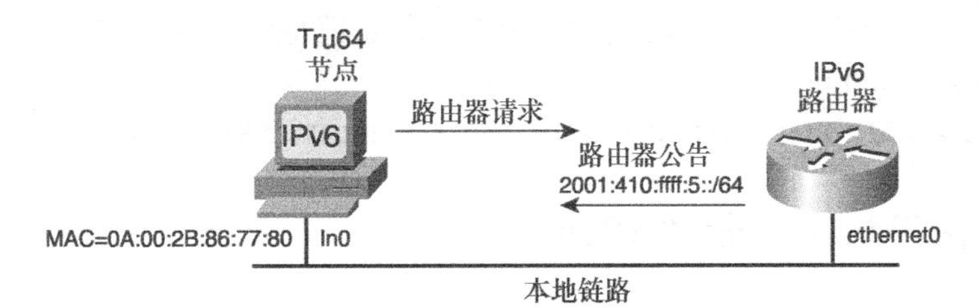

图 6-12 Tru64 节点接收一个路由器公告消息以执行无状态自动配置

例 6-37 在 Cisco 上启用 IPv6 和无状态自动配置

```
Router(config)#int ethernet0
Router(config-if)#ipv6 address 2001:410:ffff:5::1/64
Router(config-if)#exit
```

在路由器配置之后，例 6-38 显示了 Tru64 节点成功完成无状态自动配置后 ln0 接口上的配置。着重强调的行显示分配给接口 ln0 的可聚合全球单播 IPv6 地址是 2001:410:ffff:5:a00:2bff:fe86:7780。

本地链路地址 fe80::a00:2bff:fe86:7780 和 2001:410:ffff:5:a00:2bff:fe86:7780 地址的低 64 比特是使用 ln0 接口的以太网 MAC 地址 0a:00:2b:fe:86:77:80 转换为 EUI-64 格式产生的。

例 6-38 执行无状态自动配置后 Tru64 上的接口配置

```
tru64#ifconfig ln0 inet6
ln0 :   flags=c63<UP,BROADCAST,NOTRAILERS,RUNNING,MULTICAST,SIMPLEX>
        inet6 fe80::a00:2bff:fe86:7780
        inet6 2001:410:ffff:5:a00:2bff:fe86:7780
```

注：Tru64 作为一个 IPv6 路由器在本地链路上发送路由器公告是可能的。然而，配置 Tru64 作为一个 IPv6 路由器超出了本书的范围。

6.5.2 在 Tru64 上分配静态 IPv6 地址和默认路由

当本地链路上没有可用的 IPv6 路由器为 Tru64 主机提供无状态自动配置时，可以手动地为接口分配静态 IPv6 地址。**ifconfig** 命令执行这个任务，语法如下：

```
tru64# ifconfig interface inet6 ipv6-address
```

默认情况下，前缀长度为 64 比特。下面的范例给接口 ln0 分配前缀长度是 64 比特的静态 IPv6 地址 fec0:0:0:1::1。

```
tru64# ifconfig ln0 inet6 fec0:0:0:1::1
```

在 Tru64 中，可以使用 **route** 命令添加一条默认的 IPv6 路由：

```
tru64# route add -inet6 default gateway -I interface
```

这个命令添加一条默认的 IPv6 路由指向下一跳 *gateway*。当本地链路地址定义为下一跳时，必须在参数 **-I** 后面指定接口 *interface*。

下面的范例添加一条默认的 IPv6 路由，指向本地链路地址 fe80::260:3eff:fe47:1533。这条默认的路由通过接口 ln0 可达。

```
tru64# route add -inet6 default fe80::260:3eff:fe47:1533 -I ln0
```

6.5.3 在 Tru64 上管理 IPv6

在 UNIX 平台上，**ifconfig**、**netstat**、**route**、**ping** 和 **traceroute** 命令用于管理地址和路由。表 6-7 显示了这些命令在 Tru64 上是如何用来管理 IPv6 地址和路由的。

表 6-7 Tru64 上的 ifconfig、netstat、route、ping 和 traceroute 命令

命 令	描 述
删除 IPv6 地址	
tru64# **ifconfig** *interface* **inet6 delete** *ipv6-address*	删除给定接口上的 IPv6 地址
例： tru64# **ifconfig ln0 inet6 delete fec0:0:0:1::1**	删除接口 ln0 上的 IPv6 地址 fec0:0:0:1::1

续表

显示 IPv6 路由	
tru64# **netstat -f inet6 -rn**	显示路由选择表中的 IPv6 路由
添加 IPv6 路由	
tru64# **route add -inet6** *ipv6-prefix/prefixlength gateway* **-I** *interface*	为由参数 *ipv6-prefix/prefixlength* 指定的目的网络添加一条静态 IPv6 路由。必须指定网关作为下一跳 IPv6 地址。当网关的 IPv6 地址是一个本地链路地址时，必须在关键字**-I** 后面指定接口 *interface*
例： tru64# **route add -inet6 add 3ffe:b00:ffff::/48 fe80::260:3eff:fe47:1533 -I ln0**	在 IPv6 路由选择表中添加静态 IPv6 路由 3ffe:b00:ffff::/48，这个目的地通过接口 ln0 使用本地链路地址 fe80::260:3eff:fe47:1533 可达
删除 IPv6 路由	
tru64# **route delete -inet6** *ipv6-prefix/prefixlength gateway* **-I** *interface*	删除由参数 *ipv6-prefix/prefixlength*、*gateway* 和 *interface* 确定的目的网络的静态 IPv6 路由
使用 ifconfig 的实例： tru64# **route delete -inet6 3ffe:b00:ffff::/48-I fe80::260:3eff:fe47:1533**	从 IPv6 路由选择表中删除静态 IPv6 路由 3ffe:b00:ffff::/48
ping 和 traceroute	
tru64# **ping www.6bone.net**	使用 IPv6，ping 目的网络 www.6bone.net
tru64# **ping -I ln0 fe80::260:3eff:fe47:1533**	使用网络接口 ln0，ping 本地链路地址 fe80::260:3eff:fe47:1533。当这是一个本地链路地址时，必须使用关键字**-I** 指定接口
tru64# **traceroute www.6bone.net**	使用 IPv6，跟踪到目的网络 www.6bone.net 的路由

注：关于支持 IPv6 的 **ifconfig**、**netstat**、**route**、**ping** 和 **traceroute** 等命令的更多信息，参见 Tru64 的文档。

6.5.4　在 Tru64 上定义配置隧道

Tru64 支持作为过渡和共存机制的配置隧道，以便在现有的 IPv4 网络上传送 IPv6 数据包。本节显示了如何在 Tru64 节点和 Cisco 路由器之间创建配置隧道。图 6-13 显示了一个基本拓扑，其中 Tru64 双栈节点 I 建立了一条到 Cisco 双栈路由器 R9 的配置隧道。分配给路由器 R9 上的配置隧道接口 tunnel0 的 IPv4 地址是 206.123.31.40，IPv6 地址是 3ffe:b00:ffff:b::1/64。在 Tru64 节点 I 上，IPv4 地址 132.214.40.1 和 IPv6 地址 3ffe:b00:ffff:b::2 在接口 ipt0 上定义了配置隧道。

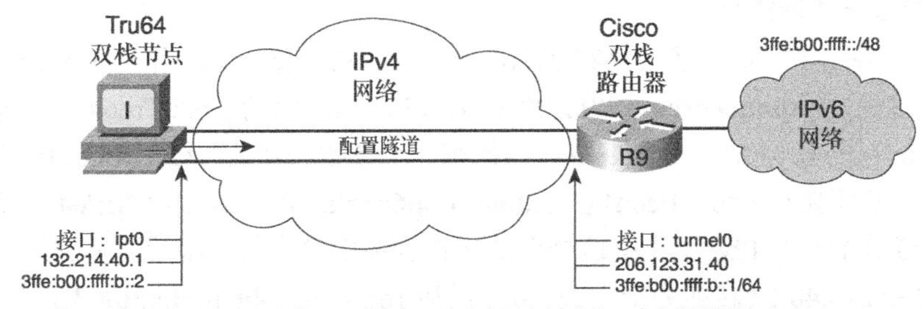

图 6-13　在 Tru64 和 Cisco 路由器之间建立一条配置隧道

例 6-39 基于图 6-13，显示了应用在 Cisco 路由器 R9 上的配置，其中定义到 Tru64 节点 I 的配置隧道。使用 **ipv6 address 3ffe:b00:ffff:b::1/64** 命令在 Cisco 路由器的接口 tunnel0 上分配 IPv6 源地址。然后 **tunnel source 206.123.31.40** 和 **tunnel destination 132.214.40.1** 命令定义这个配置隧道的源和目的 IPv4 地址。最后 **tunnel mode ipv6ip** 定义隧道类型为配置隧道。

例 6-39　在 Cisco 路由器 R9 上设置一条配置隧道

```
RouterR9(config)#int tunnel0
RouterR9(config-if)#ipv6 address 3ffe:b00:ffff:b::1/64
RouterR9(config-if)#tunnel source 206.123.31.40
RouterR9(config-if)#tunnel destination 132.214.40.1
RouterR9(config-if)#tunnel mode ipv6ip
RouterR9(config-if)#exit
```

下一节给出了应用在 Tru64 节点上的隧道配置的相关内容。Tru64 中用作配置隧道接口的伪接口称为 *ipt* 接口。具有 IPv6 支持的 Tru64 设计为能够同时处理多个 *ipt* 接口。Tru64 中使用脚本或者通过手动配置定义 *ipt* 接口，接口用于建立在 IPv4 上携带 IPv6 数据包的配置隧道。下面讨论这两种方法。

1．使用脚本定义一条配置隧道

在 Tru64 上启用 IPv4 上的 IPv6 配置隧道，遵循下面的过程。

步骤 1　运行/usr/sbin/ip6_setup 脚本。
步骤 2　键入 **yes** 启用 inet 服务。
步骤 3　键入一个 IPv6 局域网接口。
步骤 4　键入 **yes** 定义 IPv4 上的 IPv6 配置隧道。
步骤 5　键入隧道的目的 IPv4 地址。
步骤 6　键入隧道的源 IPv4 地址。
步骤 7　键入一个在隧道接口上使用的 IPv6 前缀（除非另一端的路由器正在公告前缀）。
步骤 8　键入 **yes** 启动 IPv6。

每一个隧道接口（ipt0、ipt1、...）在配置文件/etc/rc.config（IPTUNNEL_x）中都有对应的行，包含了要传递给 **iptunnel** 命令的源和目的地址参数。

2．手动设置一条配置隧道

例 6-40 基于图 6-13，显示了应用在 Tru64 节点 I 上的配置，以启用一条到 Cisco 路由器 R9 的配置隧道。首先，**iptunnel create 206.123.31.40 132.214.40.1** 命令在 Tru64 上创建配置接口。注意这个隧道的目的 IPv4 地址是命令中给出的第一个参数。然后，使用 **ifconfig ipt0 ipv6 up** 命令在 Tru64 上启用接口 ipt0。**ifconfig ipt0 inet6 ip6prefix 3ffe:b00:ffff:b::/64** 命令给 Tru64 节点 I 的接口 ipt0 分配一个 IPv6 地址，这个命令在作为参数给出的前缀后面追加这个隧道接口的源 IPv4 地址 132.214.40.1（转换为十六进制）。最后 **route add -inet6 default 3ffe:b00:ffff:b::2 -I**

ipt0 命令添加一条指向隧道接口 ipt0 的默认 IPv6 路由。

例 6-40 在 Tru64 上使用 **iptunnel** 和 **ifconfig** 命令定义一个配置隧道接口 ipt0

```
tru64#iptunnel create 206.123.31.40 132.214.40.1
tru64#ifconfig ipt0 ipv6 up
tru64#ifconfig ipt0 inet6 ip6prefix 3ffe:b00:ffff:b::/64
tru64#route add -inet6 default 3ffe:b00:ffff:b::1 -I ipt0
```

一旦这个配置成功应用，在 Tru64 上就可以使用 **ifconfig ipt0** 和 **netstat -f inet6 -rn** 命令将其显示出来。使用 Cisco 路由器，可以从这个节点 ping 路由器的 IPv6 地址 3ffe:b00:ffff:b::1 来验证这个配置。

6.6 其他支持 IPv6 的主机实现

本章只包括了 Microsoft、Solaris、FreeBSD、Linux 和 Tru64 的实现，但是其他很多主机实现也具备 IPv6 支持，比如 BSDI、AIX、HP-UX、Novell、SGI、MAC OS X 和 IBM zSeries。可以在 www.ipv6.org/impl/index.html 和 playground.sun.com/pub/ipng/html/ipng-implementa- tions.html 上获得相关信息。

6.7 总　　结

本章考察了一些最常用的主机操作系统上的 IPv6 支持，如 Microsoft、Solaris、FreeBSD、Linux 和 Tru64。讨论覆盖了在这些平台上具有 IPv6 支持的可用的应用程序、实用程序、工具和开放软件应用程序。

更具体地说，就是学习了在 Windows NT、Windows 2000、Windows XP、Solaris 8、FreeBSD 4.x、Linux RedHat 和 Tru64 等操作系统上安装、启用 IPv6 并且激活无状态自动配置。然后，学习了如何在这些操作系统上使用支持 IPv6 的工具管理 IPv6 地址和路由。

本章还考察了 Microsoft、Solaris、FreeBSD、Linux 和 Tru64 上所支持的过渡和并存机制，比如配置隧道和 6to4。了解了在 Microsoft、Solaris、FreeBSD、Linux、Tru64 和 Cisco 路由器之间创建配置隧道的基本配置命令和步骤。然后，学习了如何在 Microsoft、FreeBSD 和 Linux 平台上启用和配置 6to4 机制，从而与 Cisco 路由器互操作。

本章包括了应用在 Cisco 路由器上的路由器配置范例（Cisco IOS 软件命令），范例内容包括启用无状态自动配置、配置隧道和 6to4。现在，你理解了 Microsoft、Solaris、FreeBSD、Linux 和 Tru64 上的 IPv6 支持，就能够部署和管理使用 Cisco 路由器和这些主机作为节点的 IPv6 网络了。

6.8 案例研究：IPv6 主机和 Cisco 互联

完成以下练习，实际应用在本章中学习的技巧。你将要配置 Solaris、Windows 和 FreeBSD 的 IPv6 支持，以便与 Cisco 路由器互操作。

6.8.1 目标

在随后的练习中，需要完成下列任务：

- 在 Cisco 路由器的网络接口上启用 IPv6 和无状态自动配置
- 为 Cisco 路由器的接口分配静态 IPv6 地址
- 关闭 Cisco 路由器上的路由器公告
- 在 Cisco 路由器上添加一条默认 IPv6 路由
- 在 Solaris 上启用无状态自动配置
- 在 Solaris 上为接口分配一个静态 IPv6 地址并添加一个默认的 IPv6 路由器
- 在 Cisco 路由器上启用和设置一个配置隧道接口
- 在 Cisco 路由器上启用和设置 6to4 支持
- 在 Cisco 路由器上为 6to4 添加一条静态 IPv6 路由
- 在 Windows XP 上启用 6to4 机制
- 在 FreeBSD 上建立一条配置隧道
- 在 Cisco 路由器、Solaris、Windows 和 FreeBSD 上验证接口、地址和路由

6.8.2 命令列表

在练习中将要使用的 Cisco IOS 软件命令如表 6-8 所示。

表 6-8　命令列表

命　令	描　述
copy run start	把现有配置保存到 NVRAM
ipv6 unicast-routing	启用 IPv6 流量转发
ipv6 address 2001:410:ffff:0::1/64	配置一个静态 IPv6 地址
ipv6 address 2001:410:ffff:1::1/64	配置一个静态 IPv6 地址
ipv6 address 2001:410:ffff:2::1/64	配置一个静态 IPv6 地址
ipv6 address 2001:410:ffff:9::1/64	配置一个静态 IPv6 地址
ipv6 address 2002:ce7b:1f02:1::1/64	配置一个静态 IPv6 地址
ipv6 unnumbered ethernet0	指示一个接口使用其他接口的 IPv6 地址作为源地址

续表

命　令	描　述
ipv6 route 2002::/16 tunnel5	配置指向 tunnel5 接口的一条静态 IPv6 路由
ipv6 route::/0 2001:410:ffff:0::2	配置一条默认的 IPv6 路由
ipv6 nd suppress-ra	抑制路由器公告
show ip interface ethernet0	显示应用在接口上的 IPv4 配置
show ipv6 interface ethernet1	显示应用在接口上的 IPv6 配置
show ipv6 interface fastEthernet 0/0	显示应用在接口上的 IPv6 配置
show ipv6 interface fastethernet 0/1	显示应用在接口上的 IPv6 配置
show ipv6 route	显示 IPv6 路由选择表
tunnel mode ipv6ip	定义隧道接口为配置隧道
tunnel mode 6to4	定义隧道接口为 6to4 隧道
tunnel source ethernet0	指定一个分配了 IPv4 地址的接口
tunnel source 206.123.31.3	为配置隧道接口分配 IPv4 源地址
tunnel destination 67.68.100.43	为配置隧道接口分配 IPv4 目的地址

6.8.3　配置练习的网络结构

图 6-14 显示了这个案例研究中使用的网络结构，内部网络包括启用了 IPv6 的 Solaris、Windows 2000 和 Windows XP 节点。这些节点从路由器 R1 的 FE0/0 接口通过无状态自动配置接收它们的 IPv6 地址。必须在 Solaris 节点 A 的 hme0 接口上启用 IPv6，以执行节点的无状态自动配置。

在路由器 R1 的 FE0/1 接口上，一个基于 Solaris IPv6 支持的节点作为一个 IPv6 万维网服务器。因为在 FE0/0 接口上关闭了路由器公告，所以要为 Solaris 的 qfe0 接口分配一个静态 IPv6 地址。

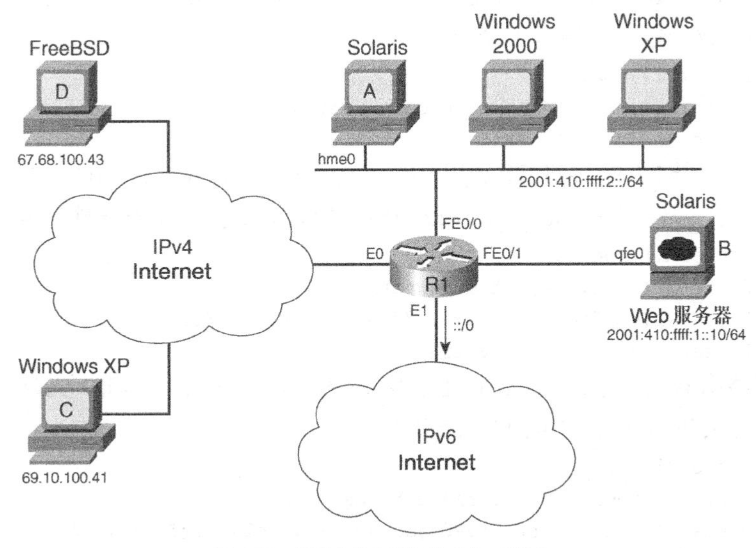

图 6-14　在路由器上添加静态 IPv6 路由

网络中的路由器 R1 也分别使用接口 E0 和 E1 连接到 IPv4 Internet 和 IPv6 Internet。你要在 Windows XP 节点 C 上启用和配置 6to4 支持，然后在 FreeBSD 节点 D 和路由器 R1 之间创建一条配置隧道。

6.8.4 任务 1：配置路由器 R1 的网络接口

使用表 6-9 执行任务 1。表 6-9 显示了路由器 R1 的网络接口 E0、E1、FE0/0 和 FE0/1 上的地址分配。RA 栏代表是否在给定接口上激活路由器公告，如果 RA 栏设为 Y，确保打开了给定前缀。

表 6-9 路由器 R1 的网络接口地址和参数分配

接　口	IPv4 地址	IPv6 地址	RA	公告的前缀
E0	206.123.31.2/24	None	N	None
E1	None	2001:410:ffff:0::1/64	Y	2001:410:ffff:0::/64
FE0/0	None	2001:410:ffff:2::1/64	Y	2001:410:ffff:2::/64
FE0/1	None	2001:410:ffff:1::1/64	N	None

完成下列步骤：

步骤 1 基于表 6-9，为路由器 R1 的接口 E0 分配静态 IPv4 地址 206.123.31.2/24。之后，添加一条默认的 IPv4 路由指向下一跳 IPv4 地址（IPv4 Internet 域）。

```
RouterR1(config)# interface ethernet0
RouterR1(config-if)# ip address 206.123.31.2 255.255.255.0
RouterR1(config-if)# exit
RouterR1(config)# ip route 0.0.0.0 0.0.0.0 206.123.31.1
RouterR1(config-if)# exit
```

步骤 2 在路由器 R1 上，键入命令启用 IPv6 流量转发，目的是在所有接口之间转发单播 IPv6 数据包。使用哪个命令？

```
RouterR1# conf t
RouterR1(config)# ipv6 unicast-routing
RouterR1(config)# exit
```

步骤 3 为路由器 R1 的接口 E1 启用 IPv6、分配静态 IPv6 地址 2001:410:ffff:0::1/64 并在链路上公告前缀 2001:410:ffff:0::/64。什么命令执行所有这些任务？

```
RouterR1# conf t
RouterR1(config)# int ethernet1
RouterR1(config-if)# ipv6 address 2001:410:ffff:0::1/64
RouterR1(config-if)# exit
```

步骤 4 在路由器 R1 的 FE0/0 接口上启用 IPv6、分配静态 IPv6 地址 2001:410:ffff:2::1/64 并且公告前缀 2001:410:ffff:2::/64。

```
RouterR1# conf t
RouterR1(config)# int fastethernet 0/0
RouterR1(config-if)# ipv6 address 2001:410:ffff:2::1/64
RouterR1(config-if)# exit
```

步骤 5　为路由器 R1 的接口 FE0/1 分配 IPv6 地址 2001:410:ffff:1::1/64，然后在接口 FE0/1 上添加一条抑制前缀 2001:410:ffff:1::/64 公告的命令。使用哪些命令？

```
RouterR1# conf t
RouterR1(config)# int fastEthernet 0/1
RouterR1(config-if)# ipv6 address 2001:410:ffff:1::1/64
RouterR1(config-if)# ipv6 nd suppress-ra
RouterR1(config-if)# exit
```

步骤 6　验证每一个接口上的 IPv4 和 IPv6 地址。哪些命令用于显示分配给接口的 IPv4 和 IPv6 地址？

```
RouterR1# show ip interface ethernet0
RouterR1# show ipv6 interface ethernet1
RouterR1# show ipv6 interface fastEthernet 0/0
RouterR1# show ipv6 interface fastEthernet 0/1
```

步骤 7　配置一条默认的 IPv6 路由，指向下一跳本地链路地址 fe80::1001（IPv6 Internet）。使用哪个命令？

```
RouterR1# conf t
RouterR1(config)# ipv6 route ::/0 ethernet1 fe80::1001
RouterR1(config)# exit
```

步骤 8　检查路由器 R1 中当前的 IPv6 路由选择表并验证 IPv6 路由，应该可以看到一条默认的 IPv6 路由。使用哪条命令显示 IPv6 路由？

```
RouterR1# show ipv6 route
```

步骤 9　把当前的配置保存到 NVRAM。

```
RouterR1# copy run start
Destination filename [startup-config]?
Building configuration...
[OK]
```

6.8.5　任务 2：在 Solaris 上启用无状态自动配置并分配一个静态 IPv6 地址

完成以下步骤。

步骤 1　在图 6-14 中 Solaris 节点 A 的接口 hme0 上启用无状态自动配置。

```
Solaris-nodeA# touch /etc/hostname6.hme0
Solaris-nodeA# reboot
```

步骤 2　在节点 A 重新启动后，验证是否通过无状态自动配置获得了一个 IPv6 地址。在 Solaris 上用什么命令验证分配给特定接口的 IPv6 地址呢？

```
Solaris-nodeA# ifconfig hme0 inet6
```

步骤 3　图 6-14 所示的 Solaris 节点 B 作为 IPv6 万维网服务器，需要一个永久的 IPv6 地址。因此，在 Solaris 节点 B 上，给接口 qfe0 分配静态 IPv6 地址 2001:410:ffff:1::10/64。

使用哪个命令来执行这个任务呢？

```
Solaris-nodeB# touch /etc/hostname6.hme0
Solaris-nodeB# reboot
...
Solaris-nodeB# ifconfig qfe0 inet6 addif 2001:410:ffff:1::10/64 up
```

步骤 4 配置一条默认的 IPv6 路由，指向下一跳 IPv6 地址 2001:410:ffff:1::1（路由器 R1 上的接口 FE0/1），使用哪一个命令？

```
Solaris-nodeB# route add -inet6 default 2001:410:ffff:1::1
```

步骤 5 验证分配给接口 qfe0 的静态 IPv6 地址和所添加的默认 IPv6 路由。使用哪些命令？

```
Solaris-nodeB# ifconfig qfe0 inet6
Solaris-nodeB# netstat -rn
```

6.8.6 任务 3：在路由器 R1 上配置隧道接口

使用表 6-10 执行任务 3。表 6-10 显示了路由器 R1 上的隧道接口地址分配。

表 6-10 路由器 R1 的隧道接口地址分配

接　口	类　型	源 IPv4 地址	目的 IPv4 地址	源 IPv6 地址	目的 IPv6 地址
Tunnel2	配置隧道	206.123.31.3	67.68.100.43	2001:410:ffff:9::1/64	2001:410:ffff:9::2/64
Tunnel5	6to4	E0	None	2002:ce7b:1f02:1::1/64	None

完成以下步骤。

步骤 1 在路由器 R1 的接口 tunnel2 上启用并设置一条到 FreeBSD 节点 D 的配置隧道。使用 206.123.31.3 作为隧道的源 IPv4 地址，67.68.100.43 作为隧道的目的 IPv4 地址。然后分配 2001:410:ffff:9::1/64 作为源 IPv6 地址。

```
RouterR1# conf t
RouterR1(config)# interface tunnel2
RouterR1(config-if)# tunnel source 206.123.31.3
RouterR1(config-if)# tunnel destination 67.68.100.43
RouterR1(config-if)# ipv6 address 2001:410:ffff:9::1/64
RouterR1(config-if)# tunnel mode ipv6ip
RouterR1(config-if)# exit
RouterR1(config)# exit
```

步骤 2 在路由器 R1 上启用 6to4 机制。首先给 E0 接口分配静态 IPv6 地址 2002:ce7b:1f02:1::1/64，这个地址在 6to4 前缀 2002:ce7b:1f02::/48 范围内。6to4 前缀是使用接口 E0 的公共 IPv4 地址 206.123.31.2 计算出来的。

```
RouterR1# conf t
RouterR1(config)# int ethernet0
RouterR1(config-if)# ipv6 address 2002:ce7b:1f02:1::1/64
RouterR1(config-if)# exit
```

步骤 3　键入命令在接口 E0 上抑制公告前缀 2002:ce7b:1f02:1::/64，原因是没有必要在这个路由器的公共接口上发送路由器公告消息。

```
RouterR1# conf t
RouterR1(config)# int ethernet0
RouterR1(config-if)# ipv6 nd suppress-ra
RouterR1(config-if)# exit
```

步骤 4　使用接口 tunnel5 启用 6to4 路由器。使用分配给接口 E0 的 IPv4 地址和 IPv6 地址作为 6to4 机制的地址。使用哪些命令在 Cisco 路由器上启用 6to4？

```
RouterR1# conf t
RouterR1(config)# int tunnel5
RouterR1(config-if)# no ip address
RouterR1(config-if)# ipv6 unnumbered ethernet0
RouterR1(config-if)# tunnel source ethernet0
RouterR1(config-if)# tunnel mode ipv6ip 6to4
RouterR1(config-if)# exit
```

步骤 5　因为 IPv4 Internet 上的 6to4 站点通过接口 tunnel5 可达，所以在路由器 R1 中添加一条到目的前缀 2002::/16 的路由，指向接口 tunnel5。使用哪条命令？

```
RouterR1# conf t
RouterR1(config)# ipv6 route 2002::/16 tunnel5
RouterR1(config)# exit
```

步骤 6　验证路由器 R1 上的 tunnel2 和 tunnel5 接口。使用哪些命令来显示隧道接口的配置？

```
RouterR1# show ipv6 interface tunnel2
RouterR1# show ipv6 interface tunnel5
```

步骤 7　保存当前配置到 NVRAM。

```
RouterR1# copy run start
Destination filename [startup-config]?
Building configuration...
```

6.8.7　任务 4：在 Microsoft Windows XP 上启用 6to4

完成以下步骤：

步骤 1　在 Windows XP 中，分配给 6to4 机制的接口是伪接口 3。在图 6-14 中 Windows XP 节点 C 的伪接口 3 上启用 6to4 机制。在这个任务中，IPv4 地址 69.10.100.41 分配给 Windows XP 节点 C，静态 IPv6 地址 2002:450a:6429:1::1 分配给伪接口 3。

```
C:\ipv6.exe rtu 2002::/16 3
C:\ipv6.exe adu 3/2002:450a:6429:1::1
```

步骤 2　显示 Windows XP 节点 C 的伪接口列表并验证伪接口 3 的配置。使用什么命令显示伪接口列表？

```
C:\ipv6.exe if
```

6.8.8 任务5：在FreeBSD上定义配置隧道

完成以下步骤：

步骤1 通过在图6-14的FreeBSD节点D上启用配置隧道接口gif0开始配置。

```
FreeBSD-nodeD# ifconfig gif0 create
```

步骤2 创建配置隧道接口之后，分配源和目的IPv4地址以创建隧道。使用67.68.100.43作为源地址，206.123.31.3作为目的地址。

```
FreeBSD-nodeD# gifconfig gif0 67.68.100.43 206.123.31.3
```

步骤3 为配置隧道的端点分配静态IPv6地址2001:410:ffff:9::2和2001:410:ffff:9::1。地址2001:410:ffff:9::2是FreeBSD节点D的源地址。

```
FreeBSD-nodeD# ifconfig gif0 inet6 2001:410:ffff:9::2 2001:410:ffff:9::1
  prefixlen 128 alias
```

步骤4 配置一条默认的IPv6路由，指向下一跳IPv6地址2001:410:ffff:9::1（隧道端点）。使用哪个命令？

```
FreeBSD-nodeD# route add -inet6 default 2001:410:ffff:9::1
```

步骤5 验证分配给接口gif0的IPv4和IPv6地址以及默认的IPv6路由。使用哪些命令？

```
FreeBSD-nodeD# ifconfig gif0
FreeBSD-nodeD# netstat -f inet6 -rn
```

6.9 复　习　题

完成以下问题，然后参考附录B中的答案。

1．什么命令在Windows XP上启用IPv6？

2．什么命令在Windows 2000和Windows NT上列出所有的伪接口？

3．对于下表中列出的微软Windows平台，指出每种类型接口的伪接口编号。

接口类型	Windows XP	Windows 2000	Windows NT
回环			
配置隧道			
6to4			

4．什么命令在Microsoft Windows XP上给伪接口4分配静态IPv6地址fec0:0:0:1::1？

5．在Solaris 8的接口hme0和hme1上如何启用IPv6？

6．Solaris 8中的什么命令给接口hme0分配静态IPv6地址fec0:0:0:1::1/64？

7．在Solaris 8中，什么伪接口分配为配置隧道接口？

8．根据下表，Solaris 8 中的哪些命令创建一个配置隧道（节点必须使用源地址）？

	IPv4	IPv6
源地址	10.100.50.20	fec0:0:0:1000::2/128
目的地址	192.168.1.50	fec0:0:0:1000::1

9．哪个 FreeBSD 参数在所有的接口上启用无状态自动配置？

10．哪个 FreeBSD 命令启用配置隧道接口 gif15？

11．哪个接口名称用于 FreeBSD 中的 6to4 机制？

12．对于下表中的每个描述，指出在 FreeBSD 中使用的命令。

描　述	命　令
显示 IPv6 路由选择表	
显示接口 fxp1 的 IPv6 信息	
添加一条通过网关 fec0::1:0:0:0:1 的默认 IPv6 路由	
在接口 fxp0 上分配静态 IPv6 地址 2001:410:ffff:2::2/64	

13．Linux 节点启动时，在 Linux 中的接口 eth2 上如何启用无状态自动配置？

14．Linux 中的什么命令为接口 eth0 分配静态 IPv6 地址 fec0:0:1000:1::a/64？

15．在 Linux 中，哪个伪接口分配为配置隧道接口？

16．哪个 Linux 命令创建配置接口 sit3？

17．对于下表中的每个描述，指出在 Linux 中使用的命令。

描　述	命　令
显示 IPv6 路由选择表	
显示 eth0 接口的 IPv6 信息	
添加一条通过网关 fec0::1:0:0:0:1 的默认 IPv6 路由	
在 eth0 上分配静态 IPv6 地址 2001:410:ffff:2::2/64	

18．在 Tru64 中，哪个命令启用无状态自动配置？

19．在 Tru64 中，哪个命令创建一个配置隧道接口？

20．在 Tru64 中，哪个伪接口被分配为配置隧道接口？

6.10　参考文献

1．RFC 3041, *Privacy Extensions for Stateless Address Autoconfiguration in IPv6,* T. Narten, R. Draves, IETF, www.ietf.org/rfc/rfc3041.txt, January 2001

2. RFC 3068, *An Anycast Prefix for 6to4 Relay Routers,* C. Huitema, IETF, www.ietf.org/rfc/rfc3068.txt, June 2001
3. Microsoft IPv6 Technology Preview For Windows 2000, msdn.microsoft.com/downloads/sdks/platform/tpipv6.asp
4. Microsoft Research, research.microsoft.com/msrIPv6/msripv6.htm
5. Microsoft Windows IPv6, www.microsoft.com/ipv6
6. Solaris IPv6, www.sun.com/software/solaris/ipv6/
7. FreeBSDIPv6,www.freebsd.org/doc/en_US.ISO8859-1/books/developers-handbook/ipv6.html
8. FreeBSD IPv6 Ports, www.freebsd.org/ports/ipv6.html
9. KAME Project, www.kame.net
10. INRIA, www.inria.fr
11. Linux IPv6 HOWTO, www.tldp.org/HOWTO/Linux+IPv6-HOWTO/
12. Compaq Tru64 UNIX, h18000.www1.hp.com/ipv6/Tru64UNIX.html
13. IPng Implementations, playground.sun.com/pub/ipng/html/ipng-implementations.html

在学习了前面关于 IPv6 协议中的 IPv6 设计以及共存和整合机制部分之后，第四部分讲述了 6bone 的结构、地址分配策略和路由选择策略，随后还讲述了在 IPv6 Internet 中成为 IPv6 ISP 所需要的标准，IPV6 地址空间如何由区域 Internet 注册机构（RIR）分配给顶级 IPv6 提供商，以及 IPv6 地址如何再次分配给用户。最后，本部分还讨论了 IPv6 的产业支持和发展趋势。

第四部分

IPv6 骨干网

第 7 章　连接 IPv6 Internet

“IPv4 工作得很好，而且我还拥有大量的 IPv4 地址空间供我的公司使用，所以我不需要升级到 IPv6。”

——生活在北美的一位匿名人士

第7章

连接 IPv6 Internet

IPv6 Internet 正在全球范围内进行部署。本章讲述了如何建立 IPv6 Internet 以及如何连接到 IPv6 Internet。读完本章，您将能够描述 6bone，以及它的用途、结构和寻址。您还将了解到您的组织如何成为 6bone 上的伪 TLA，并且学习到 6bone 上的路由选择策略。

您还可以了解到地址分配策略，以及区域 Internet 注册机构（RIR）如何在商用 IPv6 Internet 中进行地址分配。本章讨论了成为 IPv6 顶级提供商的标准、地址分配策略以及对用户进行地址再分配的策略。

随后，您将学习到 Internet 服务提供商（ISP）如何成为 IPv6 提供商，以及他们如何配置到用户网络（终端站点）的 IPv6 连接性。本章主要讲述了 IPv6 提供商的职责，通过网络接入点（NAP）进行 IPv6 流量的交换，对用户进行地址再分配的实例，路由选择，以及由 IPv6 提供商进行的路由聚合。

最后，本章讨论了 IPv6 的产业支持和发展趋势，例如 IPv6 论坛，3G（第三代通信），以及由亚洲、欧洲和北美的政府支持的一些地区性的组织和机构。

7.1 6bone

6bone 代表“IPv6 骨干网”。6bone 是 1996 年创建的实验床网络，主要用于 IETF 下一代 IPv4 至 IPv6 过渡（NGtrans）工作组验证关于 IPv6 协议的新标准。6bone 的另一个目标是测试 IPv6 的实现和网络服务，从而向开发者和协议设计者提供反馈信息。同时，6bone 被用于验证操作过程以及测试过渡和共存机制。

6bone 由 IETF NGtrans 工作组进行非正式的运营，并且在全世界使用者协作、尽力而为的基础上进行管理。2002 年（基于 6bone 注册机构数据库信息），分布在 57 个国家和地区的 1100 个站点连接到并共同参与 6bone。因为连接到这个实验床网络上的 IPv6 站点在 6bone 注册数据库中进行注册不是强制性的（但是强烈推荐），所以实际连接到 6bone 的站点数目可能要高于 1100。

注：英国的兰卡斯特大学（Lancaster University）计算机系提供了关于连接至 6bone 的国家和站点的各种各样的统计数据。您可以在 www.cs-ipv6.lancs.ac.uk/ipv6/6Bone/Whois/bycountry.html 找到关于连接至 6bone 的站点资料。然而，这些统计资料仅给出了在 6bone 注册数据库中进行完全注册的站点的情况，这些资料您还可以在 www.6bone.net 中找到。

6bone 是一个关于 IPv6 的网络。6bone 上 IPv6 网络之间的链接使用 IPv6。IPv6 协议运行在 WAN 上、交换点中的 LAN 上以及 IPv4 隧道上，例如运行在现有 IPv4 Internet 上的配置隧道和 6to4 隧道。

注：关于配置隧道的更多信息，参见第 5 章。

1996 年，6bone 作为 IPv4 Internet 上的一个虚拟网开始运行，它采用 IPv6-over-IPv4 隧道技术，以提供 IPv6 网络之间简单的 IPv6 连接性和对等性。后来，纯 IPv6 链接开始在 IPv6 网络间使用。根据过去关于 IPv4 Internet 的经验，例如 Mbone（IPv4 Internet 上的多播数据报），建议使用 IPv6-over-IPv4 隧道，直到所有的链接都转变成纯 IPv6 链接为止。

注：IPv6 网络管理者，例如 ISP、机构和公司，一致同意免费交换 IPv6 流量，这称为对等性（peering），管理者们同时规定了路由是如何进行广播的。

6bone 现在是由纯 IPv6 和隧道两种链接组成的网络。新建立的 6bone 链接几乎全是纯 IPv6 的，老的隧道链接正逐步地被纯 IPv6 链接取代。

注：6bone 不是一个提供 24/7[1]支持的产品化网络，6bone 的运营是尽力而为的。

下面一节介绍 6bone 的网络拓扑、结构、寻址、连接和路由选择策略。

7.1.1 6bone 拓扑结构

6bone 的拓扑结构是一种基于提供商的层次结构。如图 7-1 所示，层次结构中的第一层由 6bone 的骨干网节点组成，它表示伪顶级聚合节点（pTLA）。

注：这些骨干网节点被冠以“伪”字是因为 6bone 是一个模拟了商用服务提供商的实验床骨干网。在商用 IPv4 Internet 中，这些第一级的节点被称为顶级提供商（Tier-1 ISP）。

这些 pTLA 在无默认区域与其他 pTLA 相连，在这个区域内，默认的 IPv6 路由是不能广播的。

---

[1] 译者注：7 天 24 小时

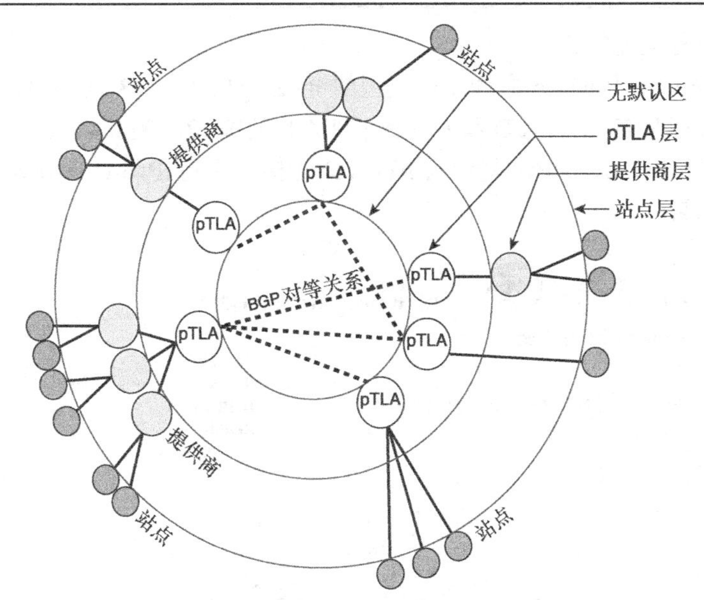

图 7-1　6bone 的层次拓扑结构，包括 pTLA、提供商和站点

注： 无默认区域（default-free zone）是网络中的一个地方，在这里 ISP 和其他大型网络利用全局 IPv6 路由选择表交换流量。在全局 IPv6 路由选择表中，没有默认路由，只有经过聚合的 IPv6 路由。IPv4 Internet 拥有相同的拓扑结构，但路由不像 IPv6 那样完全地聚合。

这些第一级的节点（pTLA）被称为聚合节点，因为它们必须聚合它们的所有下游用户的 IPv6 流量，并且只能在 6bone 上通告很少的 IPv6 前缀。如在第 1 章中所讨论的，IPv6 的路由聚合促进了 IPv6 Internet 上高效的、可扩展的路由选择。图 7-1 展示了每个 6bone 上的 pTLA 为其下游提供商和站点提供 IPv6 连接性和 IPv6 空间。

与其他 pTLA 对等的 pTLA 利用 BGP4+来交换它们的 IPv6 路由。6bone 上 pTLA 之间的对等性可以通过纯 IPv6 链接或 IPv6-over-IPv4 隧道来实现。

注： BGP4+也称为带有多协议扩展的 BGP4。BGP4+支持 IPv6。要得到关于 BGP4+路由选择协议更详细的信息，请参考第 4 章。

图 7-2 展示了 6bone 上 pTLA 之间真实的对等性。这幅图来自于 6bone 注册数据库，仅反映了经过注册的对等性信息。

7.1.2　6bone 结构

6bone 的网络拓扑是从骨干网的概念角度来说的，但 6bone 的结构是由大量的链接经过长时间形成的。而且，正如前面一节所提到的，6bone 上的 pTLA 是通过纯 IPv6 链接和 IPv4

Internet 上的隧道进行互连的。

图 7-3 展示了 6bone 上 pTLA 之间不同类型的链接。pTLA A、B、C 和 D 通过纯 IPv6 NAP 利用纯 IPv6 链接进行互连，pTLA D 和 F 有到 pTLA E 的纯 IPv6 链接，最后，pTLA F 和 G 通过 IPv4 Internet 上的 IPv6-over-IPv4 隧道与 pTLA D 连接。这些 IPv6-over-IPv4 隧道可以简单地被看成点到点的链接。

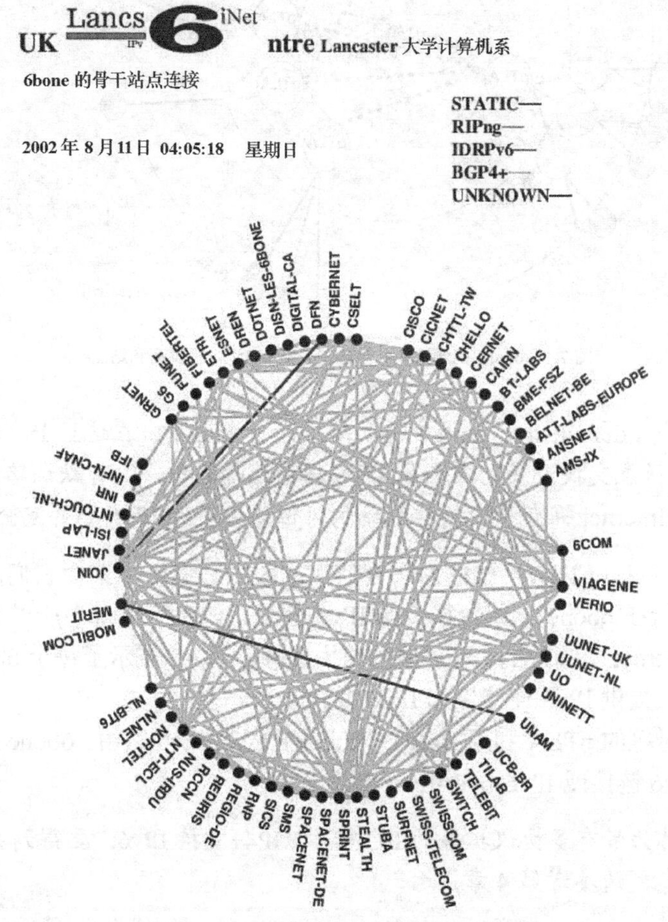

图 7-2　在 6bone 上的 pTLA 之间建立对等关系

图 7-3 中相邻的 pTLA 之间可以启用 BGP4+对等关系，通过它们的对等关系通告和接收 IPv6 路由来交换 IPv6 流量。这样，所有互连的 pTLA 形成的全世界范围内的 IPv6 网络被称为 6bone。

6bone 上的 pTLA 可以向任何提供商、中间提供商或者直接连接至 pTLA 的站点提供寻址和连接性。

在图 7-4 中，顶级 pTLA 向第一级提供商、中间提供商和站点提供连接性和寻址空间。这样，提供商向直接连接的站点分配地址前缀，中间提供商向下游所有其他级别的提供商分配地址前缀。

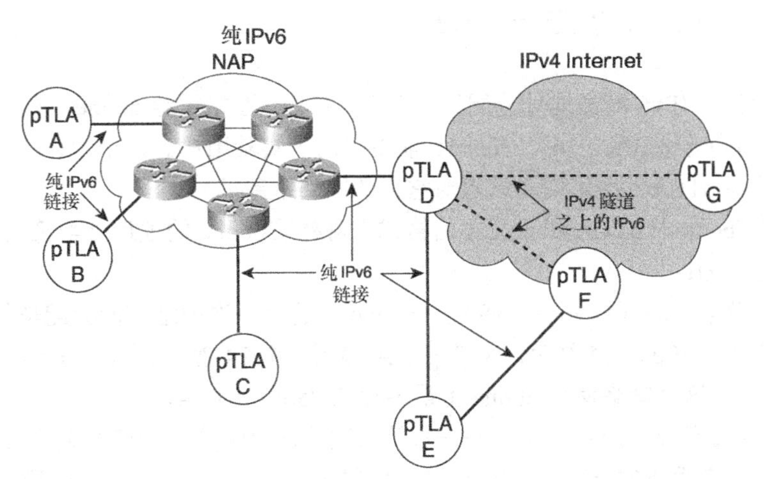

图 7-3　6bone 上 pTLA 之间使用的纯 IPv6 链接和 IPv4 之上的 IPv6 隧道

如图 7-4 所示，前缀通过不同级别的提供商从 pTLA 向终端站点进行分配。在另一个方向上，上游提供商聚合终端站点的流量和地址空间。因此，上游提供商仅仅直接向 pTLA 通告一个（或几个）聚合后的前缀，或者通过其他级别的上游提供商进行通告。

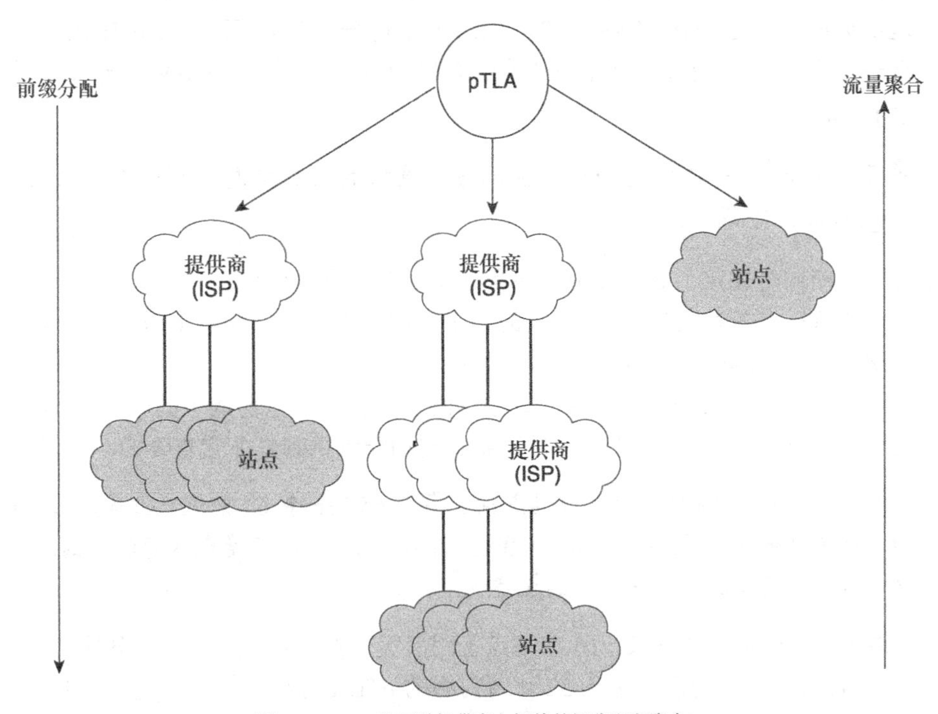

图 7-4　pTLA 和下游提供商之间的前缀分配和聚合

7.1.3 6bone 上的 IPv6 寻址

如同 RFC 2471“IPv6 测试地址分配”中所述，由 IANA 指定给 6bone 使用的可聚合全球单播 IPv6 地址空间为前缀 3ffe::/16。3ffe::/16 前缀仅用于实验用途。这个地址空间将来是可能被收回的，这将迫使 pTLA、提供商和站点对它们的网络重新编号。

RFC 2921“6bone 中 pTLA 和 pNLA 的格式”规定了 6bone 的地址分配策略。6bone 的地址分配策略发展过程为：

- 第一个分配策略（1996～1999）—— 6bone 的第一次地址空间分配是从 3ffe:0000::/24 开始至 3ffe:3900::/24 结束，每个 pTLA 得到一个/24 前缀。总共有 58 个 pTLA 得到了/24 前缀。这个策略使得 6bone 上最多存在 256 个 pTLA。
- 第二个分配策略（1999～2002）—— 第二次地址空间分配策略发生了改变，允许 6bone 上存在更多数量的 pTLA，每个 pTLA 得到一个/28 前缀。这次分配从 3ffe:8000::/28 开始至 3ffe:8370::/28 结束，总共有 56 个 pTLA 得到了/28 前缀。这个策略使得 6bone 上最多存在 4096 个 pTLA。
- 现行的分配策略 —— 2002 年 3 月，地址空间分配策略再次改变，以增加 6bone 上允许的 pTLA 的最大数目。利用这个策略，每个 pTLA 能够得到一个/32 前缀。这次分配开始于 3ffe:4000::/32，最后一个可分配的前缀是 3ffe:7fff::/32。这个新策略加上过去已经分配给 pTLA 的/24 和/28 前缀，使得 6bone 上最多存在 16 384 个 pTLA。

注：关于 6bone 上早已实行的地址空间分配策略的附加信息，可以在 www.6bone.net/6bone_pTLA_list.html 中找到。

地址分配策略同时规定了 6bone 中子网和终端站点的前缀长度：

- 站点前缀——策略规定 6bone 上的每个终端站点可以从它的上游提供商得到一个/48 前缀。/48 是 6bone 上的站点所需的最小前缀。
- 子网前缀——策略规定站点中的每个子网可以得到站点前缀中的一个/64 前缀。向子网分配/64 前缀对于在网络中启用无状态自动配置机制是非常重要的。

注：理论上，一个/48 前缀可以允许站点拥有多达 65 536 个/64 前缀。但是，正如在第 1 章中所讨论的，就像其他地址策略，IPv4 和 IPv6 的 IP 地址空间不是最理想的。因此，一个/48 中的 65 536 个/64 前缀只是一个理论上的数字。

图 7-5 展示了 6bone 前缀 3ffe::/16 在站点子网前缀分配过程中的层次化分配结构。第一级是 6bone 的 16 比特前缀，随后是基于 32 比特前缀的 pTLA 分配，接下来是提供商级别，这一级别允许在 pTLA 和站点层次中存在一个或多个提供商，提供商级别使用其中的 16 比特。最后

图 7-5 演示了分配给站点的/48 前缀和在站点中分配给子网的/64 前缀。

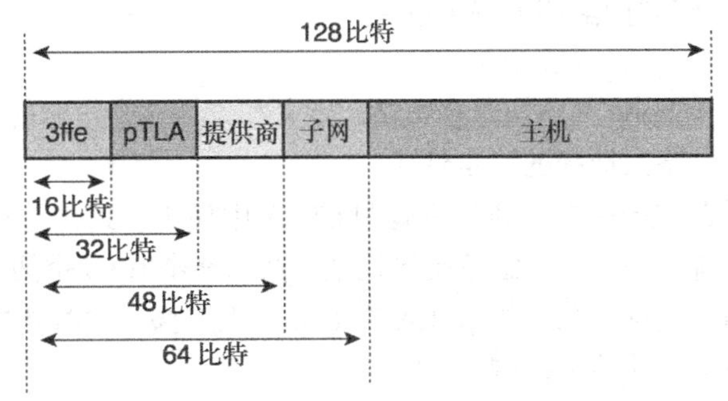

图 7-5　在 6bone 前缀 3ffe::/16 内的层次分配

7.1.4　成为 6bone 中的 pTLA

提供商和 ISP 有可能有资格成为 6bone 上的 pTLA。RFC 2772“6bone 骨干网路由选择指导”定义了成为 6bone 上 pTLA 的规则、标准和策略。

- 要想成为 pTLA，申请者必须具有至少 3 个月 6bone 终端站点运行的合格经验。在申请期间，申请者必须做到以下几点：
  - 在 6bone 注册数据库中注册自己的站点。6bone 注册数据库的网页为 www.viagenie.qc.ca/en/ipv6/registry/index.shtml
  - 维护申请者的边界路由器与 6bone 上一个适当的连接点（一个 pTLA）之间的 BGP4+对等性和连接性
  - 维护本地 DNS 服务器中关于边界路由器的 AAAA 和 PTR 记录
  - 维护一个可到达的 IPv6 系统，提供至少一个网页或者更多的信息
- 申请者必须有能力和意图提供具有“商用质量”的 6bone 骨干网服务。更具体地说，申请者必须声明拥有 pTLA 运作的支持团队和工具。
- 申请者必须拥有潜在的愿意获得 pTLA 服务的终端用户群。
- 申请者必须通过以下几点遵循 6bone 中的路由选择策略：
  - 通告 6bone 地址空间内允许的 IPv6 路由，其中包括 6bone 地址空间、商用 IPv6 Internet 地址空间和 6to4 地址空间
  - 通告在 6bone 和 IPv6 Internet 上已经分配的合法前缀长度
  - 不能通告被禁止的路由
- 申请者必须将申请发送到指导委员会以供讨论。

注：关于成为 6bone 中的 pTLA 更详细的规则、标准和策略，可以参考 RFC 2772。下一节将大体讲述这个 RFC 的内容。

7.1.5 6bone 中的路由选择策略

RFC 2772 中讲述了 6bone 的路由选择策略。定义和设计这个策略的目的是通过制定一套规则和指南来保证 6bone 上路由选择的稳定性。

路由选择策略必须在 6bone 提供商和所有的 pTLA 中使用。路由选择策略包括以下规则：

- 禁止的地址范围——某些特定范围的地址，例如整个 IPv6 空间中的本地链接、本地站点、多播和回环地址，禁止被 pTLA 在 6bone 上广播。“禁止的通告”部分详细叙述了 6bone 上被禁止的地址范围。
- 合法的前缀长度——6bone 上分配给 pTLA 的前缀是随时间变化的，策略定义了可在 6bone 中通告前缀的最大长度。前缀长度的变化从/24 到 32/。“合法的前缀长度”部分详细叙述了 6bone 上合法的地址长度。
- 6bone 路由注册指南——6bone 路由注册机构有一些指南，记录了分配的地址和所连接的站点。“6bone 路由注册”小节提供了关于 6bone 路由注册的概况。
- 强制执行指南——有一些关于路由选择策略强制执行的指南。连接到 6bone 上的机构有责任执行 6bone 的规则和策略，他们应该向 6bone 运行小组报告发现的任何问题，并有责任为解决问题而努力。有关这个规则更详细的信息，请参看 RFC 2772。
- DNS 指南——这些指南是关于为机构的路由器和至少一个主机系统维护 DNS 记录（AAAA）和反向（ip6.int）表项。有关这个规则更详细的信息，请参看 RFC 2772。

1．允许的通告

这部分内容讲述了允许 pTLA 在 6bone 上广播的 IPv6 地址空间：

- 6bone 地址空间——由 IANA 分配给 6bone 使用的 3ffe::/16 前缀是允许广播的，这表明任何分配给 pTLA 的在 3ffe::/16 范围内的前缀都可以由 pTLA 在 6bone 中广播。
- 商用 IPv6 Internet 地址空间——由 IANA 分配给商用 IPv6 Internet 使用的 2001::/16 前缀是允许广播的，分配给 ISP 的在 2001::/16 范围内的前缀可以在 6bone 中广播。有关 IPv6 Internet 地址空间的更多信息将会在本章后面讲述。
- 6to4 地址空间——由 IANA 分配给 6to4 操作使用的 2002::/16 前缀是允许广播的。因为 pTLA 可能在自己的网络中使用 6to4 中继，所以它可以向 6bone 广播 6to4 前缀。但是，在 6bone 中通告自己的 6to4 前缀的 pTLA 必须启用一个 6to4 中继，6to4 中继的前缀基于 6to4 路由器的全球唯一单播 IPv4 地址。

2．合法的前缀长度

因为路由聚合在 6bone 和 IPv6 Internet 上是被强制执行的，所以 6bone 有一项严格的策略，就是只能通告聚合后的路由。对于前面提到的允许的各个 IPv6 地址空间，6bone 上的 pTLA 应该仅通告下面合法的前缀长度。

- 6bone——分配策略是随时间不断改变的，因此，下面的前缀长度在6bone中都是合法的：
  — 3ffe:0000::/24 至 3ffe:3f00::/24
  — 3ffe:8000::/28 至 3ffe:83f0::/28
  — 3ffe:4000::/32 至 3ffe:7fff::/32
- 商用IPv6 Internet——RIR，例如美国Internet注册机构（ARIN）、亚太网络信息中心（APNIC）和欧洲Internet地址注册机构（RIPE NCC），从1999年开始向ISP分配/35前缀。和6bone一样，分配策略也随时间不断改变，在2002年，注册机构开始向ISP分配/32前缀以取代/35前缀。因此，下面的前缀长度在6bone中都是合法的：
  — 2001:0000::/35 至 2001:ffff::/35
  — 2001:0000::/32 至 2001:ffff::/32
- 6to4——因为6to4中继的IPv6前缀以2002::/16前缀为基础，后面跟着以十六进制表示的6to4路由器的全球唯一单播IPv4地址，所以，2002:xxxx:xxxx::/48前缀是6bone中允许的唯一合法长度。

3. 禁止的通告

基于6bone的路由选择策略，6bone上的pTLA禁止广播下面的地址范围：

- 本地链路前缀（FE80::/10）——因为本地链路前缀只限于本地范围内使用，所以它被禁止由pTLA在6bone上广播。
- 本地站点前缀（FEC0::/10）——因为本地站点前缀只限于本地站点范围内使用，所以它被禁止由pTLA在6bone上广播。
- 多播前缀（FF00::/8）——因为多播前缀仅在多播环境中使用，所以多播地址不能由pTLA在单播IPv6路由域（6bone）中广播。
- 回环地址和未指定地址——1/128（::1）和::0/128（::）前缀禁止在6bone上广播。
- IPv4兼容前缀（::/96）——IPv4兼容地址前缀用于自动隧道传输，因为不需要改变IPv6路由域（6bone），所以禁止在6bone上广播。
- IPv4映射前缀（::FFFF:d.d.d.d/96）——因为IPv4映射前缀在应用程序内部使用，所以不需要改变IPv6路由。因此，IPv4映射前缀禁止在6bone上广播。
- 默认路由——因为pTLA必须是无默认（default-free）的，所以默认路由被禁止由pTLA在6bone上广播。
- 其他单播前缀——任何ARIN和RIR未定义或者未分配的前缀中未经定义允许通告的其他单播前缀禁止在6bone中广播。

注：第2章包含了关于本地链路、本地站点、多播、回环、未指定、IPv4兼容和IPv4映射地址的附加信息。

7.1.6 6bone 路由注册

在 IPv4 Internet 上，路由注册对于共享网络前缀信息和识别地址前缀的使用情况是很有用的。路由注册提供以下几方面的功能：

- 允许提供商、ISP 和注册机构察看地址分配情况。
- 识别可以与之联系的个人以获得信息和调试。
- 创建路由过滤器过滤注册机构中的所有路由。这样，任何 pTLA 可以在自己的路由器上配置路由过滤器。路由注册机构可以自动处理对等关系的策略所需要的路由过滤。

6bone 的路由注册可以在 www.6bone.net 上进行。连接至 6bone 上的所有站点、提供商和 pTLA 都应该在这个 IPv6 路由注册机构中注册它们的站点。

7.2 IPv6 Internet

如上所述，6bone 是一个用于测试目的的 IPv6 骨干网。6bone 使用 IPv6 测试地址空间 3ffe::/16 运行，而且它的运行是尽力而为的。

然而，为了在世界范围内创建和部署可靠的商用 IPv6 Internet，IPv6 必须能够向 ISP 提供商用 IPv6 地址空间。从 1999 年起，RIR 一直在向 ISP 分配 IPv6 商用前缀。

本节介绍了一些相关信息，包括商用 IPv6 地址的分配策略、成为 IPv6 顶级提供商的标准以及再次向用户分配的地址空间。

7.2.1 区域 Internet 注册机构

IANA 最早分配了用于 IPv6 Internet 商业目的的可聚合全球单播 IPv6 地址空间 2001::/16。类似于 IPv4，这个 IPv6 商用地址空间是由位于世界不同地区的 3 个 RIR 管理的：

- APNIC —— 亚太地区网络信息中心，覆盖范围包括亚洲和澳洲。
- ARIN —— 美国 Internet 注册机构，覆盖范围包括北美、中美和南美。
- RIPE NCC —— 欧洲 Internet 地址注册机构，包括欧洲和中东地区。

ISP 可以向这些注册机构申请以获得 IPv6 商用地址空间，这些地址是免费的，不过，注册机构一般会收取一定的服务费用。

7.2.2 注册机构的 IPv6 地址分配策略

类似于 6bone 的情况，商用 IPv6 地址分配策略也随时间不断变化。除了费用和管理措施，分配策略对所有的注册机构都是相同的。这个策略经过了 IETF 和公共磋商过程的讨论。前缀仅分配给 ISP，而不是企业。

最初的商用 IPv6 前缀分配开始于 1999 年 7 月，现行的分配策略是在 2002 年 7 月被采纳的。

1. 最初的 1999 年分配策略

最初的商用 IPv6 地址的分配策略是于 1999 年 7 月采纳的。最初的策略建立在慢启动的基础上，通过它，区域 Internet 注册机构向 ISP 分配/35 前缀。通过向新 ISP 分配更小的地址空间，这个慢启动过程使注册机构避免浪费 IPv6 地址空间。

人们定义了一个 bootstrap 程序来帮助新 ISP 达到这个分配策略的起始标准，这个标准建立在过去 ISP 使用 IPv4 的经验基础上。因此，这个策略帮助大量的 ISP 在执行永久规则之前配置 IPv6。

到了 2001 年，人们开始回顾最初的分配策略，目的是指定一个所有 RIR 都能采用的普遍分配策略。最初的分配策略现在已经过期，新的策略从 2002 年 7 月开始执行。

注： *最初的分配策略的压缩文档可以在 RIPE FTP 站点 ftp://ftp.ripe.net/ripe/docs/ripe-196.txt 找到。*

2. 现在的分配策略

现在的商用 IPv6 地址分配策略在文档“IPv6 地址分配策略”中定义。您可以使用下面的链接在 APNIC、ARIN 和 RIPE NCC 网站中找到：

- **APNIC** —— ftp.apnic.net/apnic/docs/ipv6-address-policy
- **ARIN** —— www.arin.net/policy/ipv6_policy.html
- **RIPE NCC** —— www.ripe.net/ripe/docs/ipv6policy.html

现行策略包括下列起始标准：

- **作为一个本地 Internet 注册机构（LIR）**——LIR 是指一个 Internet 注册机构，主要向使用它所提供的网络服务的用户分配地址空间。LIR 一般来说是指那些用户主要是终端用户或者是其他 ISP 的 ISP。
- **不能是终端站点**——终端站点指的是与 ISP 有商业关系的终端用户。
- **计划提供与机构的 IPv6 连通性**——提供商应该至少向每个机构分配一个 48/前缀。
- **计划在 2 年内分配 200 个/48 前缀**——/48 前缀应该在 2 年内分配给机构（终端站点）使用。

地址分配策略声明，达到起始标准的机构（ISP）有资格分配到一个最小/32 前缀。拥有最早分配的/35 前缀的机构自动有资格获得一个/32 前缀。这个/32 前缀包含已经分配的/35 前缀。

根据这个分配策略，提供商可能通过提交正当理由以具有大于/32 的起始分配资格。在这种情况下，地址的分配基于已经存在的用户数目和机构的基础设施。

提供商也有可能申请附加的地址空间，下面的分配标准是为这个用途定义的。这个标准建立在已经由提供商实现的/48 分配使用的基础上。HD 比率（RFC 3194“用于地址分配效率的主机密度比率：H 比率的修正”中讲述）用于确定所需的附加地址空间的门限。

3. 再次分配给用户的地址空间

分配策略同时定义了向用户再次分配地址空间的规则。这些规则基于 RFC 3177，“站点 IPv6 地址分配的 IAB/IESG 建议”和文档“分配 IP 地址空间的 IPv6 起始请求”中定义的指南。这个分配策略包括以下规则：

- **用户前缀长度——**通常，提供商分配给用户（终端站点）的 IPv6 前缀应该是/48。不过，可以向规模非常大的用户分配更大的前缀。
- **子网前缀长度——**只有当在设计中需要且只需要一个子网并且这个事实被确知时，可以给这个子网分配一个/64 前缀。只包含一个子网的家庭网络和小型网络是关于/64 前缀分配的例子。
- **设备前缀长度——**当有且只有一个设备处于连接状态并且这个事实被确知时，可以给这个设备分配一个/128 前缀。一台 PC、PDA 或者从很远地区播打且使用 PPP 连接的移动电话都是使用/128 前缀的例子。

注：关于文档“分配 IP 地址空间的 IPv6 起始请求”的详细资料可以在 ARIN 网站上找到：www.arin.net/library/guidelines/ipv6_initial.html。

7.2.3 地址分配

类似于 6bone，地址分配策略定义了商用可聚合全球单播 IPv6 前缀 2001::/16 中的边界。图 7-6 表示了前缀 2001::/16 和终端站点之间的分配情况。图中的第一级是由 IANA 分配的商用 IPv6 地址空间。随后是 RIR 的分配，RIR 级可分配为 16 比特，所以 RIR 可以向 ISP 分配起始 32/前缀。最后，ISP 向每个用户（终端站点）分配/48 前缀。

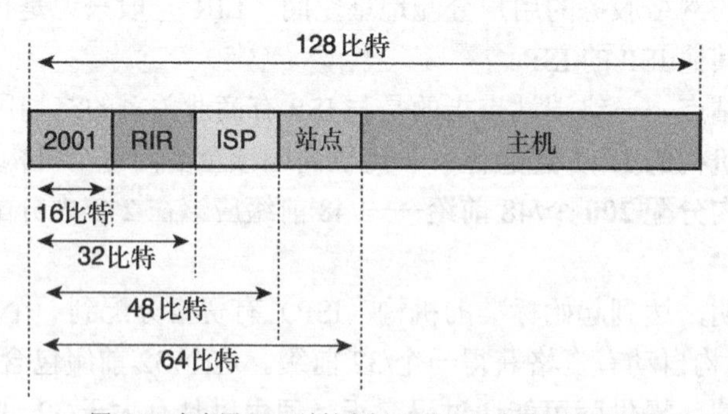

图 7-6 在商用 IPv6 地址空间 2001::/16 内的层次分配

图 7-7 从层次化角度显示了地址分配策略。在 RIR 级，APNIC 得到前缀 2001:02xx::/23 和 2001:0cxx::/23，ARIN 得到 2001:04xx::/23 前缀，RIPE NCC 得到 2001:06xx::/23。在下一个级别，

从RIR得到的地址空间中分配/32前缀给ISP，分配/48前缀给站点（用户）。

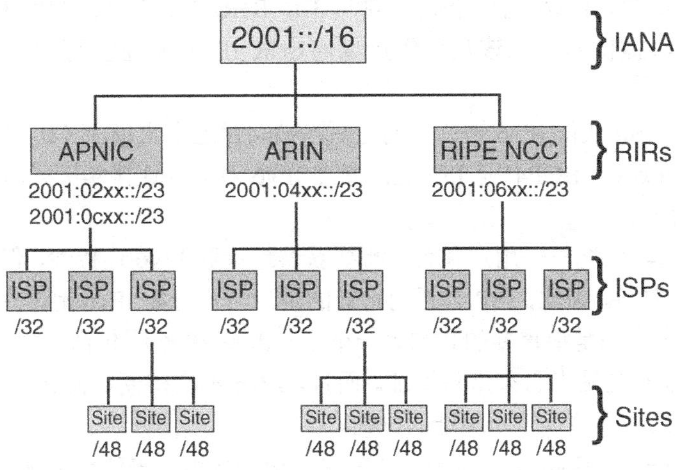

图7-7 在商用IPv6地址空间2001::/16内分配的层次图

7.3 连向商用IPv6 Internet

如前面所提到的，商用IPv6 Internet的部署开始于1999年7月，与此同时，RIR向大提供商分配商用IPv6空间。

商用IPv6 Internet的核心早已存在。和现在的IPv4 Internet相比，IPv6 Internet很小，但是它在不断地成长。商用IPv6 Internet和它在IPv4中的对应部分非常相似。

IPv6 ISP像IPv4一样在NAP中交换流量，并且向用户提供连接性。

下面的小节简要地讲述这些主题：

- 在IPv6 Internet上成为IPv6提供商的基本步骤
- ISP提供商在NAP中交换路由所需要的IPv6支持
- 当用户从IPv6提供商得到IPv6连接性时应该理解的事情
- IPv6提供商向用户再次分配IPv6地址空间的例子
- IPv6提供商的路由聚合
- 过渡和共存机制如何在特定的环境中提供IPv6连接性

7.3.1 成为IPv6提供商

如同IPv4，ISP是IPv6 Internet的核心。它们有很多需要承担的责任，以保障向它们的用户提供高效和可靠的IPv6连接性。这些责任和IPv4中的类似，包括下列：

- **获得 IPv6 空间**——成为商业 IPv6 ISP 的第一步是获得 IPv6 空间。对于顶级提供商和大型提供商，IPv6 地址空间必须向 3 个 RIR 之一申请。中间 IPv6 提供商，例如二级和三级提供商，应该从顶级提供商申请 IPv6 地址空间。中间级别的数目是不固定的。
- **对等性**——ISP 获得 IPv6 地址空间之后，必须通过中立场所（比如 NAP）建立它们之间的对等性连接。BGP4+是 ISP 之间建立 IPv6 对等性连接实际采用的边界网关（EGP）路由选择协议。
- **地址空间的再分配**——用户和公司想要获得地址和 IPv6 连接性，但是它们不能从 RIR 申请 IPv6 空间。因此，ISP 必须向它们的用户再次分配 IPv6 地址空间。地址空间的再分配对用户来说是很重要的。如果一个用户改变 IPv6 提供商，由于 IPv6 严格的聚合策略，所以它的站点必须重新编址。而且，IPv6 不支持便携概念上的地址空间。不过，IPv6 有简化网络站点重新编址的机制。
- **路由聚合**——在 IPv6 中，对于 ISP 来说，聚合从用户来的路由选择表项是强制性的。从实际上说，只有注册机构分配给 ISP 的前缀才能在全球 IPv6 路由选择表中进行通告。这个严格的聚合措施限制了全球 IPv6 路由选择表中表项的数目。

7.3.2 在 NAP 中交换流量

网络接入点（NAP）是提供商交换流量和路由的中立场所。NAP 通常拥有高速的网络基础设施来互连提供商的链接和路由器。

如果你现在是一个 IPv6 ISP，你可能需要连接到一个 IPv6 NAP 来和其他对等实体交换流量。NAP 中的 ISP 之间可以交换路由，但默认路由不允许交换。许多先进的 NAP 设立路由服务器来优化对等性并执行路由策略。

因为 NAP 通常建立在第 2 层的基础上，所以它们有可能以最小的代价在它们的基础设施上部署纯 IPv6。利用 IPv6，对等实体和 NAP 之间的协定不需要修改，因为 IPv6 协议不会产生新的问题。但是，如果一个路由器出现在 NAP 中，那么它必须启用 IPv6 以使得 IPv6 对等实体能够发现它。

支持 IPv6 的 NAP 开始在全世界出现。到 2003 年 1 月，有 13 个纯 IPv6 NAP 运行并向 IPv6 顶级提供商提供服务 —— 6 个在美国，2 个在日本，2 个在英国，1 个在德国，1 个在荷兰，1 个在韩国。

注：您可以在 www.v6nap.net/ 中找到正在运行的 IPv6 NAP 列表。

1．建立 IPv6 对等性的情况

下面是在一个 NAP 中建立 ISP 之间对等性的情况：

- **为 BGP4+使用本地链路地址**——NAP 中的 IPv6 ISP 可能不想使用其他 IPv6 ISP 的 IPv6 前缀来配置其路由器的接口。通过在它们的 BGP4+配置中使用 IPv6 本地链路地址，IPv6 ISP 不再需要一个特定的 IPv6 前缀。这种情况在 IPv6 ISP 之间建立对等关系时看上去是中立的。然而，在 BGP4+中使用本地链路地址需要特殊的配置。参考第 4 章可以得到关于这个特殊配置的详细信息。
- **使用 NAP 注册的可聚合全球单播前缀**——APNIC、ARIN 和 RIPE NCC 向 NAP 分配了/48 和/64 前缀，以便在 IPv6 ISP 之间建立对等关系。这种情况在 IPv6 ISP 之间建立对等关系时看上去是中立的。参考 www.ripe.net/cgi-bin/ipv6allocs，可以看到分配给 NAP 的可聚合全球单播前缀的列表。
- **IPv6 ISP 之间共享前缀**——另一种常见的情况是 IPv6 ISP 之间共享前缀，特别是在 NAP 不能向 IPv6 ISP 提供 IPv6 连接性或者可聚合全球单播前缀时。

2．共存和过渡机制

随着 IPv4 向 IPv6 过渡，一些 NAP 可能提供共存和过渡机制，例如 6to4 中继和隧道服务器服务。第 5 章讲述了关于 6to4 中继和隧道服务器的详细信息。

7.3.3 用户网络连接至 IPv6 提供商

如果一个用户想要得到 IPv6 地址和连接性，那么所要做的第一步是寻找一个商业 IPv6 ISP。因为 IPv6 可以与现有的 IPv4 基础设施同时共存，所以很可能你的 IPv4 提供商已经在通过共存和过渡机制提供 IPv6 连接性。否则，用户需要把他的网络连接到一个 IPv6 提供商。

遵循与 IPv6 提供商的协定，用户应该至少得到一个/48 前缀，根据需要也可能得到更多前缀。

用户从提供商那里得到 IPv6 地址空间后，应该利用下面两条规则制订一个 IPv6 地址分配计划：

- 确定自己站点中现在和未来的子网数目
- 向每一个子网分配一个/64 前缀（和 IPv4 一样，使用不同的网络掩码值不能工作）

图 7-8 显示了一个用户站点中的前缀分配情况。首先，IPv6 提供商向用户分配 2001:420:0100::/48 前缀，然后，用户向网络中的每个子网分配一个/64 前缀。路由器 R1 和 R2 之间的子网为 2001:420:0100:1::/64，路由器 R1 和 R3 之间的子网为 2001:420:0100:2::/64，等等。

对于在一个站点内再次分配 IPv6 前缀没有明确的指南。不过，一份 IETF 报告文档提出了帮助人们制订 IPv6 地址分配计划的方法。这份 IETF Internet 草案可以在 www.ietf.org/internet-drafts/ draft-ietf-ipv6-ipaddressassign-06.txt 找到。

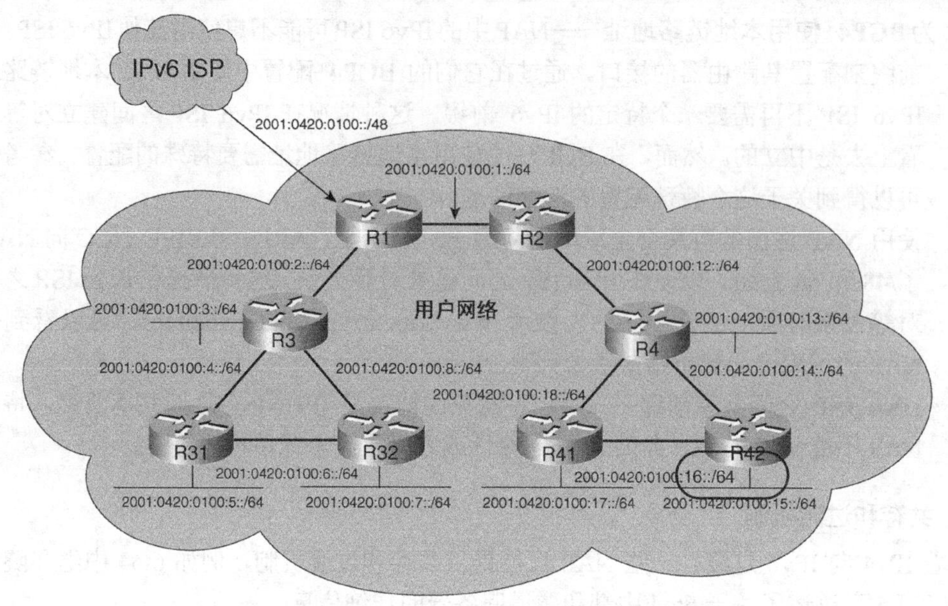

图 7-8 在一个用户网络内/64 前缀的分配

7.3.4 IPv6 提供商地址空间的再分配

图 7-9 显示了两个提供商向 4 个用户分配一个可聚合全球单播 IPv6 地址空间。ISP NY 从它的 RIR 得到前缀 2001:0400::/32，然后向用户 LGA 分配 2001:0400:45::/48，向用户 JFK 分配 2001:0400:b10::/48。第二个 ISP 从它的 RIR 获得前缀 2001:0600::/32，向用户 LHR 分配 2001:0600:a1::/48，向用户 YXU 分配 2001:0600:a2::/48。

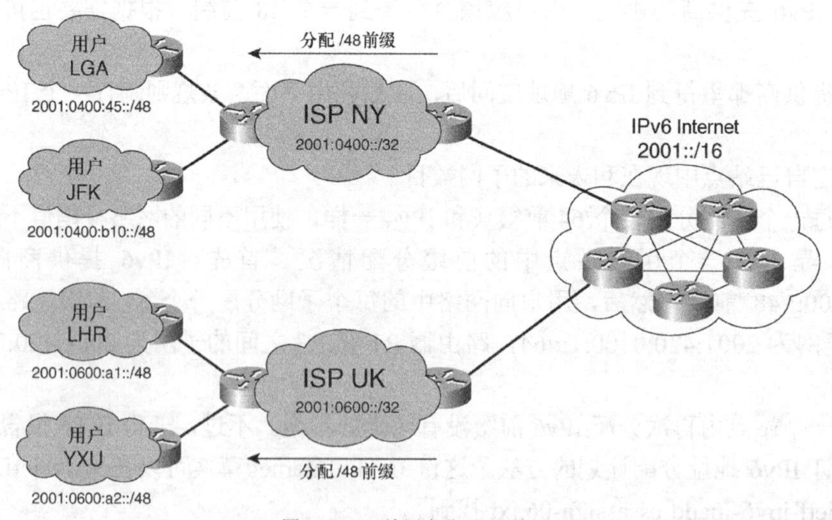

图 7-9 ISP 给用户分配/48 前缀

7.3.5 IPv6 提供商的路由选择和路由聚合

图 7-10 显示了互连的两个提供商和 4 个用户之间典型的路由选择。ISP NY 中的路由选择表显示了指向用户 LGA 路由器的路由 2001:0400:45::/48，以及指向用户 JFK 路由器 R2 的路由 2001:0400:b10::/48。ISP UK 中的路由选择表显示了指向用户 LHR 路由器的路由 2001:0600:a1::/48，以及指向用户 YXU 路由器 R4 的路由 2001:0600:a2::/48。

两个 ISP 聚合它们用户的路由并只向 IPv6 Internet 通告一条路由。因此，IPv6 Internet 全球路由选择表仅仅包含提供商聚合后的路由。

7.3.6 使用过渡和共存机制的主机连接

现在 IPv4 Internet 上的主机可以通过过渡和共存机制连接到 IPv6 Internet 上。正如在第 5 章中所提到的，配置隧道和 6to4 机制可以用来把一个支持双栈的主机通过 IPv4 Internet 与 IPv6 网络连接起来。

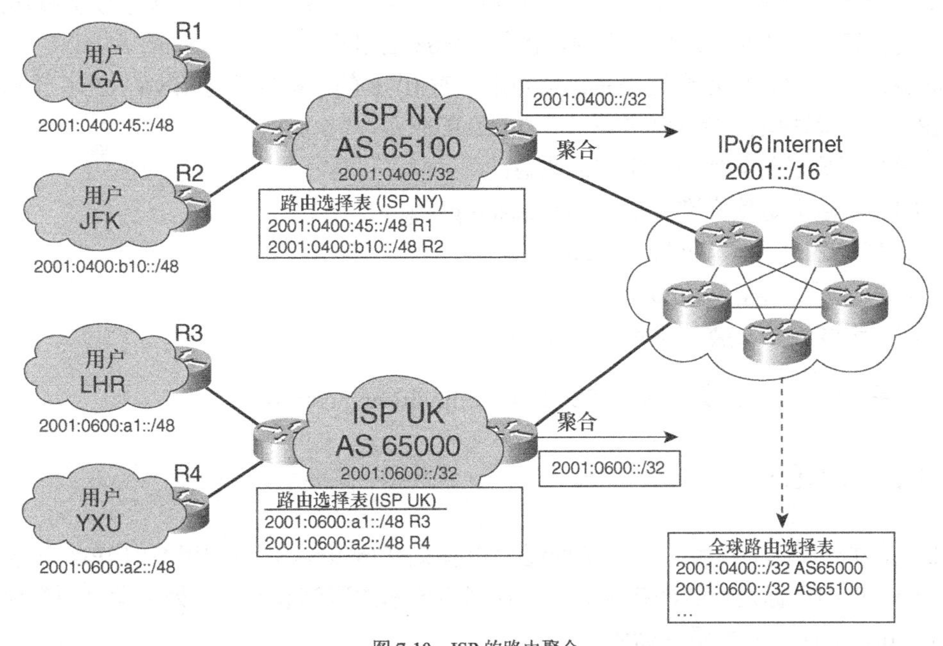

图 7-10　ISP 的路由聚合

提供商也可以部署一个隧道服务器或路由器，充当 IPv4 Internet 上的一个 6to4 站点，并通过当前的 IPv4 基础设施向它的用户提供 IPv6 连接性。

7.4 产业支持和发展方向

IPv6 不仅仅是一个取代现有 IPv4 协议的新技术，或者简单地说是全球工程师们的一个新的开发方向，IPv6 描绘了未来几十年 Internet 的发展方向。在很长的时期里，IPv6 的主要目标是制定一个全球的标准，使得电信网络和设备，例如计算机、PDA、移动电话、电视、卫星、工业机器等，在一个全球的数字网络中相互连接。

达到这个目标所需要做的工作现在看来是巨大和难以描述的。在全球范围内配置 IPv6 需要研究部门、产业、政府、标准组织、本地和国际 IPv6 领导者之间的全力支持和高效合作。本节讨论了 IPv6 的产业支持和发展方向。IPv6 由 IPv6 论坛、3G 产业促使和驱动，并由一些地区政府主动支持，包括 6NET、欧洲 IPv6 工作组、日本 IPv6 促进委员会和北美 IPv6 工作组。

7.4.1 IPv6 论坛

IPv6 论坛是一个领导产业、科研和教育网络的国际性组织，有 100 多个成员参加到 IPv6 论坛中，代表着各个产业，例如制造商、提供商和终端用户。

IPv6 论坛的主要目标是通过提高市场和用户对 IPv6 的了解来促进 IPv6。IPv6 论坛不设计任何的 IPv6 标准和规范，因为这被认为是 IETF 的职责。

IPv6 论坛形成了与其他国际组织的联盟：

- ETSI，欧洲电信标准协会（www.etsi.org/）
- UMTS 论坛（www.umts-forum.org）
- 3GPP 项目（www.3gpp.org/）
- 国际无线通讯协会（www.wcai.com/）

注：有关 IPv6 论坛更多的信息可以在 www.ipv6forum.com 找到。

7.4.2 6NET

6NET 是欧洲发起的项目，目的是论证不断增长的 Internet 可以利用新的 IPv6 协议保持很大规模。6NET 的目标是使欧洲在发展下一代网络技术的研究和产业中处于世界领先地位。更确切地说，6NET 项目的主要目标如下：

- 利用固定和移动部件在 155Mbit/s 的基础上配置一个国际领先的 IPv6 网络并逐渐升级到 2.5Gbit/s，以获得关于 IPv6 配置问题的经验
- 实验 IPv6 网络在现有 IPv4 基础设施上的迁移策略

- 引进新的 IPv6 服务和应用
- 协调和标准化组织（IETF、3GPP、ITU）的关系，并促进 IPv6 技术

注：有关 6NET 更多的信息可以在 www.6net.org 找到。

7.4.3 欧洲 IPv6 工作组

欧洲 IPv6 工作组由欧洲委员会于 2001 年发起建立。欧洲 IPv6 工作组现在正处于第二阶段，第一阶段的目标是使工作组了解并获得有关 IPv6 的经验。工作组的主要目标如下：

- 促进能实现真正商业 IPv6 应用的发展，目标是家庭服务和运输产业。
- 促进欧洲 IPv6 的研究和产业，并会晤欧洲的业界领导和政府官员。
- 增加 IPv6 在公共网络和服务中的支持。
- 组织关于 IPv6 的教育活动。
- 整合欧洲提出的关于新 Internet 服务的所有 IPv6 战略性计划。
- 协调与标准化组织和 Internet 管理实体间的关系，包括 ISOC、IETF、ICANN、ITU、RIPE NCC、3GPP、ETSI、IPv6 论坛、ETNO、UMTS 论坛和 GSM Europe。

注：有关欧洲 IPv6 工作组更多的信息可以在 www.ipv6tf.org 找到。

7.4.4 日本 IPv6 促进委员会

于 2001 年确立的 e-Janan 优先政策计划（Priority Policy Program）声称日本将在 2005 年实现配置 IPv6 的 Internet 环境。在日本的任何人无论在什么地方都将可以通过 IPv6 安全、迅速、方便地接收、共享和传送信息。日本 IPv6 促进委员会是由日本政府最早发起，用于促进与日本非政府机构在 IPv6 上的合作。日本 IPv6 促进委员会的主要目标如下：

- 从企业、政府、机构和个人使用者广泛收集信息
- 争取在 Internet 部署领域的国际领先地位
- 培养人力资源从而在日本维护和发展一个先进的信息和电信网络社会
- 开发和支持与网络和终端关联的硬件、软件相关的新业务
- 促进日本 IPv6 的研究和产业

注：有关日本 IPv6 促进委员会更多的信息可以在 www.v6pc.jp/en/ 找到。

7.4.5 北美 IPv6 工作组

当你观察由亚洲、欧洲和美国的 RIR 注册的可聚合全球单播 IPv6 前缀数目时，你会发现在已得到 IPv6 地址的组织的数目方面，北美的研究和产业远远落后于亚洲和欧洲。这是亚洲和

欧洲早于北美开始采纳 IPv6 并发起 IPv6 工作组来部署、测试和促进 IPv6，增加新 IPv6 服务的结果。

在北美，人们可能很少注意 IPv6，简单地说是因为 IPv4 地址短缺情况还没开始出现。但在欧洲和亚洲就不同，这里的一些地方获得 IPv4 地址是非常困难和昂贵的。

2002 年，北美 IPv6 工作组作为与亚洲和欧洲 IPv6 工作组对应的北美组织建立。北美 IPv6 工作组的主要目标如下：

- 编写在北美配置 IPv6 过程中最新的实践文档
- 测试和评估企业网中 IPv6 网络的迁移策略
- 开发下一代应用
- 致力于北美的无线和宽带配置
- 组织 IPv6 的培训和研讨会
- 协调和其他标准化组织（IETF、3GPP、ITU）的合作并促进 IPv6 在北美军方和研究产业的发展

注：有关北美 IPv6 工作组更多的信息可以在 www.nav6tf.org 找到。

7.4.6 3G

3G 代表第三代无线通信技术。3G 的目标是使无线平台标准化，允许语音呼叫、传真、电子邮件、视频会议、电子地图等综合服务在全球漫游环境下与 Internet 进行完全的交互。相对于 2.5G（GPRS）的 144Kbit/s 和 2G（GSM）的 10Kbit/s，3G 技术使任何移动终端的数据传输速率达到 2Mbit/s。

注：GPRS 代表通用无线分组服务（General Packet Radio Service），GSM 代表全球移动通信系统（Global System for Mobile communications）。这些标准都与蜂窝技术相关。

显而易见，3G 的无线设备基于 IP 协议栈。在未来几十年里制造的 3G 设备的数量是很大的（几十亿个），所以，3G 标准组织采用 IPv6 作为 3G 技术实际采用的 IP 协议栈：

- **UMTS**（Universal Mobile Telecommunication System，全球移动电信系统）—— UMTS 是 3G 的欧洲品牌。它的结构建立在 IPv6 基础之上，3GPP 是负责从现有的 GSM 系统向 3G（UMTS）演化的组织。3GPP 是与 IETF 并列的组织。
- **CDMA-2000**（Code Division Multiple Access，码分多址）—— CDMA-2000 是 3G 的北美品牌。它的结构建立在 IPv6 基础之上——更具体地说，是在移动 IPv6 的基础之上。3GPP2 是负责从 CDMA One 系统向 3G（CDMA-2000）演化的组织。3GPP2 是与 IETF 并列的组织。

IPv6 也得到了一些无线提供商的支持，包括爱立信、摩托罗拉、诺基亚和 NTT。

业内人士必须转变他们对 IP 的理解，因为 IPv6 协议不仅仅是为网络上的计算机提供地址

和标准而设计的。IPv6 的应用对任何电子设备来说都意味着全球性，而不仅限于计算机。

正如本节所讨论的，3G 是对 IPv6 另一个重要的驱动力。

注：有关 3G、3GPP 和 3GPP2 更多的信息可以在 www.3gpp.org/和 www.3gpp2.org/找到。

7.4.7　无线移动 Internet 论坛（MWIF）

无线移动 Internet 论坛（MWIF）于 2000 年建立，目的是推动对无线移动 Internet 结构的接受和采纳。MWIF 在基于 IPv6 协议的 3GPP 和 3GPP2 结构上开展工作。下面是 MWIF 的主要目标：

- 出版有关移动技术的研究、发现和成果。
- 致力于协调 3GPP 和 3GPP2 之间的核心网络结构，这两个结构的核心网络都是以 IPv6 为基础的。
- 拓展影响全球无线产业标准的视野，并提高无线技术的互通性。

注：有关 MWIF 更多的信息可以在 www.mwif.org 找到。

7.4.8　政府

IPv6 是一个正在形成的标准，并处于商业部署的初期阶段。在一些国家，IPv6 代表了一个把它们的产业推向市场最前端的机会。

更具体的是，日本政府在 2002 年预算中为 IPv6 引进了激励性税收政策。日本政府对吸引制造商和企业发展与 IPv6 兼容的新技术十分感兴趣。

欧洲委员会指了有关 IPv6 的明确职责，通过资助和推荐欧洲产业在 IPv6 基础上发展下一代产品和技术。

在北美，包括美国、加拿大和墨西哥的 IPv6 工作组已经开始尽可能地鼓励工业中使用 IPv6。美国军方是参与这个工作组的领导者之一。

7.5　总　　结

本章详细叙述了 6bone，包括它建立在伪 TLA、提供商和终端站点基础之上的结构，还讲述了在 IANA 分配的 3ffe::/16 前缀中对 pTLA 地址空间的分配、成为一个 pTLA 的步骤和 6bone 中强制使用的路由选择策略。

本章也叙述了在商用 IPv6 Internet 中向提供商分配地址空间的过去和现在的分配策略，地址空间由区域 Internet 注册机构分配。还回顾了在 IPv6 Internet 中成为 IPv6 顶级提供商的标准，以及向用户再次分配地址的策略。

本章还讨论了提供商如何向用户网络配置 IPv6 连接性，以及如何与其他提供商利用纯 IPv6 NAP 交换流量和建立对等关系，并给出了关于提供商的地址再分配、路由选择和路由聚合的一些例子。

最后，本章讨论了 IPv6 的产业支持和发展方向。

7.6 复 习 题

完成以下问题，然后参考附录 B 中的答案。

1．bone 是什么？

2．理论上和逻辑上与 6bone 连接并交换路由的骨干网节点的名称是什么？

3．pTLA 在 6bone 上不能广播什么？

4．哪个可聚合全球单播 IPv6 地址空间是由 IANA 分配给 6bone 操作使用的？

5．在下表中，请根据 6bone 中的路由选择策略指出这些前缀是允许还是禁止在 6bone 上使用。

前　　缀	允许或禁止
3ffe:3000::/24	
Fec0:2100::/24	
3ffe:82e0::/28	
2001:04e0::/32	
2003:410::/32	
3ffe:b00:c18::/48	
Fec0::/16	
3ffe:400a::/32	
Fec0:3100::2:8/126	
::/0	
::1	
::0	
Fe02::/16	
2001:0648::/35	
Fe80::/16	
2001:350:1::/48	

6．哪些 RIR 向提供商分配 IPv6 地址？

7．IANA 向商用 IPv6 Internet 分配哪些可聚合全球单播前缀？

8．在 1999 年最早的分配策略中，RIR 分配了哪些 IPv6 前缀长度？

9．在当前的分配策略中，获得 IPv6 地址空间的主要标准是什么？

10．列出由提供商向用户再次分配地址空间的规则。

11．ISP 成为 IPv6 提供商的基本步骤是什么？

12．列出本章中讲述的在一个 NAP 的不同 IPv6 ISP 之间建立 IPv6 对等关系的两种中立措施。

13．IPv6 论坛设计 IPv6 的标准和规范吗？

14．列出亚洲、欧洲和北美的主要地区性 IPv6 组织/项目，然后列出两个被认为对 IPv6 有重要推动作用的国际组织。

15．IPv6 主要的长期目标是什么？

7.7 参考文献

1．RFC 2471, *IPv6 Testing Address Allocation,* R. Hinden, R. Fink, J. Postel, IETF, www.ietf.org/ rfc/rfc2471 .txt, December 1998

2．RFC 2772, *6Bone Backbone Routing Guidelines,* R. Rockwell, R. Fink, IETF, www. ietf.org/ rfc/rfc2772.txt, February 2000

3．RFC 2921, *6Bone pTLA and pNLA Formats (pTLA),* R. Fink, IETF, www.ietf.org/ rfc/rfc2921.txt, September 2000

4．RFC 3177, *IAB/IESG Recommendations on IPv6 Address Allocations to Sites,* IAB, IETF, www.ietf.org/rfc/rfc3177.txt, September 2001

5．RFC 3194, *The Host-Density Ratio for Address Assignment Efficiency: An update on the Hratio,* C. Huitema, A. Durand, IETF, www.ietf.org/rfc/rfc3194.txt, November 2001

6．3GPP, www.3gpp.org

7．3GPP2, www.3gpp2.org

8．6bone, www.6bone.net

9．6NET, www.6net.org

10．European IPv6 Task Force, www.ipv6tf.org

11．IPv6 Forum, www.ipv6forum.com

12．Japan IPv6 Promotion Council, www.v6pc.jp/en/

13．Mobile Wireless Internet Forum, www.mwif.org

14．North American IPv6 Task Force, www.nav6tf.org

15．Operational IPv6 NAP, www.v6nap.net

本书附录部分列出了书中出现的 Cisco IOS 软件的 IPv6 命令，提供了各章的复习题答案，并列出了与 IPv6 有关的 RFC。另外，术语表提供了由 IPv6 引入的新技术术语的定义。

第五部分

附录

附录 A　Cisco IOS 软件的 IPv6 命令

附录 B　复习题答案

附录 C　与 IPv6 有关的 RFC

术语表

附录A

Cisco IOS 软件的 IPv6 命令

本附录收集、定义和分组了本书中提到的所有 IPv6 Cisco IOS 软件命令。这些命令同样可以在它们出现的章节中找到解释。

表 A-1　　在 Cisco IOS 软件中启用 IPv6

命　令	描　述	类　型	参考章节
ipv6 unicast-routing	在路由器上启用 IPv6 单播数据包的转发	全局	第 2 章

表 A-2　　在接口上分配 IPv6 地址和参数

命　令	描　述	类　型	参考章节
ipv6 address *ipv6-address/ prefix-length* **[link-local] [eui-64]**	给网络接口分配 IPv6 地址和前缀长度。默认情况下，当一个本地站点或者可聚合全球单播地址用此命令指定时，本地链路地址会自动配置。当要分配的 IPv6 地址是本地链路地址时，**link-local** 是可选参数。**eui-64** 是另一个可选参数，用于自动填充 IPv6 地址的低 64 比特	接口	第 2 章
ipv6 enable	在接口上启用 IPv6 并自动配置本地链路地址	接口	第 2 章
ipv6 unnumbered *interface*	强制一个接口使用其他接口的本地站点或可聚合全球接口单播地址作为数据包发送的源地址	接口	第 2 章
ipv6 mtu *bytes*	在一个网络接口上配置 MTU 值	接口	第 2 章
show ipv6 mtu	显示每个目的地址的路径 MTU 值	执行模式	第 3 章
show ipv6 interface *interface*	显示应用于一个特定接口的与 IPv6 配置相关的参数	执行模式	第 2 章

表 A-3 取代 ARP 和前缀广播（邻居发现协议）

命 令	描 述	类 型	参考章节
show ipv6 neighbors *ipv6-address-or-name*|*interface_type interface_number*	显示邻居发现表中的邻居表项	执行模式	第 3 章
ipv6 neighbor *ipv6-address interface hw-address*	向邻居发现表中添加一条静态表项，必须指定网络接口和硬件地址	全局	第 3 章
clear ipv6 neighbors	删除邻居发现表中的所有表项	全局	第 3 章
ipv6 nd ns-interval *milliseconds*	指定一个新的邻居请求时间间隔	接口	第 3 章
ipv6 nd reachable-time *milliseconds*	指定一个新邻居发现可达时间间隔，用于在邻居发现表中检测已死机的邻居	接口	第 3 章
ipv6 nd prefix *ipv6-prefix/prefix-length* | **default** [[*valid-lifetime preferred-lifetime*] | [**at** *valid-date preferred-date*] [**off-link**] [**no-autoconfig**] [**no-advertise**]]	定义在网络接口上广播的前缀的参数	接口	第 3 章
no ipv6 nd prefix *ipv6-prefix*	删除被广播的 IPv6 前缀	接口	第 3 章
ipv6 nd suppress-ra	抑制一个接口上的路由器广播	接口	第 3 章
no ipv6 nd suppress-ra	取消对路由器广播的抑制	接口	第 3 章
ipv6 nd ra-lifetime *seconds*	定义路由器广播消息的生存时间，最小值为 0，最大值为 9000s	接口	第 3 章
ipv6 nd ra-interval *seconds*	定义连续路由器广播消息之间的间隔，最小值为 3s，最大值为 1800s	接口	第 3 章
ipv6 nd managed-config-flag	如果这个标志置位，节点应该使用有状态自动配置机制（而不是无状态自动配置），默认情况下，这个标志不置位	接口	第 3 章
ipv6 nd other-config-flag	如果这个标志置位，使用有状态自动配置机制的节点可以配置除了 IPv6 地址以外的参数。默认情况下，这个标志不置位	接口	第 3 章
ipv6 nd dad attempts *number*	定义在确定一个 IPv6 地址的唯一性之前在链路上发送重复地址检测（DAD）的路由器请求消息的数目，值 0 表示禁用 DAD 机制	接口	第 3 章
show ipv6 interface *interface* **prefix**	显示在一个接口上广播的前缀的参数	执行模式	第 3 章
show ipv6 routers	显示从其他路由器收到的路由器广播信息	执行模式	第 3 章
debug ipv6 nd	允许调试邻居发现消息	执行模式	第 3 章

表 A-4 ICMPv6 和路由重定向

命 令	描 述	类 型	参考章节
ipv6 icmp error-interval *msec*	定义 ICMPv6 错误消息之间以毫秒计的最小间隔	全局	第 3 章
debug ipv6 icmp	允许调试 ICMPv6 消息，调试日志打印到控制台端口	执行模式	第 3 章

续表

命　令	描　述	类　型	参考章节
undebug ipv6 icmp	终止 ICMPv6 消息调试模式	执行模式	第 3 章
no ipv6 redirects	禁止发送 ICMPv6 重定向消息	接口	第 3 章
ipv6 redirects	允许发送 ICMPv6 重定向消息，默认情况下，ICMPv6 重定向允许在所有接口上发送	接口	第 3 章

表 A-5　　IPv6 访问控制列表

命　令	描　述	类　型	参考章节
ipv6 access-list *access-list-name*	定义一个标准的或扩展的 IPv6 访问控制列表的名称。*access-list-name* 表示 ACL 的名称	全局	第 3 章
ipv6 traffic-filter *access-list-name* {**in**|**out**}	在一个接口上应用 IPv6 访问控制列表。*access-list-name* 为 ACL 的名称。IPv6 ACL 可以用于过滤输入或者输出的流量	接口	第 3 章
ipv6 access-list *access-list-name* {**permit** | **deny**} {*source-ipv6-prefix/prefix-length* | **any** | **host** *host-ipv6-address*} {*destination-ipv6-prefix/ prefix-length* | **any** | **host** *host-ipv6-address*} [**log** | **log-input**]	定义一个创建标准 IPv6 访问控制列表的声明。*access-list-name* 为 ACL 的名称。permit 和 deny 用于指定使用的状态。源地址可以是 *source-ipv6-prefix/ prefix-length* 或者 **any** 地址，或者单个 IPv6 地址（**host** *host-ipv6-address*）。目的地址可以是 *destination-ipv6-prefix/prefix-length* 或 **any** 地址，或者单个 IPv6 地址（***host*** *host-ipv6-address*）。**log** 关键词允许记录事件日志，**log-input** 包括申请记录的输入接口和源 MAC 地址	全局	第 3 章
ipv6 access-list *access-list-name* {**permit** | **deny**} *[protocol]* {*source-ipv6-prefix/prefix-length* | **any** | **host** *host-ipv6-address*} [**eq** | **neq** | **lt** | **gt** | *range source-port(s)*] {*destination-ipv6-prefix/ prefix-length* | **any** | **host** *host-ipv6-address*} [**eq** | **neq** | **lt**| **gt** | **range** *destination-port(s)*] [**dscp** *value*] [**flow-label** *value*] [**fragments**] [**routing**] [**undetermined-transport**] [[**reflect** *reflexive-access-list-name*] [**timeout** *value*]] [**time-range** *time-range-name*] [**log** | **log-input**] [**sequence** *value*]	定义一个创建扩展 IPv6 访问控制列表的声明。*access-list-name* 为 ACL 的名称。**permit** 和 **deny** 用于指定使用的状态。可选关键字 *protocol* 识别上层协议（icmp,tcp,udp…）。源地址可以是 *source-ipv6-prefix/ prefix-length* 或者 **any** 地址，或者单个 IPv6 地址（**host** *host-ipv6-address*）。操作符 **eq**、**neq**、**lt**、**gt** 和 **range** 可用于源端的特定设置。目的地址可以是 *destination-ipv6-prefix/prefix-length* 或 **any** 地址，或者单个 IPv6 地址（***host*** *host-ipv6-address*）。用于源端的操作符也可以用于目的端。新的可选关键词 **dscp**、**flow-label**、**fragment**、**routing** 和 **undetermined-transport** 可以使用。**reflect** 关键词使用反射的 IPv6 访问控制列表。**time-range** 允许使用基于时间的 IPv6 访问控制列表。**log** 关键词允许记录事件日志，**log-input** 包括申请记录的输入接口和源 MAC 地址	全局	第 3 章
show ipv6 access-list [*access-list-name*]	显示路由器中定义的 IPv6 访问控制列表。显示每条声明的匹配数量。表项可以用 **clear ipv6-access-list** 命令删除	执行模式	第 3 章
clear ipv6 access-list [*access-list-name*]	删除选中的 IPv6 访问控制列表	执行模式	第 3 章
debug ipv6 packet [**access-list** *access-list-name*] [**detail**]	允许 IPv6 数据包级别的调试。可以用 *access-list-name* 参数指定 IPv6 访问控制列表的名称	执行模式	第 3 章

表 A-6 DNS

命　令	描　述	类　型	参考章节
ipv6 host *name* [*port*] *ipv6-address* [*ipv6-address* ...]	定义一个从静态主机名到 IPv6 地址的映射	全局	第 3 章
ip name-server *ipv6-address*	配置一个能够被路由器通过 IPv6 网络查询的纯 IPv6 DNS 服务器的 IPv6 地址。这个路由器最多可以从 6 个不同的域名服务器接收信息	全局	第 3 章
ip domain-lookup	允许路由器上域的查询	全局	第 3 章

表 A-7 IOS IPv6 工具集

命　令	描　述	类　型	参考章节
ping ipv6 *ipv6-address*	向一个 IPv6 目的地址发送 ICMPv6 回应请求消息	执行模式	第 3 章
telnet *ipv6-address*	向一个支持目的地址为 IPv6 地址的 Telnet 服务器发起一个 Telnet 会话	执行模式	第 3 章
ip http server	在路由器上启用 HTTP 服务器。这个 HTTP 服务器同时支持 IPv4 和 IPv6	全局	第 3 章
traceroute ipv6 *ipv6-address*	跟踪到达一个 IPv6 目的地的路由	执行模式	第 3 章
ssh [**-l** *userid*] [**-c** {**des** | **3des**}] [**-o numberofpasswdprompts** *n*] [**-p** *portnum*] {*ipv6-address* | *hostname*} [**command**]	发起一个到支持 IPv6 的目的 SSH 服务器的 SSH 会话。可选参数 *userid* 可以作为登录名。必须指定一种加密算法，比如 **des** 或 **3des**。作为可选项，**numberofpasswdprompts** 关键字可以用来为 SSH 会话指定尝试的次数。可以通过指定**-p** 选项使用一个非 22 的端口号。目的 SSH 服务器可以使用一个有效的 IPv6 地址（*ipv6-address*）或一个与 IPv6 地址对应的主机名（*hostname*）进行登录	执行模式	第 3 章

表 A-8 配置和显示静态 IPv6 路由

命　令	描　述	类　型	参考章节
ipv6 route *ipv6-prefix/prefix-length* {*next-hop* | *interface*} [*distance*]	在路由器上添加一条静态 IPv6 路由。*ipv6-prefix* 参数表示 IPv6 地址格式的目的 IPv6 网络。*prefix-length* 是给定的 IPv6 前缀的长度。*next-hop* 是用于到达目的 IPv6 网络的 IPv6 地址。*interface* 用于指定静态路由的输出接口，例如串行链路和隧道。*distance* 是一个用于设定管理距离的可选参数。默认情况下，静态路由的管理距离是 1	全局	第 4 章
ipv6 route *ipv6-prefix/prefix-length interface link-local-address* [*distance*]	用本地链路地址作为下一跳参数指定一个静态 IPv6 路由。当下一跳地址必须为本地链路地址时，这个定义是必需的，用于识别路由器上相应的网络接口	全局	第 4 章
ipv6 route ::/0 *interface next-hop* [*distance*]	在路由器上指定一条默认的 IPv6 路由。目的 IPv6 网络**::/0** 表示任何 IPv6 地址	全局	第 4 章

续表

命　令	描　述	类　型	参考章节
show ipv6 route [*ipv6-prefix/ prefix-length* | *ipv6-address* | **connected** | **local** | **static** | **rip** |**bgp** | **isis** | **ospf**]	显示路由器上当前的 IPv6 路由选择表。可选参数 *ipv6-prefix/prefix-length* 可以用于显示单个 IPv6 路由的路由选择信息。可选参数 *ipv6-address* 可以用于显示单个 IPv6 地址的路由选择信息。关于一个特定路由选择协议的路由选择信息可以用可选关键字 **connected**、**local**、**static**、**rip**、**bgp**、**isis** 和 **ospf** 来显示	执行模式	第 4 章
show ip protocols [summary]	显示已激活的 IPv6 路由选择协议进程的参数和当前的状态，包括两个协议之间的重新发布	执行模式	第 4 章

表 A-9　　BGP4+

命　令	描　述	类　型	参考章节
route bgp *autonomous-system*	在路由器上启用一个 BGP 进程，并指定本地自治系统。这个命令和 IPv4 中的一样	全局	第 4 章
no bgp default ipv4-unicast	默认情况下，对于每个 BGP 进程 IPv4 地址族的路由信息广播利用 **neighbor[..]remote-as** 命令自动激活。如果使用 **no bgp default ipv4-unicast** 命令，则只有 IPv6 地址族在进行 BGP 更新时被广播	BGP4+子命令模式	第 4 章
bgp route-id *ipv4-address*	指定 BGP 进程的本地路由器 ID 参数。BGP 的本地路由器 ID 参数在 IPv4 和 IPv6 中使用相同的大小和格式。本地路由器 ID 是一个格式为由句点分隔的 4 个八位数组组成的 32 比特数字。当路由器上没有设定 IPv4 时（IPv6 单协议网络路由器），必须指定本地路由器 ID 参数。可以使用任何 IPv4 地址作为 **route-id** 参数的值	BGP4+子命令模式	第 4 章
neighbor *ipv6-address* **remote-as** *autonomous-system*	指定一个 BGP 邻居。*ipv6-address* 是 BGP 邻居的下一跳 IPv6 地址。这个命令用于指定 IBGP 或者 EBGP 邻居	BGP4+子命令模式	第 4 章
neighbor *ipv6-address* **peer-group** *peer-group-name*	为一个对等组分配一个 BGP 邻居的 IPv6 地址	BGP4+子命令模式	第 4 章
address-family ipv6 [unicast]	把路由器置于地址族 IPv6 配置子模式下。**unicast** 是可选关键词。默认情况下，路由器置于 IPv6 单播地址族下	BGP4+子命令模式	第 4 章
exit-address-family	离开地址族配置模式并返回到 BGP 子命令模式下	BGP4+子命令模式	第 4 章
neighbor {*ip-address* | *peer-group-name* | *ipv6-address*} **activate**	允许和 BGP 邻居交换信息。BGP 邻居可以为 IPv4 地址、BGP 对等组的名称或者 IPv6 地址。默认情况下，只允许与 BGP 邻居交换 IPv4 地址族信息。然而，当邻居为 IPv6 地址时，必须用这个命令激活 IPv6 BGP 对等连接	地址族子命令模式	第 4 章
network *ipv6-prefix* | *prefix-length*	指定一个 IPv6 前缀，以通过 BGP4+向这个自治域（AS）通告。同时这个 IPv6 前缀写入 BGP4+路由选择表	地址族子命令模式	第 4 章

续表

命　令	描　述	类　型	参考章节
neighbor {*peer-group-name* | *ipv6-address*} **prefix-list** *prefix-list-name* {**in** | **out**}	对 BGP 邻居使用一个 IPv6 前缀列表，以过滤输入或输出的路由通告。*Ipv6-address* 参数是邻居的下一跳 IPv6 地址。作为可选项，IPv6 地址也可以为 *peer-group-name*。**Prefix-list** 后面的 *prefix-list-name* 参数是 IPv6 前缀列表的名称。应用在前缀列表上的关键字 **in** 和 **out** 是指输入或输出的更新消息	地址族子命令模式	第 4 章
neighbor {*peer-group-name* | *ipv6-address*} **route-map** *map-tag* {**in** | **out**}	对 BGP 邻居使用一个 IPv6 前缀列表，以修改输入或输出的路由属性。*Ipv6-address* 参数是邻居的下一跳 IPv6 地址。作为可选项，IPv6 地址也可以为 *peer-group-name*。**Route-map** 后面的 map-tag 参数是路由映射的名称。应用于路由映射的 **in** 和 **out** 关键字是指进入或流出的更新消息	地址族子命令模式	第 4 章
neighbor *link-local-address* **remote-as** *autonomous-system*	使用本地链路地址而不是可聚合全球单播地址来定义一个 BGP 邻居。*Link-local-address* 参数是 BGP 邻居的本地链路地址	BGP4+子命令模式	第 4 章
neighbor *link-local-address* **update-source** *interface*	根据邻居的本地链路地址确定网络接口	BGP4+子命令模式	第 4 章
neighbor {*peer-group-name* | *ipv6-address*} **soft-reconfiguration inbound**	让本地路由器存储未加修改的 BGP 更新消息，这些消息来自 BGP 对等组中的成员或者来自 *ipv6-address*	地址族子命令模式	第 4 章
neighbor {*ipv6-address* | *peer-group-name*} **password 5** *password-string*	通过 TCP MD5 签名选项保护 BGP IPv6 会话。*Ipv6-address* 参数是 BGP 邻居的 IPv6 地址。*Peer-group-name* 是 BGP 对等组的名称。**Password** 关键字允许 BGP 邻居之间在 TCP 连接上进行认证。数字 **5** 表示 MD5。*Password-string* 是用在两个 BGP IPv6 对等连接间的共享密码	地址族子命令模式	第 4 章
redistribute {**bgp** | **connected** | **isis** | **ospf** | **rip** | **static**}	把从其他协议获悉的路由，例如 **bgp**、**connected**、**isis**、**ospf**、**rip** 和 **static**，重新分配到 BGP4+。关于 BGP4+路由重分配的详细信息，请参考第 4 章	地址族子命令模式	第 4 章
show bgp ipv6 [*ipv6-prefix/0-128* | **community** | **community-list** | **dampened-paths** | **filter-list** | **flap-statistics** | **inconsistent-as** | **neighbors** | **quote-regexp** | **regexp** | **summary**]	显示 IPv6 BGP 表。参考下面的各个命令，了解有关关键字的详细信息	执行模式	第 4 章
show bgp ipv6 *ipv6-prefix/0-128*	显示与给定参数的 IPv6 前缀和前缀长度有关的所有路径信息	执行模式	第 4 章
show bgp ipv6 community	显示符合 IPv6 BGP 共同体的路由信息	执行模式	第 4 章
show bgp ipv6 community-list	显示符合 IPv6 BGP 共同体列表的路由信息	执行模式	第 4 章
show bgp ipv6 dampened-paths	显示因为抑制而禁止的 IPv6 路径信息	执行模式	第 4 章
show bgp ipv6 filter-list	显示遵循过滤列表的路由	执行模式	第 4 章
show bgp ipv6 flap-statistics	显示 IPv6 BGP 邻居的振荡统计信息	执行模式	第 4 章
show bgp ipv6 inconsistent-as	显示与原有 AS 矛盾的路由信息	执行模式	第 4 章

续表

命　令	描　述	类　型	参考章节
show bgp ipv6 neighbors	显示 IPv6 BGP 邻居的状态信息	执行模式	第 4 章
show bgp ipv6 quote-regexp	显示符合作为引用字符串的自治系统路径的规范表达式的 IPv6 BGP 路由	执行模式	第 4 章
show bgp ipv6 regexp	显示符合自治系统路径的规范表达式的 IPv6 BGP 路由	执行模式	第 4 章
show bgp summary	显示 IPv6 BGP 邻居的状态的概要信息	执行模式	第 4 章
clear bgp ipv6 *	重置所有的 IPv6 BGP 邻居	执行模式	第 4 章
clear bgp ipv6 *autonomous-system*	重置参数所指定的 AS 的所有 IPv6 BGP 邻居	执行模式	第 4 章
clear bgp ipv6 *ipv6-address*	重置到指定的 BGP 邻居的 TCP 连接，并且从 BGP 表中删除从这个会话获悉的所有路由	执行模式	第 4 章
clear bgp ipv6 dampening	重置与 IPv6 BGP 邻居相关的所有振荡抑制信息	执行模式	第 4 章
clear bgp ipv6 external	重置所有的外部 IPv6 对等实体	执行模式	第 4 章
clear bgp ipv6 flap-statistics	删除与 IPv6 BGP 邻居相关的所有路由振荡统计信息	执行模式	第 4 章
clear bgp ipv6 peer-group *peer-group-name*	重置到对等组的 TCP 连接，并从 BGP 表中删除从这个会话获悉的所有路由	执行模式	第 4 章
debug bgp ipv6 *dampening*	允许在 IPv6 下 BGP 路由选择协议的调试。显示与抑制有关的消息	执行模式	第 4 章
debug bgp ipv6 *updates*	允许在 IPv6 下 BGP 路由选择协议的调试。显示 BGP4+更新消息	执行模式	第 4 章

表 A-10　RIPng

命　令	描　述	类　型	参考章节
ipv6 router rip *tag*	在路由器上定义一个 RIPng 进程。*tag* 参数指定一个唯一的进程	全局	第 4 章
ipv6 rip *tag* **enable**	在一个接口上启用 RIPng 进程	接口	第 4 章
ipv6 rip *tag* **default-information originate**	在 RIPng 进程中创建一条默认 IPv6 路由（::/0），并在 RIP 更新中发送这条路由	接口	第 4 章
ipv6 rip *tag* **default-information only**	在 RIPng 进程中创建一条默认 IPv6 路由（::/0）。不过，这条命令阻止发送除了这条默认 IPv6 路由以外的所有其他 IPv6 路由	接口	第 4 章
ipv6 rip *tag* **summary-address** *ipv6-prefix/prefix-length*	聚合 IPv6 路由。当一条路由中的前 *prefix-length* 比特符合声明时，声明的前缀被广播。在这种情况下，多条路由被一条在多条路由中度量最低的路由取代。这个命令可以被应用多次	接口	第 4 章
distance *distance*	定义一个 RIPng 进程的管理距离。如果两个 RIP 进程试图向同一个路由选择表中插入相同的 IPv6 路由，那么拥有较低管理距离的路由有优先权。默认值为 120	RIPng 子命令模式	第 4 章
distribute-list prefix-list *prefix-list-name* {**in** | **out**}[*interface*]	对接口上接收和发送的 RIPng 路由更新应用 IPv6 访问列表。如果不指定接口，那么 IPv6 访问列表应用于路由器的所有接口上	RIPng 子命令模式	第 4 章

续表

命　令	描　述	类　型	参考章节
metric-offset *number*	设定增加值为 1～16 之间的一个新值。默认情况下，RIPng 度量在进入路由选择表前以 1 递增	RIPng 子命令模式	第 4 章
poison-reverse	更新过程中执行反向抑制，反向抑制在获悉到该网络 IPv6 前缀的接口上广播一个不可达度量。如果同时启用了水平分裂和反向抑制，则只有水平分裂过程起作用。默认情况下，反向抑制是关闭的	RIPng 子命令模式	第 4 章
split-horizon	在更新中使用水平分裂。水平分裂阻止在一个接口上广播 RIPng 从这个接口获悉的 IPv6 网络前缀	RIPng 子命令模式	第 4 章
port *udp-port* **multicast-group** *multicast-address*	指定一个不同的 UDP 端口号和多播地址，而不使用默认值。默认情况下，在 RIPng 进程中使用标准的 RIPng UDP 端口 521 和多播地址 FF02::9	RIPng 子命令模式	第 4 章
timers *update expire holddown garbage-collect*	配置 RIPng 路由定时器。*update* 参数定义周期性更新的时间间隔。默认的 *update* 值为 30s。*expire* 参数表示超时时间，用于把 *n* 秒之后没有接收到的网络前缀标识为不可达网络前缀。默认的 *expire* 值为 180s。关于不可达网络前缀的信息在 *holddown* 秒后被忽略。默认 *holddown* 值为 0。*garbage-collect* 参数删除 RIPng 表中已经过期的表项。删除是在过期或保留终止后的 *garbage-collect* 秒执行。默认的 *garbage-collect* 值为 120	RIPng 字命令模式	第 4 章
redistribute {**bgp** | **connected** | **isis** | **ospf** | **rip** | **static**} [**metric** *metric-value*] [**level-1** | **level-1-2** | **level-2**] [**route-map** *map-tag*]	把从其他协议获悉的路由，例如 **bgp**、**connected**、**isis**、**ospf**、**rip** 和 **static**，重新分配到 RIPng。有关 RIPng 路由重分配的更详细信息，请参考第 4 章	RIPng 子命令模式	第 4 章
exit	退出 RIPng 配置模式	RIPng 子命令模式	第 4 章
show ipv6 rip	显示不同 RIPng 进程的状态	执行模式	第 4 章
show ipv6 rip database	显示 RIPng 数据库	执行模式	第 4 章
show rip next-hops	显示 RIPng 的下一跳	执行模式	第 4 章
clear ipv6 rip [*name*]	清空 RIPng 数据库	执行模式	第 4 章
debug ipv6 rip	允许 RIPng 路由选择协议的调试，并显示在启用 RIPng 的接口上发送和收到的 RIPng 数据包	执行模式	第 4 章
debug ipv6 rip *interface*	允许 RIPng 路由选择协议的调试，并显示特定接口上发送和收到的 RIPng 数据包	执行模式	第 4 章

表 A-11　　IPv6 IS-IS

命　令	描　述	类　型	参考章节
router isis [*tag*]	在路由器上定义 IS-IS 进程。tag 参数为进程指定一个名称	全局	第 4 章
address-family ipv6 [**unicast**]	把路由器置于地址族 IPv6 配置子模式下。**unicast** 关键字是可选的。默认情况下，路由器处于单播地址族 IPv6 下	IPv6 IS-IS 子命令模式	第 4 章
net *network-entity-title*	向路由选择进程分配一个 IS-IS NET 地址	IPv6 IS-IS 子命令模式	第 4 章

续表

命　令	描　述	类　型	参考章节
distance *1-254*	IS-IS 中默认管理距离为 115。不过，这个命令可以为 IS-IS 设置新的管理距离	地址族子命令模式	第 4 章
default-information originate [**route-map** *map-tag*]	在 IS-IS 中创建一条默认 IPv6 路由（::/0）。可选地，这个命令可以用来使用一个路由映射。这个命令与 IPv4 中的 **default-information** 命令相同	地址族子命令模式	第 4 章
maximum-paths *1-4*	定义 IPv6 路由允许从 IS-IS 获悉的路径的最大数目	地址族子命令模式	第 4 章
redistribute {**bgp** | **ospf** | **rip** | **static**} [**metric** *metric-value*] [**metric-type** {**internal** | **external**}] [**level-1** | **level-1-2** | **level-2**] [**route-map** *map-tag*]	把从其他协议获悉的 IPv6 路由，例如 **bgp**、**ospf**、**rip** 和 **static**，重新分配到 IPv6 中的 IS-IS。路由映射可以使用这个命令来过滤收到路由的属性。这个命令与 IPv4 中的 **redistribute** 命令相同。有关 IPv6 IS-IS 路由重分配的更详细信息，请参考第 4 章	地址族子命令模式	第 4 章
redistribute isis {*level-1* | *level-2*} **into** {*level-1* | *level-2*}**distribute-list** *prefix-list-name*	重新分配IS-IS区域之间的IS-IS路由选择表的IPv6路由。IPv6 前缀列表可以用于过滤不同区域之间被重新分布的 IPv6 路由。这个命令与 IPv4 中的 **redistribute isis [...] into [...]**命令相同。有关 IPv6 IS-IS 路由重分配的更详细信息，请参考第 4 章	地址族子命令模式	第 4 章
no adjacency-check	在一个网络从 IPv4 单协议网络路由器向 IPv4-IPv6 路由器迁移的过程中，这个命令用于保持使用不同协议集的 IS-IS 路由器之间的邻接。这个命令阻止使用不同协议集的 IS-IS 路由器执行 hello 检测并且丢失邻接。这个命令只能在迁移中使用。迁移完成后，当所有的 IS-IS 路由器同时支持 IPv4 和 IPv6，这个命令可以删除	地址族子命令模式	第 4 章
summary-prefix *ipv6-prefix/prefix-length* [**level-1** | **level-2** | **level-1-2**]	配置 IPv6 聚合前缀。聚合 IPv6 前缀、前缀长度和 IS-IS 级别必须指定为参数	地址族子命令模式	第 4 章
exit-address-family	退出地址族配置模式，并返回到 IS-IS 路由器配置模式下	地址族子命令模式	第 4 章
ipv6 router isis	在一个接口上为 IPv6 路由选择进程启动 IS-IS	接口	第 4 章
isis circuit-type {**level-1** | **level-1-2** | **level-2-only**}	配置一个接口上的邻接类型，这和 IPv4 中的命令相同	接口	第 4 章
show isis database [**detail** | **level-1** | **level-2**]	显示 IS-IS 链路状态数据库的内容。这与 IPv4 中的命令相同	执行模式	第 4 章
show isis topology	列出在 IS-IS 域中所有连接的路由器。这与 IPv4 中的命令相同	执行模式	第 4 章
show isis route	仅显示 IS-IS 第一级路由选择表。这与 IPv4 中的命令相同	执行模式	第 4 章
show ipv6 protocols [**summary**]	显示 IPv6 路由选择协议的参数和当前的状态	执行模式	第 4 章
show ipv6 route is-is	仅显示 IPv6 IS-IS 路由	执行模式	第 4 章
clear isis *	刷新链接状态数据库并重新计算所有的路由	执行模式	第 4 章
clear isis [*tag*]	刷新链接状态数据库并重新计算 IS-IS tag 指定的路由	执行模式	第 4 章
debug isis adj-packets	显示与邻接数据包有关的事件	执行模式	第 4 章
debug isis update-packets	显示与 IS-IS 更新数据包有关的事件	执行模式	第 4 章

表 A-12 OSPFv3

命　令	描　述	类　型	参考章节
ipv6 router ospf *process-id*	在路由器上启动 OSPFv3 进程。process-id 参数确定一个唯一的 OSPFv3 进程。这个命令在全局基础上使用	全局	第 4 章
router-id *ipv4-address*	对一个 IPv6 单协议网络 OSPF 路由器，**router-id** 参数必须用这个命令以 IPv4 地址形式在 OSPFv3 配置中定义。可以使用任何 IPv4 地址作为本地 **router-id** 参数的值	OSPFv3 子命令模式	第 4 章
area *area-id* **range** *ipv6-prefix/prefix-length*	聚合与 ipv6-prefix/prefix-length 参数相符的 IPv6 路由	OSPFv3 子命令模式	第 4 章
ipv6 ospf *process-id* **area** *area-id*	把分配给接口的 IPv6 前缀标识为 OSPFv3 网络的一部分。这个命令取代了 OSPFv2 中使用的 **network area** 命令	接口	第 4 章
redistribute {**bgp** | **isis** | **rip** | **static**}	把从其他协议获悉的 IPv6 路由，例如 **bgp**、**isis**、**rip** 和 **static**，重新分配到 OSPFv3。这个命令与 IPv4 中的 **redistribute** 命令相同。有关 OSPFv3 路由重分配的更详细信息，请参考第 4 章	OSPFv3 子命令模式	第 4 章
show ipv6 ospf [*process-id*]	显示在路由器上配置的有关 OSPFv3 进程的信息	执行模式	第 4 章
show ipv6 ospf database	显示路由器维护的拓扑结构数据库的内容	执行模式	第 4 章
show ipv6 ospf [*process-id*] **database link**	显示在 OSPFv3 中增加的新 Link-LSA 类型	执行模式	第 4 章
show ipv6 ospf [*processid*] **database prefix**	显示在 OSPFv3 中增加的新 Intra-Area-Prefix-LSA 类型	执行模式	第 4 章
show ipv6 route ospf	显示路由器通过 OSPFv3 获悉的所有 IPv6 路由	执行模式	第 4 章
clear ipv6 ospf [*process-id*]	清空 IPv6 OSPF 数据库	执行模式	第 4 章

表 A-13 IPv6 前缀列表

命　令	描　述	类　型	参考章节
ipv6 prefix-list *name* [**seq** *seq-value*] **permit** |**deny** *ipv6-prefix/prefix-length* [**ge** *min-value*] [**le** *max-value*]	定义一个 IPv6 前缀列表。*name* 参数是这个前缀列表的名称。参数 *seq-value* 表示一个序号，与关键字 **seq** 一起用于确定过滤过程中声明的顺序。**deny** 和 **permit** 是动作参数。*ipv6-prefix/prefix-length* 表示 IPv6 前缀和相应的前缀长度。*min-value* 和 *max-value* 定义了 *ipv6-prefix/prefix-length* 值之外的特定前缀的前缀长度范围。操作符 **ge** 表示大于等于，操作符 **le** 表示小于等于	全局	第 4 章
show ipv6 prefix-list [**summary** | **detail**] *name*	显示参数指定的 IPv6 前缀列表的概要或者详细信息	执行模式	第 4 章

表 A-14 IPv6 的路由映射

命　令	描　述	类　型	参考章节
route-map *map-tag* [**permit** | **deny**] [*sequence-number*]	定义一个路由映射。*Map-tag* 表示路由映射名称。**Permit** 和 **deny** 是可选的动作关键字，当路由映射与遇到的条件相符时执行。*Sequence-number* 是另一个可选参数，定义一个新 **route-map** 声明的位置。这个命令与 IPv4 中的相同	全局	第 4 章

续表

命　令	描　述	类　型	参考章节
match ipv6 {ipv6-address | next-hop| route-source} prefix-list [*prefix-list-name*]	定义与 IPv6 相符的条件。这些条件可以是与一条路由相符的 IPv6 地址，也可以是一条路由的下一跳 IPv6 地址，或者是一条路由的广播 IPv6 源地址。*prefix-list-name* 必须在符合的条件下根据随后的 **prefix-list** 关键字指定	路由映射子命令模式	第 4 章
set ipv6 next-hop [*ipv6-address*] [*link-local-address*]	指定一个 BGP 邻居的下一跳 IPv6 地址，并定义在符合条件时执行的动作。这个允许的动作是有关路由的 **next-hop** IPv6 地址的规范。IPv6 的 **next-hop** 参数可以是一个可聚合全球单播地址或者一个邻接 BGP 邻居的本地链路地址	路由映射子命令模式	第 4 章

表 A-15　Cisco 快速转发 IPv6(CEFv6)

命　令	描　述	类　型	参考章节
ipv6 cef	在路由器上启用中心 CEFv6 模式。IPv4 CEF 也必须使用 **ip cef** 命令启用	全局	第 2、4 章
ipv6 cef distributed	在路由器上启用分布式 CEFv6 模式。IPv4 CEF 也必须使用 **ip cef distributed** 命令启用	全局	第 4 章
show ipv6 cef *ipv6-prefix* [**detail**]	显示给定 IPv6 前缀的 IPv6 CEF 信息	执行模式	第 4 章
show ipv6 cef *interface* [**detail**]	显示使用指定接口的所有 IPv6 前缀	执行模式	第 4 章
show ipv6 cef adjacency *adjacency*	显示通过指定邻居解析的所有 IPv6 前缀	执行模式	第 4 章
show ipv6 cef non-recursive [**detail**]	显示非递归的前缀	执行模式	第 4 章
show ipv6 cef summary	显示 IPv6 CEF 表的概要信息	执行模式	第 4 章
show ipv6 cef traffic prefix-length	显示每个前缀长度的统计信息	执行模式	第 4 章
show ipv6 cef unresolved	显示未解析的前缀	执行模式	第 4 章
show cef drop	显示关于 IPv4 和 IPv6 丢失数据包的计数器	执行模式	第 4 章
show cef interface [**detail**] [**statistics**] *interface*	显示 CEF 接口的状态和配置	执行模式	第 4 章
show cef linecard [**detail**] [**statistics**] *slot*	显示与线路卡相关的 CEF 信息	执行模式	第 4 章
show cef not-cef-switched	显示通向下一个交换层的 IPv6 和 IPv4 数据包的计数器	执行模式	第 4 章
debug ipv6 cef drops	启用被 CEFv6 交换丢失的数据包调试	执行模式	第 4 章
debug ipv6 cef events	启用关于 CEFv6 控制面板的事件调试	执行模式	第 4 章
debug ipv6 cef hash	启用关于 CEFv6 负载均衡哈希设置事件的调试	执行模式	第 4 章
debug ipv6 cef receive	启用通往 IPv6 处理层交换的数据包调试	执行模式	第 4 章
debug ipv6 cef table	启用 CEFv6 表更改事件调试	执行模式	第 4 章

表 A-16 IPv6 整合和共存策略命令：配置隧道

命令	描述	类型	参考章节
interface *tunnel-interface-number*	指定一个隧道接口号，以启用一个配置隧道	全局	第 5 章
ipv6 address *ipv6-address/prefix-length*	向隧道接口静态地分配一个 IPv6 地址和前缀长度	接口	第 5 章
tunnel source *ipv4-address*	定义本地 IPv4 地址作为隧道接口的源地址	接口	第 5 章
tunnel destination *ipv4-address*	定义隧道端点的目的 IPv4 地址。这个目的 IPv4 地址表示隧道远端	接口	第 5 章
tunnel mode ipv6ip	定义隧道接口类型为配置隧道	接口	第 5 章
show ipv6 interface *tunnel-interface-number*	显示路由器上隧道接口的信息	执行模式	第 5 章
ipv6 route *ipv6-prefix/prefix-length interface-type interface-number*	一条静态路由可用于转发相符的 IPv6 数据包到配置隧道接口	全局	第 4、5 章

表 A-17 IPv6 整合和共存策略命令：6to4 隧道

命令	描述	类型	参考章节
interface *interface-number*	在路由器上为 6to4 操作指定一个物理或逻辑接口，它可以是一个回环地址或者路由器上的网络接口	全局	第 5 章
ip address *ipv4-address netmask*	向指定接口分配一个 IPv4 地址，这个地址用作 IPv6 数据包在 IPv4 上进行隧道封装传输的源 IPv4 地址。这个 IPv4 地址同时确定了 6to4 站点的前缀	接口	第 5 章
interface *interface-type interface-number*	在路由器上指定一个网络接口，以启用 6to4 路由器	全局	第 5 章
ipv6 address *ipv6-address/prefix-length*	向 6to4 站点内的一个网络接口分配 IPv6 地址。这个分配的 IPv6 地址建立在 IPv6 前缀 2002::/16 和 6to4 路由器的 IPv4 地址相结合的基础上。IPv6 地址必须表示成十六进制形式	接口	第 5 章
interface *tunnel-interface-number*	指定一个隧道接口号，以启用 6to4 路由器	接口	第 5 章
no ip address	在 6to4 操作中，没有 IPv4 或 IPv6 地址分配给隧道接口，这个隧道接口使用其他接口的地址。因此，必须使用 **no ip address** 命令	接口	第 5 章
ipv6 unnumbered *interface-type interface-number*	指定在 6to4 操作中隧道接口使用的 *interface-type* 和 *interface-number*（网络接口必须拥有 IPv6 地址）	接口	第 5 章
tunnel source *interface-type interface-number*	指定一个接口，这个接口的 IPv4 地址已经分配给了 6to4 操作。这个接口的 IPv4 地址用于确定 6to4 前缀（/48）	接口	第 5 章
tunnel mode ipv6ip 6to4	定义用于 6to4 操作的隧道接口的类型	接口	第 5 章
ipv6 address 2002:c058:6301::/128 anycast	使路由器成为一个 6to4 中继。这个命令应用于 6to4 路由器的隧道接口	接口	第 5 章
ipv6 route 2002::/16 *interface-type interface-number*	定义一个静态路由，使得所有 2002::/16 前缀的 IPv6 数据包通过 6to4 隧道接口转发	全局	第 5 章

表A-18 IPv6整合和共存策略命令：IPv6-Over-GRE 隧道

命 令	描 述	类 型	参考章节
interface *tunnel-interface-number*	指定隧道接口号，以启用一条GRE隧道	全局	第5章
ipv6 address *ipv6-address/prefix-length*	给隧道接口静态地分配一个IPv6地址和前缀长度	接口	第5章
tunnel source *ipv4-address*	定义用作隧道接口源地址的IPv4地址	接口	第5章
tunnel destination *ipv4-address*	确定隧道端点的目的IPv4地址，这个目的IPv4地址是隧道的远端	接口	第5章
tunnel mode gre ipv6	定义隧道接口为IPv6的GRE隧道	接口	第5章

表A-19 IPv6整合和共存策略命令：ISATAP

命 令	描 述	类 型	参考章节
interface *interface-type interface-number*	为ISATAP操作指定一个网络接口	全局	第5章
ip address *ipv4-address netmask*	向网络接口分配一个IPv4地址。这个地址用作IPv6数据包进行隧道封装传输的源IPv4地址。这个IPv4地址同时确定了ISATAP路由器的IPv6 ISATAP地址	接口	第5章
interface *tunnel-interface-number*	指定一个隧道接口号，以在路由器上启用ISATAP机制	接口	第5章
tunnel source *interface-type interface-number*	必须指向一个已经配置了IPv4地址的网络接口。这个网络接口的IPv4地址定义了分配给路由器的ISATAP地址的低32比特	接口	第5章
tunnel mode ipv6ip isatap	定义隧道接口类型为ISATAP	接口	第5章
no ipv6 nd suppress-ra	默认情况下，在Cisco IOS软件技术中，隧道接口上的路由器广播是禁止的。这个命令启用隧道接口上的路由器广播。路由器广播必须在ISATAP隧道接口上启用	接口	第5章
ipv6 address *ipv6-address/prefix-length* **eui-64**	ISATAP IPv6地址必须用EUI-64格式进行配置，因为这个地址的低32比特建立在IPv4地址基础上。这个命令同时允许在隧道接口上广播前缀。这里定义的前缀必须为分配给站点的ISATAP前缀	接口	第5章

表A-20 IPv6整合和共存策略命令：使用NAT-PT

命 令	描 述	类 型	参考章节
interface *interface-type interface-number*	指定第一个网络接口，以启用NAT-PT机制	全局	第5章
ipv6 nat	在这个接口上启用NAT-PT机制。这个命令在一个接口基础上启用	接口	第5章
interface *interface-type interface-number*	确定第二个接口，以启用NAT-PT机制	全局	第5章
ipv6 nat	在这个接口上启用NAT-PT机制。这个命令在一个接口基础上启用	接口	第5章
ipv6 nat prefix *ipv6-prefix*	定义用作站点中NAT-PT前缀的IPv6前缀	全局	第5章

表 A-21　　IPv6 整合和共存策略命令：静态 NAT-PT

命　令	描　述	类　型	参考章节
ipv6 nat v6v4 source *ipv6-address ipv4-address*	强迫命令中指定的源 IPv6 地址发出的 IPv6 数据包（从 IPv6 单协议网络主机发出的）转换成 IPv4 数据包。这个 IPv4 数据包使用命令中指定的 IPv4 源地址来到达目的 IPv4 主机	全局	第 5 章
ipv6 nat v4v6 source *ipv4-address ipv6-address*	强迫命令中指定的源 IPv4 地址收到的 IPv4 数据包转换成 IPv6 数据包。IPv4 地址是 IPv4 单协议网络上的目的主机。IPv6 地址是相应的目的 IPv6 地址，用于到达 IPv4 单协议网络上的目的主机	全局	第 5 章
show ipv6 nat translations	显示 NAT-PT 转换表	执行模式	第 5 章
clear ipv6 nat translation *	清空 NAT-PT 转换表	执行模式	第 5 章
show ipv6 nat statistics	显示关于转换的统计信息	执行模式	第 5 章
debug ipv6 nat [detailed]	启用 NAT-PT 的调试模式。调试输出显示了所有的转换事件	执行模式	第 5 章

表 A-22　　IPv6 整合和共存策略命令：动态 NAT-PT

命　令	描　述	类　型	参考章节
ipv6 access-list *name* **permit** *source-ipv6-prefix/prefix-length destination-ipv6-prefix/prefix-length*	定义在 IPv6 单协议网络中允许被转换成 IPv4 地址的 IPv6 地址范围，同时为这个任务配置了一个标准的 IPv6 访问控制列表	全局	第 5 章
ipv6 nat v6v4 pool *natpt-pool- name* *start-ipv4 end-ipv4* **prefix-length** *prefix-length*	定义一个在转换期间使用的源 IPv4 地址池。*natpt-pool-name* 参数定义了这个池的名称。这个池的第一个和最后一个 IPv4 地址分别由 start-ipv4 和 end-ipv4 参数指定，同时必须指定 IPv4 地址池的前缀长度	全局	第 5 章
ipv6 nat v6v4 source {list | route-map} *{list-name | map-name}* **pool** *natpt-pool-name*	配置动态 NAT-PT 映射。与 *list-name* 参数同时使用的关键字 **list** 指定了一个标准的 IPv6 ACL，用于确定 IPv6 地址的范围，并可以被与 *map-name* 参数同时使用的关键字 **route-map** 取代。与 *natpt-pool-name* 参数同时使用的关键字 **pool** 定义了源 IPv4 地址池	全局	第 5 章
ipv6 nat translation max-entries *number*	限制同时被 NAT-PT 处理的转换数目。默认情况下，没有限制	全局	第 5 章
ipv6 nat translation timeout *seconds*	为动态转换定义一个全局转换超时时间。默认情况下，超时时间为 86 400s	全局	第 5 章
ipv6 nat translation tcp-timeout *seconds*	定义 TCP 的转换超时时间。默认情况下，超时时间为 86 400s	全局	第 5 章
ipv6 nat translation finrst-timeout *seconds*	定义 FIN 和 RST 的转换超时时间。默认情况下，超时时间为 60s	全局	第 5 章
ipv6 nat translation icmp-timeout *seconds*	定义 ICMP 的转换超时时间。默认情况下，超时时间为 86 400s	全局	第 5 章
ipv6 nat translation udp-timeout *seconds*	定义 UDP 的转换超时时间。默认情况下，超时时间为 300s	全局	第 5 章
ipv6 nat translation dns-timeout *seconds*	定义 DNS 会话的转换超时时间。默认情况下，超时时间为 60s	全局	第 5 章

附录B

复习题答案

附录B包含了每一章中“复习题”的答案。对于某些题，可能会有多种可能的答案，这种情况下，作者给出了最好的答案。

第 1 章

1．IPv4地址方案是多少比特？

答：**IPv4基于32比特地址方案。**

2．IPv4地址的哪些类型不是全球唯一单播IP地址？

答：**D类地址（多播）和E类地址（试验性）不能在Internet上被主机和路由器用作全球唯一单播IP地址。尽管私有地址在单播地址范围内，但它们不能认为是全球唯一的，因为许多机构仅在内部网络中使用私有地址。**

3．IPv6背后的主要理论根据是什么？

答：**IPv4地址方案被限制为32比特。**

地址方案中的部分地址不能用作全球唯一单播地址（D类，E类，回环，0.0.0.0，私有地址）。

大块的地址分配给了机构。

全球Internet路由选择表变得很大。

到处部署NAT，虽然它节省了全球唯一单播地址，但却破坏了IP的端到端模型。

Internet在持续增长。

在10年内，地址空间耗尽的情况将会出现。

还有足够的时间来设计一个基于现有协议的升级协议。

4．解释IPv4地址空间耗尽的后果。

答：新 IPv4 地址空间将很难得到。没有足够的地址分配给每个设备使用，但需要 IP 地址的新设备（例如 PDA 和移动电话）在持续增加。

5．描述 IPv6 从 1993 年到 2000 年的简短历史。

答：1993 年：IETF IPng 工作组成立。

1995 年：形成 IPv6 的第一版规范。

1996 年：6bone 使用前缀 3ffe::/16 开始运行。

1997 年：定义基于提供商的地址格式。

1998 年：部署第一个 IPv6 交换。

1999 年：ARIN、RIPE 和 APNIC 使用 2001::/16 向顶级提供商分配 IPv6 地址。

1999 年：IPv6 论坛成立。

2000 年：Cisco 宣称在它的 IOS 中支持 IPv6。

6．列举出 NAT 的一些局限性。

答：它破坏了端到端的 IP 模型。

网络必须处理连接和状态。

它会引起网络的快速重路由以及链接和路由冗余等问题。

它降低了网络的性能。

对提供商来说，随时记录所有的连接成为强制性的，并且机构必须有安全因素方面的记录。

NAT 改变 IP 头部，这会影响端到端的安全协议，比如 IPSec AH。

非 NAT 友好的应用不能通过 NAT。

当机构合并网络时，会频繁出现地址空间冲突。NAT 推荐使用私有地址。

7．描述 IPv6 增加的一些特性。

答：大量的 IP 地址可以在未来几十年使用。

多个级别的层次结构提供 Internet 上有效的、可升级的路由选择。

带有路由聚合的多点接入主机机制。

自动配置机制允许节点配置它们的 IPv6 地址。

当用户变换 IPv6 提供商时，重编址机制可以提供透明性的变换。

ARP 广播被多播代替。

IPv6 头部比 IPv4 更有效。

更少的字段。

用于区分流量的流标签字段。

新的扩展头部取代了 IPv4 的选项字段。

移动和安全机制内嵌在 IPv6 中。

过渡机制帮助网络从 IPv4 向 IPv6 迁移。

8．IPv6 地址方案是多少比特？

答：IPv6 地址有 128 比特，是 IPv4 地址的 4 倍。

9. 比较IPv4和IPv6的OSI参考模型，对哪一层进行了更新？

答：**IPv6在第3层（网络层）进行了改动，高层和低层有一些很小的改动。**

10. 有了IPv6的大量IP地址，什么情况将不应出现？

答：**IPv6中不会出现NAT。**

11. 定义路由聚合。

答：**路由聚合是路由汇聚的同义词，是指路由选择表中路由的合并。聚合的主要好处是减少了路由选择表中的路由条目。**

12. 当客户改变IPv6提供商时会发生什么？

答：**分配给用户的IPv6空间是ISP的IPv6空间的一部分。为了保证IPv6中严格的路由聚合——这是Internet全球路由选择表所需要的，用户在更换提供商时必须随之改变他的IPv6前缀。**

13. 为什么IPv6的多点接入比IPv4更有吸引力？

答：**多点接入机制在IPv4和IPv6中都可以使用，但在IPv6中，多点接入可以维持Internet全球路由选择表中严格的路由聚合。**

14. 解释自动配置。

答：**本地链接上的路由器向所有的节点发送网络信息，节点监听这个信息，同时可以配置自己的IPv6地址。**

15. 除了自动配置，列举出其他配置节点上IPv6地址的方法。

答：**静态配置（手动），DHCPv6，使用随机的接口标识符。**

16. 描述IPv4中ARP广播的缺点。

答：**ARP广播请求在本地链路上连接的每个节点中引起大量中断。ARP广播通过接口和操作系统被发送至IP协议栈。**

17. 列出IPv6包头与IPv4相比所做的主要改变。

答：**IPv4数据包长度为20字节，IPv6为40字节。**

IPv6头部有更少的字段。

IPv4头部校验和字段被取消。

分段的处理在IPv6中是不同的，因此，关于分段的字段或者取消，或者被扩展头部代替。

添加流标签字段用于流量的区分。

IPv4头部选项字段被一些扩展头部取代。

18. 扩展包头的目的是什么？

答：**它为选项的处理提供了更高的效率，因为每一个扩展头部保证路由器和节点仅计算目标头部。**

19. 列出并定义两个内置于IPv6协议中而被认为是IPv4附加物的机制。

答：**移动IP使得节点在保持相同IP地址的情况下从一个IP网络移动到另一个。**

IPSec保证了IP网络的端到端安全性。

20．从 IPv4 过渡到 IPv6 与千年虫问题如何不同？

答：千年虫问题是发生在某个特定时间的替换过程，而从 IPv4 到 IPv6 的平稳过渡将持续几年时间。

第 2 章

1．对于下表中的每个字段，给出字段长度并指出是在 IPv4 包头中还是在 IPv6 包头中使用该字段。

答：

字 段	比特表示的长度	IPv4 包头	IPv6 包头
业务类型	8	X	
标识	16	X	
版本	4	X	X
存活时间	8	X	
包头校验和	16	X	
包头长度	4	X	
流量分类	8		X
总长度	16	X	
流标签	20		X
标志	3	X	
填充	可变	X	
扩展包头	可变		X
有效载荷长度	16		X
协议号	8	X	
跳限制	8		X
源地址	32 128	X	X
目的地址	32 128	X	X
选项	可变	X	
下一个包头	8		X
分段偏移	13	X	

2．列出从 IPv4 包头中去掉的字段。

答：包头长度，标识，标记，分段偏移，包头校验和，选项，填充。

3．在 IPv6 头中新添了哪个字段？

答：流标签。

4．描述 IPv6 包头中下一个包头字段的用途。

答：下一个包头字段定义了基本 IPv6 包头后跟随的信息的类型。这个信息的类型可以是传输层协议，例如 TCP 或 UDP，也可以是扩展包头。

5. 列出可能在基本 IPv6 包头后面出现的扩展包头，并按必须出现的顺序进行排列。

答：IPv6 包头
逐跳选项包头
目的选项包头（如果使用路由选择包头）
路由选择包头
分段包头
认证包头
封装安全有效载荷包头
目的选项包头
上一层包头（TCP，UDP，ICMPv6，…）

6. 在 IPv6 上使用 UDP 时，什么是必需的？

答：UDP 数据包中的 UDP 校验和字段在 IPv6 中是必须使用的，这个字段在 IPv4 中是可选的。

7. 在 IPv6 中为了避免分段，建议节点使用什么机制？

答：路径 MTU 发现（PMTUD）机制。

8. IPv6 的最小 MTU 和建议的最小 MTU 是多少？

答：IPv6 中最小 MTU 为 1280 个 8bit 字节，建议的最小 MTU 为 1500 个 8bit 字节。

9. IPv6 地址的 3 种表示法是什么？

答：首选表示法（经常是一系列 8 个 16 比特的十六进制字段）
压缩表示法（连续由 0 组成的 16 比特的字段由冒号代替；开头的由 0 组成的 16 比特的字段可以删除）
内嵌 IPv4 地址的 IPv6 地址（用于过渡机制）

10. 将下面的 IPv6 地址压缩成可能的最短形式。

答：

首选表示	压缩表示
A0B0:10F0:A110:1001:5000:0000:0000:0001	A0B0:10F0:A110:1001:5000::1
0000:0000:0000:0000:0000:0000:0000:0001	::1
2001:0000:0000:1234:0000:0000:0000:45FF	2001::1234:0:0:0:45FF
3ffe:0000:0010:0000:1010:2a2a:0000:1001	3ffe:0:10:0:1010:2a2a:0:1001
3FFE:0B00:0C18:0001:0000:1234:AB34:0002	3ffe:b00:c18:1:0:1234:ab34:2
FEC0:0000:0000:1000:1000:0000:0000:0009	FEC0::1000:1000:0:0:9
FF80:0000:0000:0000:0250:FFFF:FFFF:FFFF	FE80::250:FFFF:FFFF:FFFF

11. 描述 URL 的 IPv6 地址表示法。

答：因为在 URL 中冒号指定一个可选的端口号，所以 IPv6 地址必须用括号括起来。

12．列出IPv6寻址结构中的3种地址。

答：多播，单播，任意播

13．对于下面的每种地址类型，找出IPv6前缀并写出地址的压缩表示。

答：未指定——::

回环——::1

IPv4兼容的IPv6地址——::/96

本地链路——FE80::/10

本地站点——FEC0::/10

多播——FF00::/8

被请求节点多播——FF02::1:FF00:0000/104

可聚合全球单播——2000::/3

14．什么是本地链路地址？

答：本地链路地址只允许节点在本地链路范围内使用，这些地址不能在分段之间被路由。默认情况下，每个IPv6节点的每个网络接口拥有一个本地链路地址。

15．在IPv4中与本地站点地址相似的是什么？

答：本地站点地址类似于 IPv4 中的私有地址空间，例如 10.0.0.0/8、172.16.0.0/12 和192.168.0.0/16。本地站点地址不能被路由到IPv6 Internet中。

16．在下表中，列出与每个单播地址对应的被请求节点多播地址。

答：

单 播 地 址	被请求节点多播地址
A0B0:10F0:A110:1001:5000:0000:0000:0001	**FF02::1:FF00:0001**
2001:0000:0000:1234:0000:0000:0000:45FF	**FF02::1:FF00:45FF**
3ffe:0000:0010:0000:1010:2a2a:0000:1001	**FF02::1:FF00:1001**
3FFE:0B00:0C18:0001:0000:1234:AB34:0002	**FF02::1:FF34:0002**
FEC0:0000:0000:1000:1000:0000:0000:0009	**FF02::1:FF00:0009**

17．给出可聚合全球单播IPv6地址中以比特表示的主机部分和站点部分的长度。

答：主机——64比特

站点——16比特

18．在IPv6中，IANA分配了哪3个前缀用于公共地址？

答：2001::/16——IPv6 Internet

2002::/16——6to4过渡机制

3ffe::/16——6bone

19．在Cisco路由器上，启用IPv6的Cisco IOS软件命令是什么？

答：ipv6 unicast-routing

20．在以太网帧中，用于 IPv6 的协议 ID 是多少？

答：0x86DD

21．解释 IPv6 多播地址在以太网上是如何映射的。

答：以太网上的多播映射由多播以太网前缀加上 IPv6 地址的低 32 比特组成。

22．利用下列以太网链路层地址，生成 IPv6 接口 ID（EUI-64 格式）。

答：

以太网链路层地址	IPv6 接口 ID（EUI-64 格式）
00:90:27:3a:9e:9a	02:90:27:FF:FE:3a:9e:9a
00:90:27:3a:8d:c3	02:90:27:FF:FE:3a:8d:c3
00:00:86:4b:fe:ce	02:00:86:FF:FE:4b:fe:ce

23．使用 EUI-64 格式为接口分配 IPv6 地址的命令是什么？

答：ipv6 address *ipv6-address/prefix-length* eui-64

24．路径 MTU 发现机制的目标是什么？

答：路径 MTU 发现机制的主要目标是当一个数据包被发送时，找出这条路径的最大 MTU 值。

第 3 章

1．完成下面的表格，指定每个 ICMPv6 消息类型的名称。

答：

ICMPv6 类型	类型名称
类型 133	路由器请求
类型 134	路由器公告
类型 135	邻居请求
类型 136	邻居公告
类型 137	重定向消息

2．填写下面的表格，指定为每个 NDP 机制使用哪些 ICMPv6 消息类型。

答：

机　制	类型 133	类型 134	类型 135	类型 136	类型 137
替换 ARP			X	X	
前缀公告	X	X			
DAD			X		
前缀重新编址	X	X			
路由器重定向					X

3．无状态自动配置的目的是什么？

答：无状态自动配置允许本地链路上的节点自己分配 IPv6 地址。本地链路上的路由器公告网络的信息。

4．列出当公告一个前缀时路由器公告消息携带的主要信息。

答：IPv6 前缀

有效的和首选的生存期

默认的路由器信息

标志/选项

5．什么命令显示一个接口上的前缀公告参数？

答：show ipv6 interface interface prefix

6．什么命令覆盖接口上的默认前缀公告参数？

答：ipv6 nd prefix

7．什么是重复地址检测（DAD）？

答：在向一个接口分配 IPv6 地址之前，每个节点必须确定它想使用的地址是唯一的，并且没有被其他节点使用。

8．填写下面的表格，给出每个 NDP 机制使用的多播地址类型。

答：

机　制	多 播 地 址
取代 ARP	所有节点多播（ff02::1） 被请求节点多播（ff02::1:ffxx:xxxx）
前缀公告	所有节点多播（ff02::1） 所有路由器多播（ff02::2）
DAD	被请求节点多播（ff02::1:ffxx:xxxx）
前缀重新编址	所有节点多播（ff02::1） 所有路由器多播（ff02::2）
路由器重定向	——

9．IPv6 新增了什么 DNS 记录？

答：AAAA

10．什么是扩展 IPv6 ACL 中的隐含规则？

答：permit icmp any any nd-ns

permit icmp any any nd-na

deny ipv6 any any

11．在 IOS IPv6 中有什么命令和工具用来诊断问题和管理路由器？

答：可以使用的命令是 ping 和 traceroute。工具有 Telnet、SSH、TFTP 和 HTTP。所有这些都包括 IPv6 支持。

第 4 章

1．什么命令显示整个 IPv6 路由选择表？

答：命令 show ipv6 route 显示 IPv6 路由选择表中现有的 IPv6 路由。

2．使用下表，指出在路由器中为每个给定的目的 IPv6 网络添加静态 IPv6 路由的命令。

目的 IPv6 网络	下一跳	相应的接口
3ffe::/16	fe80::260:3eff:fe58:2644	ethernet0
2002::/16	——	Tunnel0
2001:410:ffff::/48	fe80::260:3eff:fec5:8888	ethetnet1
默认的 IPv6 路由	fe80::260:3eff:fe69:3322	fastethernet0/0

答：

目的 IPv6 网络	在 Cisco IOS 软件中使用的命令
3ffe::/16	**ipv6 route 3ffe::/16 ethernet0 fe80::260:3eff:fe58:2644**
2002::/16	**ipv6 route 2002::/16 Tunnel0**
2001:410:ffff::/48	**ipv6 route 2001:410:ffff::/48 ethernet1 fe80::260:3eff:fec5:8888**
默认的 IPv6 路由	**ipv6 route ::/0 fastethernet0/0 fe80::260:3eff:fe69:3322**

3．为了支持 IPv6，BGP4+做了哪些修改？

答：NEXT_HOP 属性可以表示为 IPv6 地址。同时，这个属性可以包含全球和本地链路 IPv6 地址。

NLRI 可以表示为 IPv6 前缀。

4．为了关闭 IPv4 地址簇路由选择信息通告，在 BGP 路由器子命令模式下使用什么命令？

答：no bgp default ipv4-unicast 命令禁止 BGP4+广播 IPv4 信息。

5．在 BGP4+配置中，IPv6 前缀列表是如何应用的？

答：在地址族 ipv6 路由器子命令模式下，把 IPv6 前缀列表应用到 BGP 邻居上。

6．列出与下表中所列的常用 IPv4 命令对应的 IPv6 命令。

答：

IPv4 命令	IPv6 中的对应命令
Show ip route	**show ipv6 route**
router bgp	**router bgp**
ip prefix-list	**ipv6 prefix-list**
Route-map	**route-map**
Show ip bgp	**show bgp ipv6**
Clear bgp	**clear bgp ipv6**
debug bgp	**debug bgp ipv6**
Show ip prefix-list	**show ipv6 prefix-list**

7．在 IPv6 中 RIPng 使用什么目的地址发送更新消息？

答：**目的地址是多播地址 FF02::9，这个多播地址是本地链路范围内的 all-rip-router 多播地址。**

8．在接口上启用 RIPng 的是哪条命令？

答：**ipv6 rip *tag* enable**

9．为支持 IPv6，在 IS-IS 规范中添加了哪些新的 TLV 和数值？

答：**IPv6 可达性 —— 236（hex 0xEC）**

IPv6 接口地址 —— 232（hex 0xE8）

10．为支持 IPv6，IS-IS 中定义了什么样的 NLPID 值？

答：**142（hex 0x8E）**

11．在接口上，哪条命令启动 IPv6 IS-IS？

答：**ipv6 router isis**

12．哪个 RFC 描述了 OSPFv3 规范？

答：**RFC 2740，OSPF for IPv6**

13．在路由器上，哪条命令启用一个 OSPFv3 进程？

答：**ipv6 router ospf**

14．在 OSPFv3 中，替换命令 **network area** 的是什么命令？

答：**这个命令被一个标识 IPv6 网络的新方法取代。命令 ipv6 ospf *process-id* area *area-id* 现在用来在一个接口基础上执行这个任务。**

第 5 章

1．列出本章介绍的 3 类整合和共存策略。

答：**双栈，隧道，协议转换机制**

2．描述双栈方法。

答：**双栈是一种使网络上的节点同时处理和使用 IPv4 和 IPv6 协议的方法。**

3．什么类型的以太网帧由节点上的 IPv6 单协议网络应用产生？

答：**protocol-ID 字段使用的以太网帧是 0x86DD，而不是 IPv4 中的 0x0800。**

4．当 IPv6 和 IPv4 协议栈都可用时，IPv4 和 IPv6 都启用的应用如何选择 IP 协议栈？

答：**终端用户可以使用 IPv4 或者 IPv6 地址。**

节点可以使用域名服务（DNS）来选择协议栈。

5．当域名服务提供 IPv4（A 记录）和 IPv6（AAAA 记录）地址类型时，哪种地址类型会被 IPv4 和 IPv6 都启用的应用选择？

答：**在 IPv4 和 IPv6 都启用的应用中，首选的是 IPv6 地址。**

6. 什么情况下应该考虑使用整合和共存机制？

答：当通过网络和链接不能获得纯 IPv6 连接性时，整合和共存机制应该考虑作为一种可供选择的方法。

7. 规定用于 IPv4 中 IPv6 数据包封装的协议号是多少？

答：协议号 41。

8. 列出本章介绍的 3 个可能的在 IPv4 中隧道传输 IPv6 数据包的情况。

答：主机对主机，主机对路由器，路由器对路由器。

9. 隧道传输的主要要求是什么？

答：有双栈支持的节点才能使用隧道机制。

10. 列出本章中介绍的所有隧道技术。

答：配置隧道，隧道代理（基于配置隧道），隧道服务器（基于配置隧道），6to4，GRE 隧道，ISATAP，自动 IPv4 兼容隧道。

11. 配置隧道的主要特点是什么？

答：它在双栈节点上手动地进行配置。

12. 隧道代理和隧道服务器的主要用途是什么？

答：隧道代理和隧道服务器是自动部署和配置配置隧道的机制。

13. 描述如何分配一个 6to4 站点的前缀。

答：6to4 站点前缀通过向前缀 2002::/16 添加 6to4 路由器的 IPv4 地址而形成。6to4 路由器的 IPv4 地址需要转化为十六进制。最终的表示方法为 2002:*ipv4-address*::/48。

14. 6to4 中继的用途是什么？

答：基本上说，6to4 站点只能在 2002::/16 前缀范围内路由流量。6to4 中继是位于 IPv4 Internet 和 IPv6 Internet 之间的网关，因此，IPv4 Internet 上的 6to4 站点能够通过 6to4 中继与 IPv6 Internet 交换 IPv6 流量。

15. 定义 ISATAP 的地址格式。

答：ISATAP 地址格式是由前缀和 ISATAP 格式的接口 ID 联合构成的。ISATAP 地址的本地链路前缀是 FE80::/10。一个可聚合全球单播前缀必须用于这个域中的 ISATAP 操作（所有的 ISATAP 设备必须使用相同的前缀）。ISATAP 格式中的接口 ID（低 64 比特）由 ISATAP 主机或者 ISATAP 路由器的 IPv4 地址附加到十六进制值 0000:5EFE 构成。ISATAP 地址的最终表示方法为 *prefix*:0000:5EFE:*ipv4-address*。

16. 描述 ISATAP 的单播前缀如何通过 ISATAP 路由器向 ISATAP 主机广播。

答：ISATAP 主机通过 ISATAP 隧道（在 IPv4 上）向 ISATAP 路由器发送路由器请求。ISATAP 路由器收到这个路由器请求后，通过 ISATAP 隧道（在 IPv4 上）向 ISATAP 主机发送路由器广播，其中包括 ISATAP 单播前缀。最后，ISATAP 主机使用收到的可聚合全球单播前缀来自动配置它的单播 IPv6 地址。

17. IPv4 兼容隧道机制提供对 IPv4 地址空间耗尽的解决方法吗？

答：因为IPv4兼容的隧道机制基于全球单播IPv4地址，所以这个机制不能提供解决IPv4地址空间耗尽问题的方案。

18．列出IPv6单协议网络上的IPv6单协议网络节点和IPv4单协议网络上的IPv4单协议网络节点通信的两种方法。

答：应用层网关（ALG），NAT-PT

19．列出NAT-PT机制中规定的不同类型的操作。

答：静态NAT-PT，动态NAT-PT，NAPT-PT，NAT-PT DNS ALG

20．NAT-PT机制的96比特前缀的用途是什么？

答：IPv6域中的/96前缀必须为NAT-PT操作保留。所有寻址到/96前缀的IPv6数据包必须路由到NAT-PT设备。然后，NAT-PT设备根据映射规则把IPv6地址转换成IPv4地址。

第 6 章

1．什么命令在Windows XP上启用IPv6？

答：DOS shell下的命令ipv6 install可以在Windows XP中启用IPv6。命令netsh interface ipv6 install也可以在Windows XP中使用。

2．什么命令在Windows 2000和Windows NT上列出所有的伪接口？

答：ipv6 if

3．对于下表中列出的微软Windows平台，指出每种类型接口的伪接口编号。

答：

接口类型	Windows XP	Windows 2000	Windows NT
回环	1	1	1
配置隧道	可变	2	2
6to4	3	2	2

4．什么命令在Microsoft Windows XP上给伪接口4分配静态IPv6地址fec0:0:0:1::1？

答：ipv6 adu 4/fec0:0:0:1::1

或者netsh interface ipv6 add address 4 fec0:0:0:1::1

5．在Solaris8的接口hme0和hme1上如何启用IPv6？

答：创建/etc/hostname6.hme0和/etc/hostname6.hme1两个文件，然后重启计算机，这样可以在接口hme0和hme1上启用IPv6。

6．Solaris 8中的什么命令给接口hme0分配静态IPv6地址fec0:0:0:1::1/64？

答：#ifconfig hme0 inet6 addif fec0:0:0:1::1/64 up

7．在Solaris8中，什么伪接口分配为配置隧道接口？

答：逻辑接口ip.tun0

8. 根据下表，Solaris 8 中的哪些命令创建一个配置隧道（节点必须使用源地址）？

	IPv4	IPv6
源地址	10.100.50.20	fec0:0:0:1000::2/128
目的地址	192.168.1.50	fec0:0:0:1000::1

答：**#ifconfig ip.tun0 inet6 plumb**

#ifconfig ip.tun0 inet6 tsrc 10.100.50.20 tdst 192.168.1.50 up

#ifconfig ip.tun0 inet6 addif fec0:0:0:1000::2/128 fec0:0:0:1000::1 up

9. 哪个 FreeBSD 参数在所有的接口上启用无状态自动配置？

答：**在/etc/rc.conf 文件中加入一行 ipv6_enable= "YES"，可以在 FreeBSD 上启用无状态自动配置。**

10. 哪个 FreeBSD 命令启用配置隧道接口 gif15？

答：**#ifconfig gif15 create**

11. 哪个接口名称用于 FreeBSD 中的 6to4 机制？

答：**stf 0 接口在 FreeBSD 上用于 6to4 机制。**

12. 对于下表中的每个描述，指出在 FreeBSD 中使用的命令。

答：

描　述	命　令
显示 IPv6 路由选择表	#netstat -f inet6 -rn
显示接口 fxp1 的 IPv6 信息	#ifconfig fxp1 inet6
添加一条通过网关 fec0::1:0:0:0:1 的默认 IPv6 路由	#route add -inet6 default fec0::1:0:0:0:1
在接口 fxp0 上分配静态 IPv6 地址 2001:410:ffff:2::2/64	#ifconfig fxp0 inet6 2001:410:ffff:2::2 prefixlen 64

13. Linux 节点启动时，在 Linux 中的接口 eth2 上如何启用无状态自动配置？

答：**在/etc/sysconfig/network 文件中添加行 NETWORKING_IPV6=YES。**

在/etc/sysconfig/network-scripts/ifcfg-eth2 文件中添加行 IPV6INT=yes。

14. Linux 中的什么命令为接口 eth0 分配静态 IPv6 地址 fec0:0:1000:1::a/64？

答：**#ifconfig eth0 inet6 add fec0:0:1000:1::a/64**

或者#ip -f inet6 addr add fec0:0:1000:1::a/64 dev eth0

15. 在 Linux 中，哪个伪接口分配为配置隧道接口？

答：**逻辑接口 sit**

16. 哪个 Linux 命令创建配置接口 sit3？

答：**#iptunnel add sit3 remote *destination-ipv4-address* mode sit ttl *ttl-value***

或者#ip tunnel add sit3 mode sit ttl *ttl-value* remote *destination-ipv4-address* local *source-ipv4-address*

17. 对于下表中的每个描述，指出在 Linux 中使用的命令。

答：

描　述	命　令
显示 IPv6 路由选择表	**#route -A inet6** 或 **#ip -f inet6 route show** 或 **#netstat -A inet6 -rn**
显示 eth0 接口的 IPv6 信息	**#ifconfig eth0** 或 **#ip -f inet6 addr show dev eth0**
添加一条通过网关 fec0::1:0:0:0:1 的默认 IPv6 路由	**#route -A inet6 add ::/0 gw fec0::1:0:0:0:1** 或 **#ip -f inet6 route add ::/0 via fec0::1:0:0:0:1**
在 eth0 上分配静态 IPv6 地址 2001:410:ffff:2::2/64	**#ifconfig *eth0* inet6 add *2001:410:ffff:2::2/64*** 或 **#ip -f inet6 addr add *2001:410:ffff:2::2/64* dev *eth0***

18．在 Tru64 中，哪个命令启用无状态自动配置？

答：**运行/usr/sbin/ip6_setup 脚本文件**

19．在 Tru64 中，哪个命令创建一个配置隧道接口？

答：**运行/usr/sbin/ip6_setup 脚本文件**

或者 iptunnel create *destination-ipv4-address source-ipv4-address*

20．在 Tru64 中，哪个伪接口被分配为配置隧道接口？

答：**逻辑接口 ipt**

第 7 章

1．bone 是什么？

答：**6bone 是一个试验床网络，创建 6bone 的目的是为了验证与 IPv6 协议相关的新标准、测试 IPv6 实现和网络服务、向开发者和协议设计者提供反馈信息以及验证操作程序。**

2．理论上和逻辑上与 6bone 连接并交换路由的骨干网节点的名称是什么？

答：**6bone 上交换 IPv6 路由的骨干网节点被称为伪 TLA。**

3．pTLA 在 6bone 上不能广播什么？

答：**因为在无默认区域里 pTLA 是相互连接在一起的，所以默认 IPv6 路由不能在 6bone 上广播。**

4．哪个可聚合全球单播 IPv6 地址空间是由 IANA 分配给 6bone 操作使用的？

答：**IANA 向 6bone 分配了 3ffe::/16 前缀。**

5．在下表中，请根据6bone中的路由选择策略指出这些前缀是允许还是禁止在6bone上使用。

答：

前 缀	允许或禁止
3ffe:3000::/24	允许
Fec0:2100::/24	禁止
3ffe:82e0::/28	允许
2001:04e0::/32	允许
2003:410::/32	禁止
3ffe:b00:c18::/48	禁止
Fec0::/16	禁止
3ffe:400a::/32	允许
Fec0:3100::2:8/126	禁止
::/0	禁止
::1	禁止
::0	禁止
Fe02::/16	禁止
2001:0648::/35	允许
Fe80::/16	禁止
2001:350:1::/48	禁止

6．哪些RIR向提供商分配IPv6地址？

答：APNIC，ARIN，RIPE NCC

7．IANA向商用IPv6 Internet分配哪些可聚合全球单播前缀？

答：IANA向商用IPv6 Internet分配了2001::/16前缀。

8．在1999年最早的分配策略中，RIR分配了哪些IPv6前缀长度？

答：RIR分配了/35前缀。

9．在当前的分配策略中，获得IPv6地址空间的主要标准是什么？

答：成为本地Internet注册机构

不能为终端站点

计划提供IPv6连接性

计划在两年内分配200个/48前缀

10．列出由提供商向用户再次分配地址空间的规则。

答：向用户分配的前缀应该为/48

/64前缀可以分配给子网

/128前缀可以分配给设备

11. ISP 成为 IPv6 提供商的基本步骤是什么？

答：从 RIR 获得地址空间

建立与其他 TLA 的对等连接

向用户分配前缀

从用户聚合路由选择表项

12. 列出本章中讲述的在一个 NAP 的不同 IPv6 ISP 之间建立 IPv6 对等关系的两种中立措施。

答：在 BGP4+中使用本地链路地址

使用 NAP 注册的可聚合全球单播前缀

13. IPv6 论坛设计 IPv6 的标准和规范吗？

答：不，IETF 负责设计 IPv6 协议的标准和规范。

14. 列出亚洲、欧洲和北美的主要地区性 IPv6 组织/项目，然后列出两个被认为对 IPv6 有重要推动作用的国际组织。

答：亚洲 ——日本 IPv6 促进委员会

欧洲 —— 欧洲 IPv6 工作组，6NET

北美 —— 北美 IPv6 工作组

国际组织 —— IPv6 论坛和 3G

15. IPv6 主要的长期目标是什么？

答：IPv6 的主要目标是制定一个全球的标准，使得电信网络和设备，例如计算机、PDA、移动电话、电视、卫星、工业机器等，在一个全球的数字网络中相互连接。

附录 C

与 IPv6 有关的 RFC

本附录提供了 IETF 定义并与 IPv6 协议有关的 RFC 详尽列表。这些 RFC 按类别进行分组。

IPv6 的理论依据

1. RFC 2775, *Internet Transparency,* B. Carpenter, IETF, www.ietf.org/rfc/rfc2775.txt, February 2000
2. RFC 2993, *Architectural Implications of NAT,* T. Hain, IETF, www.normos.org/rfc/ rfc2993.txt, November 2000
3. RFC 3194, *The Host-Density Ratio for Address Assignm- ent Efficiency: An update on the H ratio,* C. Huitema, A. Durand, IETF, www.ietf.org/rfc/rfc3194.txt, November 2001

协议规范

1. RFC 2460, *Internet Protocol, Version 6 (IPv6) Specification,* S. Deering, R. Hinden, IETF, www.ietf.org/rfc/rfc2460.txt, December 1998
2. RFC 2463, *Internet Control Message Protocol (ICMPv6) for the Internet Protocol version 6 (IPv6),* A. Conta, S. Deering, IETF, www.ietf.org/rfc/rfc2463.txt, December 1998

编　址

1. RFC 2373, *IP Version 6 Addressing Architecture,* R. Hinden, S. Deering, IETF, www.ietf.org/rfc/rfc2373. txt, July 1998
2. RFC 2374, *An IPv6 Aggregatable Global Unicast Address Format,* R. Hinden, S. Deering, M. O'Dell, IETF, www.ietf.org/rfc/rfc2374.txt, July 1998
3. RFC 2375, *IPv6 Multicast Address Assignments,* R. Hinden, S. Deering, www.ietf.org/rfc/rfc2375.txt, July 1998
4. RFC 2450, *Proposed TLA and NLA Assignment Rules,* R. Hinden, IETF, www.ietf.org/rfc/rfc2450.txt, December 1998
5. RFC 2526, *Reserved IPv6 Subnet Anycast Addresses,* D. Johnson, S. Deering, IETF, www.ietf.org/rfc/rfc2526.txt, March 1999
6. RFC 2732, *Format for Literal IPv6 Addresses in URL's,* R. Hinden, B. Carpenter, L. Masinter, IETF, www.ietf.org/rfc/rfc2732.txt, December 1999
7. RFC 2928, *Initial IPv6 Sub-TLA ID Assignments,* R. Hinden et al., IETF, www.ietf.org/rfc/rfc2928.txt, September 2000

邻居发现协议：公告、无状态自动配置和替代 ARP

1. RFC 2461, *Neighbor Discovery for IP Version 6 (IPv6),* T. Narten, E. Normark, W. Simpson, IETF, www.ietf.org/rfc/rfc2461.txt, December 1998
2. RFC 2462, *IPv6 Stateless Address Autoconfiguration,* S. Thomson, T. Narten, IETF, www.ietf.org/rfc/rfc2462.txt, December 1998
3. RFC 3041, *Privacy Extensions for Stateless Address Autoconfiguration in IPv6,* T. Narten, R. Draves, IETF, www.ietf.org/rfc/rfc3041.txt, January 2001
4. RFC 3122, *Extension to IPv6 Neighbor Discovery for Inverse Discovery Specification,* A. Conta, IETF, www.ietf.org/rfc/rfc3122.txt, June 2001

链路层技术

1. RFC 2464, *Transmission of IPv6 Packets over Ethernet Networks,* M. Crawford, IETF,

www.ietf.org/rfc/rfc2464.txt, December 1998

2. RFC 2467, *Transmission of IPv6 Packets over FDDI Networks,* M. Crawford, IETF, www.ietf.org/rfc/rfc2467.txt, December 1998

3. RFC 2470, *Transmission of IPv6 Packets over Token Ring Networks,* M. Crawford, T. Narten, S. Thomas, IETF, www.ietf.org/rfc/rfc2470.txt, December 1998

4. RFC 2472, *IP Version 6 over PPP,* D. Haskin, E. Allen, IETF, www.ietf.org/rfc/rfc2472.txt, December 1998

5. RFC 2473, *Generic Packet Tunneling in IPv6 Specification,* A. Conta, S. Deering., IETF, www.ietf.org/rfc/rfc2473.txt, December 1998

6. RFC 2491, *IPv6 over Non-Broadcast Multiple Access (NBMA) Networks,* G. Armitage et al., IETF, www.ietf.org/rfc/rfc2491.txt, January 1999

7. RFC 2492, *IPv6 over ATM Networks,* G. Armitage, P. Schulter, M. Jork, IETF, www.ietf.org/rfc/rfc2492.txt, January 1999

8. RFC 2497, *Transmission of IPv6 Packets over ARCnet Networks,* I. Souvatzis, IETF, www.ietf.org/rfc/rfc2497.txt, January 1999

9. RFC 2529, *Transmission of IPv6 over IPv4 Domains without Explicit Tunnels,* B. Carpenter, C. Jung, IETF, www.ietf.org/rfc/rfc2529.txt, March 1999

10. RFC 2590, *Transmission of IPv6 Packets over Frame Relay Networks Specification,* A. Conta, A. Malis, M. Mueller, IETF, www.ietf.org/rfc/rfc2590.txt, May 1999

11. RFC 3146, *Transmission of IPv6 Packets over IEEE 1394 Networks,* K. Fujisawa, A. Onoe, IETF, www.ietf.org/rfc/rfc3146.txt, October 2001

路由选择协议

1. RFC 2080, *RIPng for IPv6,* G. Malkin, R. Minnear, IETF, www.ietf.org/rfc/rfc2080.txt, January 1997

2. RFC 2545, *Use of BGP-4 Multiprotocol Extensions for IPv6 Inter-Domain Routing,* P. Marques, F. Dupont, IETF, www.ietf.org/rfc/rfc2545.txt, March 1999

3. RFC 2740, *OSPF for IPv6,* R. Coltun, D. Ferguson, J. Moy, IETF, www.ietf.org/rfc/rfc2740.txt, December 1999

4. RFC 2858, *Multiprotocol Extensions for BGP-4,* T. Bates et al., IETF, www.ietf.org/rfc/rfc2858.txt, June 2000

DNS

1. RFC 1886, *DNS Extensions to support IP version 6,* S. Thomson, C. Huitema, IETF, www.ietf.org/ rfc/rfc1886.txt, December 1995
2. RFC 2673, *Binary Labels in the Domain Name System,* M. Crawford, IETF, www.ietf.org/rfc/rfc2673.txt, August 1999
3. RFC 2874, *DNS Extensions to Support IPv6 Address Aggregation and Renumbering,* M. Crawford, C. Huitema, IETF, www.ietf.org/rfc/rfc2874.txt, July 2000
4. RFC 3152, *Delegation of IP6.ARPA,* R. Bush, IETF, www.ietf.org/rfc/rfc3152.txt, August 2001
5. RFC 3363, *Representing Internet Protocol version 6 (IPv6) Addresses in the Domain Name System (DNS),* R. Bush et al., IETF, www.ietf.org/rfc/rfc3363.txt, August 2002
6. RFC 3364, *Tradeoffs in Domain Name System (DNS) Support for Internet Protocol version 6 (IPv6),* R. Austein, Bourgeois Dilettant, IETF, www.ietf.org/rfc/rfc3364.txt,

6bone

1. RFC 2471, *IPv6 Testing Address Allocation,* R. Hinden, R. Fink, J. Postel, IETF, www.ietf.org/rfc/rfc2471.txt, December 1998
2. RFC 2772, *6Bone Backbone Routing Guidelines,* R. Rockwell, R. Fink, IETF, www.ietf.org/rfc/rfc2772.txt, February 2000
3. RFC 2921, *6Bone pTLA and pNLA Formats (pTLA),* R. Fink, IETF, www.ietf.org/rfc/rfc2921.txt, September 2000

商用 IPv6 Internet

1. RFC 3177, *IAB/IESG Recommendations on IPv6 Address Allocations to Sites,* IAB, IETF, www.ietf.org/rfc/rfc3177.txt, September 2001

过渡和共存机制

1. RFC 2529, *Transmission of IPv6 over IPv4 Domains without Explicit Tunnels,* B. Carpenter, C.

Jung, IETF, www.ietf.org/rfc/rfc2529.txt, March 1999

2. RFC 2765, *Stateless IP/ICMP Translation Algorithm (SIIT),* E. Nordmark, IETF, www.ietf.org/ rfc/rfc2765.txt, February 2000
3. RFC 2766, *Network Address Translation Protocol Translation,* G. Tsirtsis, P. Srisuresh., IETF, www.ietf.org/rfc/rfc2766.txt, February 2000
4. RFC 2767, *Dual Stack Hosts using the "Bump-In-the-Stack" Technique (BIS),* K. Tsuchiya, H. Higuchi, Y. Atarashi, IETF, www.ietf.org/rfc/rfc2767.txt, February 2000
5. RFC 2893, *Transition Mechanisms for IPv6 Hosts and Routers,* R. Gilligan, E. Nordmark, IETF, www.ietf.org/rfc/rfc2893.txt, August 2000
6. RFC 3053, *IPv6 Tunnel Broker,* A. Durand et al., IETF, www.ietf.org/rfc/rfc3053.txt, January 2001
7. RFC 3056, *Connection of IPv6 Domains via IPv4 Clouds,* B. Carpenter, K. Moore, IETF, www.ietf.org/rfc/rfc3056.txt, February 2001
8. RFC 3068, *An Anycast Prefix for 6to4 Relay Routers,* C. Huitema, IETF, www.ietf.org/rfc/rfc3068.txt, June 2001
9. RFC 3089, *A SOCKS-based IPv6/IPv4 Gateway Mechanism,* H. Kitamura, IETF, www.ietf.org/ rfc/rfc3089.txt, April 2001
10. RFC 3142, *An IPv6-to-IPv4 Transport Relay Translator,* J. Hagino, K. Yamamoto, IETF, www.ietf.org/rfc/rfc3142.txt, June 2001

多　播

1. RFC 2710, *Multicast Listener Discovery (MLD) for IPv6,* S. Deering, W. Fenner, B. Haberman, IETF, www.ietf.org/rfc/rfc2710.txt, October 1999
2. RFC 3019, *IP Version 6 Management Information Base for The Multicast Listener Discovery Protocol,* B. Haberman, R. Worzella, IETF, www.ietf.org/rfc/rfc3019.txt, January 2001
3. RFC 3306, *Unicast-Prefix-based IPv6 Multicast Addresses,* B. Haberman, D. Thaler, IETF, www.ietf.org/rfc/rfc3306.txt, August 2002
4. RFC 3307, *Allocation Guidelines for IPv6 Multicast Addresses,* B. Haberman, IETF, www.ietf.org/rfc/rfc3307.txt, August 2002

API

1. RFC 2292, *Advanced Sockets API for IPv6,* W. Stevens, M. Thomas, IETF, www.ietf.org/

rfc/rfc2292.txt, February 1998

2. RFC 2553, *Basic Socket Interface Extensions for IPv6,* R. Gilligan et al., IETF, www.ietf.org/rfc/rfc2553.txt, March 1999

其 他

1. RFC 1981, *Path MTU Discovery for IP version 6,* J. McCann et al., IETF, www.ietf.org/rfc/rfc1981.txt, August 1996
2. RFC 2428, *FTP Extensions for IPv6 and NATs,* M. Allman, IETF, www.ietf.org/rfc/rfc2428.txt, September 1998
3. RFC 2675, *IPv6 Jumbograms,* D. Borman, S. Deering, R. Hinden IETF, www.ietf.org/rfc/rfc2675.txt, August 1999
4. RFC 2711, *IPv6 Router Alert Option,* C. Partridge, A. Jackson, IETF, www.ietf.org/rfc/rfc2711.txt, October 1999
5. RFC 2894, *Router Renumbering for IPv6,* M. Crawford, IETF, www.ietf.org/rfc/rfc2894.txt, August 2000
6. RFC 3111, *Service Location Protocol Modifications for IPv6,* E. Guttman, IETF, www.ietf.org/rfc/rfc3111.txt, May 2001
7. RFC 3162, *RADIUS and IPv6,* B. Aboba, G. Zorn, D. Mitton, www.ietf.org/rfc/rfc3162.txt, August 2001
8. RFC 3178, *IPv6 Multihoming Support at Site Exit Routers,* J. Hagino, H. Snyder, IETF, www.ietf.org/rfc/rfc3178.txt, October 2001
9. RFC 3266, *Support for IPv6 in Session Description Protocol (SDP),* S. Olson et al., IETF, www.ietf.org/rfc/rfc3266.txt, June 2002

MIB

1. RFC 2452, *IP Version 6 Management Information Base for the Transmission Control Protocol,* M. Daniele, IETF, www.ietf.org/rfc/rfc2452.txt, December 1998
2. RFC 2454, *IP Version 6 Management Information Base for the User Datagram Protocol,* IETF, www.ietf.org/rfc/rfc2454.txt, December 1998
3. RFC 2465, *Management Information Base for IP Version 6: Textual Conventions and General Group,* D. Haskin, S. Onishi, IETF, www.ietf.org/rfc/rfc2465.txt, December 1998

4．RFC 2466, *Management Information Base for IP Version 6: ICMPv6 Group,* D. Haskin, S. Onishi, IETF, www.ietf.org/rfc/rfc2466.txt, December 1998

发 展 过 程

1．RFC 1550, *IP: Next Generation (IPng) White Paper Solicitation,* S. Bradner, A. Mankin, IETF, www.ietf.org/rfc/rfc1550.txt, December 1993

2．RFC 1752, *The Recommendation for the IP Next Generation Protocol,* S. Bradner, A. Mankin, IETF, www.ietf.org/rfc/rfc1752.txt, January 1995

术语表

数字

2001::/16 IANA 分配给商用 IPv6 Internet 使用的地址空间。

2002::/16 IANA 分配给 6to4 机制使用的地址空间。

3ffe::/16 IANA 分配给 6bone 使用的地址空间。

6bone 一个由纯 IPv6 链路和 IPv6-over-IPv4 隧道组成的虚拟 IPv6 骨干网。6bone 是一个试验床网络，创建 6bone 的目的是为了验证与 IPv6 协议相关的新标准、测试 IPv6 实现和网络服务、向开发者和协议设计者提供反馈信息以及验证操作程序。参见 RFC 2471、2772 和 2921。

6to4 进行自动隧道封装的 IPv6 数据包通过 IPv4 在 6to4 路由器之间传输。6to4 是一种转换和共存机制，在 2002::/16 地址空间中向 6to4 站点分配/48 前缀。6to4 前缀在 6to4 路由器的单播 IPv4 地址基础上形成。隧道是动态建立的。参见 RFC 3056。

6to4 relay（6to4 中继） 充当 IPv4 Internet 和 IPv6 Internet 之间网关的 6to4 路由器。6to4 中继为 IPv4 Internet 上的 6to4 路由器到 IPv6 Internet 的流量提供了转发功能。

6to4 router（6to4 路由器） 启用 6to4 机制的路由选择设备，6to4 路由器是双栈结构的。

A

Advertisement（公告） 一个路由器在规定的时间间隔内发送的路由选择或服务的更新信息，本地链路上的其他路由器和主机可以获得这个信息，例如网络前缀、默认路由器等。参见路由器公告。

Aggregatable global unicast address（可聚合全球单播地址） 在 IPv6 Internet 上用于普通 IPv6 流量的单播 IPv6 地址，代表了整个 IPv6 地址空间最重要的部分。可聚合全球单播地址使用严格的路由前缀聚合，以限制全球 Internet 路由选择表的大小。

Aggregation（聚合） 许多长 IPv6 前缀经过聚合形成一个较短的 IPv6 前缀的过程。因此，在全球 Internet 路由选择表中不再存在大量的长 IPv6 前缀，取而代之的是仅仅很少的短 IPv6 前缀。

Anycast（任意播） 源节点向最近的目的节点发送单个数据包。类似于多播，任意播暗示了组的概念。

APNIC 亚太网络信息中心。世界上能够向 ISP 分配商用 IPv6 地址空间的 3 个区域 Internet 注册机构之一。APNIC 覆盖亚洲和澳大利亚地区。

ARIN 美国 Internet 注册机构。世界上能够向 ISP 分配商用 IPv6 地址空间的 3 个区域 Internet 注册机构之一。ARIN 覆盖美国。

ARP 地址解析协议。用于把 IPv4 地址映射到 MAC 地址的 Internet 协议。参看 RFC 826。

B～F

BGP4+ 也被认为是 BGP4 的多协议扩展。BGP4+是 BGP4 支持 IPv6 的高级版本。参见 RFC 2858 和 RFC 2545。

CIDR 无类域间路由选择。BGP4 支持的一种基于路由聚合的技术。CIDR 允许路由器进行路由分组，以减少核心路由器载有的路由信息数量。使用 CIDR，一些网络在外界网络看来是单个的、更大的实体。

Configured tunnel（配置隧道） 在双栈节点之间静态指定的 IPv6-over-IPv4 隧道。配置隧道是一种过渡和共存机制，允许 IPv6 数据包通过 IPv4 网络进行隧道传输。

Dual stack（双栈） 同时支持 IPv4 协议栈和 IPv6 协议栈的主机、服务器和路由器。双栈是一个过渡和共存策略，允许节点接收和发送 IPv4 和 IPv6 流量。

Duplicate address detection（DAD）（重复地址检测） 在网络接口上配置 IPv6 地址前，检验 IPv6 地址在本地链接上的存在性的 IPv6 机制。

EUI-64 64 比特的扩展唯一标识符。与网路接口的链路层地址相关。EUI-64 格式由 IEEE 定义，并由 IEEE 分配的 24 比特的制造商 ID 和厂商分配的 40 比特值组成。在 IPv6 节点启动阶段分配的本地链路地址和无状态自动配置机制使用 EUI-64 格式。

Extension header（扩展头部） 为 IPv6 定义的跟随在基本 IPv6 头部后面的可选头部。这些可选头部在 RFC 2460 中讲述。扩展头部包括认证头部、封装安全载荷头部、目的选项头部、分段头部、逐跳选项头部和路由头部。

Flow label（流标签） 用于标识一个 IPv6 数据包流的基本 IPv6 头部中的一个字段。

H ～ J

IANA Internet 地址授权委员会。由 Internet 协会（ISOC）资助运作并作为 Internet 体系结构委员会（IAB）一部分的组织。IANA 是 IPv4 和 IPv6 地址空间分配的权威机构。同时 IANA 维护着用于 TCP/IP 协议栈中已分配协议标识符的数据库，包括自治系统编号。

IETF Internet 工程任务组。任务组包括了超过 100 个工作组并负责开发 Internet 标准。IETF 在 ISOC 资助下运作。

IPng 下一代 IP。设计 IPv6 技术规范的 IETF 工作组以前的名称。这个 IETF 工作组在 2001 年更名为 IPv6。IPng 也是 IPv6 协议以前的名称。

IPv4 Internet 协议第四版。在 TCP/IP 协议栈中提供无连接互联服务的网络层协议。IP 提供一些特征，包括寻址、服务类型规范、分段和重组以及安全。IPv4 基于 32 比特地址方案。RFC 791 讲述了 IPv4。

IPv4-compatible IPv6 address（IPv4 兼容的 IPv6 地址） 用于 IPv6 过渡和共存机制的一类特殊的单播 IPv6 地址。IPv4 兼容的 IPvc 地址通过前缀::/96 来表示。

IPv4 Internet 当前的商用单播 IPv4 Internet。IPv4 Internet 也被非 IPv6 用户称为 Internet。

IPv4-only node 仅运行 IPv4 协议栈的节点。

IPv6 Internet 协议第六版。IPv6 由 IETF 在 1992 年提出，并作为一个基础的和经过很好策划的解决 IPv4 地址空间短缺的方案出现。IPv6 比 IPv4 更高效。IPv6 基于 128 比特地址方案。IPv6 提供多种地址类型的节点，使用 40 个八位字节的基本包头和一些可选的扩展包头和机制。

IPv6 Internet 成长中的商用单播 IPv6 Internet，包括 6bone。

IPv6-only node 仅运行 IPv6 协议栈的节点。

ISATAP 站内自动隧道寻址协议。一种过渡和共存机制，在一个管理域中通过 IPv4 封装传输 IPv6 数据包，以在 IPv4 网络上创建一个虚拟 IPv6 网络。参见 draft-ietf-ngtrans-isatap-12.txt。

IS-IS 建立在 OSI 的 IS-IS 路由选择协议基础上的路由选择协议，但支持 IPv4、IPv6 以及其他协议。整合的 IS-IS 是一个 IGP 协议。参见 draft-ietf-isis-ipv6-05.txt。

ISP Internet 服务提供商。向其他公司、组织和个人提供 Internet 连接性和 IPv6 地址空间。

L ～ M

Link-local address（本地链路地址） 只能在本地链路范围内使用的单播 IPv6 地址。本地链路地址基于 IPv6 前缀 fe80::/10。一些 IPv6 机制，比如前缀公告和重复地址检测，在操作中使用本地链路地址。

Mobile IPv6（移动 IPv6） 移动 IPv4 协议的 IPv6 版本，设计用来允许计算机从一个接入点移动到另一个时保持与远方节点的 IP 连接性。移动 IPv6 比移动 IPv4 更有效。

Multicast（多播） 一个源节点发送单个数据包到多个目的地址（一对多）。多播暗含着组的概念。IPv6 在一些链路层机制上使用多播地址。IPv6 中多播地址基于前缀 FF00::/8。

Multicast assigned address（多播指定地址） 在多播范围内为协议操作保留的多播 IPv6 地址。FF01::1、FF01::2、FF02::1、FF02::2 和 FF05::2 是一些保留的 IPv6 地址的例子。参看 RFC 2373。

Multicast mapping over Ethernet（在以太网地址之上的多播映射） IPv6 中从多播地址到以太网链路层地址的特殊映射。映射由 IPv6 地址的低 32 比特附加到前缀 33:33 后组成。

N ～ P

NAP 网络接入点。ISP 之间互相连接并交换 IPv6 路由和流量的一个中立场所。

NAT 网络地址转换。将 IPv4 数据包从基于私有地址的网络转换到 IPv4 Internet 或者其他私有网络的一种机制。参看 RFC 1631 和 1918。

NAT-PT 网络地址转换-协议转换。NAT-PT 把 IPv6 地址转换为 IPv4 地址，反之亦然。NAT-PT 是一种过渡和共存机制，允许 IPv6 单协议网络的节点同 IPv4 单协议网络的节点通信。参看 RFC 2766。

Neighbor advertisement（NA）（邻居公告） 类型为 136 的 ICMPv6 消息，当 IPv6 节点收到从另一个 IPv6 节点来的邻居请求消息时发送。邻居请求代替 ARP。

Neighbor Discovery Protocol（NDP）（邻居发现协议） 定义了内嵌在 IPv6 中的一些机制的一种协议，例如前缀公告、重复地址检测、替代 ARP 和路由器重定向。NDP 使用类型为 133~137 的 ICMPv6 消息。参看 RFC 2461。

Neighbor solicitation（NS）（邻居请求） 类型为 135 的 ICMPv6 消息，当一个 IPv6 源节点请求另一个 IPv6 节点时在本地链路上发送。邻居请求用于取代 ARP，并用于重复地址检测。

NGtrans IETF 工作组之一，设计从 IPv4 网络向 IPv6 网络过渡所用的工具、协议和策略。

OSPFv3 开放最短路径优先第三版本。与 OSPFv2 对应的 IPv6 版本。OSPFv3 是一种 IGP。参见 RFC 2740。

Path MTU discovery（PMTUD）（路径 MTU 发现） 允许源节点探测到目的节点之间传输路径的最大 MTU 值的一种机制。

Pseudo-TLA（pTLA）（伪 TLA） 在 6bone 上，伪 TLA 是互相连接的骨干网提供商。pTLA 等价于 IPv4 Internet 上的顶级提供商。

Q～Z

RFC 请求评论。一些 RFC 由 IAB 设计并作为 Internet 的标准。大多数 RFC 记录了协议的规范。

RIPE NCC 欧洲 Internet 地址注册机构。世界上能向 ISP 分配商用 IPv6 空间的 3 个区域 Internet 注册机构之一。RIPE NCC 覆盖欧洲和中东。

RIPng 下一代路由选择信息协议。支持 IPv6 的高版本 RIP。RIPng 是一种 IGP。参见 RFC 2080。

Router advertisement（RA）（路由器公告） 类型为134的ICMPv6消息，由IPv6路由器或者在路由器请求消息的请求下在本地链路上周期性地发送。IPv6 路由器公告消息包括 IPv6 前缀、有效的和首选的前缀生存期、默认的路由器信息以及节点的一些标志和选项。

Router solicitation（RS）（路由器请求） 类型为133的ICMPv6消息，用于IPv6节点请求IPv6路由器发送路由器公告消息。

Site-local address（本地站点地址） 只能在站点范围内使用的单播IPv6地址。本地站点地址基于IPv6前缀fec0::/10。本地站点地址和IPv4中的私有地址空间类似。

Solicited-node multicast address（被请求节点多播地址） 自动在每一个已分配单播和任意播地址的接口上启用的多播范围内使用的多播 IPv6 地址。IPv6 中的被请求节点多播地址用于取代ARP和重复地址检测。IPv6中的被请求节点多播地址基于前缀FF02::1:FF00:0000/104。

Stateless autoconfiguration（无状态自动配置） 一种IPv6机制，允许节点使用收到的路由器公告消息配置自己的IPv6地址。

Traffic class（流量类别） 基本IPv6包头中的一个字段，与IPv4包头中的服务类型字段类似。

Unspecified address（未指定地址） 没有分配给任何接口的单播IPv6地址。IPv6中未指定地址表示为::0/128，表示缺少IPv6地址。未指定地址在某些IPv6机制中使用。